高等学校机械专业系列教材

机械系统设计

第2版

○ 主　编　韦鸿钰　朱立学
○ 副主编　刘洪利　胡宏男
林江娇　付根平

中国教育出版传媒集团
高等教育出版社·北京

内容提要

本书阐述了机械系统设计的特点和规律，全面介绍了机械系统设计所涉及的基本知识和基本技能，深入分析了机械系统设计中必不可少的重点内容，还对机械设计与制造相关新技术的发展趋势做了简要介绍。

本书内容包括绪论，机械系统总体设计，动力系统设计，传动系统设计与执行系统设计，支承与导轨系统设计，操控系统设计，润滑、密封与冷却系统设计,人机工程学与机械系统设计，机械感知系统设计，机械系统设计过程管理，计算机辅助机械系统设计等。本书在阐述机械系统设计规律和理论时均突出应用性，并强调实用性。

本书可作为机械工程类专业的本科生教材，也可作为高职和成人教育机械类专业学生的教材和教学辅导书，并可供有关机电工程技术人员参考。

图书在版编目(CIP)数据

机械系统设计 / 韦鸿钰,朱立学主编. -- 2版. -- 北京 : 高等教育出版社,2024.3

ISBN 978-7-04-061449-7

Ⅰ. ①机… Ⅱ. ①韦… ②朱… Ⅲ. ①机械系统-系统设计 Ⅳ. ①TH122

中国国家版本馆 CIP 数据核字(2023)第241517号

Jixie Xitong Sheji

策划编辑 杜惠萍　责任编辑 杜惠萍　封面设计 张申申 贺雅馨　版式设计 马 云
责任绘图 邓 超　责任校对 吕红颖　责任印制 田 甜

出版发行 高等教育出版社
社　　址 北京市西城区德外大街4号
邮政编码 100120
印　　刷 涿州市京南印刷厂
开　　本 787mm×1092mm 1/16
印　　张 21.75
字　　数 520千字
购书热线 010-58581118
咨询电话 400-810-0598
网　　址 http://www.hep.edu.cn
　　　　 http://www.hep.com.cn
网上订购 http://www.hepmall.com.cn
　　　　 http://www.hepmall.com
　　　　 http://www.hepmall.cn
版　　次 2012年4月第1版
　　　　 2024年3月第2版
印　　次 2024年3月第1次印刷
定　　价 42.60元

物 料 号 61449-00

第2版前言

机械系统设计是机械设计制造及其自动化专业本科的一门核心课程。通过本课程的学习，学生能从整体的角度和系统的观点了解机械产品设计的一般特点和规律，扩展机械结构设计和现代设计方面的知识，增强对机械系统整体设计的能力，掌握机械产品设计的基本理论和基本方法，具有开发设计满足用户需求、性能良好且有市场竞争力的机械产品的技能。

本书阐述了机械系统设计的特点和规律。本着在系统科学的基础上，兼顾全面与重点的编写原则，力争把机械系统设计所涉及的基本知识和基本技能进行全面介绍，又有重点地将机械系统设计中必不可少的重点内容，如动力系统与传动系统、支承系统、执行系统及操控系统等进行深入分析，使学生既能了解机械系统的全貌，又能掌握具体的设计过程和方法。在此基础上，还简要介绍了机械设计与制造相关的新技术的发展趋势，兼顾了机械零件选材、润滑与冷却以及机械系统设计的过程管理等内容，在保持教材内容相对稳定的基础上具有一定的学科前瞻性。本书在编排上突出科学性和应用性紧密结合的特点，阐述的机械系统设计规律和理论均强调实用性，既便于课堂教学，又方便学生自学，体现了应用型本科专业课程教材的实用性特色。

本书共分11章：第1章为绪论，第2章为机械系统总体设计，第3章为动力系统设计，第4章为传动系统设计与执行系统设计，第5章为支承系统与导轨系统设计，第6章为操控系统设计，第7章为润滑、密封与冷却系统设计，第8章为人机工程学与机械系统设计，第9章为机械感知系统设计，第10章为机械系统设计过程管理，第11章为计算机辅助机械系统设计。本教材建议教学学时数为48~60，可根据实际情况酌情增减。

本书编写分工如下：第1章朱立学（仲恺农业工程学院），第2、11章胡宏男（仲恺农业工程学院），第3章周先辉（南阳理工学院），第4章张瑞华（仲恺农业工程学院），第5章王毅（仲恺农业工程学院），第6章段洁利（华南农业大学），第7章韦鸿钰（仲恺农业工程学院），第8章温志鹏（仲恺农业工程学院），第9章刘洪利（仲恺农业工程学院），第10章汤宏群（广西大学）。韦鸿钰负责全书统稿，付根平、林江娇（仲恺农业工程学院）负责全书插图和文字编辑工作。本书由韦鸿钰、朱立学任主编，刘洪利、胡宏男、林江娇、付根平任副主编。

本书在编写过程中得到了各参编院校的大力支持，并得到多位专家及同行的指点，仲恺农业工程学院马稚昱教授对全书进行了审阅，并提出了许多宝贵意见。本书参考了不少同行的教材、论文和著作，在此一并表示衷心的感谢。

由于编者水平有限，书中缺失、错漏难免，恳请读者朋友们批评指正，编者邮箱：weihongyu@ zhku.edu.cn。

编　者

2023 年 7 月

目录

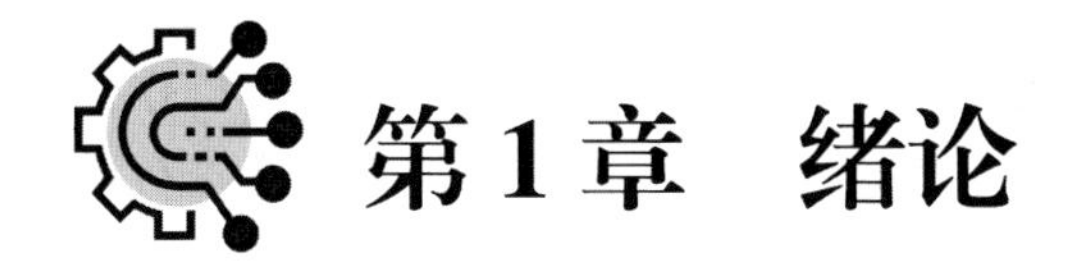

第1章 绪论

1.1 机械系统设计课程的目的和任务

机械系统设计的任务是以创新理念和科学方法开发新产品和改造老产品，最终目的是为市场提供质优、高效、价廉物美的产品，以取得良好的经济效益。产品质量和经济效益取决于设计、制造及管理的综合水平，而产品的系统设计是关键，没有高质量的设计，就不可能有高质量的产品。

机械系统设计课程的目的和任务是使学生通过本课程的学习，能从整机的角度和系统的观点了解一般机械产品设计的规律和特点，夯实机械系统设计的基础知识、基本理论和基本技能，扩大机械系统设计的综合知识，增强机械系统设计的综合能力，掌握机械产品设计的基本方法和技术，培养学生具有开发设计结构和性能良好的、有市场竞争力的机械产品的初步技能。

1.2 机械系统设计简介

1.2.1 系统的概述

1. 系统的概念

人类在认识和改造事物的历史长河中，逐渐意识到客观事物发展的复杂性，为了准确而科学地把握和研究某一事物，除了必须研究和分析该事物的特性及其发展规律外，还必须研究和分析该事物与其周围相关事物之间的联系和作用，决不能孤立地看待该事物，由此逐渐形成了系统的思想。可将系统定义为：具有特定功能的、相互间具有有机联系的要素所构成的一个整体。

一个系统是由两个或两个以上要素构成的具有一定结构和特定功能的整体。系统结构是指系统内部各要素相互联系的方式和作用秩序，系统功能是指系统对外部环境联系的效能和有利的作用。例如汽车是一个系统，它由底盘、发动机、传动系统与车身等要素以一定的结构形式组成，以完成交通运输的功能。

2. 系统的构成

（1）系统的要素

系统是由要素构成的，要素是系统存在的基础。系统的要素可分为结构要素、操作要素和流要素。结构要素是相对固定的物质形态或抽象概念；操作要素是对结构要素进行操作、控制或管理的部分；流要素是进行能量流、物质流和信息流传递和变换的部分。例如，对于一辆自行车，其轮子、车身、车座等是结构要素；脚踏板和车闸是操作要素；车闸线和链传动是流要素。

（2）系统的界限

所有系统都是在一定的外界环境条件下运行的，系统和环境相互影响又相对独立，两者有一定的界限，界限决定了系统的范围和相应的环境。例如，对于一台室内空调机，如把空调机外壳作为界限，那么外壳以内的空调机就是系统，界限以外的房间就作为环境。如把房间和空调机一起作为系统，则房间为界限，房间之外就为环境。所以，系统的界限可以根据系统的作用范围加以划定，不是固定不变的，界限的变化使系统和环境的内涵也发生了变化。

（3）系统的输入和输出

系统与环境的交互影响就产生了系统输入和系统输出。外界环境给予系统的输入，通过系统的处理和变换，必然会产生输出，再反馈到外界环境。由此可见，系统就相当于一个变换器，将环境给予的输入变换成给予环境的输出。

3. 系统的基本特性

（1）整体性和相关性

整体性是系统所具有的最重要和最基本的特性。一个系统的好与坏是由整体功能体现出来的，必须从整体着眼，从全局出发确定各要素的性能和它们之间的联系。这并不要求所有要素都具有完美的性能，即使某些要素的性能并不完善，但如能与其他相关要素得到很好的统一协调，也可使系统具有较理想的整体功能。这就是人们所说的整体性，即一个系统的整体功能的实现，并不是一个要素单独作用的结果。各要素在结合时必须服从整体功能要求，并不是随意的组合，相互间需协调和适应。系统各要素之间的特定关系即是系统的相关性。当每个要素自身性能发生改变时，会影响与此相关的其他要素，由此对整个系统产生影响。系统的相关性是通过结构来体现的，要素和结构是构成系统缺一不可的两个方面，系统是要素与结构的统一。

（2）层次性和时序性

系统的时空结构表现为层次性和时序性。系统可分解为一系列的子系统，并存在一定的层次结构，这是系统空间结构的特定形式。在系统层次结构中表述了在不同层次子系统之间的从属关系或相互作用关系。在不同的层次中存在着有时序的信息流和物质流，构成了系统时域内特定的运动形式，为深入研究系统层次之间的控制与细节功能提供了条件。

（3）目的性

系统的价值体现在实现的功能上，完成特定的功能是系统存在的目的。为了实现系统的目的，系统必须具有控制、调节和管理的功能，保证系统能进入与其目的相适应的状态，即具有实现要求的功能，排除或减少有害干扰。

(4) 环境适应性

任何一个系统都存在于一定的环境之中，当环境变化时，会对系统产生影响，严重时会使系统功能发生变化，甚至丧失功能。环境总是不断变化的，系统大多数情况下总是处于动态过程。因此，为了使系统运行良好并完成其特定功能，必须使系统对环境的各种变化和干扰有良好的适应性。

综上所述，系统的特性清楚地反映了系统要素与全局的关系（整体性）、要素与要素之间的关系（相关性）、要素的时空结构关系（层次性和时序性）、要素与价值的关系（目的性）和要素与环境的关系（环境适应性）。

1.2.2 机械系统概述

1. 机械和机械系统

人类为了满足生产和生活的需要，设计和制造了种类繁多、功能各异的机器。机械是机器和机构的统称。任何机械都是由若干个零件、部件和装置组成并完成特定功能的系统。机械零件是组成机械系统的基本要素，部件和装置是组成机械系统的子系统，它们按一定的结构形式相互联系和作用，以完成特定功能、实现机械能变换。机械系统区别于其他系统的最大特征是产生确定的运动和机械能的变换。

从更大范围看，机械又是人-机-环境这个更大系统的组成部分，通常将机械本身构成的系统称为内部系统，而将人和环境构成的系统称为外部系统。内、外部系统相互联系、作用和影响。人与环境是机械系统存在的外部条件，人与环境对机械的功能起着一定的支配作用。机械系统的整体性是在内部系统与外部系统的相互联系中体现出来的，如交通系统：人（操纵汽车）-机械系统（汽车）-环境（道路、信号灯等）。汽车行驶的快慢与驾驶者的生理、心理和技术水平有关，也与道路的好坏有关。

2. 机械系统的能量流、物质流和信息流

现代科学的世界观认为，世界是由天然物质、能量和信息组成，任何系统的功能从本质上讲都是接收物质、能量及信息，经过加工转换，输出新形态的物质、能量和信息。机械系统与其他系统一样都存在着能量流、物质流和信息流的传递和变换。

(1) 能量流

机械系统中能量流是机械系统完成特定功能所需的能量形态变化，存在机械能转换成其他形态的能（如热能、电能、光能、化学能等），或者其他形态的能转换成机械能。电动机将电能转换成机械能；内燃机将燃油的化学能通过燃烧转换成热能，再由热能转换成机械能；发电机将机械能转换成电能；空压机把机械能转换成气体压力能等。机械能和其他形态的能互换是机械系统主要的能量流特征，没有这种转换也就不能成为机械系统。图 1.1 为汽车的能量流。

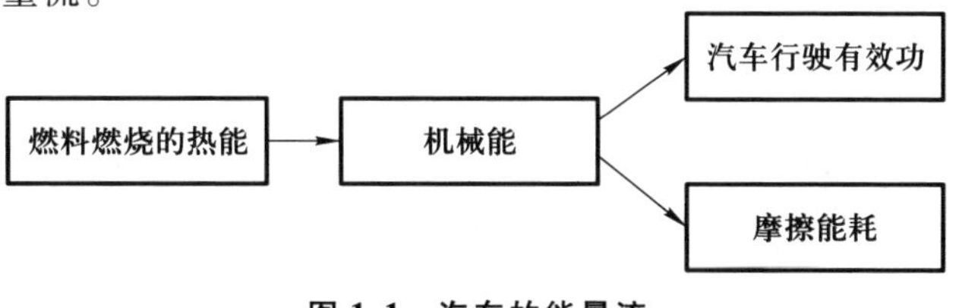

图 1.1 汽车的能量流

（2）物质流

物质流在机械系统中存在的主要形式是物料流，物料流是物料运动形态变化、物料的构形变化以及两种以上物料包容和混合等的物料变化过程。它是机械系统完成特定功能的工作对象和载体。物料的种类是多种多样的，例如，金属材料包括黑色金属和有色金属，非金属材料包括塑料、橡胶、陶瓷、木料、毛毡、皮革、棉丝等。图1.2给出了金属切削机床的物料流。

图1.2 金属切削机床的物料流

（3）信息流

信息流是反映信号和数据的检测、传输、变换以及显示的过程。信息流的功用是实现机械系统工作过程的操纵、控制以及对某些信息实现传输、变换和显示。因此，信息流对于机械系统实现有序、有效工作是必不可少的。信息的种类也是多种多样的，例如，某些物理量信号、机械运动状态参数、显示信息及传输数据等。汽车的信息流为通过方向盘、踏板及操纵杆等零部件将控制信息进行传递和变换，控制四个车轮起动、停止、转向和变速等动作。

从上述分析可见，机械系统的主要特征是可以从能量流、物料流和信息流中体现出来的，要设计一个机械系统首先应从剖析能量流、物料流和信息流着手，构思各种可供选择的能量流、物料流和信息流，可得到多种新机械系统的方案。

3. 机械系统的组成

机械的种类很多，它们的用途、性能、构造、工作原理各不相同。通常一个机械系统包括动力系统，执行系统，传动系统，支承与导轨系统及操控系统等子系统。图1.3是汽车的组成示意图。汽车的发动机是动力系统；从发动机到四个车轮之间的各种齿轮、离合器、变速机构等组成传动系统；四个车轮是执行系统；以上系统都固定在汽车的底盘上，同时汽车的壳体、座椅也固定在底盘上，所以底盘是汽车的支承系统；而方向盘、操纵杆、踏板等则属于操控系统。

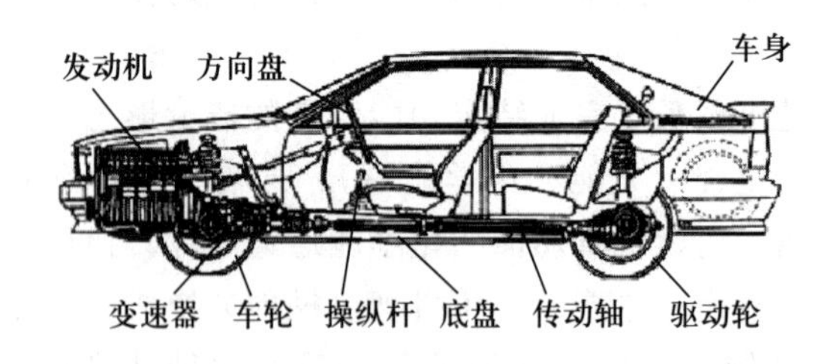

图1.3 汽车的组成示意图

（1）动力系统

动力系统是机械系统工作的动力源，它包括原动机（又称动力机）和与其相配套的一些装置。如内燃机、汽轮机、水轮机等是将自然界的能源转换成机械能，其中，内燃机广泛用于各种车辆、船舶、农业机械、工程机械等移动作业机械，汽轮机、水轮机多用于大功率高速驱动的机械。又如电动机、液压马达、气压马达等是将电能、液能、气能转变成机械能，它们都广泛地应用于各类机械，其中尤以电动机应用更为普遍。选择动力机时，应全面考虑现场的能源条件，执行系统的机械特性和工作制度，机械系统的使用环境、工况、操作和维修，机械系统对起动、过载、调速及运行平稳性等的要求，并考虑该动力机应有良好的经济性和可靠性。

（2）执行系统

执行系统的功能是利用机械能改变作业对象的性质、状态、形状或位置，或对作业对象进行检测、度量等，它包括机械的执行机构和执行构件。执行系统通常处在机械系统的末端，直接与作业对象接触，其输出是机械系统的主要输出，其功能是机械系统的主要功能。因此，执行系统的功能和性能直接影响和决定机械系统的整体功能及性能。

（3）传动系统

传动系统是把动力机的动力和运动传递给执行系统的中间装置。传动系统的主要功能包括速度的改变、运动规律或形式的变化、动力的传递等。传动系统在满足执行系统上述要求的同时，应能协调好动力机和执行系统的机械特性的匹配关系，尽可能使之简化。如果动力机的工作性能完全符合执行系统工作的要求，传动系统也可省略，而将动力机与执行系统直接连接。

（4）支承与导轨系统

支承与导轨系统包括支承装置和导轨装置，所以又分为支承系统和导轨系统。支承装置是机械系统的基础件，其功能是将各机械子系统有机地联系起来，并为构成总系统提供支承作用，主要包括底座、立柱、横梁、箱体和工作台等。导轨装置的功能是承受执行系统的载荷和确保执行构件良好的导向性能，以保证执行系统的精度。

（5）操控系统

操控系统是为了使动力系统、执行系统、传动系统彼此协调运行，并准确可靠地完成整个系统功能的装置。它的主要功能是通过人工操作或自动控制器控制各子系统的起动、制动、变速、转向或各部件间运动的先后次序、运动轨迹及行程等一系列动作。

此外，根据机械系统的功能要求，还有润滑、密封、冷却、计数、行走、转向等子系统。

1.3　机械系统设计的原则和要求

1.3.1　机械系统设计的原则

任何设计任务都是根据主、客观需要，通过人们的创造性思维活动并借助人类已掌握的各种信息资源，经过决策、判断、设计，最终制造出具有特定功能并满足人们生活和生产需求的各种产品。设计人员只有在设计过程中遵循一定的原则，设计出来的产品才能达到预期的效果。

1. 需求原则

所谓需求，是指对产品功能、美感、价格等方面的需求，若人们没有需求，也就没有了设计所要解决的问题和约束条件，设计也就不存在了。所以，一切设计都以满足主、客观需求为出发点。

2. 信息原则

设计人员在进行产品设计之前，必须进行各方面的调查研究，以获得大量的必要信息。这些信息包括市场信息，产品需求信息，设计所需的各种科学技术信息，制造过程中的各种工艺信息，测试信息及装配、包装、运输信息等。

3. 系统原则

任何一个设计任务，都可以视为设计一个待定的技术系统，而这个待定技术系统的功能是将此系统的输入量转化成所需要的输出量。这里的输入量、输出量均包括物料流、能量流和信息流。其中，有系统需要的输入量、输出量，也有系统不需要的输入量、输出量，如机床在加工过程中，主轴带动工件（或刀具）旋转加工出合格的零件是需要的输入量、输出量；而主轴的振动、发热、噪声等是不需要的输入量、输出量。系统设计时，应将这些不需要的输入量、输出量控制在允许值范围内。

4. 优化、效益原则

优化是设计人员在系统设计过程中必须关注的另一原则。这里的优化是广义的，包括原理优化、设计参数优化、总体方案优化、成本优化、价值优化及效率优化等。优化的目的是提高产品的技术经济效益及社会效益。优化和效益两者应紧密地联系起来。

1.3.2 机械系统设计的要求

由于系统设计的要求既是设计、制造、试验、鉴定、验收的依据，同时又是用户衡量产品的尺度，所以在进行机械系统设计之前就必须对所设计产品提出详细、明确的设计要求。任何一个机械产品的设计要求均是围绕着技术和经济指标来提出的，一般主要包括下列内容。

1. 功能要求

用户购买产品实际上是购买产品的功能，而产品的功能又与技术、经济、艺术等因素密切相关，产品功能越多则越复杂，设计越困难且价格越高。但由于产品功能的减少很可能导致没有市场，所以在确定产品功能时，应保证基本功能并满足使用功能，剔除多余功能，增添舒适性、新颖性及外观等功能，而各种功能的最终取舍应按价值工程原理进行技术可行性分析来确定。

2. 适应性要求

适应性是指当工作状态及环境发生变化时产品的适应程度，如物料的形状、尺寸、理化性能、温度、负荷、速度、加速度、振动等。人们总是希望产品的适应性强一些，同时会使产品的设计、制造、维护等更复杂，因此适应性要求应提得合理。

3. 可靠性要求

可靠性是指系统、产品、零部件在规定的使用条件下，在预期的使用时间内能完成规定功能的概率。这是一项重要的技术质量指标，关系到产品能否持续正常工作，甚至关系到使用产品的工作人员的人身安全。

4. 生产能力要求

生产能力是指产品在单位时间内所能完成工作量的多少，它也是一项重要的技术指标，它表示单位时间内创造财富的多少。提高生产能力在设计上可以采取不同的方法，但同时可能会带来一系列的负面问题。只有在这些负面问题得到妥善解决之后，去提高产品的生产能力才更有现实意义。

5. 经济性要求

经济性是指单位时间内生产的价值与同时间内使用费用的差值。使用费用主要包括原材料消耗、辅料消耗、能源消耗、保养维修、折旧、工具耗损、操作人员的工资等，经济性越高越好。

6. 总体成本要求

在产品整个设计周期中，必须把产品设计、销售及制造三方面作为一个系统工程来考虑，用价值工程理论指导产品设计，正确使用材料，采用合理的结构尺寸和工艺，以降低产品的成本。设计机械系统和零部件时，应尽可能标准化、通用化、系列化，以提高设计质量、降低制造成本。

机械产品要求外形美观，便于操作和维修，还必须考虑由于环境要求不同，对设计提出特殊要求，如食品卫生条件、耐腐蚀、高精度等。

1.4 机械系统设计方法

1.4.1 机械系统设计过程

机械系统设计的一般过程包括系统计划、外部系统设计（简称外部设计）、内部系统设计（简称内部设计）和制造销售四个阶段，各阶段的工作进程和工作内容见表 1.1。

表 1.1 机械系统设计的一般过程

阶段	工作进程	工作内容
系统计划	了解设计任务，明确设计目的和产品功能要求	根据产品发展规划和市场需要提出设计任务书，或由上级主管部门下达计划任务书
外部设计	调查研究	进行市场调查，收集技术信息和资料，掌握环境条件，预测市场趋势
	可行性研究	进行技术研究和费用预测，对市场前景、投资环境、生产条件、生产规模、生产组织、成本与效益等进行全面的分析研究，提出可行性研究报告
	制订开发计划	明确设计任务、目的和要求，环境的作用和影响，编写系统开发计划书

续表

阶段	工作进程	工作内容
内部设计	方案设计或概略设计	选择工作原理、设计总体方案，对可行的各候选方案进行分析比较，进行总体布置设计，必要时进行试验研究
	系统分解	将总体系统分解成子系统，画出系统图，便于分析和设计
	系统分析	分析和确定系统目的与要求，进行建模、优化与评价，确定最佳系统方案
	技术设计	进行子系统和总体系统的技术设计，计算和确定主要尺寸，绘制总体装配图，必要时进行试验研究
	工作图设计	绘制全部零件图，编写各种技术文件和说明书
	鉴定和评审	对设计进行全面的技术、经济评价，分析系统对环境的作用和影响
制造销售	样机试制	样机试制，样机试验
	样机鉴定和评审	对样机进行全面的鉴定和评审
	改进设计	对产品不能满足系统要求的技术、经济指标进行分析，根据样机鉴定和评审意见修改设计
	小批试制	对单件生产的产品，经修改、试验、调整后，投入运行考核，并在运行中不断改进和完善。 对大量生产的产品，通过小批试制进一步考核设计的工艺性，并不断完善设计，同时进行工艺装备的准备工作
	设计定型、销售	完善全部工作图、技术文件和工艺文件

1.4.2 机械系统设计的特点

进行机械系统设计时特别需要强调系统的观点，即必须考虑整个系统的运行，而不只关心各组成部分的工作状态和性能。传统的设计方法注重内部系统的设计，且以改善零部件的特性为重点，而对各零部件之间、环境与系统之间的相互作用和影响考虑较少，容易使设计的系统性不够理想。零部件的设计固然应该给予足够的重视，但全部用最好的零部件未必能组成最佳的系统，其技术指标和经济指标未必能实现良好的统一。

进行机械系统设计时，应在调查研究的基础上，了解清楚环境对该机械的作用和影响，如市场对该机械的要求（功能、价格、销售、尺寸、重量、工期、外观等）和约束条件（资金、材料、设备、技术、信息、使用环境、法律与政策等）。这些因素都对系统有直接影响，不仅影响机械系统的方案，还影响其经济性、可靠性、使用寿命、技术性能和使用体验等指标，甚至可能导致设计失败。因此，内部设计必须考虑上述环境的要求。同时，也不能忽略系统对环境的作用和影响，包括该机械系统运行后或该产品投入市场后对周围环境的影响、竞争对手及潜在竞争对手的反应、市场竞争格局的变化等。

内部设计与外部设计相结合是系统设计的特点，这可以使设计尽量周密、合理，以获得总体最优化；还可以使设计少走弯路，避免返工和浪费，以尽可能少的投资、时间获取尽可能大的效益，其技术经济效果往往随系统复杂程度的增加而越趋明显。

1.4.3 系统分解

把复杂的系统分解为若干个互相联系且相对比较简单的子系统，可使设计和分析比较简便。根据需要，各子系统还可再分解为更小的子系统，依次逐级分解，直至能进行适宜的设计和分析。与传统设计时把机械分成若干部件的做法颇为相似，不同之处在于系统分解时更谨慎、突出地关注系统的整体性和相关性，并把容易获得最优的整体方案作为首要条件。

系统分解可以平面分解，也可以分级分解，或是兼有二者的组合分解。系统分解时应注意如下问题。

1. 分解数和层次应适宜

若分解数太少，子系统仍很复杂，不便于子系统的建模和优化等设计工作；若分解数和层次太多，又会给总体系统的综合设计造成困难。

2. 避免过于复杂的分界面

对那些联系紧密的要素不宜分解开，即分解的界面应尽可能选择在要素间联系数较少和作用较弱的地方。

3. 保持能量流、物料流和信息流的合理流动

通常机械系统工作时都存在着能量、物料和信息的传递，它们在从系统输入到系统输出的过程中，按一定的方向和途径流动，既不可中断阻塞，也不能造成干涉或紊流，即便分解成各个子系统，它们的流动途径仍应明确和畅通。

4. 了解系统分解与功能分解的关联及区别

系统分解时，每个子系统仍是一个系统，它把具有比较紧密结合关系的要素集合在一起，其结构组成虽稍为简单，但其往往还有多项功能。功能分解时，是按功能体系进行逐级分解，直至不能再分解的单元功能。

1.4.4 系统分析

系统分析不同于一般的技术经济分析，它是从系统的整体优化出发，采用各种工具和方法，对系统进行定性和定量分析的过程。系统分析的一般步骤如下。

1. 系统目标确定

系统目标是系统分析的出发点和进行评价、决策的主要依据。因此，应进行系统研究，通过广泛的资料分析，获得有关信息，并采用有效方法（如进行统计和检验等）对信息进行处理，以确定系统目标。

2. 模型构造

模型是实体系统的抽象，它应能表示系统的主要组成部分和各部分的相互作用，以及在运用条件下因果作用和反作用的相互关系。构造模型的目的是用较少的风险、时间和费

用来对实体系统作研究和试验，以便更好地得到系统的性能。模型包括数学模型、实物模型、虚拟模型及各种图表等。在构造模型时，必须全面考虑系统的各影响因素，分清主次，尽可能如实描述系统的主要特征。在能满足系统要求的前提下，应尽量简明、易解。

机械系统是物理系统，描述物理系统的模型常用图学模型和数学模型。随着计算机技术的发展，数字化图学模型的应用越来越广，尤其是需要对系统进行精确定量分析的时候。

3. 系统最优化

系统最优化就是应用最优化理论和方法，对各个候选方案进行最优化设计和计算，以获得最优的系统方案。

由于系统的变量众多，结构通常比较复杂，在确定系统目标时，常常有多个目标，其中有些可能是相互牵制影响的，很难完全兼顾。因此，在多目标的系统分解过程中常采用合理的妥协和折中的方法，寻求一个综合考虑功能、技术、经济、使用等因素后的满意系统。每项性能指标不一定都达到最优，但从系统整体看则是最优的，整个系统具有良好的协调性。

4. 系统评价

系统评价是对系统分析过程和结果的评定，其主要目的是判断所设计的系统是否达到了预定的各项技术经济指标。

系统评价对于决策的有效性关系极大，正确的评价可以使决策获得成功，取得更大的效益，错误的评价往往导致决策失败，甚至付出沉重的代价。

系统评价时，首先根据系统目标制定一组评价指标，确定系统的评价项目，制定评价的准则。不同的系统应该有不同的评价指标。系统评价的项目是由构成系统的性能要素来确定的，主要包括系统的功能、成本、可靠性、实用性、适应性、寿命、技术水平、竞争能力、重量、体积、外观、能耗等因素。由这些因素构成描述系统的有序集合，可以根据系统所处的实际环境安排它们的评价顺序。通过对各因素赋予反映重要程度的加权系数和影响因子等，形成评价体系。

一般机械系统采用较多的评价体系是价值和投资体系，即对系统总投资费用和总收益进行分析和评价，以选择技术上先进、经济上合理的最优系统方案。同时还应考虑环保、安全性和舒适性等要求。

思　考　题

1.1　何谓机械系统？机械系统有何特征？

1.2　举例说明机械系统能量流、物料流和信息流的传递和变换。

1.3　机械系统的设计原则和要求各有哪些？

1.4　简述机械系统的设计过程。

1.5　机械系统设计的方法有哪些？

第2章　机械系统总体设计

总体设计是机械系统产品设计的关键，主要包括机械系统功能原理设计、总体布局（各子系统如动力系统、传动系统、执行系统、人机系统、操控系统等之间的相互关系）、主要技术参数（如尺寸参数、运动参数和动力参数等）的确定、系统的精度及技术经济分析等，对产品的技术性能、经济指标和外观造型均具有决定性意义。最终确定的总体设计方案是技术设计阶段的指导性文件，各子系统中所有零部件的结构、形状、尺寸、材质等都是以总体设计方案为依据。因此，设计者在进行此阶段工作时必须大量查找国内外有关同类产品设计的资料，获取最有价值的信息，通过分析、判断、评价、创新，以设计出较理想的总体方案。

机械系统设计从系统角度出发，设计时应考虑系统的整体性、相关性、层次性、目的性、时序性和环境适应性，考虑内、外部系统间的相互作用，设计时还应注意机械系统与其他系统的关系，如人机关系，机械系统和制造技术、管理系统、环境系统、规范标准系统等之间的关系。设计者要有创新的意识，要充分运用科学原理和设计理论，在充分调查研究，掌握大量一手资料的基础上，重视科学实验，做到理论和实践紧密结合，尽量使总体设计在技术上先进、原理上正确、实践上可行、经济上合理，使产品具有优良的竞争力。

2.1　机械系统的功能原理设计

机械系统的功能原理设计是机械系统目标确定后进行产品设计的第一步，是产品的工作原理和结构原理的开发阶段，从质的方面保证了整个设计水平，因此特别需要创新思维，以设计出具有市场竞争力的新颖产品。机械系统的功能原理设计体现了设计者的创新思维与设计理念，是任何计算机系统所不能替代的。

机械系统的功能原理设计首先需将系统目标（设计任务）抽象化，确定系统的总功能，然后将总功能分解成子功能，再寻找子功能（功能元）的解，并将原理解进行组合，形成多种原理设计方案，在对众多方案进行评价与决策后，最后选定最佳原理设计方案。

2.1.1 功能分析

功能分析是设计中的一个重要手段，其过程是设计人员酝酿系统原理方案的过程。这个过程往往不是一次完成，而是随着设计工作的逐步开展而不断修改和完善的。以此为基础的功能设计是工程设计中探求设计方案的一种有效方法。

1. 功能的定义

功能是从技术实现的角度对产品特定工作能力的抽象描述。功能反映了产品的特定用途和各种特性，但与用途、性能等概念不尽相同。在设计之初，设计人员用机械系统的概念描述和研究机械产品时并不能清楚地说明其具体结构，仅了解该产品是具有某些共同规律的系统，用来实现某些因素的变换。如笔的用途是写字，其功能可以抽象为“留下痕迹”。电动机的用途是用作原动机（如驱动水泵或搅拌机），而其功能为“将电能转化为机械能”。

借用系统工程学中的“黑箱”（black box）来研究问题，可以将待求的未知系统视为黑箱，分析比较输入和输出的能量、物料及信息，输入与输出的转换关系即反映了系统的总功能。系统的总功能可以用简单词语描述。如图2.1所示，可分析得出三个待设计系统的总功能。

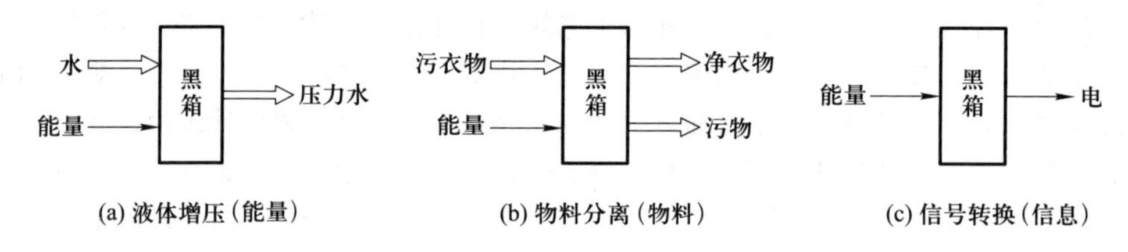

(a) 液体增压（能量） (b) 物料分离（物料） (c) 信号转换（信息）

图2.1 三个待设计系统的总功能

针对图2.1所示的三个系统总功能，可分别设计出各种液体增压装置（如不同原理的水泵）、各种原理的净衣装置（干洗和湿洗等，包括洗衣机）和光电转换装置。

不同的功能描述可能得到不同的原理解法，相应的产品也不同。例如，传统割草机的工作原理是利用剪刀或旋转刀具将草切断，而将割草机的功能抽象为物料分离，则可设计出利用高速旋转的尼龙线的抽击力将草茎分离的轻便割草机。

表2.1列出了加工孔的问题，表2.2列出了压紧的问题。从表中可以看出，在进行机械系统运动方案设计时，要合理抽象产品的功能，为了使思路更开阔，要尽量避免倾向性。

表2.1 加工孔的问题

功能描述	产品
钻孔	钻床
打孔	钻床、冲床、激光打孔机
作孔	钻床、冲床、激光打孔机、铸造设备、镗床

表 2.2 压紧问题

功能目标	技术原理	产品
机械压紧	利用连杆机构的死点位置（连杆机构压紧）	机械类产品
	利用凸轮机构与自锁原理（凸轮机构压紧）	
	利用反行程自锁螺旋（螺旋机构压紧）	
	利用具有自锁性能的斜面机构（同斜面压榨机）	
	偏心盘夹紧	
	弹簧压紧	
液压压紧	可用较小的液压缸实现较大的压紧力	液压类产品
气动压紧		气动类产品
电磁压紧		电磁类产品

2. 功能的分类

机械产品的功能也可从以下四个方面描述：主功能、动力功能、控制功能、结构功能。其中，主功能是直接实现系统目的的功能；动力功能为系统工作提供必要的能量；控制功能包括信息检测、处理和控制；系统各要素组合起来，进行空间配置，形成一个统一的整体，而保证系统工作中的强度和刚度，这些应由结构功能实现。此外，系统在工作中总会遇到外部环境的干扰（外扰），干扰无论是作用在主功能上，还是作用在结构功能或动力功能上，特别是作用在控制功能上，如果不能抑制，最终会影响主功能，系统还可能会产生无用的输出（废弃的输出），这种输出对环境会造成有害的影响。尽管机械的功能各异，千姿百态，它们的功能构成都有相似的模式，因而也必然具有相似的组成规律。图 2.2 所示为系统的功能构成，图 2.3 所示为洗衣机的功能构成。

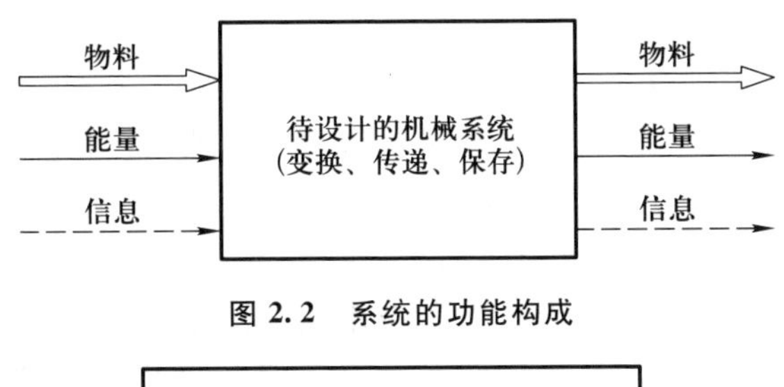

图 2.2 系统的功能构成

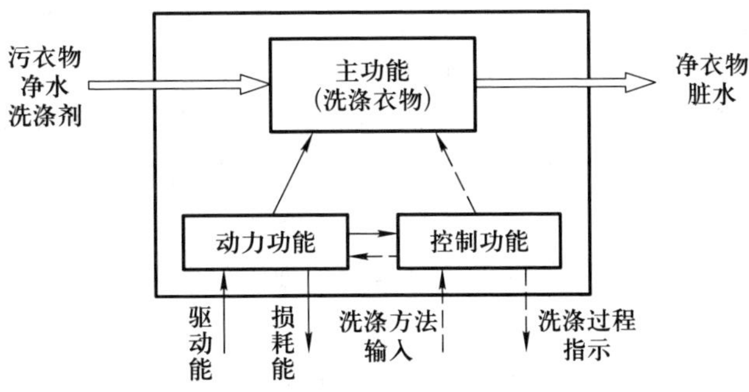

图 2.3 洗衣机的功能构成

2.1.2　功能分解

由于问题的复杂程度不同，因此系统功能的复杂程度也不同。为了便于设计，可以将机械的总功能分解为若干复杂程度较低的分功能或功能元，并形成机械的工艺动作过程。如硬币计数包卷机的分功能有整理、清点、计数、按 50 枚一卷将硬币用纸包卷起来，或在计数后直接装袋。

又如，采用展成法插齿加工齿轮，其总功能可分解为切削、展成、进给和让刀四个分功能；冲制彩色电视机阴极盘金属片（直径为 10 mm，厚度为 0.8 mm）的总功能，可分解为如图 2.4 所示的送料、冲制、退回等分功能。

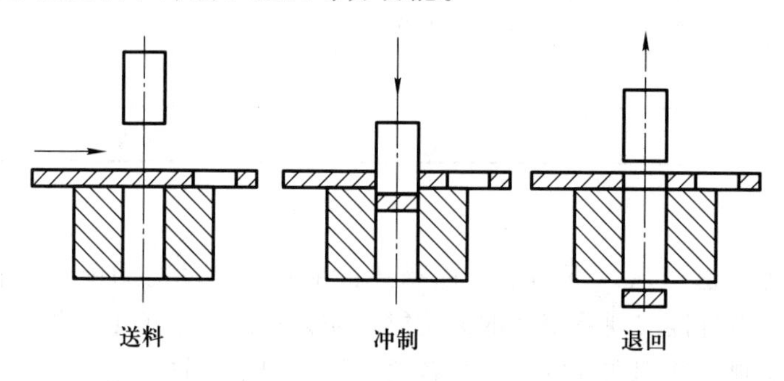

图 2.4　冲制彩色电视机阴极盘金属片的工艺过程示意图

将功能进行适当的分解有助于产品的改进设计和创新设计，如通过开发一种全新功能的产品、改变现有产品的某些功能，或增加现有产品的某些功能、减少现有产品的某些功能等，可以实现产品创新。

2.1.3　功能求解

对技术系统（产品）进行功能分解后，寻求每个分功能或功能元的解，是方案设计中重要的搜索阶段。功能元求解的一般原则：① 避免过早地具体化，导致设计思路的局限。② 尽可能寻求多个解决方案，扩大比较、选择范围。③ 多参考、借鉴已有的解决方案，为创新发明做好铺垫。④ 养成以文字、简图、符号等方式记录获得的功能元解的习惯。⑤ 在求解过程中多与其他领域、其他专长的技术人员协作。如印刷机、复印机、打印机、传真机、点钞机和包装机等从成叠纸中“分纸（逐张分离）”的功能元，可采用一些物理效应，如摩擦力、离心力和气吹等，相应地用摩擦轮、转动架和气嘴等载体实现。

借助功能技术矩阵，将技术系统的功能元和相应的功能元解分别作为列和行列出，取每个功能元的一个功能元解进行组合即构成产品的一个原理解（工作原理），将各功能元解组合可得到系统的多个原理解。对这些系统总方案进行筛选，根据不相容性和设计约束条件，将不可行方案和不理想方案删去，再选择几种较好的方案进行比较，就可以确定实现总功能的较佳原理方案。

形态学矩阵解法是功能元求解的方法之一。形态学矩阵是将各功能元和相应解法用文字、简图等填写在矩阵形式的表格中，通过功能元及其解法的组合和选择，获得设计方案解集的方法。如在表2.3中，第一列F_1、F_2、…、F_n代表n个功能元，对应每个功能元的行代表该功能元的解法，如S_{11}、S_{12}、…、S_{1m_1}代表功能元F_1的m_1个解，S_{21}、S_{22}、…、S_{2m_2}代表功能元F_2的m_2个解，其余类推。从每个功能元的解法中取出一个解按功能结构图中的次序组合，可得一个包含全部功能元的原理组合解，如$S_{11}-S_{22}-\cdots-S_{nm_n}$即是一种可能的原理组合解。理论上可得的解的总数$N$为

$$N=m_1m_2\cdots m_n$$

表2.3 形态学矩阵表

功能元	功能元解法						
	1	2	3	…	m_1	…	m_n
F_1	S_{11}	S_{12}	S_{13}	…	S_{1m_1}		
F_2	S_{21}	S_{22}	S_{23}	…	…	S_{2m_2}	
⋮	⋮	⋮	⋮	⋮	⋮	⋮	
F_n	S_{n1}	S_{n2}	S_{n3}	…	…	…	S_{nm_n}

以打印机为例，求解设计方案的步骤如下：

2.1.4 功能原理设计案例——打印机的功能原理设计

1. 功能分析

打印机的总功能是将计算机的各种信息输出打印在纸上，其功能分析如表2.4所示。

表2.4 打印机的功能分析

主要功能	针头打印（针头击打色带，即击针）
	打印头横向定位移动（打印头往复移动）
	打印纸定距卷纸（走纸换行）
辅助功能	色带均匀移动（循环）
	走纸辊压紧及调整
	纸宽调节
	打印头前后位置微调，适应不同厚度纸张
	手动卷纸功能
控制功能	与主机交换信息
	打印驱动控制
	故障检测
	报警
	自检
	自动进页
	自动换页
	连续或分页打印方式选择功能

2. 工作原理分析

打印机的工作原理图如图 2.5 所示。

3. 功能分解

以点阵式打印中的针式打印机为例，为简便起见，仅对其主要功能进行分解，如图 2.6 所示。

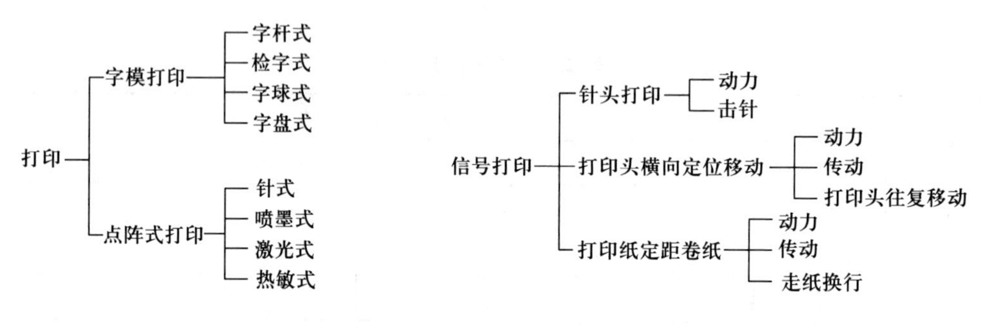

图 2.5　打印机的工作原理图

图 2.6　针式打印机的功能分解图

4. 功能求解

探求功能元解，列出功能技术矩阵，如表 2.5 所列，共可组成 (2×2×3×3×3×3)= 972 种方案。

表 2.5　针式打印机的功能技术矩阵

功能元	功能分解		
	1	2	3
A 针头打印的动力	电动机	磁铁	
B 击针	电磁力	机械力	
C 针头移动的动力	交流电动机	直流伺服电动机	步进电动机
D 针头移动的传动	齿轮	不完全齿轮	棘轮
E 打印头往复移动	齿轮齿条	传动带	螺旋螺母
F 走纸换行的动力	步进电动机	直流伺服电动机	交流电动机
G 走纸换行	带	摩擦轮	链

常用的一种针式打印机的方案是：A1 电动机驱动针头打印—B1 电磁力驱动击针—C2D1E2 直流伺服电动机驱动，通过齿轮和传动带使打印头往复移动—F1G2 步进电动机带动摩擦轮走纸换行。

2.2 机械系统的方案设计

2.2.1 机械系统运动方案的构思

1. 应用设计目录进行方案设计

设计一种机械时，实现总功能要求是根本目的，而具体的运动设计方案可能有很多种。对于同一运动功能的机械而言，它可以由不同的传动原理、不同的基本机构及不同的组合方式来实现。为使设计过程科学化、程序化，并帮助设计人员迅速获得准确、丰富的信息，编制了不同的设计目录。这些设计目录一般可分为以下三类：

1）对象目录　主要提供原始数据，如材料的物理与工艺性能，型材的断面尺寸、重量，规则物体的表面积、体积、重心位置、转动惯量，构件数等。

2）解法目录　它是针对给定功能的解决方案或技术物理效应的排列表，是按基本功能分类排列的。

3）工作方法目录　包括了设计工作中行之有效的一些通用方法及其使用条件等。

上述三种设计目录中，与运动方案设计关系最为密切的是解法目录。由于国内外情况与应用范围不同，我国目前还没有建立完整的、系统的、权威的设计目录。读者可以自己动手有针对性地编制适用于某类设计问题的设计目录。编制方法通常是：第一列列出基本功能，行则列出实现该种功能的所有相应的常用机构，这样便形成了表 2.6 所示的设计目录。有时还用设计矩阵的概念来描述该设计目录，设整个设计矩阵为 $\boldsymbol{A}$，元素 a_{ij}便代表某一个具体的机构。

从表 2.6 可以看出两个特点：一方面，同一种基本功能往往能由几种不同的常用机构来实现；另一方面，每种常用机构又常兼有几种基本功能。这就为设计者提供了方案构思的广阔空间。充分利用这样两个特点，可以得到各种设计巧妙、简单适用的运动方案。

还应注意到，针对某项给定的复杂运动所分解出的若干项基本动作与功能，可以采用各种不同的先后排列顺序来达到同一个设计总功能要求。当设计目录为 m 行 n 列矩阵时，将图中列的基本功能变更排列顺序，可得到 $m!$ 种基本动作的排列方式，而每一行中又有 n 种机构可供选择以实现该基本功能，据此便可演化出千变万化的设计方案。

表 2.6 给出的设计目录示例，只限于机械运动的范围，没有把流体机构、电气元件等考虑进去，更没有涉及诸如电、磁、热、光子等技术物理效应。读者可在此基础上自行扩展，编制相应的设计目录。

表 2.6　设 计 目 录

基本功能	基本机构		
	凸轮机构	螺旋机构	连杆机构
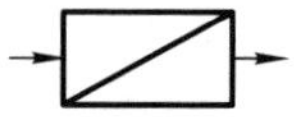 运动形式变换	摆动从动件盘形凸轮机构 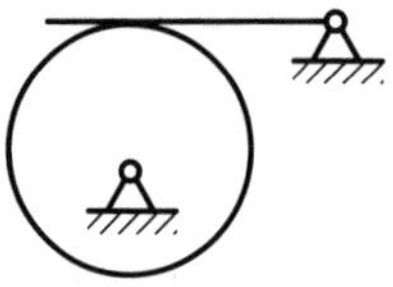 a_{11}	螺旋机构 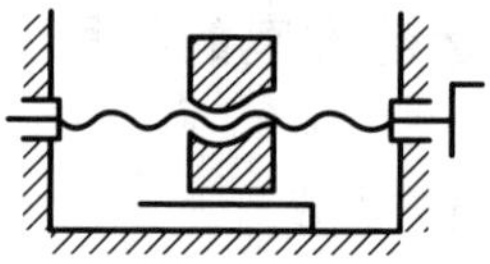 a_{12}	曲柄滑块机构 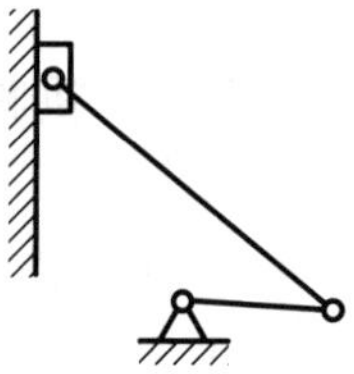 a_{13}
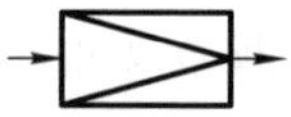 运动缩小	凸轮增大行程机构 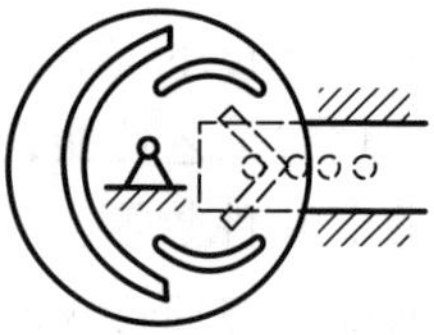 a_{21}	螺旋机构 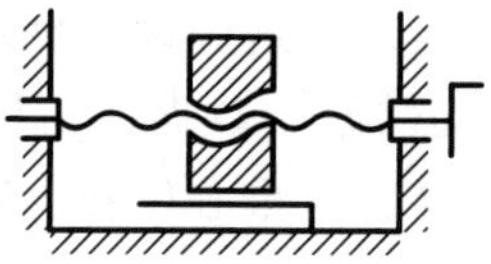 a_{22}	杠杆机构  a_{23}
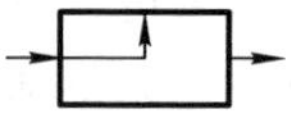 运动轴线变换	直动从动件盘形凸轮机构 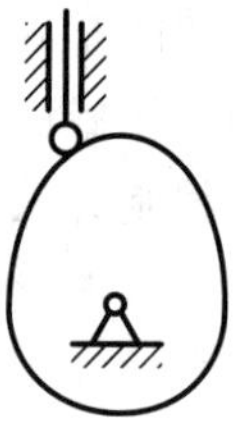 a_{31}	蜗轮蜗杆机构 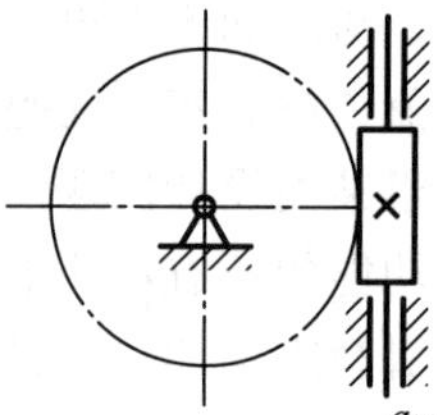 a_{32}	曲柄滑块机构 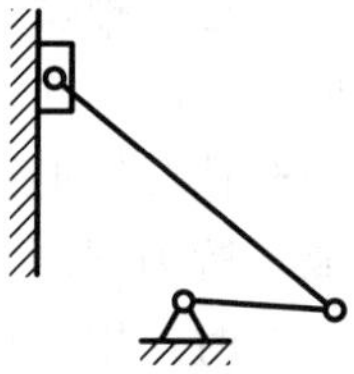 a_{33}
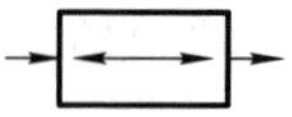 运动方向交替变换	圆柱凸轮机构 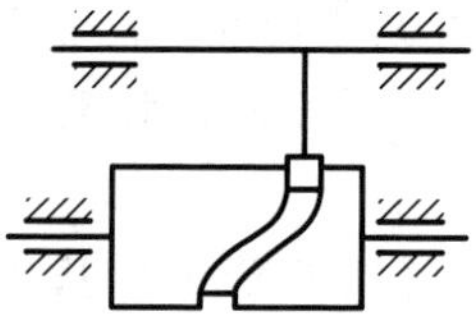 a_{41}	往复螺旋槽圆柱凸轮机构 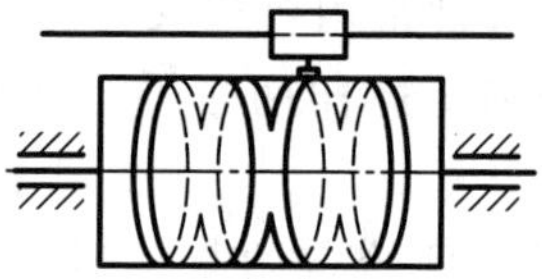 a_{42}	曲柄摇杆机构 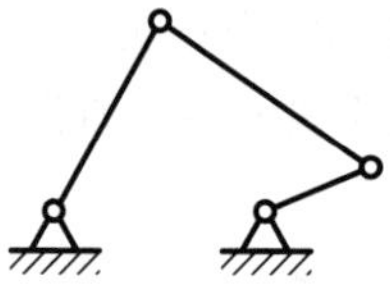 a_{43}
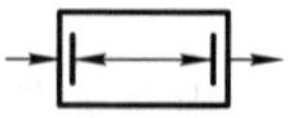 运动停歇	圆柱凸轮机构 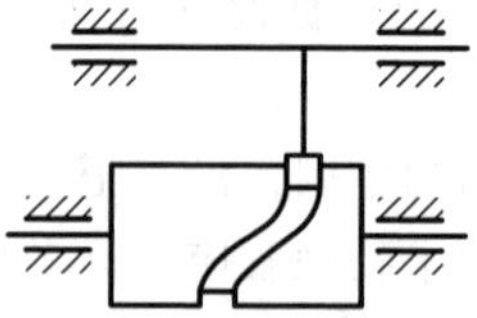 a_{51} 通过凸轮的轮廓曲线来实现功能，轮廓曲线与a_{41}不同	凸轮蜗杆机构 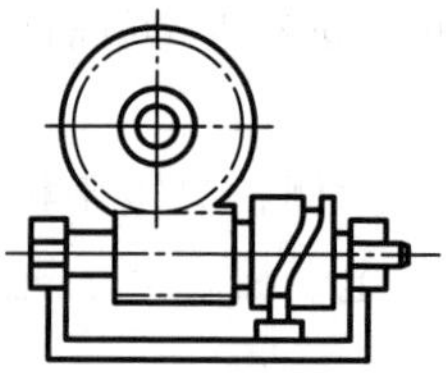 a_{52}	利用连杆轨迹的直线段实现停歇运动的六杆机构 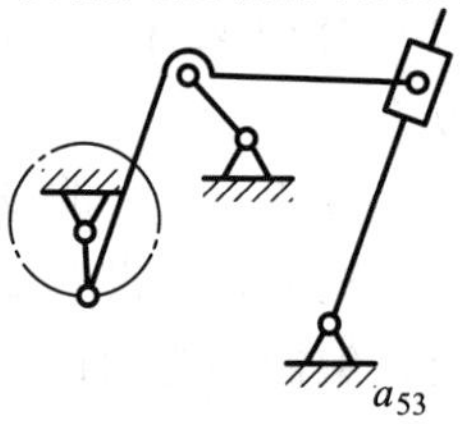 a_{53}

续表

基本功能	基本机构		
	齿轮机构	挠性件机构	其他机构
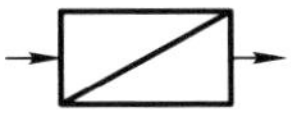 运动形式变换	齿轮齿条机构 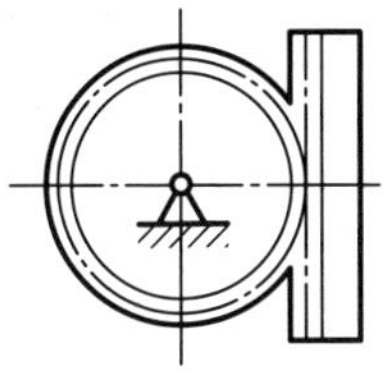 a_{14}	链条摆动倾斜机构 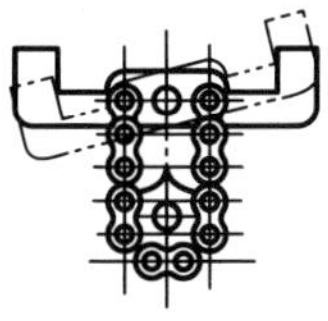 a_{15}	棘轮机构 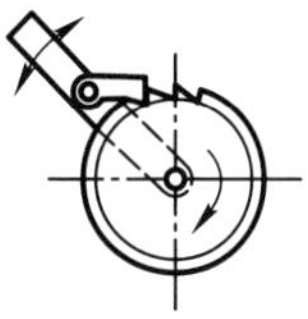 a_{16}
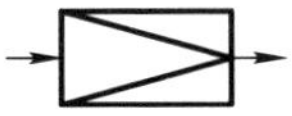 运动缩小	外啮合圆柱齿轮传动机构 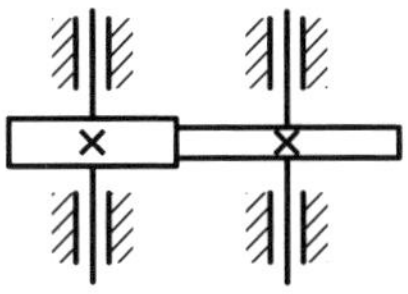 a_{24}	带轮减速机构 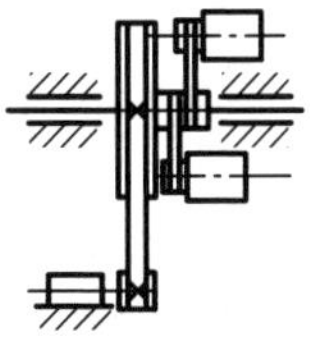 a_{25}	滚轮机构 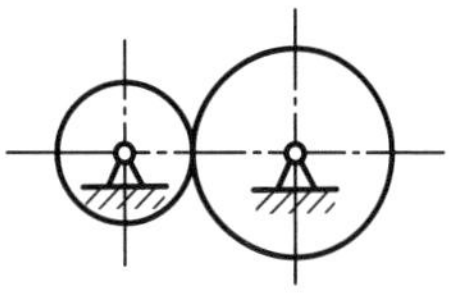 a_{26}
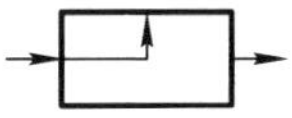 运动轴线变换	锥齿轮机构 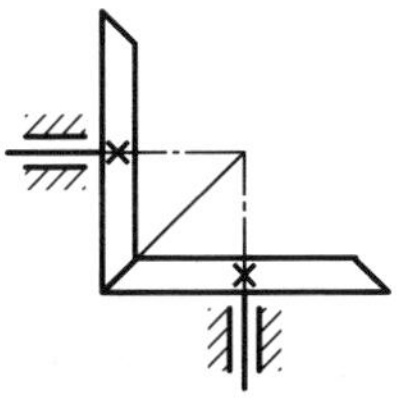 a_{34}	平带传动机构 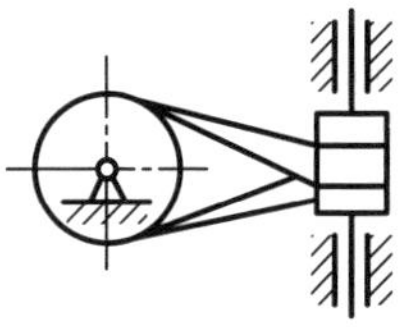 a_{35}	双曲面滚轮机构 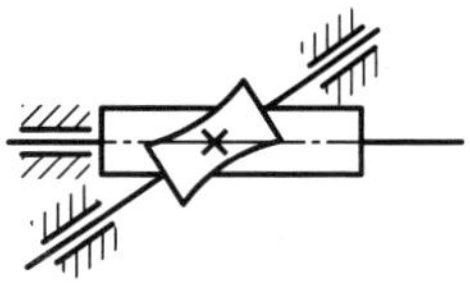 a_{36}
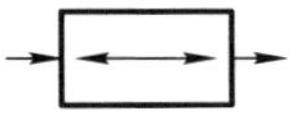 运动方向交替变换	不完全齿轮往复移动机构 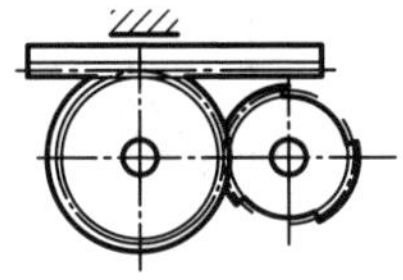 a_{44}	具有往复运动的链条机构 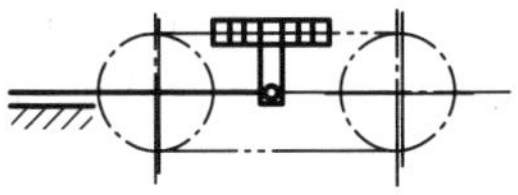 a_{45}	齿轮曲柄滑块机构 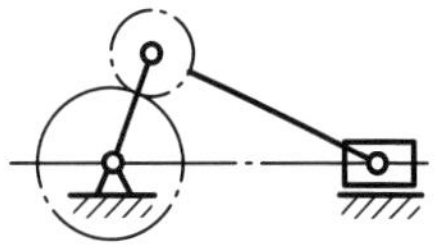 a_{46}
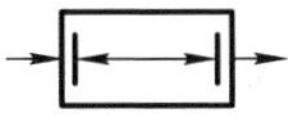 运动停歇	不完全齿轮机构 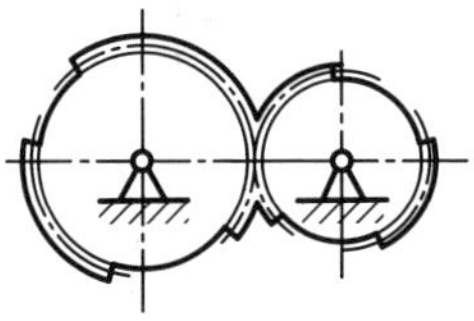 a_{54}	具有中间停歇的链条机构 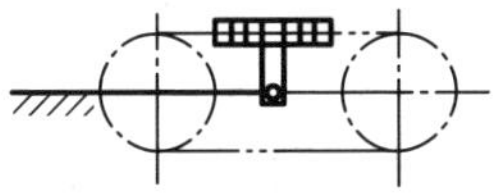 a_{55}	外槽轮机构 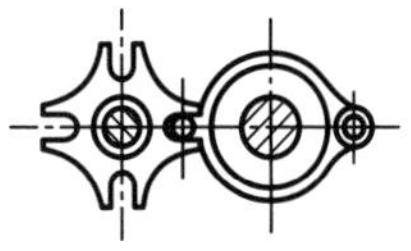 a_{56}

2. 机构的组合

在设计目录的每一行功能项目中选出一个机构，并按基本功能顺序排列后，所得到的设计方案不一定是唯一的。这是因为这些机构还可按不同的组合方式合成不同形式的机械。基本的机构组合方式如图 2.7 所示。当组合方式确定之后，机械设计方案随之形成。

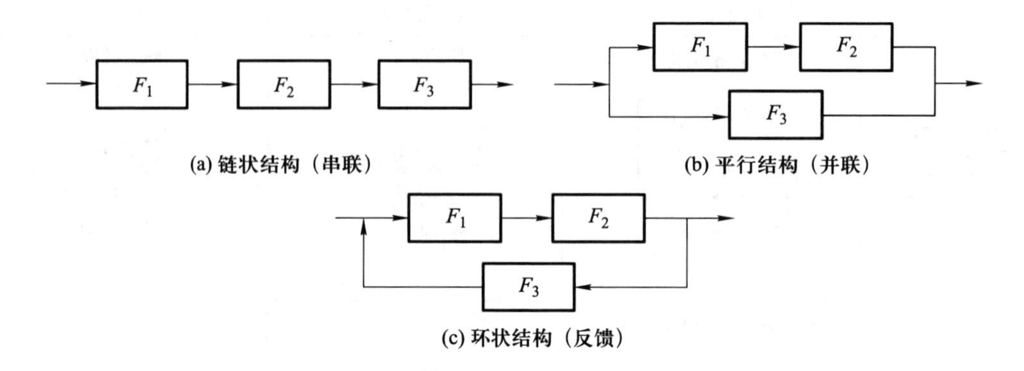

图 2.7　基本的机构组合方式

图 2.8 给出了这三种组合方式的方案示例。图 2.8a 是在普通六杆压力机机构之前串联了一个非匀速传动机构，用以改变滑块运动的速度特性。图 2.8b 是并联机构，主动不完全齿轮 1 交替与从动齿轮 2 及从动齿条 3 啮合，使它们往复运动。图 2.8c 是一种齿轮加工机床的误差校正机构，当输入运动由蜗杆 1 传至蜗轮 2 并输出时，凸轮机构 3、4 同时将输出运动反馈到蜗杆 1，从而起到补偿转角误差的作用。

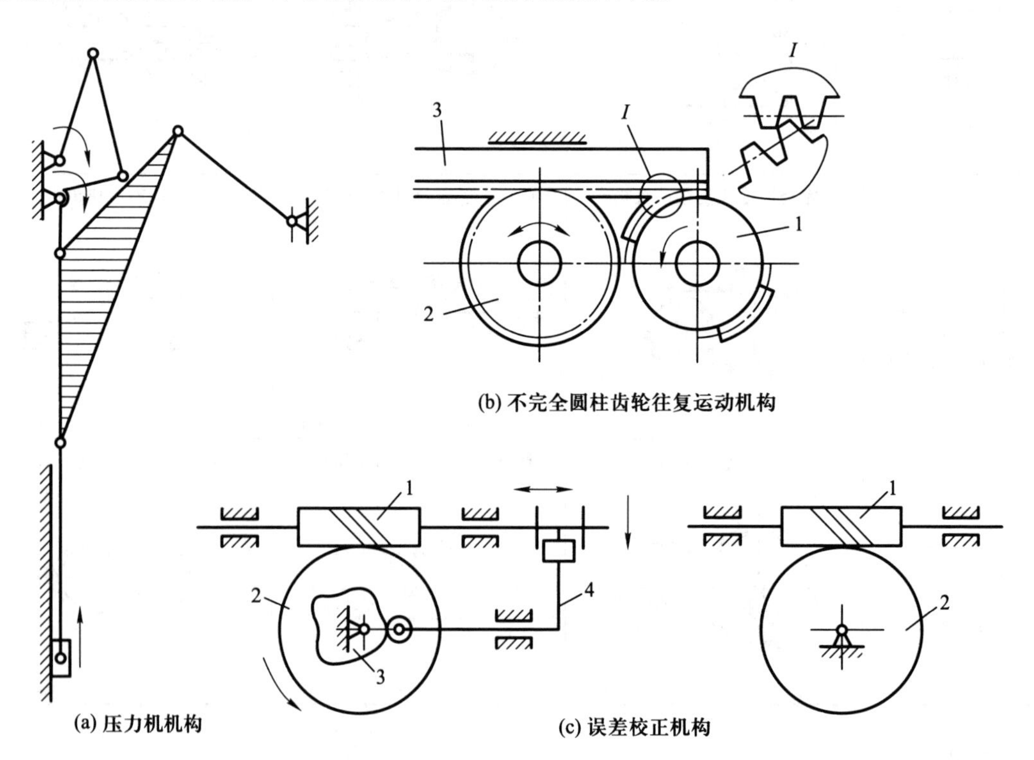

图 2.8　三种组合方式的方案示例

2.2.2 机械系统方案的拟定

1. 运动规律设计

实现同一种功能可以采用不同的工作原理，不同工作原理的工艺动作是不同的。如实现物料包装的功能，不同的工作原理具有不同的工艺动作，如表 2.7 所列。

表 2.7 物料包装的不同工作原理和工艺动作

工作原理	工艺动作	特点
人工包装	将物品放在包装纸中间，将包装纸分别向左右两侧和上下两侧折过来，叠在一起（图 2.9）	
包装折角	机械模仿人工包装。首先将包装纸压上折痕，然后将物品准确无误地放在包装纸中间，再经传送带两旁的压板从不同方向两次将包装纸折叠，并进行黏接	机构较复杂，工作效率较低
夹馅包装（填充包装）	采用夹馅包装原理，将物品放在包装纸中间，卷在滚筒上的包装纸靠成形器成形（通过成形器对折包装纸），然后定量填充、热封、切断（图 2.10）	结构简单，工作效率大大提高

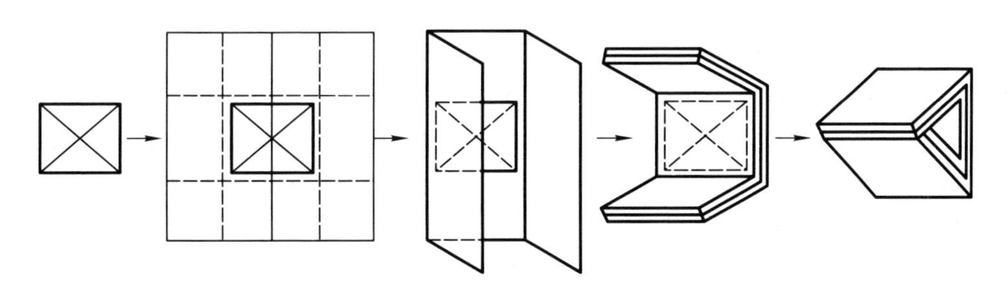

图 2.9 人工包装程序

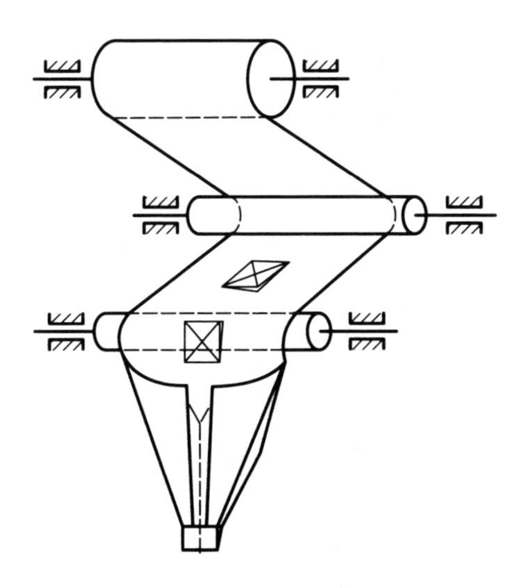

图 2.10 机械式夹馅包装

即使采用同一种工作原理，也可以构思出各种不同的工艺动作，设计不同的运动规律，相应的机构运动方案也不同。例如，齿轮加工机床的切齿功能，采用仿形法的成形原理和采用展成法的共轭原理，其工艺动作是不同的。采用仿形法加工时，其切齿动作是由间歇运动完成的。采用展成法滚齿是连续的转动形式；插齿是连续的往复移动形式。

工艺动作或运动规律的设计应考虑以下问题：

(1) 工艺动作或运动规律应尽量简单

工艺动作或运动规律尽量简单，才能保证设计的机构方案简单、实用及可靠。例如，要求为某滚珠轴承厂设计一台筛选不同直径的轴承钢珠的设备。如图 2.11 所示，使钢珠靠自重沿两条斜放的不等距棒条滚动，尺寸较小的钢珠会先行漏下，较大的钢珠稍后漏下，进而成功地对钢珠进行尺寸分级。该方案构思巧妙，只需设计一个输送钢珠的动作即可，避免了设计各种钢珠的测量动作。有些水果分级机也利用同样的方式对水果进行高效的机械分级。

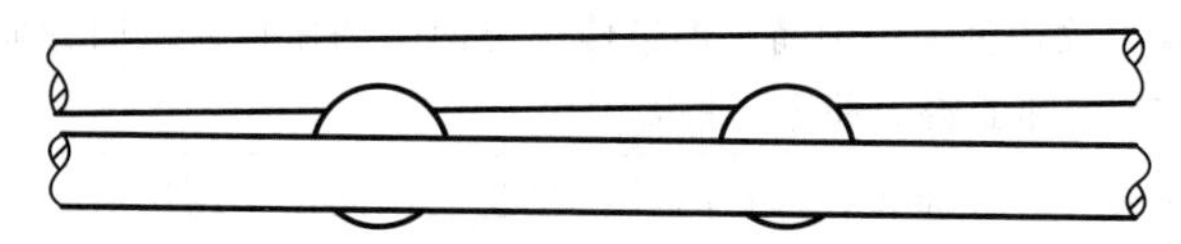

图 2.11　轴承钢珠的尺寸分选示意图

又如，为滚动轴承厂设计一台综合检测钢珠的圆度、表面粗糙度和材料均匀度等的设备。一般要考虑钢珠的送料动作、直径的检测动作及表面粗糙度的检验动作等，但这样设计的运动规律势必较复杂，从而导致检测设备较复杂，甚至不能很好地完成检测功能。考虑简化运动规律，可以利用钢珠的弹性在平面上跳动，根据跳动所走的路线来判别其是否合格。如图 2.12 所示，可以设计一组表面光洁的圆柱，按一定的间距排列，将钢珠以某一投射角投到第 1 个圆柱上，再弹到第 2 个、第 3 个……，质量合格的产品最后将落到预先放置的容器中，不合格的产品则会在中途被淘汰。该构思设计的运动规律简单，只需要设计一个抛投钢珠的机构，就可以代替综合检测的各种动作。

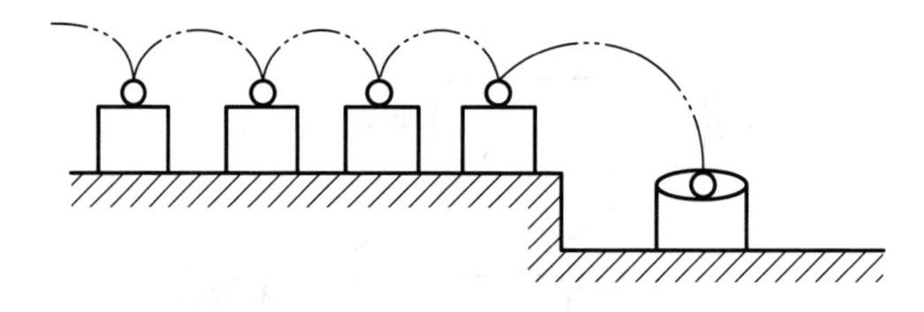

图 2.12　轴承钢珠的综合检测示意图

(2) 将复杂的工艺动作或运动规律进行分解

任何复杂的运动都可以分解为一些简单运动，如转动、摆动、直线移动，或连续运动、间歇运动、步进运动等。对于一个较复杂的工艺过程或运动规律，为了使设计的机构简单紧凑、便于加工并易于获得高精度，通常需要将运动规律分解成比较简单的基本运动规律。实现同一个工艺动作，可以分解成各种简单运动，相应的机械运动方案也有多种。

例如，要设计一台加工平面或成形表面的机床，可以选择刀具与工件之间作相对往复移动的工作原理。为了确定该机床的运动方案，需要依据其工作原理对工艺过程进行分解。

表2.8所列为两种不同的分解方法，相应得到龙门刨床和牛头刨床两种不同的运动方案。

表2.8 加工平面或成形表面的刨床的工艺动作分解

工艺动作分解	纵向往复移动	工件	刀具
	横向间歇进给	刀具	工件
描述		切削时刀具进给，不切削时刀具作横向进给	在工作行程中工件静止，在空回行程中工件作横向送进
产品		龙门刨床的运动方案	牛头刨床的运动方案
特点		适用于加工大尺寸的工件	适用于加工中、小尺寸的工件

又如，依据刀具与工件之间相对运动的原理，设计一台加工内孔的机床。其工艺动作可以有几种不同的分解方法，如表2.9所列。

表2.9 加工内孔的机床的工艺动作分解

工艺动作分解	产品
工件作连续等速旋转，刀具作纵向等速移动，同时，为了得到所需的内孔尺寸，刀具还需作径向进给运动	镗内孔的车床的运动方案，如图2.13a所示
工件固定不动，使刀具既绕被加工孔的中心线转动，又作纵向进给运动；为了调整被加工孔的直径，刀具还需作径向调整运动	镗内孔的镗床的运动方案，如图2.13b所示
工件固定不动，采用不同尺寸的专用刀具、钻头和铰刀，使刀具作等速转动并作纵向送进运动	加工内孔的钻床的运动方案，如图2.13c所示
工件和刀具均不转动，只有刀具作直线运动	拉床的运动方案，如图2.13d所示

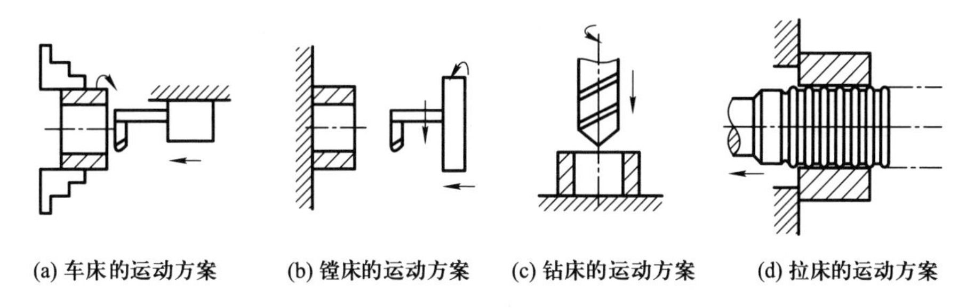

(a) 车床的运动方案　(b) 镗床的运动方案　(c) 钻床的运动方案　(d) 拉床的运动方案

图2.13 加工内孔的机床的运动分解示意图

工艺动作的运动分解方法不同，所得到的运动规律和运动方案大不相同，在很大程度上也决定了机械的特点、性能和复杂程度。如车床、铣床、刨床和钻床等加工机械，工艺动作的不同分解得到不同的运动规律，从而完成不同的切削工艺，同时这也是机床的命名由来。

又如上述加工内孔的车、镗、钻、拉各种方案，特点不同，用途各异。当加工较小的圆柱形工件时，选用车床镗内孔的方案比较简单；当加工尺寸很大且外形复杂的工件时（如加工箱体上的主轴孔），将工件装在机床主轴上转动很不方便，因此可以采用镗床的方案；钻床的方案取消了刀具的径向调整运动，工艺动作简化了，但刀具复杂，且加工大的内孔有困难；拉床的方案动作最简单，生产效率高，但所需拉力大，刀具价格很高，拉削大零件和长孔有困难，在拉孔前还需要在工件上预先制出拉孔和工件端面。

因此，对较复杂的工艺动作或运动规律进行分解时，要综合考虑机械运动实现的可能性、机械的复杂程度以及机械的工作性能，力求从各种运动规律中选出简单适用的运动规律。

（3）根据分解后的工艺动作或运动规律确定执行构件的数目、运动形式和运动参数

由于机械执行系统的作用是原动机的运动和动力被传递到执行构件后，实现机械需要的功能要求，因此执行构件的运动形式、运动参数及运动方位等决定着执行系统的运动规律（即运动方案）。

工艺动作或运动规律分解后，要确定执行构件的数目、运动形式、运动方位及运动参数等，从而为机械执行系统的运动方案设计奠定基础。

1）执行构件的数目

执行构件的数目取决于工艺动作分解后机械基本动作的数目，但两者不一定相等，要针对机械的工艺过程以及结构的复杂性等进行具体分析。例如，在立式钻床中可采用两个执行构件（钻头和工作台）分别实现钻削和进给功能，也可以采用一个执行构件（钻头）同时实现钻削和进给功能。

2）执行构件的运动形式和运动参数

执行构件的运动形式取决于要实现的工艺动作的运动要求。常见的运动形式有回转运动、直线运动、曲线运动及复合运动等。常见运动形式的运动参数可见表 2.10。

表 2.10　常见运动形式的运动参数

<table>
<tr><th colspan="2">运动形式</th><th>运动参数</th></tr>
<tr><td rowspan="3">回转运动</td><td>连续转动</td><td>每分钟的转数</td></tr>
<tr><td>间歇转动</td><td>每分钟的转数、转角大小及动停比等</td></tr>
<tr><td>往复摆动</td><td>每分钟的摆动次数、摆角大小及行程速度变化系数等</td></tr>
<tr><td rowspan="3">直线运动</td><td>往复直线运动</td><td>每分钟的行程数、行程大小及行程速度变化系数等</td></tr>
<tr><td>有停歇的往复直线运动</td><td>行程大小，工作速度，一个运动循环内停歇的次数、位置及时间等</td></tr>
<tr><td>有停歇的单向直线运动</td><td>位移和停歇时间等</td></tr>
<tr><td rowspan="2">曲线运动</td><td>沿固定不变的曲线运动</td><td>轨迹点坐标 x、y、z 的变化规律，如搅拌机执行构件上某点的运动</td></tr>
<tr><td>沿可变的曲线运动</td><td>这时的曲线运动往往是由两个或三个方向的移动组成，如起重机吊钩的空间曲线运动，其运动参数需由各方向移动的配合关系确定</td></tr>
<tr><td colspan="2">复合运动，由以上几种单一运动组合而成</td><td>运动参数根据各单一运动形式及其协调配合关系而定。如台式钻床的钻头作连续转动（切削运动）的同时又作直线运动（进给运动）</td></tr>
</table>

2. 机械运动协调设计及机器运动循环图的编制

(1) 各执行构件间的协调配合

某些机械各执行构件的运动彼此独立，在设计时可不考虑其运动的协调配合问题。例如在图 2.14 的外圆磨床中，砂轮和工件都作连续回转运动，同时工件作纵向往复运动，砂轮架带着砂轮作横向进给运动。这几个运动相互独立，既不需要保持严格的速比关系，各执行构件也不存在动作上的严格协调配合问题。在这种情况下，为了简化运动链，可分别为每一种运动设计一个独立的运动链，由单独的原动机驱动。

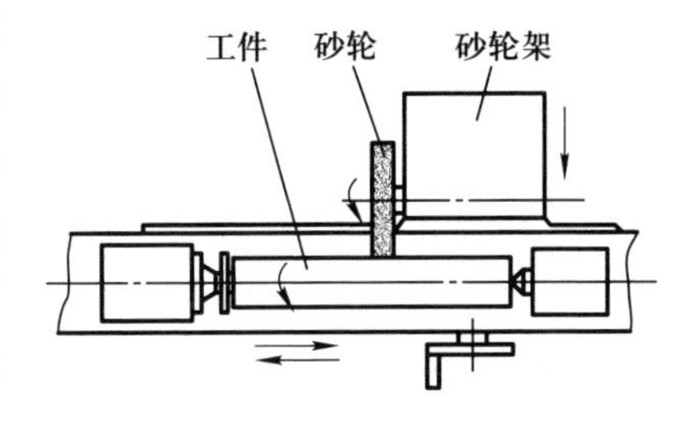

图 2.14 外圆磨床

在另一些机械中，各执行构件的运动之间必须保证严格的协调配合，才能实现机械的功能。在运动方案拟订时，还必须考虑机械各执行机构运动的协调配合关系。根据协调配合性质的不同，可分为如下两种情况：

1) 各执行构件间运动速度的协调

有些机械要求各执行构件运动之间保持严格的速比关系。例如按展成法加工齿轮时，刀具和工件的展成运动必须保持某一恒定的传动比；又如在车床上车制螺纹时，主轴的转速和刀架的走刀速度也必须保持严格恒定的速比关系。为了保证各执行构件的速比关系，各相关运动链通常要用同一台原动机驱动。设计这类传动系统时，在确定执行构件和原动机的运动参数后，还需根据运动速度协调的要求进行必要的计算与调整。

2) 各执行构件间动作的协调配合

有些机械要求各执行构件在运动时间的先后和运动位置的安排上必须准确而协调地相互配合。例如，牛头刨床的刨头和工作台的动作就必须协调配合，工作台的进给运动应在非切削时间内进行，在切削时间内工作台应静止不动。

又如在图 2.15 所示的饼干包装机折边机构中，构件 1 和 4 是用来折叠包装纸的侧边的两个执行构件。因两执行构件的轨迹是相交的，故在安排两执行构件的运动时，不仅要

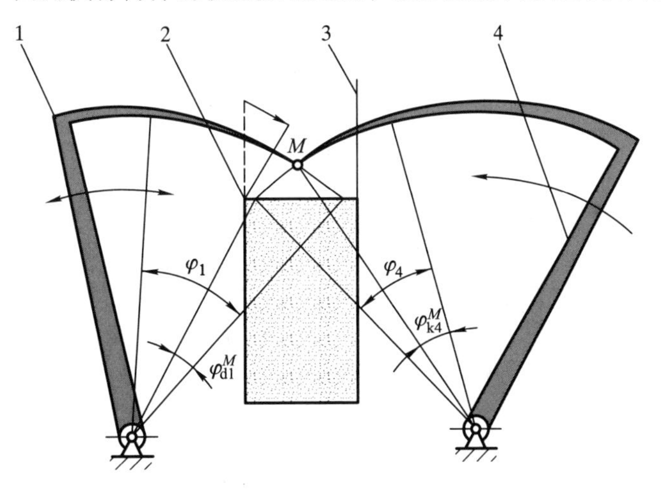

1—左折边构件；2—饼干；3—包装盒；4—右折边构件

图 2.15 饼干包装机折边机构

注意时间上的协调，还要注意空间位置上的协调，以避免两执行构件发生干涉。由图 2. 15 可见，两执行构件的轨迹相交于点 M，如设执行构件 1 先动作，则为了避免两执行构件发生干涉，必须在构件 1 向左摆回离开点 M 以后，构件 4 才能向左摆动进入点 M 以左区域。

此外，有时一个执行构件需要完成一个以上的动作，这些动作之间也需协调配合。

（2）机械运动循环图

如上所述，某些机械各执行构件之间在动作上必须协调配合。如果协调配合关系遭到破坏，机械不仅不能完成预期的工作任务，甚至还会损坏设备。为了保证机械在工作时各执行构件间动作的协调配合，在设计机械时应编制出用以表明在机械的一个工作循环中各执行构件运动配合关系的运动循环图（也叫工作循环图）。在编制运动循环图时，要从机械中选择一个构件作为定标构件，用它的运动位置（转角位移或时间）作为确定其他执行构件运动先后次序的基准。运动循环图通常有如下三种形式：

1）表格式运动循环图

图 2. 16 所示为牛头刨床的表格式运动循环图。它以牛头刨床的主体机构——曲柄导杆机构中的曲柄为定标构件，以曲柄转角为横坐标，安排了刨头和工作台运动的起止时间。曲柄每转一周为一个工作循环。由图 2. 16 中可以看出，工作台的进给过程是在刨头的空回行程中完成的。

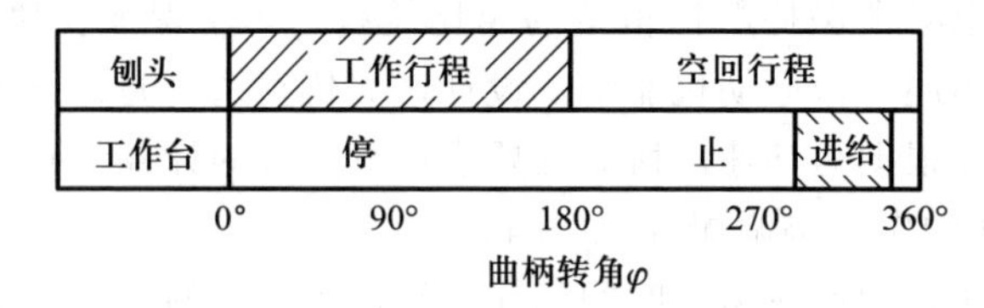

图 2. 16　牛头刨床的表格式运动循环图

2）圆周式运动循环图

图 2. 17 所示为单缸四冲程内燃机的圆周式运动循环图，它以曲轴作为定标构件，曲轴每转 2 周为一个运动循环。

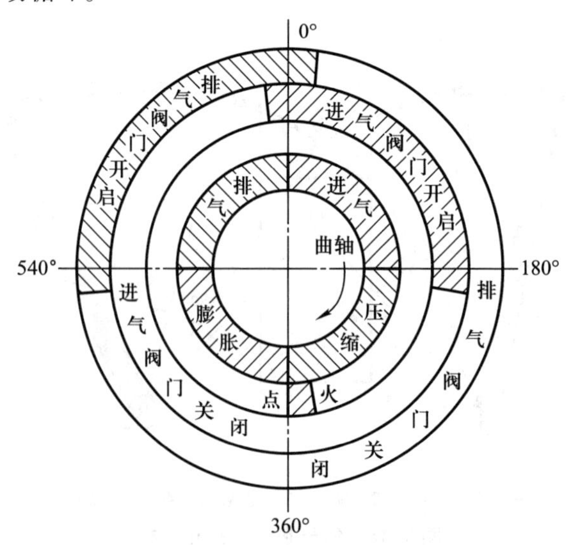

图 2. 17　单缸四冲程内燃机的圆周式运动循环图

上述两种运动循环图，只表示了各执行构件动作的先后次序和动作持续时间的长短，而不能显示各执行构件在工作时间内的运动规律和各执行构件在位置上的协调配合关系。

3）直角坐标式运动循环图

图2.18是前述饼干包装机折边机构的直角坐标式运动循环图，该图中横坐标表示分配轴（定标构件）转角，纵坐标表示执行构件的转角。此图不仅能表示出两执行构件动作的先后次序，而且能表示出两执行构件的工作行程和空回行程的运动规律以及它们在运动上的配合关系，所以是一种比较完善的运动循环图。

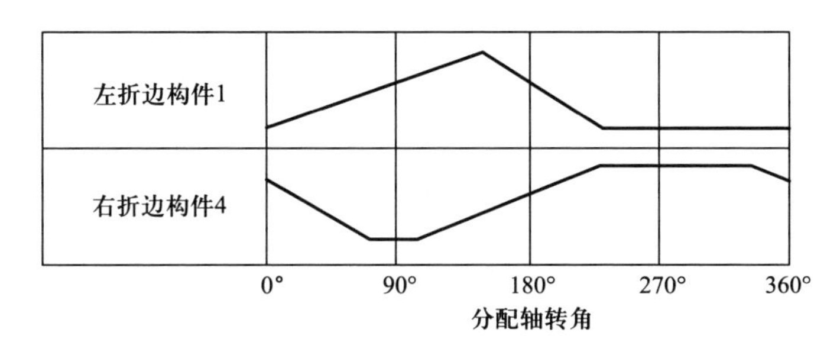

图2.18　直角坐标式运动循环图

（3）运动循环图的设计

合理地设计运动循环图是机械传动系统进一步设计的重要依据。对于具有多个执行机构的机械而言，除了编制执行机构的运动循环图以外，往往还需设计机械系统的运动循环图。它将保证各执行机构协调动作，即运动的同步化。机械系统各执行机构的运动循环图设计包括以下两方面内容：

1）运动循环的时间同步化

各执行机构的运动循环只具有时间上的顺序关系，而无空间上的相互干涉关系。这些执行机构的运动循环之间的联系称为“运动循环的时间同步化”。

2）运动循环的空间同步化

各执行机构的运动循环既有时间上的顺序关系，又具有空间上的相互干涉关系。这些执行机构的运动循环之间的联系，称为“运动循环的空间同步化”。

（4）运动循环的设计案例

下面分别以自动打印机与饼干包装机折边机构的运动循环设计为例予以说明。

1）执行机构运动循环的时间同步化设计（自动打印机的时间同步化设计）

如图2.19所示，自动打印机的送料器1先将产品2送至打印工位上，然后由打印头3对产品进行打印。由此可知，送料器1和打印头3对产品进行顺序作业，故它们只具有时间上的顺序关系，而无空间上的相互干涉关系，因此只需进行时间同步化设计。其步骤如下：

① 作出各执行机构的运动循环图　根据打印工艺要求，打印头的运动循环周期 T_p 由如下4段组成：t_k——打印头的前进运动时间，t_{ok}——打印头在产品上停留时间，t_d——打印头退回时间，t_o——打印头停歇时间。因此，打印头的运动循环周期 T_p 为

$$T_p=t_k+t_{ok}+t_d+t_o$$

相应的分配轴转角为

$$360° = \varphi_k + \varphi_{ok} + \varphi_d + \varphi_o$$

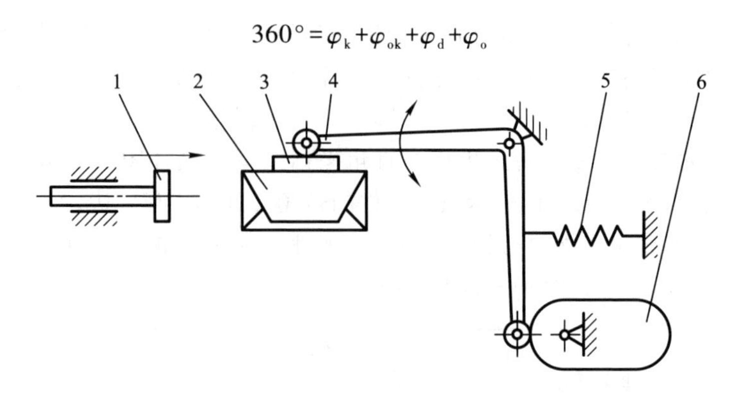

1—送料器；2—产品；3—打印头；4—杠杆；5—弹簧；6—凸轮

图 2.19　自动打印机运动循环的时间同步化设计

为满足自动打印机每班时间 T 生产 A 件产品的要求，即生产率 $Q=\dfrac{A}{60T}$（件/min），并排分配轴每转一周完成一个产品的打印，所以取打印机分配轴转速 $n \geqslant Q$（r/min），则运动循环周期 $T_p=\dfrac{1}{n}$（min）$=\dfrac{60}{n}$（s）。将 T_p 合理分配给 t_k、t_{ok}、t_d、t_o 后，相应的分配轴转角分 φ_k、φ_{ok}、φ_d 和 φ_o，由此绘出打印头的运动循环图（图 2.20a）。同样步骤可绘出送料器的运动循环图（图 2.20b），t_{d1} 为送料器退回时间，t_{o1} 为送料器停歇时间。

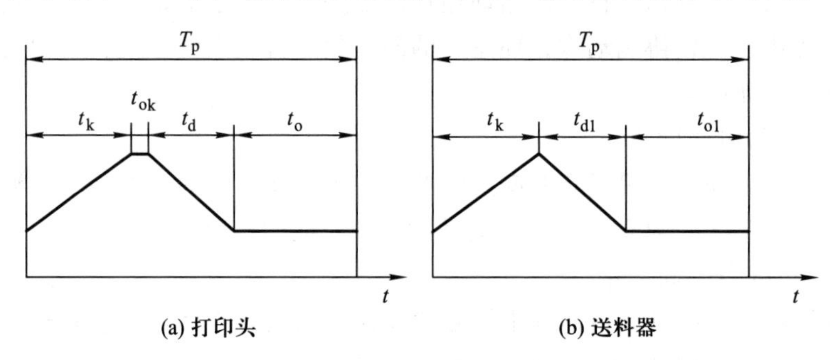

图 2.20　自动打印机的运动循环图

② 确定机械运动循环周期 T_{max} 和 T_{min} 值　如图 2.21 所示，该自动打印机的最大运动循环周期 $T_{max}=T_{p1}+T_{p2}$，它机械地将两个执行构件的工作循环图合在一起，显然是极不经济的。

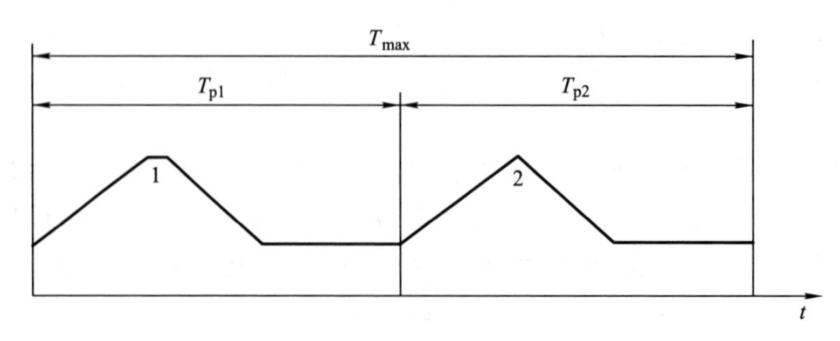

图 2.21　最大运动循环周期 T_{max}

如图 2.22 所示，最小运动循环周期 $T_{min}=T_{p1}=T_{p2}$，当送料器把产品送到打印工位时，打印头正好压在产品上，即点 1 与点 2 在时间上重合。这种循环图在时间顺序上基本满足设计要求，但由于实际的执行机构存在着运动规律误差、运动副间隙、受力元件变形以及自动机调整误差等原因，不可能保证点 1 和点 2 完全重合，这势必会影响产品加工质量和自动机的正常工作。

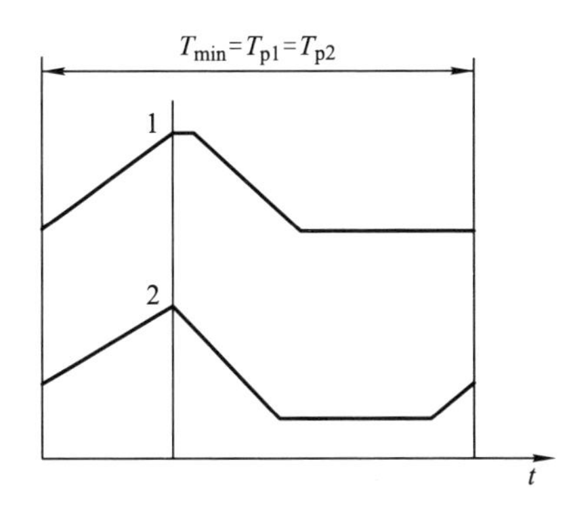

图 2.22　最小运动循环周期 T_{min}

③ 确定合理的运动循环周期 T　合理的运动循环周期 T 应使点 2 超前点 1 约 Δt，与 Δt 相对应的分配轴转角一般取 $\Delta\varphi>5°\sim10°$，图 2.23 是经过时间同步化设计的合理的自动打印机运动循环图。

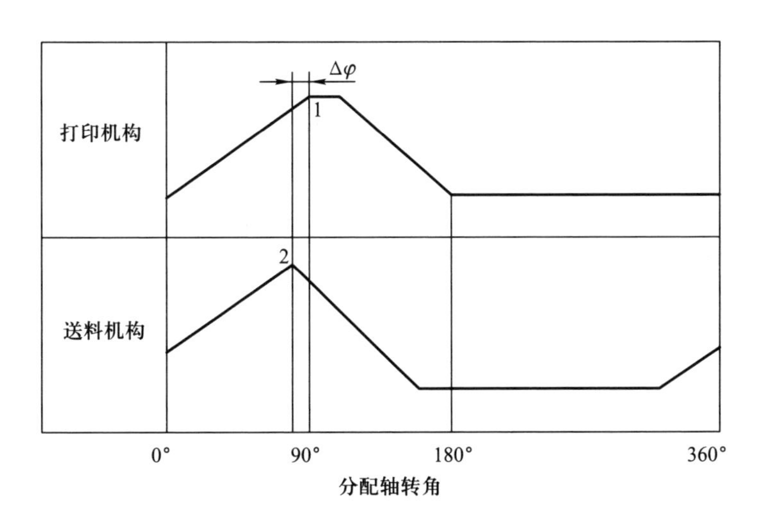

图 2.23　经过时间同步化设计的自动打印机运动循环图

2）执行机构运动循环的空间同步化设计（饼干包装机折边机构的空间同步化设计）

① 设计各执行机构的运动循环图　对于图 2.15 所示的饼干包装机折边机构，根据其包装工艺的要求，设计左、右折边构件的运动循环图。图 2.24a 是左折边构件的运动循环图，在时间上它先于右折边构件的动作。图 2.24b 是右折边构件的运动循环图。

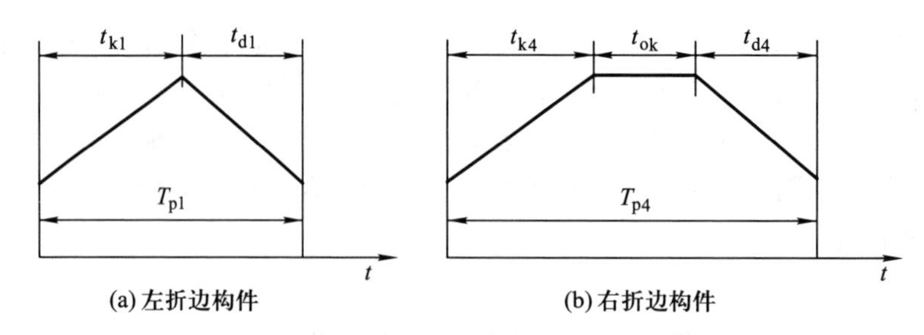

图 2.24　饼干包装机折边机构的运动循环图

② 绘制执行构件的位移曲线图　两执行构件都作摆动，摆角是时间 t 的函数，可作出它们的位移曲线图。图 2.25a、b 分别是左折边构件 1、右折边构件 4 的位移曲线图。在图 2.15 中看到，左折边构件 1 的摆角为 φ_1，干涉点 M 的相对位置角为 φ_{d1}^M；右折边构件 4 摆角为 φ_4，干涉点 M 的相对位置角为 φ_{k4}^M。由此在图 2.25a 中找到点 M_1，在图 2.25b 中找到点 M_4。

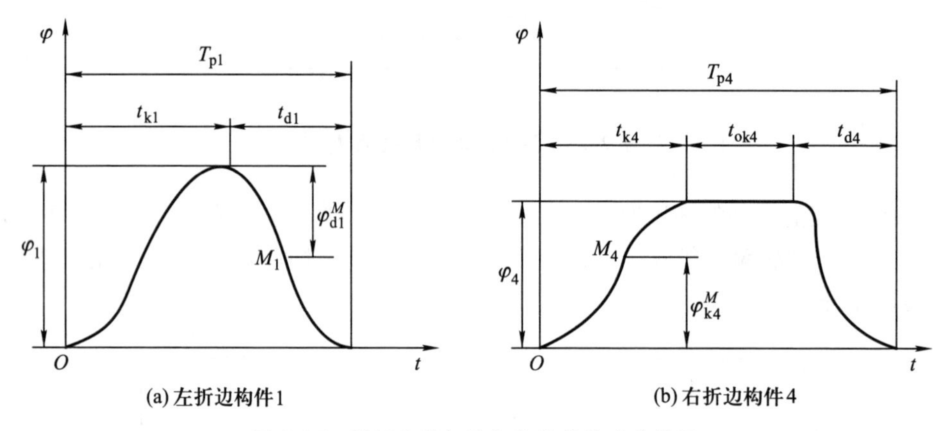

图 2.25　饼干包装机执行构件的位移曲线图

③ 执行机构运动循环空间同步化的设计　若将图 2.25 所示的左、右折边构件的位移曲线与点 M_1 和 M_4 相重合，则得左、右两折边构件的运动循环在干涉点 M 的极限状态（即图 2.26 虚线位置）。考虑到工作行程与空行程重合原则，须使右折边构件 4 的位移曲线改变为图 2.26 实线所示。

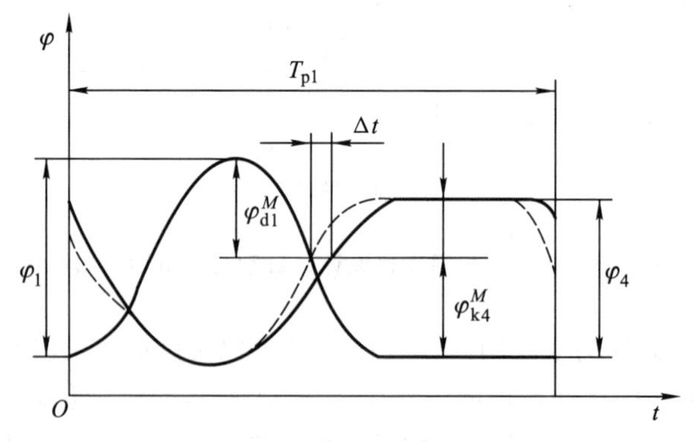

图 2.26　饼干包装机折边机构的执行构件运动循环的空间同步化

同样，考虑到构件运转时的实际情况，适当地确定错位量 Δt，从而得到合理的空间同步化的执行构件运动循环图，再将它转换成分配轴的转角，即得到图 2.18 所示的运动循环图。

2.2.3　机械系统方案设计的评价

1. 方案评价的目的和内容

方案评价的目的是通过对可行候选方案进行技术、经济、外部环境等方面的评定，给出方案的评价意见，为决策者最后确定设计方案提供信息和依据。在机械系统的各设计阶段，如确定原理方案、总体方案、机构方案、结构方案等过程中，都要进行分析和筛选，通过逐段评价才能得到优化的方案。评价不仅要对评价对象进行科学分析和评定，还应针对评价对象的技术性、经济性和外部环境等方面存在的弱点提出改进和完善建议。

技术评价是对所设计的方案能否实现系统预定的功能要求，以及实现预定功能的优劣程度进行的评价。因此，技术评价时应对各候选方案在技术上的可行性、适用性、先进性、可靠性、完善性等进行比较、分析和评价。

经济评价是对所设计方案的经济性进行评价。经济评价时应对各候选方案的投入产出比、性能价格比、成本与利润、资金占用等方面进行比较、分析和评价。

外部环境评价是对所设计方案可能产生的社会效益和环境影响进行评价。外部环境评价的主要内容包括设计方案是否符合国家有关政策、法令、法规，对经济发展、市场前景、生态环境等的影响，以及对生产的安全性、环境变化的适应性、资源及能源的利用状况等方面进行比较、分析和评价。

上述三方面的评价结论往往会有矛盾，P_1 方案的某些技术指标的评价值优于 P_2 方案，但某些经济指标的评价值不如 P_2 方案好，或外部环境指标的评价值互有差异，使得仅从单方面评价很难判断方案的优劣。因此，还需要科学评价体系对方案进行综合评价。

2. 方案评价的指标体系、评价原则和权重分配

（1）方案评价的指标体系

方案评价时所涉及的技术、经济、外部环境等方面的评价指标构成一个体系，其层次结构举例如图 2.27 所示。图 2.27 中各评价指标应根据系统整体目标要求设定。按评价指标的复杂程度由高到低依次排列，复杂度较高的评价指标如图中 B_{11}、B_{12}、…排在第一

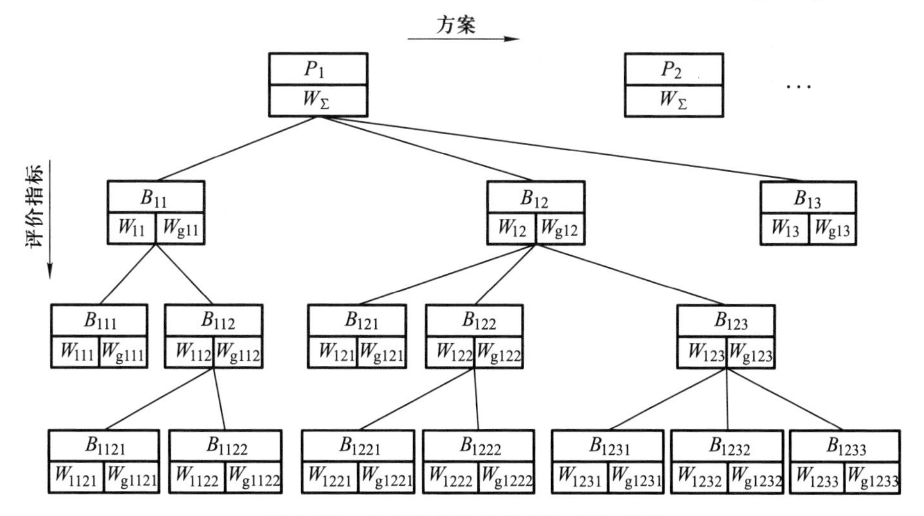

图 2.27　评价指标体系的层次结构举例

层，复杂度次之的如图 2.27 中 B_{111}、B_{112}、…排在下一层，以此类推，构成层次清晰的评价指标体系。上一层的每一个评价指标都拥有各自独立的、互不相关的下层评价指标。

对于每一个评价对象都要从多方面进行评价，即要使用多个评价项目。每一个评价项目就是一种评价指标，这些指标应相互独立，避免重复。对于机械系统而言应包括下列基本评价指标：

1）功能。选定的方案、结构或产品必须保证产品要实现的功能。

2）工作原理。实现功能的工作原理是否恰当，有哪些干扰因素等。

3）性能。被评价结构或产品的工作范围、运动和动力性能、准确程度等。

4）结构。是否具备零件数目少、结构形状简单、体积小等结构特点，特殊材料的使用和设计中难以估计的结构因素等。

5）安全可靠性。操作者、产品自身和工作环境的安全，优先采用本身具有保护功能或不需要额外附加保护措施的设计方案。

6）人机学。合理解决人与产品间关系的程度，造型的美观程度等。

7）加工制造。是否可以采用常规、通用的加工方法，加工量的多少，是否可以不用或少用昂贵、复杂的刀具、工具和夹具，具备哪些加工条件等。

8）检验。检验的方便和可靠程度，工作量大小。检验应能确保产品质量。

9）装配。装配的简单、快速和方便程度，是否需要使用特殊工具等。

10）搬运。对于较大产品的搬运问题，应考虑可否采用普通、常用的运输工具。

11）使用。运行操作是否简单、寿命、磨损等情况。

12）维修。维护和清洗的难易程度和工作量大小，是否易于检查和修理，是否有失效先兆的报警措施等。

13）回收。设备报废以后重用、重组部分的含量，是否容易回收作原料。

确定评价指标体系时必须尽可能做到以下三点：

1）评价指标应完备，对方案决策有重大影响的重要评价指标不可遗漏。

2）各评价指标必须保持相互独立，不允许一个评价指标包容或隐含另一个评价指标，任两个评价指标的评价结果互不影响。

3）各评价指标所需的资料和信息易于获得。

（2）方案评价原则

评价过程是人为过程，评价指标、评价尺度、评价方法等都是由人制定的，评价结果难免受到评价人员的知识、经验，掌握和熟悉资料的完整程度，对系统目标的理解程度，以及评价角度和个人倾向等人为因素的影响。因此，对方案进行绝对精确评价是不可能的。为使评价尽可能减少偏差和避免失误，必须遵循以下原则：

1）客观性原则。客观性原则是进行正确评价的首要原则。客观性包括参与评价人员的客观性和评价资料的客观性。评价人员应站在公正的立场上，实事求是地进行资料收集，全面把握系统的总功能要求，熟悉和掌握评价方法，统一评价尺度，对评价结果作客观的解释。评价时不带倾向性、不抱偏见、不随意评价。评价资料应真实可靠，尽可能完整，避免片面性。

2）可比性原则。为了比较各候选方案的优劣，必须要求各方案的基本功能、基本属性具有可比性，能够建立起共同的评价指标体系。为提高可比性和可操作性，凡能用分析、比较、计算等方法进行量化的评价指标应予量化；对无法量化的定性评价指标，可通过适当手段赋以能明确区分程度差别的文字说明，如最好、好、较好、一般、差等。对文字说明的理解应取得共识，为与定量的评价指标进行综合比较，也常将定性指标用适当的分值来表示，如把评语最好、好、较好、一般、差分别赋以标准分 1.0、0.8、0.6、0.4、0，或用十分制、百分制等表述。但若影响定性指标的不确定因素对评价结果影响大而又难以估定影响程度，则赋分值时应特别慎重。

3）合理性原则。为了得到可信的评价结果，所确定的评价指标体系和评价尺度应合乎逻辑，能正确反映预定的评价目的，能根据评价指标对各方案进行比较、排序，合理地得出评价结果。

4）整体性原则。整体性是指系统的评价指标应尽量全面且有代表性，能综合反映系统的整体目标在技术、经济、外部环境等各方面的要求。同时，应注意区分各项评价指标对整体性能影响的重要程度，评价前应按其重要度对各评价指标赋以合理的权重。

（3）权重分配原则

权重 W 一般可用 0~1（或 0~100）的正实数表示，总权重 $W_{\Sigma}=1$（或 100）。评价指标的重要度愈大，其分配的权重 W 也愈大。

各项评价指标的权重应在评价指标体系中表示，如图 2.27 所示，每项评价指标的框图下方都标有两个权重，左边的是设计时分配给该指标的权重 W_i，右边的是该指标在整个系统总权重中所占的比权重 W_{gi}。上层指标的权重按其所属下层指标的重要度进行分配，分配原则如下：

1）同层各子指标的权重之和等于 1，图 2.27 中

$$\sum W_{1i}=W_{11}+W_{12}+W_{13}=1$$

$$\sum W_{12i}=W_{121}+W_{122}+W_{123}=1$$

$$\cdots$$

2）每项下层指标的比权重应为该指标的权重与其归属的上层指标的比权重之积，图 2.27 中有

$$W_{g111}=W_{111}W_{g11}$$

$$W_{g1121}=W_{1121}W_{g112}$$

$$\cdots$$

3）同层各子指标的比权重之和等于 1，图 2.27 中有

$$\sum W_{g1i}=W_{g111}+W_{g1121}+W_{g1122}+W_{g121}+W_{g1221}+W_{g1222}+W_{g1231}+W_{g1232}+W_{g1233}+W_{g13}=1$$

由于权重分配对评价结果有很大影响，所以权重分配应慎重。在方案阶段，各评价指标的权重不可能精确确定，主要依靠知识和经验进行估计。因此，若无法估计各指标相对重要度的差别，或差别不大，则不可贸然估计权重。对整体性能（或价值）影响很小的指标，应予摈弃，不列作评价指标。

3. 方案评价方法

方案评价方法很多，但目前所用的各种评价方法都有一定的局限性，现介绍常用的两种评价方法。

（1）评分法

评分法是一种简单易行的方法，尤其是当评价指标体系较简单，层数只有一层时，评

分更简便。

评分法将具有各种专业知识的专家学者组成评价组，根据确定的评价指标体系，对各候选方案的各项指标进行评分，再通过其他技术方法对各项指标的评分进行处理，作出各方案总的评价。其具体方法如下：

设在某个评价指标 B_i 下需确定 m 个不同方案的得分。首先对任意两个方案 P_k、P_j 的指标 B_i 进行比较，并以得分 $S_{kj}^{(i)}$ 代表比较的结果，其比较结果的表达式为

$$S_{kj}^{(i)}=\begin{cases}1 & \text{当方案 } P_k \text{ 优于方案 } P_j\\ 0.5 & \text{当方案 } P_k \text{ 与方案 } P_j \text{ 相当}\\ 0 & \text{当方案 } P_k \text{ 不如方案 } P_j\text{，或 } k=j\end{cases}$$

为避免某个方案的得分为零，可增设一个虚拟的最差方案 P_{m+1}，即有

$$\begin{cases}S_{k,m+1}^{(i)}=1\\ S_{m+1,k}^{(i)}=0\end{cases}\quad k=1,\ 2,\ \cdots,\ m$$

于是，方案 P_k 对方案 P_j 关于评价指标 B_i 的总得分为

$$\begin{cases}S_k^{(i)}=\sum_{j=1}^{m}S_{kj}^{(i)} & k=1,\ 2,\ \cdots,\ m\\ S_{m+1}^{(i)}=0\end{cases}$$

为了便于比较，对 $S_k^{(i)}$ 做归一化处理，将其转化为得分率（或价值比）$V_k^{(i)}$，

$$V_k^{(i)}=\frac{S_k^{(i)}}{\sum_{k=1}^{m}S_k^{(i)}}\quad k=1,\ 2,\ \cdots,\ m$$

$V_k^{(i)}$ 值最大的方案为由评价指标 B_i 作评分评价时的最优方案。

例如，有 4 个方案候选，按某评价指标采用评分法进行评价，其得分结果示于表 2.11。由 $V_k^{(i)}$ 值知：方案 P_1 的得分率最高，故为最优方案。

表 2.11　某评价指标下 4 个方案的评价得分

$S_{kj}^{(i)}$	P_1	P_2	P_3	P_4	P_5	$S_k^{(i)}$	$V_k^{(i)}$
P_1	0	1	0.5	0.5	1	3	0.3
P_2	0	0	1	0	1	2	0.2
P_3	0.5	0	0	1	1	2.5	0.25
P_4	0.5	1	0	0	1	2.5	0.25
P_5	0	0	0	0	0	0	0

当方案的优劣可由定量的性能指标比较时，采用下述评分法可使评价工作更简便。

将各方案从上到下进行排列，按评价指标 B_i 对相邻方案进行两两比较，获得相对优劣度，并记为

$$\bar{S}_k=\begin{cases}1 & k=1\\ a_k & k=2,\ 3,\ \cdots,\ m\end{cases}$$

式中，a_k 为方案 P_k 的性能指标数值与方案 P_{k-1} 的性能指标数值之比。

计算各方案对方案 P_1 关于评价指标 B_i 的得分

$$S_k^{(i)}=\begin{cases}1 & k=1\\ \overline{S}_1\overline{S}_2\cdots\overline{S}_k & k=2,3,\cdots,m\end{cases}$$

计算各方案关于评价指标 B_i 的得分率

$$V_k^{(i)}=\frac{S_k^{(i)}}{\sum\limits_{k=1}^{m}S_k^{(i)}}\quad k=1,2,\cdots,m$$

$V_k^{(i)}$ 的最大值即为最优方案。

例如，有 5 个方案 $P_1\sim P_5$ 候选，按某评价指标 B_i 可定量地比较各方案的优劣，各方案优劣度及得分见表 2.12，由 $V_k^{(i)}$ 值知方案 P_5 的得分率最高，故为最优方案。

表 2.12 某评价指标 B_i 下各方案优劣度及得分

方案	优劣度 $\overline{S}_k$	得分 $S_k^{(i)}$	得分率 $V_k^{(i)}$
P_1	1	1	0.052 63
P_2	3	3	0.157 89
P_3	0.5	1.5	0.078 95
P_4	3	4.5	0.236 84
P_5	2	9	0.473 68

（2）加权综合评分法

对不同属性的评价指标（如功能、费用、时间、可靠性、外观、环境影响等）进行综合评价时，往往各评价指标在系统中的重要度有很大差别，对各评价指标不能等量齐观，此时宜采用加权综合评分法。

加权综合评分法的评分步骤如下：

1）确定（评判）各评价指标在系统中的重要度并分配权重 W_j，分配时应遵循前述原则。

2）计算各候选方案 P_i 在各评价指标 B_i 下的得分 $\widetilde{S}_{ij}$。为了进行综合比较，要求各项得分必须是同量、同级的量纲，否则就要先将各评价指标的评价值进行规范化。例如，将功能、费用、时间、可靠性、外观、环境影响等各不相同的评价值都转化为标准分，标准分可取 0 与 1 之间或 0 与 100 之间的任一数值。对文字性的评语也应将其转化为标准分，并列出一一对应的表格，如表 2.13、表 2.14 所示。

表 2.13 将性能评语转化为标准分举例

性能评语	标准分 $\overline{S}$
优	1.0
良	0.8
中	0.6
可	0.4
劣	0

表 2.14　将学术水平评语转化为标准分举例

学术水平评语	标准分 $\overline{S}$
国际先进	1.0
国内先进	0.8
同行业领先	0.6
省内领先	0.4
市内先进	0

3）计算各方案的加权综合评分值为

$$\widetilde{S}_i = \sum_{j=1}^{n} W_j \widetilde{S}_{ij} \quad i=1,\ 2,\ \cdots,\ m$$

为使评价结果更直观，也常将 $\widetilde{S}_i$ 值用矩阵形式表示，如表 2.15 所示。因此，加权综合评分法也称相关矩阵法。$\widetilde{S}_i$ 值最大的方案为最优方案。

表 2.15　加权综合评分矩阵表

评价指标 B_j		B_1	B_2	…	B_n	加权综合评分值 $\widetilde{S}_i$
权重 W_j		W_1	W_2	…	W_n	
方案	P_1	$\widetilde{S}_{11}$	$\widetilde{S}_{12}$	…	$\widetilde{S}_{1n}$	$\sum_{j=1}^{n} W_j \widetilde{S}_{1j}$
	P_2	$\widetilde{S}_{21}$	$\widetilde{S}_{22}$	…	$\widetilde{S}_{2n}$	$\sum_{j=1}^{n} W_j \widetilde{S}_{2j}$
	⋮	⋮	⋮	⋮	⋮	⋮
	P_m	$\widetilde{S}_{m1}$	$\widetilde{S}_{m2}$	…	$\widetilde{S}_{mn}$	$\sum_{j=1}^{n} W_j \widetilde{S}_{mj}$

（3）模糊评价法

对于某些目标，例如美观、安全性、舒适度等，人们往往会用好、中、差等不定量的“模糊概念”来评价。模糊评价法就是利用集合和模糊数学将模糊信息数值化以进行定量评价的方法。

1）隶属度

模糊评价是用方案对某些评价标准隶属度的高低来表达的。

隶属度表示某方案对评价标准的从属程度，用 0 与 1 之间的实数表达，数值越接近 1，说明隶属度越高，即对评价标准的从属程度高。

确定隶属度可采用统计法或隶属函数法。

统计法收集一定量的评价信息通过统计得到隶属度，例如对某种洗衣机的洗净度进行评价，其评价标准为优、良、中、差，这可通过对一些用户进行调查统计获得。若其中10%的人评价为优，评价为良和中的各占20%，而有50%的人对其评价为差，即可求得隶属度 $\boldsymbol{B}=\{0.1,\ 0.2,\ 0.2,\ 0.5\}$。进行模糊统计试验的次数应足够多，以使统计得到的隶属度稳定在某一数值范围内。

隶属度也可通过隶属函数求得，模糊数学有关资料中推荐了十几种常用的隶属函数，可从中求取特定条件下的隶属度。

2）模糊评价

对于多个评价目标的方案，先分别求各评价目标的隶属度，考虑加权系数，根据模糊矩阵的合成规律求得综合模糊评价的隶属度，再通过比较求得最佳方案。

多目标的模糊评价步骤如下：

① 取评价目标集 $\boldsymbol{Y}=\{y_1,\ y_2,\ \cdots,\ y_n\}$

评价标准集（论域） $\boldsymbol{X}=\{x_1,\ x_2,\ \cdots,\ x_m\}$

② 某方案对 n 个评价目标的模糊评价隶属度矩阵

$$\boldsymbol{R}=\begin{bmatrix}\boldsymbol{R}_1\\ \boldsymbol{R}_2\\ \vdots\\ \boldsymbol{R}_i\\ \vdots\\ \boldsymbol{R}_n\end{bmatrix}=\begin{bmatrix}r_{11} & r_{12} & \cdots & r_{1j} & \cdots & r_{1m}\\ r_{21} & r_{22} & \cdots & r_{2j} & \cdots & r_{2m}\\ \vdots & \vdots & & \vdots & & \vdots\\ r_{i1} & r_{i2} & \cdots & r_{ij} & \cdots & r_{im}\\ \vdots & \vdots & & \vdots & & \vdots\\ r_{n1} & r_{n2} & \cdots & r_{nj} & \cdots & r_{nm}\end{bmatrix}$$

加权系数矩阵 $$\boldsymbol{A}=[a_1\quad a_2\quad \cdots\quad a_n] \tag{2.1}$$

3）综合模糊评价隶属度矩阵

$$\boldsymbol{B}=[b_1\quad b_2\quad \cdots\quad b_j\quad \cdots\quad b_m] \tag{2.2}$$

一般选用模糊数学中乘加法和取小取大法两种方法之一进行模糊矩阵合成。

乘加法：

$$b_j=a_1r_{1j}+a_2r_{2j}+\cdots+a_nr_{nj} \tag{2.3}$$

取小取大法（∧∨法）：

$$b_j=(a_1\wedge r_{1j})\vee(a_2\wedge r_{2j})\vee\cdots\vee(a_n\wedge r_{nj})$$

式中符号“∧”和“∨”分别表示取小、取大的逻辑运算符，并有

$$a\wedge r=\min(a,\ r),\ a\vee r=\max(a,\ r)$$

取小取大运算简单，小中取大突出了主要因素的影响，但由于运算中部分信息丢失，在评价目标多、加权系数绝对值小的情况下有时不能得到合理的评价结论。一般情况下，使用乘加法较为准确。

4）方案选优

方案比较时遵循最高隶属度原则和排序原则两个原则确定级别并排序。

① 最高隶属度原则

每个方案按综合模糊评价集中隶属度最高的一级确定其级别。

② 排序原则

方案优劣排序时同层中隶属度高者在先，注意应以本层与上一层隶属度之和为准进行比较。也可按评分法计算综合得分以确定优先度。

（4）案例

例如，某厂开发一种新产品，总体设计时选定了 A_1、A_2两个候选方案。为了确定选择哪个方案，组织了一个由 10 位专家组成的评价小组，用模糊综合评价法对两个方案进行评价。专家组进行了如下几项工作：

1）确定评价指标及评价尺度

专家组选用三个评价指标：产品性能（P_1）、产品可靠性（P_2）及使用方便性（P_3），同时将每个评价指标划分为 4 个等级：0.9，0.7，0.5，0.3。记评价尺度向量 $\boldsymbol{E}$ 为

$$\boldsymbol{E}=[0.9\quad 0.7\quad 0.5\quad 0.3]$$

2）确定评价指标加权系数

专家组对各评价指标的相对重要性进行讨论，最后认为，产品可靠性的重要度是使用方便性的 3 倍，而产品性能的重要度又是产品可靠性的 2 倍。由此不难确定，评价指标 P_1、P_2、P_3的相对重要度之比为 6∶3∶1，因此可得评价指标的加权系数 p_1、p_2、p_3依次为 0.6、0.3、0.1，根据式（2.1）得加权系数矩阵

$$\boldsymbol{A}=[0.6\quad 0.3\quad 0.1]$$

3）构造评价方案 A_1、A_2的模糊评价隶属度矩阵

充分讨论后，专家组就评价方案在指定的评价指标下应归属哪个等级的问题进行了投票，投票结果见表 2.16 和表 2.17。表中评价等级栏下的数据是得票数。

表 2.16　方案 A_1得票

评价指标	加权系数	评价等级			
		0.9	0.7	0.5	0.3
产品性能	0.6	3	4	3	0
产品可靠性	0.3	2	5	3	0
使用方便性	0.1	1	3	2	4

表 2.17　方案 A_2得票

评价指标	加权系数	评价等级			
		0.9	0.7	0.5	0.3
产品性能	0.6	1	5	4	0
产品可靠性	0.3	4	3	2	1
使用方便性	0.1	3	4	1	2

记方案 A_k 的模糊评价隶属度矩阵为 $\boldsymbol{R}_k$，$k=1$，2，则 $\boldsymbol{R}_k$ 是 3 行 4 列矩阵，其元素 r_{ij}为

$$r_{ij}=得票数/总人数$$

于是，由表 2.16 和表 2.17，可得模糊评价隶属度矩阵为

$$\boldsymbol{R}_1=\begin{bmatrix}0.3 & 0.4 & 0.3 & 0\\ 0.2 & 0.5 & 0.3 & 0\\ 0.1 & 0.3 & 0.2 & 0.4\end{bmatrix},\quad \boldsymbol{R}_2=\begin{bmatrix}0.1 & 0.5 & 0.4 & 0\\ 0.4 & 0.3 & 0.2 & 0.1\\ 0.3 & 0.4 & 0.1 & 0.2\end{bmatrix}$$

4）计算评价方案的综合模糊评价隶属度矩阵

根据式（2.2）及式（2.3）进行计算，得

$$\boldsymbol{B}_1=\boldsymbol{A}\cdot\boldsymbol{R}_1=[0.25\quad 0.42\quad 0.29\quad 0.04]$$

$$\boldsymbol{B}_2=\boldsymbol{A}\cdot\boldsymbol{R}_2=[0.21\quad 0.43\quad 0.31\quad 0.05]$$

5）计算评价方案的综合得分（优先度）并选优

要计算综合得分，应当将方案归属于每个等级的隶属度与该等级的分数相乘，然后将所有项相加：

$$z_1=\boldsymbol{EB}_1^{\mathrm{T}}=0.9\times0.25+0.7\times0.42+0.5\times0.29+0.3\times0.04=0.676$$

$$z_2=\boldsymbol{EB}_2^{\mathrm{T}}=0.9\times0.21+0.7\times0.43+0.5\times0.31+0.3\times0.05=0.66$$

从计算结果看出，两个方案非常接近，但对方案 A_1 的评价比方案 A_2 略高一些。

2.3 机械系统的总体布局设计

机械系统总体布局设计是机械系统产品设计的重要内容之一，其任务是把选定的原理方案转化为产品的总体结构，即实现原理方案的结构化设计。也可以说，结构总体设计是进行机械产品的初步结构设计过程。机械系统总体设计不仅要选定机械产品的工作方式、总体布置、各主要零部件及它们之间的相互位置关系等，而且要确定主要技术参数，最后绘制出机械产品的结构总图。

机械系统总体布局设计工作包含“质”和“量”两个方面。这里的“质”是指对机械系统总体结构的“定形”设计，如确定机械系统的工作方式、总体布置和各主要零部件形状等，“定形”设计对机械产品的质量具有决定性意义；而“量”是指对机械系统总体结构的“定量”设计，如确定机械产品的总体尺寸、工作高度、各主要零部件的定形尺寸和定位尺寸以及选择主要零件的材料等，“定量”设计将对机械产品的使用性能和用户的满意程度产生直接影响。

2.3.1 总体布局设计

总体布局设计（又称总体布置）就是确定机械系统中各子系统之间的相对位置关系及相对运动关系，并使总系统具有一个协调完善的造型。总体布局设计是全局性的设计，因此在总体布局设计中，始终贯穿系统观念、全局观念、整体观念尤为重要。

1. 总体布局设计的基本要求

（1）保证工艺过程的连续和流畅

通常机械系统的工作过程包括多项作业工序。例如，一台联合收割机从作物切割、脱粒、分离、清选直至输送要经过许多工序；包装机械则有供料、充填、裹包、封口、清洗、堆码、盖印、计量等多项工序。

保证工艺过程的连续和流畅就是要使机械系统的能量流、物料流、信息流的流动途径合理，不产生阻塞和干涉。这是总体布局设计的最基本的要求。

对于工作条件恶劣和工况复杂的机械，还应考虑运动零部件的惯性力、弹性变形、过载变形及热变形、磨损、制造及装配误差等因素的影响，确保运动零部件必需的安全空间，相互间不发生运动干涉。例如，汽车的货厢与驾驶室后壁之间必须留有足够的空间，以免当汽车在行驶中紧急制动时引起货厢与驾驶室相互撞击和摩擦。

（2）降低质心高度、减小偏置

任何机械系统都应平衡，能稳定工作。如果机械系统的质心过高或偏置过大，则可能因干涉力矩增大而造成倾倒或加剧振动。所以，在总体布局设计时，应尽量降低质心高度，力求对称布置，减小偏置。整机的质心位置将直接影响行走机械和工程机械（如汽车、拖拉机、叉车等）的前后转轴载荷分布、纵向和横向稳定性、操纵性及附着性等，对于固定式机械则将影响基础的稳定性。因此，在总体布置时必须验算各零部件和整机的质心位置，控制质心的偏移量。

有些机械在完成不同作业或在不同工况时，整机质心位置可能改变，此时在总体布置时应考虑这种情况，必要时需留有放置配重的位置。

（3）保证精度、刚度，提高抗振性和热稳定性

对于机床、精密机械等，为了保证被加工工件的精度及所需的性能指标，总体布置时必须充分考虑精度、刚度、抗振性及热稳定性的要求。为此，在总体布置时应使运动和动力的传递尽量简化和缩短传动链，提高机械的传动精度。例如 CA6140 车床主传动系统设计中有 6 级高速运动动力的传递，这是由齿轮离合器直接传给主轴的。

对于受力较大及自重较大的零部件，更应注意提高其结构刚度和抗振性，使受力均匀，避免偏载。如柱、梁、底座、床身等大型结构件，宜采用框架式封闭断面结构和双立柱对称布置，必要时增加辅助支承、辅助导轨或采用重锤、液压缸等负荷平衡装置，尽可能减小悬臂长度或不用悬臂布置。

对于干扰力较大的机械尽量减小干扰力的偏心距，提高支承刚度，必要时还应采取隔振措施。如设置隔振装置或采用柔性结构，以减小振动的传递。采用分离驱动的布置，如精密机床、数控机床中把电动机与变速箱、主轴箱分开布置，有效地把振源与主轴隔开，减少主轴的振动，以提高加工质量。

（4）充分考虑产品系列化和发展

机械产品设计时应尽可能提高产品标准化因数和重复因数，以提高产品的标准化程度。产品系列化通过把产品的主要参数、尺寸和形式、基本结构等作出合理的安排与规划，并形成合理的、简化的零部件品种规格，最大限度地实现零部件的通用性，可以在只增加少数专用零部件的情况下，就能发展变型产品或实现产品的更新换代。产品系列化可以有效地提高产品标准化程度。

产品系列化设计中的重要内容，如主要参数、尺寸和形式，基本结构的标准化、规格化、模块化，都与总体布置密切相关。

（5）结构紧凑，层次分明

紧凑的结构不仅可节省空间、减少零部件，便于安装调试，往往还会带来良好的造型条件。为使结构紧凑，应注意利用机械的内部空间，如把电动机、传动部件、附件、操纵控制部件等布置在大的支承件内部。为使占地面积小，可用立式布置代替卧式布置。

（6）操作、维修、调整方便

为改善操作者的劳动条件，减少操作失误，应力求操作方便舒适。在总体布置时应使操作位置、修理位置和信息源的数目尽量减少且适当集中，使操作、观察、调整、维修等尽量方便省力、便于识别，以适应人的生理机能。例如，应合理确定操纵装置的位置和尺寸，根据人的视觉特征布置信号显示装置，确定信号显示方式等。

（7）外形美观

机械产品投入市场后给人们的第一直觉印象是外观造型和色彩，它是机械的功能、结构、工艺、材料和外观形象的综合表现，是科学性、艺术性和实用性的结合。机械产品应使其外形、色彩和表观特征符合美学原则，并适应销售地区的时尚，使产品受到用户的喜爱。为此，总体布置时应使各零部件的组合匀称协调，形体的比例与尺度匀称，具有美感，前后左右的轻重配置对称和谐，并有稳定感和安全感。外形的轮廓线最好由直线或光滑曲线构成，有整体感。

2. 子系统布局设计

总体布局设计时一般先从布置执行系统开始，然后再布置传动系统、动力系统、操纵控制系统及支承系统等，通常都是从粗到细、从简到繁，需要反复多次才能确定。各子系统布局设计时各有自身的特点。

（1）执行系统的布置

布置执行系统时，一般是先根据拟定的工艺要求，将执行构件布置在预定的工作位置，然后布置其主动件和中间连接件。布置时应注意以下几点：

1）减少构件和运动副数目，减小构件的几何尺寸，以减少磨损和变形对执行机构运动精度的影响。

2）使主动件尽量接近执行构件。在布置相互联系的多个执行构件时，应尽量将各主动件集中在一根或少数几根轴上。对外露的执行构件，应将主动件隐蔽布置，以提高操作安全性。

3）由于执行构件往往与作业对象直接接触，所以布置执行构件和中间连接件时应充分考虑作业对象装夹和传送的方便与安全。

（2）传动系统的布置

机械产品传动系统对运动、动力的传递精度和性能、传动效率、振动和噪声、制造和维修费用等有较大影响，为此在布置传动系统时应考虑以下几点。

1）简化传动链

在保证运动和动力要求的前提下，传动链越简短，传动精度、传动效率、可靠性越高；同时，零件数越少，材料的消耗和制造费用就越低。

2）合理安排传动顺序

各种不同传动机构的运动和动力性能是不同的。传动顺序的安排对其动力学性能的发挥以及精度、效率、结构尺寸等都有影响。

当传动链中同时采用蜗杆传动和齿轮传动时，有两种传动顺序：一种是齿轮传动布置在高速级，如图 2.28a 所示；另一种则相反，如图 2.28b 所示。两者的传动效果不同。

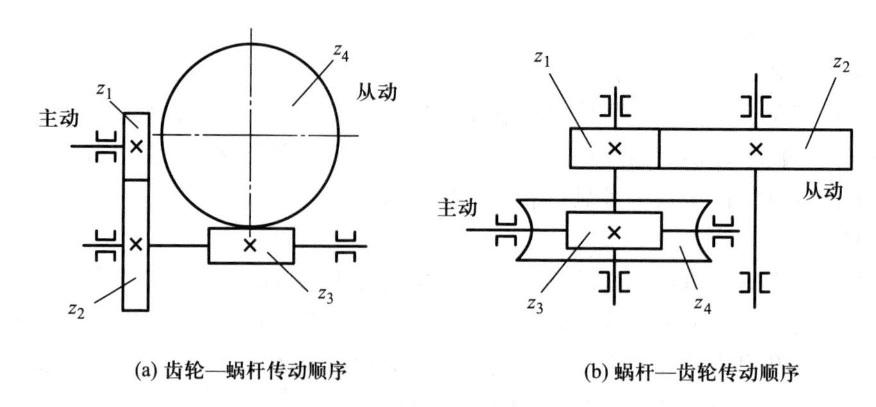

(a) 齿轮—蜗杆传动顺序　　(b) 蜗杆—齿轮传动顺序

图 2.28　两种减速传动顺序方案

① 传动链传动精度的比较

设齿轮副和蜗杆副的传动误差分别为 $\Delta\theta_g$ 和 $\Delta\theta_w$，齿轮副传动比 $i_g=z_2/z_1=3$，蜗杆副传动比 $i_w=z_4/z_3=30$，则两个方案的传动的总误差分别为

方案 a
$$\sum\Delta\theta_a=\frac{\Delta\theta_g}{i_w}+\Delta\theta_w=\frac{\Delta\theta_g}{30}+\Delta\theta_w$$

方案 b
$$\sum\Delta\theta_b=\frac{\Delta\theta_w}{i_g}+\Delta\theta_g=\frac{\Delta\theta_w}{3}+\Delta\theta_g$$

若 $\Delta\theta_g$ 和 $\Delta\theta_w$ 接近相等，则 $\sum\Delta\theta_a<\sum\Delta\theta_b$，可见蜗杆传动布置在低速级时传动链的传动精度较高。此结论可推广为：为了提高降速传动链的传动精度，应尽可能增大传动链最后一级传动副的传动比。

② 传动链动力性能的比较

采用齿轮传动布置在高速级，蜗杆传动布置在低速级的传动顺序方案时，蜗杆副的齿面相对滑动速度较大，发热和胶合作用限制承载能力，且齿面压力油膜不易建立，摩擦负载和磨损增大，传动效率降低，总体结构尺寸也增大。因此，当传动链以传递动力为主时应将蜗杆传动布置在高速级。

当采用转变运动形式的结构和传动（如齿轮机构、连杆机构、螺旋和齿条传动等）时，应将蜗轮转动布置在传动链的低速级，与执行机构靠近，这样布置可使传动链简单，且可减小传动系统的惯性冲击。

带传动宜布置在传动链的高速级，由于在传递同样大小功率时，转速高则转矩小，传动带所受的拉力减小，结构尺寸也随之减小，对减少传动的弹性滑动和速度损失及提高传动带的寿命均有利。此外，还可以减小传动系统的振动。

链传动宜布置在传动链的低速级，以减小振动、冲击和噪声。

当传动链中含有机械无级变速传动时，对恒功率传动，应把无级变速传动布置在传动链的高速级，最好与电动机直接连接，以减少相对滑动，相对滑动会导致转速不连续。同时使结构紧凑。对恒转矩传动，无级变速传动布置一般不受限制，因为传递转矩相同，无级变速传动无论布置在高速级还是布置在低速级，其产生相对滑动的概率几乎无差别。

3）注意传动系统润滑和密封的可靠性

各级传动都应得到充分有效的润滑和可靠的密封。对于食品、药品、纺织等机械，应特别注意密封要可靠，防止润滑剂污染产品。

(3) 操纵件的布置

机械系统的操纵件常有电源开关、旋钮、离合器及变速器的操纵手柄、执行机构的行程和速度的调节手柄等，这些操纵件的布置应便于操纵和观察，保证操作人员和操纵件之间有合适的操作空间，并与环境协调。

按习惯，被加工的对象应相对于操作人员自左向右运动，或顺时针转动。操纵件的运动方向应与被驱动件的运动方向一致。一般规定调速手轮顺时针转动为增速。为便于调试和避免误操作，应附设指示牌。仪表和仪器等的位置应便于操作人员观察和维护。

操作位置应设置在工序最集中、操作最频繁、容易出现故障和便于观察的部位。常用操纵件应尽量布置在操作人员的近旁。对于大型复杂的机械往往需要在几个位置上操作，可以采用联动装置，以便在不同位置都可进行操纵，也可采用可移动的集中操纵按钮站。紧急制动按钮应在每个操作位置上都设置，而且要醒目，便于识别。

2.3.2 总体布置示例

不同机械的总体布置有不同的具体内容和要求，其考虑的侧重点也有所不同，可根据不同的方法对机械系统的总体布置进行分类。

1) 按执行构件的布置方向，可分为水平式（卧式）、直立式、倾斜式和复合式等。

2) 按执行构件的运动轨迹，可分为回转式、直线式、振摆式、振动式等。

3) 按壳体的结构形式，可分为整体式、剖分式等。

4) 按机架的结构形式，可分为悬臂式、单柱式、龙门式、组合式等。

5) 按动力机的安放位置，可分为前置式、中置式、后置式等。

以下各例从不同侧面阐述总体布置中可能碰到的一些特殊问题及其解决办法。

1. 手扶拖拉机的总体布置

手扶拖拉机为单轴轮式移动机械，田间作业时驾驶员一般步行扶持驾驶，所以手扶拖拉机的总体布置体现出下列一些特点。

(1) 保持总体平衡

如图 2.29 所示，手扶拖拉机单机不能平衡，必须配带机具（如犁、旋耕机或拖车）才能平衡并稳定行驶。所以在总体布置时，应与挂接的主要作业机具（图中双点画线部分为旋耕机）作为一个机组来设计。由于配带不同机具时机组质心位置不同，因此手扶拖拉机总体布置必须考虑如何保持总体平衡。本例是采用在机架前部和扶手架上安置配重块以保持总体平衡的办法，在相应位置留有安置配重块的空间。

当配带旋耕机、收割机等机具时，总质心将后移，为此扶手架设计成可以在水平面内回转 180°的结构，将机具挂在牵引装置前方，用倒挡进行作业。这样也便于进行园艺和在塑料大棚内作业。

由于单机的质心在驱动轮之前，为便于平稳停放，在机架前方设置一可收放的支撑架。支撑架收放的操纵件设在扶手架上，以便操作。

一般手扶拖拉机的接近角 $\alpha=28°\sim32°$，离地间隙 $h_2=180\sim250$ mm。

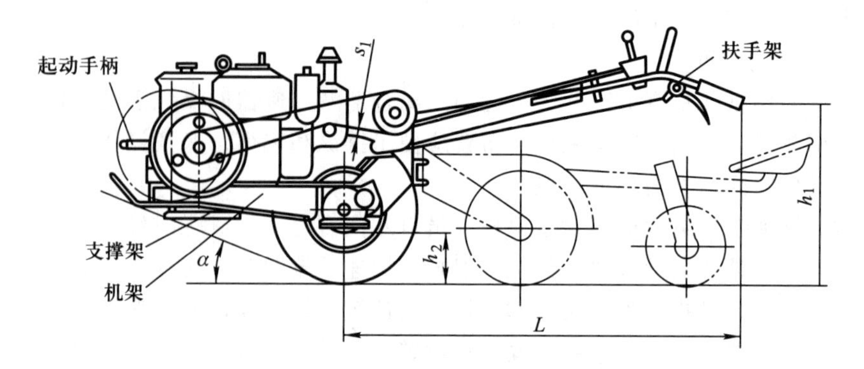

图 2.29　手扶拖拉机总体布置简图

（2）发动机和传动系统横向平行布置

采用单缸卧式发动机作横向布置，其曲轴方向与驱动轮平行。发动机经 V 带驱动传动箱至驱动轮，传动系统中的所有轴都是平行的，简化了传动系统。发动机横置还便于将发动机作为抽水、脱粒等其他作业的动力，也减小了手扶拖拉机的横向振动，减轻了驾驶者的不舒适感。

离合器多为多片经常接合式，为使结构紧凑，通常将其布置在从动 V 带轮内部。为避免 V 带与驱动轮相碰，应使二者之间的间距 $s_1>30$ mm，或增设 V 带张紧轮以保持必要的间距。当配带旋耕机时，由传动箱的动力输出轴经链传动驱动旋耕刀转动。一般旋耕刀与驱动轮之间的间距为 40~80 mm。为防止旋耕刀反向转动而发生事故，应使链传动与传动箱的倒挡有联锁机构，使手扶拖拉机倒驶时旋耕刀停止转动。

（3）操纵机构集中布置

为便于操作，将转向、变速、油门、离合器和制动器等的操纵件集中布置在扶手架上。为适应不同作业和人体高度的操作要求，一般扶手架的左右扶手把之间的距离为 550~700 mm，扶手把离地高度 h_1 = 900 ~ 1 000 mm。扶手把端部到驱动轮轴的距离 L = 1 300~1 500 mm。同时，将扶手架设计成在高度和长度方向上均可进行调节的结构。

为减轻手扶步行操作的劳动强度，在大型手扶拖拉机上加装乘坐装置和尾轮，乘坐装置和尾轮通过支架连于扶手架上。尾轮与旋耕刀的间距为 200~300 mm。考虑到发动机需手摇起动，应在起动手柄四周留出足够的空间，以免摇动手柄时碰伤手。

2. 铣床的总体布置

铣刀与工件的相对铣削运动可有不同的分配方案，因而铣床有不同的总体布置方案。图 2.30 所示为铣床的四种不同布置形式，它们各有不同的特点。

如图 2.30a 所示，铣刀只作回转铣削运动，工件的三个方向移动分别由工作台、滑鞍和升降台完成，适用于加工质量及尺寸较小的工件。图 2.30b 所示的工作台不能升降，只能作纵、横方向运动，上下的运动由铣头完成，适用于加工质量和尺寸较大的工件。图 2.30c 所示的工件随工作台作纵向移动，升降和横向运动由横梁和铣头完成，适用于加工大型的工件。如图 2.30d 所示，工件不动，三个方向的运动均由龙门架和铣头完成，故适用于加工特大型的工件。可见，工件的质量和尺寸大小是影响机械总体布置的重要因素。

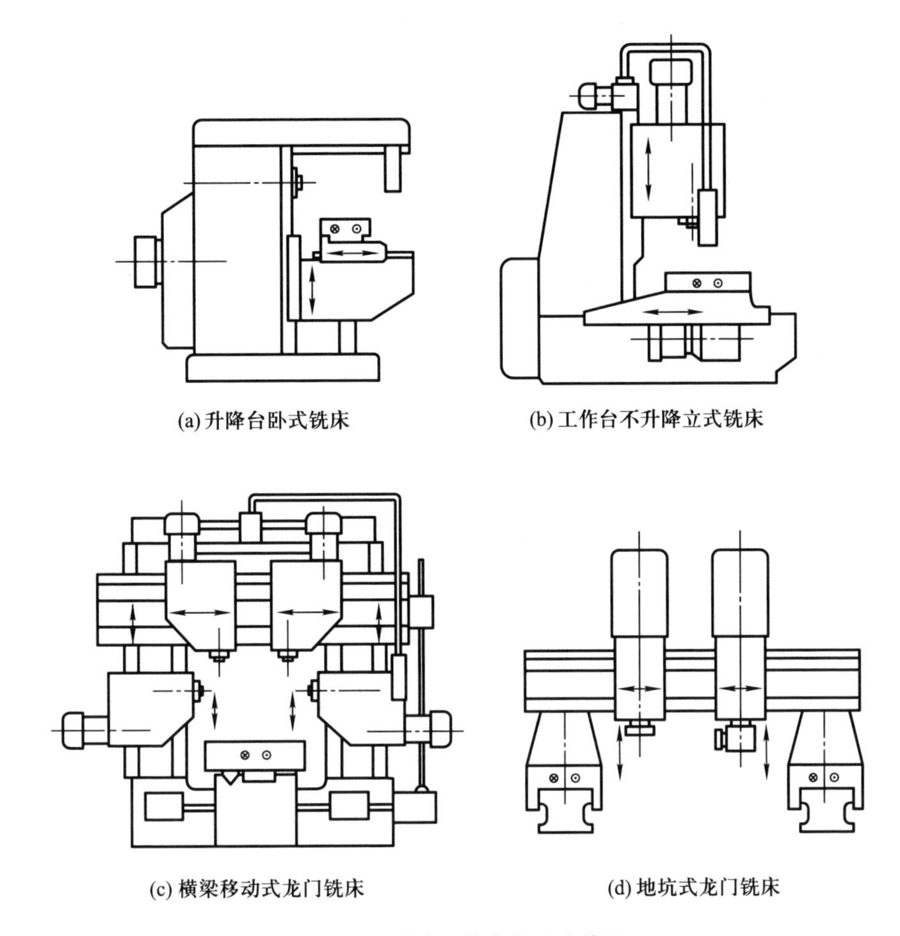

图 2.30 铣床总体布置形式简图

3. 连续缠管机的总体布置

增强塑料管也叫玻璃钢管，一般是用连续缠绕法生产的，其工艺过程如图 2.31 所示。

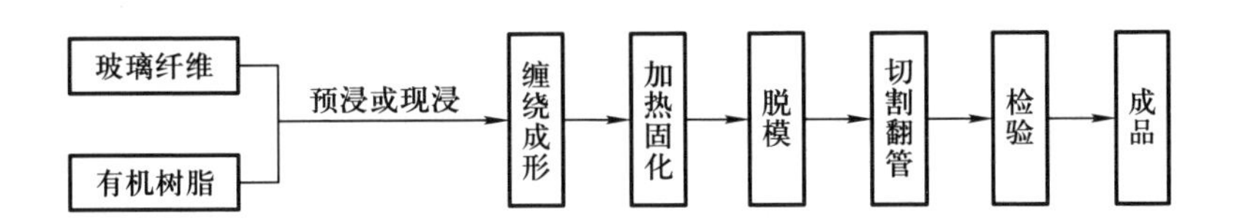

图 2.31 连续缠管工艺过程

将浸有树脂的玻璃纤维品（无捻粗纱、无纬带、纤维毡等），按一定的成形规律缠绕在芯轴或其他模具上，经成形、固化、脱模、切割等工序即制成玻璃钢管。连续缠管机一般包括传动系统、成形芯轴、纤维（或其他增强材料）供给装置、树脂供给装置、固化炉、切割装置、翻管机构和控制台等部分。连续缠管机有立式和卧式两种布置形式，各有不同特点。

图 2.32 所示为立式连续缠管机总体布置示意图。芯轴 1 立式布置，工作时由牵引辊 2 驱动作垂直移动，六层工作台沿竖直方向布置。当芯轴 1 通过第一层工作台 3 时，将浸渍

树脂的玻璃纤维布带 4 螺旋绕在芯轴上；当芯轴 1 通过第二、三层工作台时，玻璃纤维纱 6 在经过树脂浸渍槽 7 后螺旋绕在芯轴上，第二、三层工作台的旋转方向相反；第四层工作台 9 不旋转，包纵向纱；第五、六层工作台分别以不同螺旋方向缠绕外层玻璃纤维布带 11 和玻璃纸带 14，第六层工作台的张力器 12 使玻璃纸带 14 以一定张力缠绕在芯轴表面，起表面定形作用。缠满一根芯轴后将玻璃钢管切断，经固化炉固化后，再将玻璃钢管从芯轴上脱模即可。

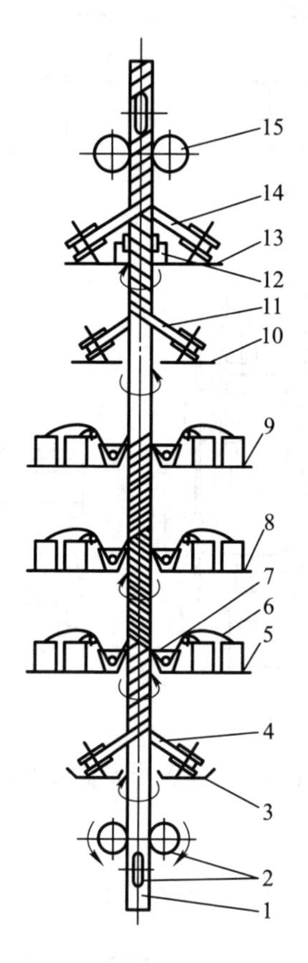

1—芯轴；2—牵引辊；3—第一层工作台；4—玻璃纤维布带；5—第二层工作台；6—玻璃纤维纱；7—树脂浸渍槽；8—第三层工作台；9—第四层工作台；10—第五层工作台；11—玻璃纤维布带；12—第六层工作台的张力器；13—第六层工作台；14—玻璃纸带；15—导辊

图 2.32　立式连续缠管机总体布置示意图

立式布置的优点如下：

1）缠绕时芯轴不会因自重而变形，也不会在玻璃钢管内产生附加应力；

2）树脂不易流淌到偏于管子的一侧而造成含树脂量不匀的现象；

3）因各层工作台均水平布置，且第二、三层工作台的玻璃纤维纱都可在缠绕前通过树脂浸渍槽，实现湿法缠绕；

4）占地面积小。

但立式布置的自动化程度较低，难以实现连续生产，需另行设置固化及脱模等辅助设备。

图 2.33 所示为卧式连续缠管机总体布置示意图，芯轴 4 水平布置，由于纤维现浸树脂困难，不易实现湿法缠绕，因而采用预浸树脂的无纬带或玻璃纤维布带进行半干法缠绕。在芯轴 4 的周围，有若干纵向纤维带盘 2 固定在盘架上，纵向纤维带 3 经分配器均匀分布在芯轴的表面。若干个环向纤维带盘 5 周向分布在环向纤维带盘架上，带盘架绕芯轴转动时将玻璃纤维带螺旋状缠绕在芯轴上。为使缠绕的相邻各层反向重叠，各相邻带盘架的转向相反。缠绕好的管子由履带牵引机 9 牵引前进，经固化炉 7，然后进入切割区，将玻璃钢管切成所要求的长度。

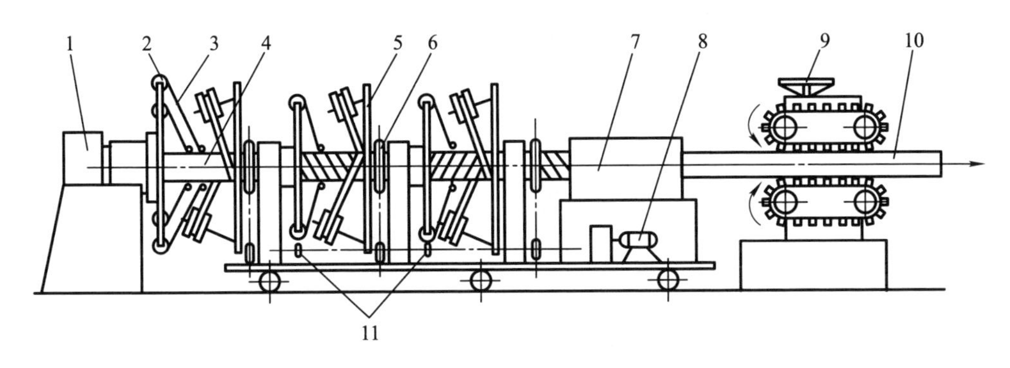

1—芯轴内加热控制装置；2—纵向纤维带盘；3—纵向纤维带；4—芯轴；5—环向纤维带盘；6—带盘的传动系统；7—固化炉；8—电动机及减速器；9—履带牵引机；10—玻璃钢管；11—换向机构

图 2.33 卧式连续缠管机总体布置示意图

可见，卧式连续缠管机可使缠绕、固化、脱模、切割等工序连续进行，芯轴固定不动，结构简单，操作方便，但难以进行湿法缠绕，且用履带牵引机脱模易使玻璃钢管变形。

4. 粒状巧克力糖包装机总体布置

（1）布置形式

由于粒状巧克力糖是流水线生产，每分钟约生产 120 粒，因此不宜采用料仓式上料方式，而应将粒状巧克力糖包装机的进料系统直接与生产线前端设备——巧克力糖的浇注成形机的出口相衔接，采用回转式工艺路线的多工位自动机型和立式布置（与巧克力糖的浇注成形机相适应）。

（2）执行机构简介

根据巧克力糖包装工艺，确定粒状巧克力糖包装机由下列执行机构组成：送糖机构、供纸机构、接糖和顶糖机构、抄纸机构、拨糖机构、钳糖机械手的开合机构以及转盘步进传动机构等。现着重介绍钳糖机械手、进出糖机构的结构工作原理。

如图 2.34 所示，送糖盘 4 与机械手作同步间歇回转，逐一将糖块送至包装工位Ⅰ。机械手的开合动作由固定的凸轮 8 控制，凸轮 8 的轮廓线是由两个半径不同的圆弧组成，当从动滚子在大半径弧上，机械手就张开，从动滚子在小半径弧上，机械手靠弹簧 6 闭合。

（3）总体布置

粒状巧克力糖包装机的总体布置如图 2.35 所示。

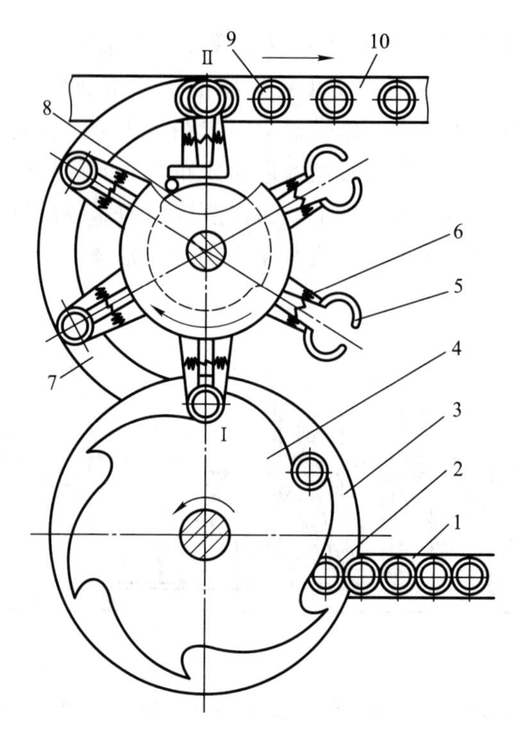

1—输糖带；2—糖块；3—托盘；4—送糖盘；5—钳糖机械手；6—弹簧；7—托板；8—机械手开合凸轮；9—成品；10—输料带；Ⅰ—包装工位；Ⅱ—出糖工位

图 2.34　钳糖机械手及进出糖机构

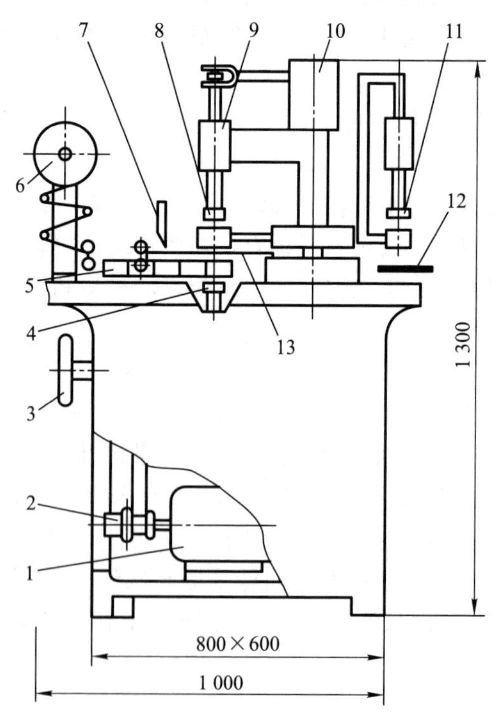

1—主电动机；2—带式无级变速机构；3—盘车手轮；4—顶糖机构；5—送糖机构；6—供纸装置；7—剪纸刀；8—钳糖机械手；9—接糖杆；10—凸轮箱；11—拨糖机构；12—输送带；13—包装

图 2.35　粒状巧克力糖包装机的总体布置

思 考 题

2.1 产品的功能是如何划分的？在设计产品时，如何合理确定产品的各种功能？

2.2 试述机械系统运动方案构思的主要方法。

2.3 机器的工作循环图有何作用？

2.4 机械系统工艺动作或运动规律的设计应考虑哪些问题？

2.5 机械系统方案评价的指标体系及评价原则是什么？

2.6 机械系统方案评价的主要方法有哪些？

2.7 机械系统总体布局设计的基本要求是什么？

2.8 手扶拖拉机的总体布局设计的特点及其主要原因是什么？

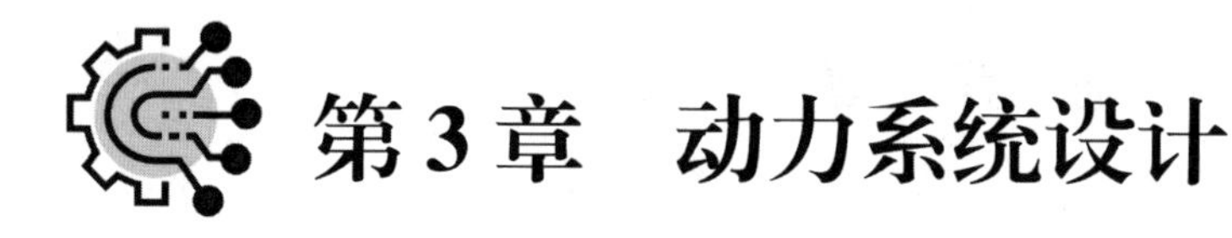

第3章 动力系统设计

3.1 机械系统的工作载荷

所有机械在工作中几乎都要承受各种外力的作用，工程上把这些外力称为载荷。载荷的大小和类型是由机械系统本身的功能要求、工作环境和结构间的约束情况等确定的。如一台起重机起升重物的重量、本身结构的自重、环境中的阻力等都是它所承受的载荷。载荷是机械进行强度和刚度计算的主要依据，不同的载荷可使机械产生不同的失效形式，所用的设计方法也有所不同。另外，载荷也是对机械进行动力计算的依据，选择动力机的类型和容量都要考虑载荷的大小和特性。

3.1.1 载荷的类型

机械系统承受的载荷形式很多，按零件发生变形的不同，可以分为拉伸、压缩、弯曲和扭转载荷等。这些载荷常用力、力矩或转矩等形式表示，载荷有时也可用功率、压力或变形等形式表示。但应注意的是，不少工作机械是在复合工况下工作的，其动力应是几种工况所需功率之和。如汽车的功率是车轮的滚动阻力、传动系统的摩擦阻力、运行时的风阻、爬坡阻力、车加速时的惯性力等几部分所消耗功率的总和。

机械系统的工作载荷按是否随时间变化可分为静载荷和动载荷两大类。静载荷是指大小、位置和方向不变的载荷。动载荷是指随时间有显著变化的载荷。动载荷的载荷值随时间的变化规律，在工程上称为载荷历程。一般工作机械承受的动载荷主要有周期载荷、冲击载荷和随机载荷等。在工程中大多数工作机械承受的都是动载荷，但有时常把量值变化不大或变化过程缓慢的载荷作为静载荷来处理，这样可以简化设计。

1. 周期载荷

大小随时间作周期性变化的载荷称为周期载荷。如起重机起升机构的载荷及振动机械的载荷等就属于这类载荷，它可用幅值、频率和相位角三个要素来描述。以正弦规律变化的载荷是最简单的一种周期载荷，又称简谐载荷，如图 3.1a 所示。简谐载荷的函数表达式为

$$x(t)=x_0\sin(\omega t+\varphi)$$

式中：$x(t)$——t 时刻的载荷值；

x_0——载荷幅值；

ω——圆频率；

φ——相位角。

图 3.1b 为一种复杂周期载荷。

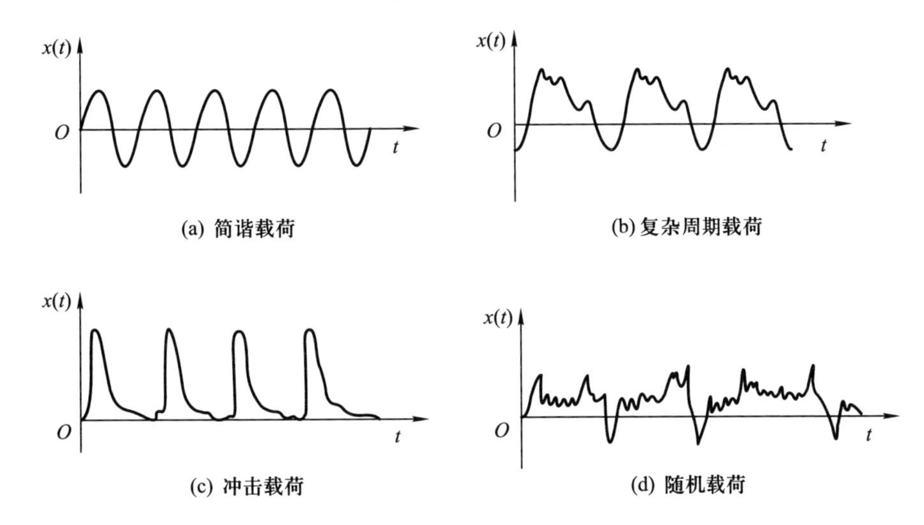

(a) 简谐载荷　(b) 复杂周期载荷

(c) 冲击载荷　(d) 随机载荷

图 3.1　动载荷的种类

2. 冲击载荷

冲击载荷的特点是载荷作用的时间短，幅值大，如图 3.1c 所示。例如，冲压机和锻锤等作用在坯料上时，所承受的载荷就是冲击载荷。但在工程中对于量值较小、频率较高的多次冲击载荷往往按一般的周期载荷来处理。

3. 随机载荷

随机载荷的幅值和频率都是随时间变化的，它不能用一个函数确切地描述，如图 3.1d 所示。在工程中有许多机械（如汽车、拖拉机、飞机等）的工作载荷都是无规则的随机载荷。

要完整地描述随机过程是不可能的，只能通过有限的测量和记录，用数理统计的方法求得表征它们特性的统计规律。某些统计特性随时间变化不大的随机过程称为平稳随机过程，反之称为非平稳随机过程，对应的随机载荷分别称为平稳随机载荷和非平稳随机载荷，如图 3.2 所示的某随机载荷实例。若在有限个子样中，t_1、t_2、…、t_n 时刻测得载荷值 $x(t)$ 的概率分布基本相等，这一载荷为平稳随机载荷，否则为非平稳随机载荷。实际上绝对的平稳随机载荷是不存在的。为了方便，常把它们简化或假设成平稳随机载荷。平稳随机载荷常用一个子样来描述，随机载荷具有不可重复性和不可预测性，但并不意味着其毫无规律，它具有统计特性。

机械系统设计过程中，不同类型的载荷采用不同的设计方法。静载荷采用静强度设计法，动载荷采用动强度设计法。但有时对于一些运动精度和控制精度要求不高的系统，虽然受动载荷的作用，但由于经常采用名义载荷乘以大于 1 的动载系数得载荷值，因此仍用静载荷的设计方法进行计算。动载荷的频率及幅值是影响机械构件寿命的主要因素，需着重讨论分析。

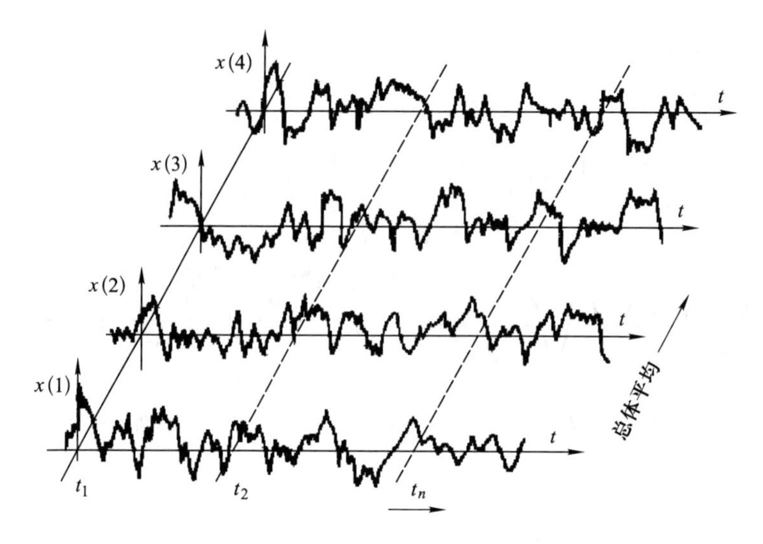

图 3.2　某随机载荷实例

3.1.2　工作载荷的确定方法

在设计机械时，一般需先给定工作载荷，它可由设计者自行确定，也可以由需方提供。无论何种情况，都应根据具体机械要完成的功能来确定。例如，在设计一台冲压机床时就要根据冲压零件的材料、品种、规格和生产率等来确定冲床的冲压力或原动机功率的大小。对于预先给定的工作载荷，有的在整个设计过程中不再变动，有的只是初步给定，在设计完成后，甚至在机械制造出来后才能最终确定。

确定工作载荷通常有三种方法，即类比法、计算法和实测法。

1. 类比法

参照同类或相近的机械，根据经验或简单的计算确定所设计机械的工作载荷，这种方法称为类比法。它主要应用于工作载荷较难确定的情况或初步设计阶段及不需要精确确定工作载荷的情况，特别是设计一些以传递运动为主的机械。使用类比法时需要设计人员有一定的实际经验，不然容易使确定的工作载荷过大或过小。应用类比法时常用相似理论进行推断，其中常用的有几何相似和动力相似。

几何相似类比是在设计新机械时，首先要确定能表征该设备能力的几何尺寸，并根据现有这类机械的尺寸与工作载荷之间的关系，由下式确定设计载荷：

$$\frac{F_1}{F_2}=\frac{f(L_1)}{f(L_2)} \tag{3.1}$$

式中：F_1、L_1——设计机械的工作载荷、尺寸；

F_2、L_2——现有机械的工作载荷、尺寸；

$f(L)$——该类机械的尺寸 L 和工作载荷 F 间的函数关系。

动力相似类比是选择一种类同的机械，调查其实际使用的原动机容量大小，如电动机的转矩、功率等，然后用简单的类比关系确定所设计机械的动力，以此作为依据再推算机械的工作载荷。

2. 计算法

计算法即根据机械的功能要求和结构特点运用各种力学原理、经验公式或图表等计算确定工作载荷的方法，常用于重要零部件的设计。由于机械系统中的零部件通常并不直接连接在同一轴上，各个轴有不同的转速，当用计算法确定工作载荷时，通常运用静力学或动力学方法，根据力的传递原理将所有载荷都折算到同一根轴上，计算时保持系统传送的功率和储存的动能相同。下面介绍一种简单又实用的 GD^2法。

GD^2 是指回转体的重量 G 和回转直径 D 平方的乘积，也称为飞轮矩或飞轮效应。GD^2 是电动机、数控机械、机器人以及其他机械的运动与控制的重要参数。其含义与机械运动的惯量等价，是一种考虑机械运动惯性的动力学计算方法。利用 GD^2法来设计机械系统和选择电动机时，可保证机械运动平稳、加减速与制动性能良好以及能量的合理利用等。

（1） GD^2的含义及其力学关系

1） GD^2与转动惯量 J 之间的关系

对于均布质量，回转体的转动惯量 $J=mr^2$（式中，m 为质量，r 为回转半径）。因为 $m=G/g$ 及 $r=D/2$，所以有 $J=GD^2/4g$ 或 $GD^2=4gJ$，即 GD^2 与 J 成正比。

对于内径为 D_1、外径为 D_2、长度为 L 及重度为 γ 的空心旋转体绕中心轴的转动惯量 J，由下式计算：

$$J=\int_{D_1/2}^{D_2/2} r^2\frac{\gamma}{g}2\pi rL\mathrm{d}r=\frac{2\pi\gamma L}{g}\int_{D_1/2}^{D_2/2} r^3\mathrm{d}r=\frac{G}{8g}(D_2^2+D_1^2) \tag{3.2}$$

当 $D_1=0$ 时，即为实心旋转体，$J=(G/8g)D_2^2$。可见，空心旋转体的 $GD^2=G(D_2^2+D_1^2)/2$，实心旋转体的 $GD^2=GD_2^2/2$。

2） GD^2 与扭矩 T、转速 n（或角速度 ω）、时间 t 之间的关系

由力学中的刚体转动定律知

$$T=J\frac{\mathrm{d}\omega}{\mathrm{d}t}=\frac{GD^2}{4g}\frac{\mathrm{d}\omega}{\mathrm{d}t}\quad 或\quad \frac{\mathrm{d}\omega}{\mathrm{d}t}=\frac{4g}{GD^2}T \tag{3.3}$$

若 T 为常数，则其角速度

$$\omega=\int\frac{4g}{GD^2}T\mathrm{d}t=\frac{4g}{GD^2}Tt+C$$

令 $t=0$、$\omega=\omega_0$（初始角速度），则有

$$\omega=\frac{4g}{GD^2}Tt+\omega_0\quad（单位为 \mathrm{rad/s}） \tag{3.4}$$

将 $\omega=2\pi n/60$、$g=9.8\ \mathrm{m/s^2}$代入上式，可得

$$n=\frac{375}{GD^2}Tt+n_0 \tag{3.5}$$

其中：加速时 T 用正号；减速、制动时 T 用负号。

由此可知，加减速时所需的时间和扭矩分别为

$$t=\frac{GD^2}{375}\cdot\frac{n-n_0}{T}\ （单位为 \mathrm{s}）\qquad T=\frac{GD^2}{375}\cdot\frac{n-n_0}{t}\ （单位为 \mathrm{N\cdot m}） \tag{3.6}$$

若扭矩 T 是时间的函数，即 $T=f_1(t)$，以及 $GD^2=f_2(t)$，则有

$$\omega=4g\int\frac{f_1(t)}{f_2(t)}\mathrm{d}t+\omega_0\qquad n=375\int\frac{f_1(t)}{f_2(t)}\mathrm{d}t+n_0\tag{3.7}$$

（2）机械系统的等效 GD^2 计算

对于整个机械系统来说，需要将 GD^2 换算到某一轴（如电动机轴）上来计算，这可用等效 GD^2 概念来衡量，下面介绍两种情况的计算方法。

1）转动系统的等效 GD^2 的计算

图 3.3 所示为电动机驱动的齿轮减速传动系统，其中，J_1、J_2、J_3 和 ω_1、ω_2、ω_3 分别代表各轴的转动惯量和角速度。为了选择电动机需将各轴上的 GD^2 换算到驱动轴上的 GD^2 来计算。

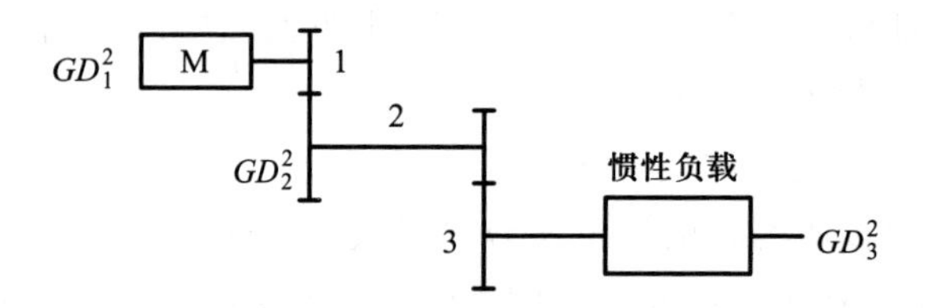

图 3.3　电动机驱动的齿轮减速传动系统

该系统的总动能为

$$E=\frac{J_1\omega_1^2}{2}+\frac{J_2\omega_2^2}{2}+\frac{J_3\omega_3^2}{2}\tag{3.8}$$

若将系统各传动部分的转动惯量（包括轴、轴承、齿轮和负载等）都换算到电动机轴上，则有效的等效转动惯量为

$$\frac{J\omega^2}{2}=\frac{J_1\omega_1^2}{2}+\frac{J_2\omega_2^2}{2}+\frac{J_3\omega_3^2}{2}\tag{3.9}$$

或

$$J=J_1+J_2\left(\frac{\omega_2}{\omega_1}\right)^2+J_3\left(\frac{\omega_3}{\omega_1}\right)^2\tag{3.10}$$

由于 GD^2 与 J 成正比，所以换算到轴 1 上的总等效 GD^2 为

$$GD^2=GD_1^2+GD_2^2\left(\frac{\omega_2}{\omega_1}\right)^2+GD_3^2\left(\frac{\omega_3}{\omega_1}\right)^2\tag{3.11}$$

式中，GD_1^2、GD_2^2、GD_3^2 分别代表各轴上回转零部件的 GD^2。

由齿轮传动原理可知 $\frac{\omega_2}{\omega_1}=\frac{n_2}{n_1}=\frac{z_1}{z_2}$，将 $\frac{\omega_3}{\omega_1}=\frac{\omega_3}{\omega_2}\cdot\frac{\omega_2}{\omega_1}=\frac{n_3}{n_2}\cdot\frac{n_2}{n_1}=\frac{z_2z_1}{z_3z_2}$ 代入上式，可得

$$GD^2=GD_1^2+GD_2^2\left(\frac{z_1}{z_2}\right)^2+GD_3^2\left(\frac{z_2z_1}{z_3z_2}\right)^2\tag{3.12}$$

式中，n_1、n_2、n_3 和 z_1、z_2、z_3 分别代表各轴上的转速和齿轮的齿数。

2）直线运动的惯量换算到驱动轴上的等效 GD^2

例 3.1　图 3.4 所示为螺旋副进给机构，电动机驱动丝杠转动带动工作台作往复直线运动，求 GD^2。

根据能量守恒定律可得系统的动能：$\frac{1}{2}J\omega^2=\frac{1}{2}mv^2$。已知 $J=\frac{GD^2}{4g}$，$\omega=\frac{2\pi n}{60}$，$v=\frac{nP_\mathrm{h}}{60}$

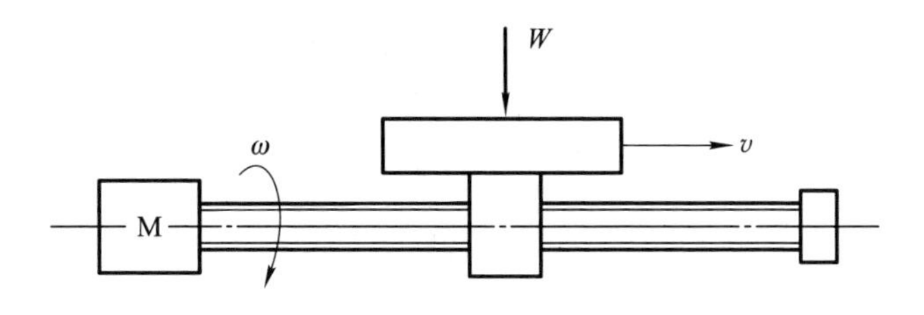

图 3.4　螺旋副进给机构

（P_h 为丝杠导程），$g=9.8\ m/s^2$，代入上式得工作台直线运动的惯量换算到丝杠上的等效 GD^2 为

$$GD^2=365W\left(\frac{v}{n}\right)^2 \text{ 或 } GD^2=W\left(\frac{P_h}{\pi}\right)^2$$

式中，W 为工作台的重量，N。

例 3.2　图 3.5 所示为带式输送系统。带上物体的总重量为 W，其他参数如图所示，试求 GD^2。

根据能量守恒定律和 $J=\frac{GD^2}{4g}$，带上物体的运动惯量换算到驱动轴上的等效 GD^2 为

$$GD^2=4W\left(\frac{v}{\omega}\right)^2=W\left(\frac{60v}{\pi n}\right)^2=365W\left(\frac{v}{n}\right)^2$$

若把 $v=\frac{d}{2}\omega$ 代入上式，得 $GD^2=Wd^2$。

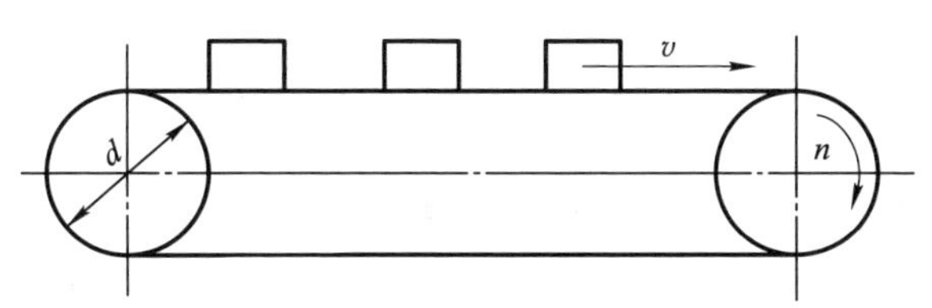

图 3.5　带式输送系统

例 3.3　图 3.6 所示为自行车式台车系统，总重量为 W，求 GD^2。

分析同前，得到自行车式台车的运动惯量换算到驱动轴上的等效 GD^2 为 WD^2。

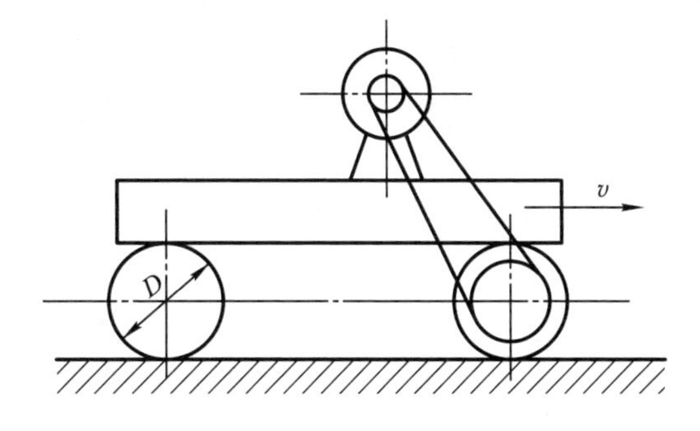

图 3.6　自行车式台车系统

（3）有效转矩（均方根转矩）T_m

在伺服机械传动中，为了选择控制电动机，经常采用图 3.7 所示的变转矩、加减速控

制计算模型。由于变载下的均方根转矩与电动机的发热条件相对应，因此有

$$T_m=\sqrt{\frac{T_1^2t_1+T_2^2t_2+T_3^2t_3}{t_1+t_2+t_3+t_4}} \tag{3.13}$$

式中：T_1、T_2、T_3——加速转矩、等速转矩和减速转矩；

t_1、t_2、t_3——与 T_1、T_2、T_3 对应的时间；

t_4——停顿时间。

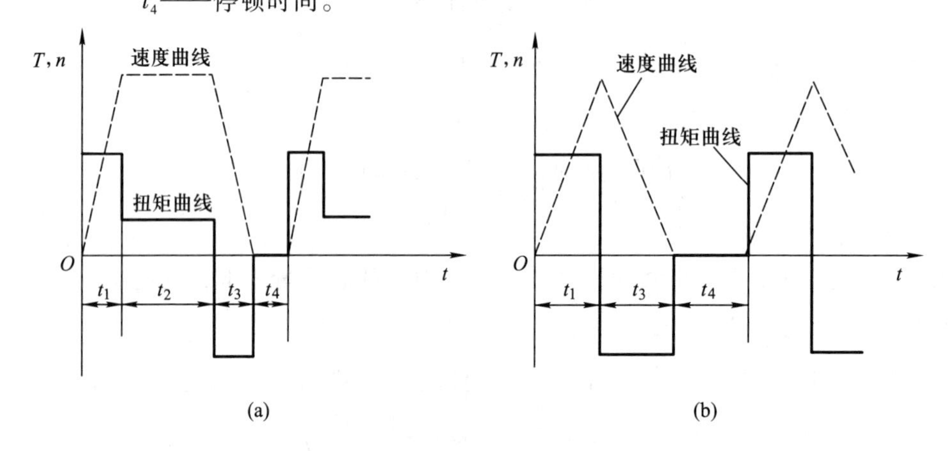

图 3.7　变扭矩、加减速计算模型

若 $T_1=T_3=T$，$T_2=0$ 及 $t_1=t_3=t_4=t$，$t_2=0$，对应于图 3.7b 的模型，则有 $T_m=\sqrt{2/3}\,T$。在这种情况下，选择控制电动机时，应使 $T_R\geqslant T_m$ 或 $T_R=KT_m$。其中，T_R 为伺服电动机的额定输出转矩，T_m 为换算到电动机轴上的有效转矩，K 为安全系数。

3. 实测法

实测法是指用试验分析的方法测定机械及其零件工作载荷的方法。实测法常用于对类比法设计出的样机进行实测鉴定。适用于工程结构、受力复杂及边界条件难以确定和单靠理论难以确定工作载荷的情况。

实测法是利用测力传感器、显示器及其他电子仪器组成的测量系统对机械的载荷进行测定。常用的方法有电阻应变计测量法、光学法和声学法等。电阻应变计测量法（简称电测法）为最常用的一种实测法，它利用电阻应变计（又称应变片）、电阻应变仪和指示器或记录器组成的测量系统进行载荷值的测量。电测法是先将应变片粘贴在零件或传感器上，在零件受载变形后应变片的电阻值随之发生变化，经转换、放大、标定后，就可以得到载荷值。

光学法（又称光测法）是用光弹性法来解决平面或空间问题的一种有效方法，利用光学法解决平面问题比较成熟。除此之外还有云纹干涉法、激光全息干涉法、散斑干涉法等，这些方法正处于完善过程中。脆性漆层法又称脆漆法，精度稍低，但对大面积的现场测量、寻找主应力的大小和方向具有操作简单、直观性强、迅速等特点。声学法主要用于探伤。随着计算机技术的飞速发展，电测法和光测法正向数据采集、处理与分析自动化方向发展，这些技术已在某些领域中得到了应用。

3.2 原动机选择概要

原动机是机器中的驱动部分，按输入能量的不同可分为两种类型：一类叫做一次原动机，把自然界的能源直接转变为机械能，如内燃机、汽轮机和水轮机等。另一类叫做二次原动机，将发电机等变能机所产生的各种形态的能转变为机械能，如电动机、液压马达、气动马达、气缸和液压缸等。大多数机械产品的原动机把电源、液压、气压等动力源获得的能量变换为旋转运动或直线运动的机械能。除单纯动力输出的原动机之外，还有控制用的原动机，一般称其为伺服原动机。原动机大多数已作为系列化商品生产，故在机械系统设计时可作为标准件选用或外购。

3.2.1 原动机选择时应考虑的问题

1. 种类及特点

根据使用能量的不同，可以将原动机分为电气式原动机（电动机）、液压式原动机、气压式原动机及内燃机等几种类型。机械系统若采用电动机，则需要电源；若采用液压式原动机，则需要液压泵；若采用气压式原动机，则需要空气压缩机。常用的原动机有以下几种类型。

（1）动力电动机

动力电动机的类型很多，运动特性及结构形式各异，可满足不同负载特性的要求。动力电动机主要优点有驱动效率高，有良好的调速性能，可实现远距离控制、起动、制动、反向调速，与被驱动的工作机械连接简便。作为一般传动，动力电动机的功率范围很广。其主要缺点为必须有电源，不适于野外使用。根据使用电源的不同，动力电动机又可分为交流电动机和直流电动机两大类。

（2）控制电动机（伺服电动机）

控制电动机是指能精密控制系统位置和角度的电动机。它体积小，重量轻，具有宽广而平滑的调速范围和快速响应能力。目前该类电动机被广泛应用在机电系统的驱动上。

（3）内燃机

内燃机的种类很多，按燃料种类不同，可分为柴油机、汽油机和煤油机等，大多用于野外作业的工程机械、农业机械、船舶、车辆等。内燃机的排气污染和噪声都较大，结构较复杂。

（4）液压马达

液压马达是把液压能转变为机械能的动力装置。利用液压马达可获得较大的动力或转矩，易进行无级调速，操作控制简单，多应用于大功率的场合，常见的有注塑机械、工程机械、煤矿机械、石油化工机械、港口机械等。使用液压马达必须有高压油的供给系统，液压元件需有一定的制造和装配精度，否则容易漏油。

（5）气动马达

气动马达以压缩空气为动力，动作迅速、维护简单、成本较低，对易燃、易爆、多尘和振动等恶劣工作环境的适用性较好，广泛应用于矿山机械、易燃易爆液体及气动工具等场合。由于空气具有可压缩性，因此气动马达的工作稳定性差，气动系统的噪声较大，又因工作压力较低，输出的转矩不可能很大，一般只适应于小型轻载的工作机械。

随着科学技术的发展，原动机的类型越来越多，特性各异。在进行机械系统总体方案设计时，原动机的机械特性及各项性能与机械执行系统的负载特性和工作要求是否匹配，在很大程度上决定了整个机械系统的工作性能和构造。因此，合理地选择原动机的类型是机械系统方案设计中的一个重要问题。

2. 选择原则

在进行机械系统方案设计时，主要根据以下原则选择原动机：

1）应满足工作环境对原动机的要求。如能源供应、降低噪声和环境保护等要求。

2）原动机的机械特性和工作制应与机械系统的负载特性（包括功率、转矩、转速等）相匹配，以保证机械系统有稳定的运行状态。

3）原动机应满足工作机械的起动、制动、过载能力和发热的要求。

4）应满足机械系统整体布置的需要。

5）在满足工作机械要求的前提下，原动机应具有较高的性价比，运行可靠，经济性指标（原始购置费用、运行费用和维修费用）合理。

3. 选择步骤

（1）确定机械系统的负载特性

机械系统的负载由工作负载和非工作负载组成。工作负载可根据机械系统的功能由执行机构或构件的运动和受力求得。非工作负载是指机械系统所有额外消耗，如机械内部的摩擦消耗，可用效率加以考虑；辅助装置的消耗，如润滑系统、冷却系统的消耗等。

（2）确定工作机械的工作制

工作机械的工作制是指工作负载随执行系统的工艺要求而变化的规律。工作制包括长期工作制、短期工作制和断续工作制三大类，常用载荷-时间曲线表示，工作机械有恒载和变载、断续和连续运行、长期和短期运行等形式。原动机的工作制和工作机械的相匹配，不同工作制下，其允许功率完全不同。国家标准将电动机的工作制分为连续工作制、短时工作制、断续周期工作制和连续周期工作制等十种，连续工作制的电动机为连续定额，对于一些周期性工作制（如断续周期工作制、连续周期工作制等）的冶金电动机则有短时定额。内燃机的标定功率一般分为四级，分别为15 min功率、1 h功率、12 h功率和长期运行功率，其中15 min功率级的输出功率最大。

（3）选择原动机的类型

影响原动机类型选择的因素较多，首先应考虑能源供应及环境要求，再根据驱动效率、运动精度、负载大小、过载能力、调速要求、外形尺寸等因素，并综合考虑工作机械的工况和原动机的特点，选择合适的原动机类型。

需要指出的是，电动机有较高的驱动效率和运动精度，其类型和型号繁多，能满足不同类型工作机械的要求，而且还具有良好的调速、起动和反向功能，因此可作为首选类型。而对于野外作业和移动作业，宜选用内燃机。

（4）选择原动机的转速

可根据工作机械的调速范围与传动系统的结构和性能要求来选择。转速选择过高，导致传动系统传动比增大，结构复杂、效率降低；转速选择过低，则原动机本身结构增大、价格较高。一般原动机的转速范围可由工作机械的转速乘以传动系统的总传动比得出。

（5）确定原动机的容量

原动机的容量通常用功率表示。在确定了原动机的转速后，可由工作机械的负载功率（或转矩）和工作制来确定原动机的额定功率。机械系统所需原动机功率 P_d 可表示为

$$P_d = k\left(\sum\frac{P_g}{\eta_i}+\sum\frac{P_f}{\eta_j}\right) \tag{3.14}$$

式中：P_g 为工作机械所需功率；P_f 为各辅助系统所需的功率；η_i 为从工作机械经传动系统到原动机的效率；η_j 为从各辅助装置经传动系统到原动机的效率；k 为考虑过载或功耗波动的余量因数，一般取 1.1～1.3。

需要指出的是，所确定的功率 P_d 是工作机械与原动机的工作制相同的前提下所需的原动机额定功率。

3.2.2 负载特性与负载图

1. 负载特性

负载特性是指机械在运行中其运动参数（位移、速度）和力能参数（转矩、功率等）的变化规律。转速 n 与负载转矩 T_z 的关系 $n=f(T_z)$，称为机械的负载转矩特性，这个特性可归纳为恒转矩负载特性、转矩是转速的函数负载特性、恒功率负载特性三种类型。

（1）恒转矩负载特性

这种负载特性是指负载转矩 T_z 的特性与转速 n 无关，即当转速变化时，负载转矩保持常值。如图 3.8a、b 所示，恒转矩负载特性分反抗性和位能性两种。反抗性恒转矩负载的特点是转矩负载 T_z 的作用方向总是随着转动方向的改变而改变，如水平运行的电机车、汽车等；位能性恒转矩负载的特点是转矩负载 T_z 的作用方向不随转动方向而改变，如起重机、提升机等。

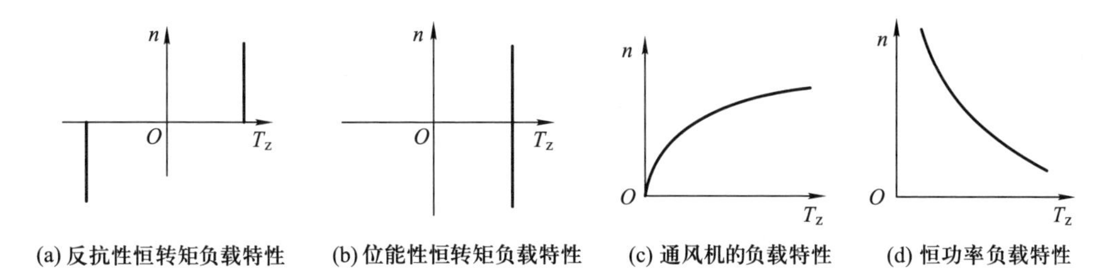

(a) 反抗性恒转矩负载特性　(b) 位能性恒转矩负载特性　(c) 通风机的负载特性　(d) 恒功率负载特性

图 3.8　工作机械负载特性

（2）转矩是转速的函数负载特性

这种负载特性主要是负载转矩 T_z 基本上与转速 n 的平方成正比关系，如图 3.8c 所示，通风机、水泵、油泵等属于这类负载。

(3) 恒功率负载特性

这种负载特性是负载功率基本保持不变，负载转矩 T_z 与转速 n 成反比关系，如图 3.8d 所示。实际生产过程中，负载转矩可能是以上三种的综合。

2. 负载图

按负载特性绘制的图被称为负载图。负载图分工作机械负载图和原动机负载图。工作机械负载图表示负载转矩 T_z 或负载功率 P_z 随时间 t 的变化关系，用 $T_z=f(t)$ 或 $P_z=f(t)$ 表示；原动机负载图反映加在原动机的负载 T 或功率 P 随时间 t 的变化关系，用 $T=f(t)$ 和 $P=f(t)$ 表示。有时两个负载图的曲线类似，由于存在效率问题，两者在数值上不一定相同。

(1) 恒定负载的机械

恒定负载是指作用在工作机械上的外界负载不随时间变化，如风机、水泵、输送机、液压支架等。图 3.9 所示为通风机、水泵、输送机等机械的负载图。从图上可以看出，除加速起动阶段外，工作机械负载曲线与原动机负载曲线基本一致。图 3.10 所示为液压支架和液压支柱的负载图。t_0 为初撑阶段，t_1 为增阻阶段，t_2 为恒阻工作阶段。

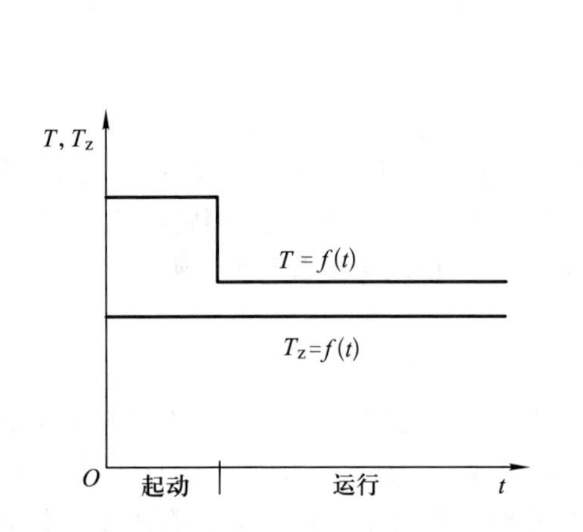

图 3.9　风机、水泵、输送机等机械的负载图

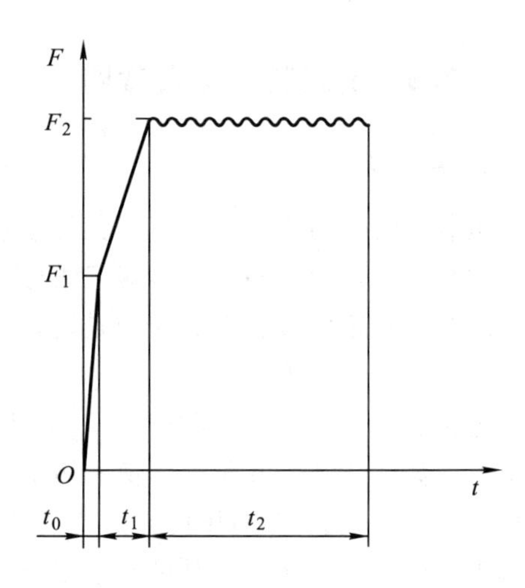

图 3.10　液压支架和液压支柱的负载图

(2) 周期性负载的机械

周期性负载是指负载随时间周期性变化，如主井提升机、空压机、电机车等。图 3.11 所示为某起重机起升机构的负载特性。起重机的一个工作循环包括加速、匀速、减速及停车四个阶段，起升机构的负载特性为一作周期性变化的曲线。

(3) 随机负载的机械

随机负载是指作用在工作机械上的外载荷随时间随机变化。相应地，原动机负载也是一个随机负载。如采煤机工作机械受到的外力由煤及岩石的破碎性质决定，其本质上的不均匀性造成破碎过程的阻力随机变化。图 3.12 所示为某采煤机电动机功率变化曲线。

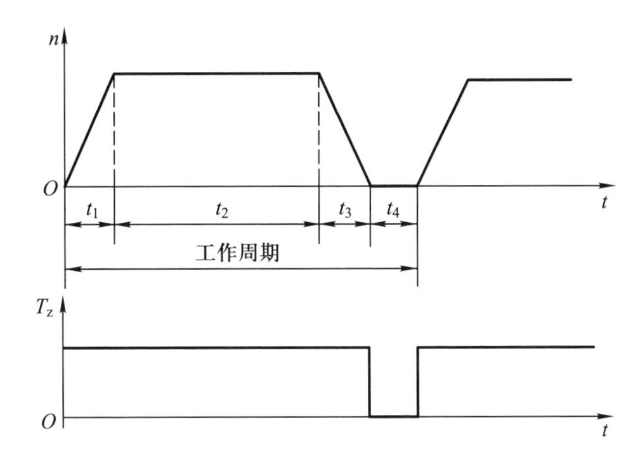

图 3.11　某起重机起升机构的负载特性

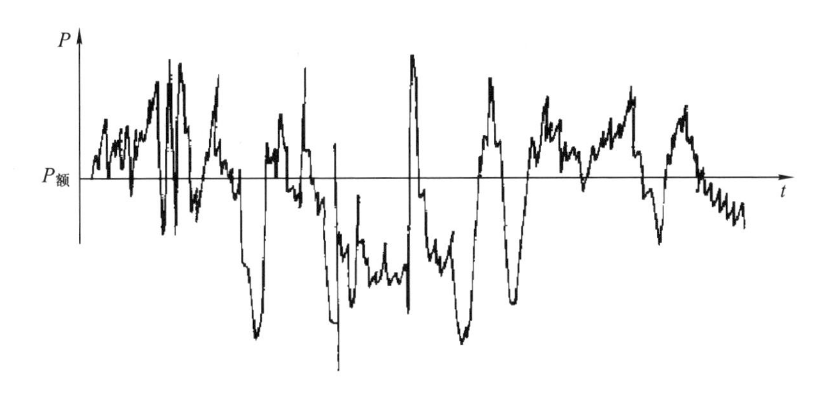

图 3.12　某采煤机电动机功率变化曲线

3.2.3　原动机与工作机械的匹配

原动机与工作机械的匹配要满足下列要求：原动机和工作机械的工作点接近各自的最佳工况，原动机与工作机械的工作稳定，原动机满足工作机械的起动、制动、调速、反向及空载等方面的要求；整个机械系统在运行时效率最高，且振动噪声最小；价格低，占据空间小。

3.3　电动机的种类及其选择

机械系统广泛采用电动机驱动，将电能转换成机械能。有的机械系统只装配着一台电动机，如单轴钻床；有的需要好几台电动机，如某些机床的主轴、刀架、泵等都是由单独的电动机来驱动的。

电动机可分为交流和直流两大类。交流电动机根据电动机的转速与旋转磁场的转速是否相同，又分为同步电动机和异步电动机两种。直流电动机根据励磁方式分为他励直流电动机、并励直流电动机、串励直流电动机、复励直流电动机等种类。在生产上主要使用的是交流异步电动机，特别是三相异步电动机，如各种机床、起重机、通风机、水泵等。仅在需要均匀调速的机械上，如龙门刨床、轧钢机及一些起重设备中才采用直流电动机。同步电动机主要用于功率较大、不需调速、长期工作的各种机械，如压缩机、水泵、通风机等。此外，在自动控制系统和计算机装置中还用到各种控制电动机。

3.3.1　三相异步电动机

转矩是三相异步电动机最重要的参数之一。异步电动机的转矩表达式为

$$T=K\frac{sR_2U_1^2}{R_2^2+(sX_{20})^2} \tag{3.15}$$

式中，K 是一常数，U_1 为每相定子电压，R_2 为转子电阻，s 为转差率，X_{20} 为转速 $n=0$ 即 $s=1$ 时的转子感抗。由式（3.15）可见，转矩 T 与定子每相电压 U_1 的平方成比例，所以当电源电压有所变动时，对转矩的影响很大。在一定的电源电压 U_1 和转子电阻 R_2 之下，转速与转矩的关系曲线 $n=f(T)$ 称为电动机的机械特性曲线，图 3.13 所示为三相异步电动机的机械特性曲线。曲线上的三个转矩决定了异步电动机的运行性能。

（1）额定转矩 T_e

在等速转动时，电动机的转矩必须与机械负载转矩相平衡。额定转矩是电动机在额定负载时的转矩，它可由电动机铭牌上的额定功率（输出机械功率）P_e 和额定转速 n_e 根据公式 $T=9\,550\dfrac{P_e}{n_e}$求得。通常三相异步电动机都工作在图 3.13 所示特性曲线的 ab 段。当负载转矩 T_z 增大（如起重机的起重量增大）时，在最初瞬间电动机的转矩 $T<T_z$，所以它的转速开始下降。随着转速的下降，由图 3.13 可见，电动机的转矩增加了。当增加至 T_z 时，电动机在新的稳定状态下运行，这时转速较前低。但是，ab 段较平坦，当负载在空载和额定值之间变动时，电动机的转速变化不大。这种特性称为硬的机械特性。该特性非常适合一般的金属切削机床。

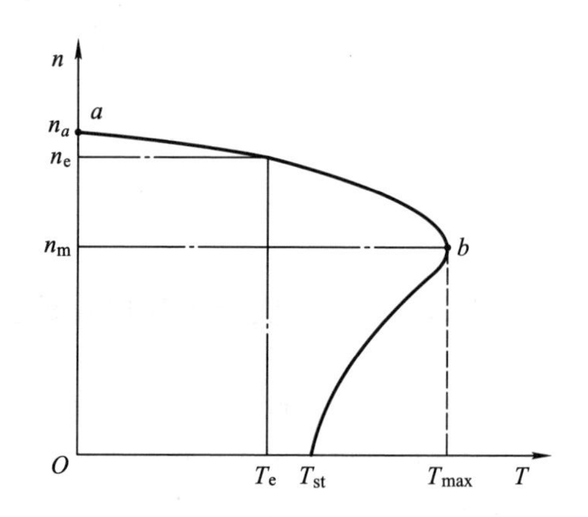

图 3.13　三相异步电动机的机械特性曲线

（2）最大转矩 T_{max}

从机械特性曲线上看，转矩有一个最大值，称为最大转矩或临界转矩。当负载转矩超过最大转矩时，电动机就带不动了，发生所谓的“闷车”现象。一旦发生“闷车”，电动机的电流马上升高六七倍，电动机严重过热，甚至烧坏。另外也说明，电动机的最大过载可以接近最大转矩。如果过载时间较短，则电动机不至于立即过热，这是被允许的。因此，最大转矩也表示电动机短时允许过载能力。电动机的额定转矩 T_e 比 T_{max}小，两者之比

为过载系数 λ，即 $\lambda=\frac{T_{max}}{T_e}$，一般三相异步电动机的过载系数为 1.8～2.2。在选用电动机时，必须考虑可能出现的最大负载转矩，而后根据所选电动机的过载系数算出电动机的最大转矩，它必须大于最大负载转矩。否则，就要重新选取电动机。

（3）起动转矩 T_{st}

三相异步电动机在起动瞬间，转速 $n=0$，$s=1$，转子电流会很大。一般中小型鼠笼式电动机的定子起动电流（线电流）与额定电流之比为 5～7。电动机不是频繁起动时，起动电流对电动机本身影响不大，但当起动频繁时，会使电动机过热。因此，在实际操作时应尽可能不让电动机频繁起动。如在切削加工时，一般只是用离合器将主轴与电动机轴脱开，而不是将电动机停下来。此外，为减小起动电流，也可采用降压起动。在起动时，虽然转子电流很大，但转子功率因子很低，使得起动转矩并不大，它与额定转矩之比为 1.0～2.2。因为起动转矩过小就不能满载起动，但起动转矩过大会使传动机构（如齿轮）受到冲击而损坏，所以应设法使起动转矩合理，不致过小或过大。一般机床的主电动机都是空载起动（起动后再切削），对起动转矩没有什么要求，但对起重用的电动机应采用较大的起动转矩。

3.3.2 电动机的选择与计算

电动机的选择内容包括电动机的类型、形式、容量、额定电压、额定转速及各项经济指标等，而且对这些参数应综合考虑。

1. 选择与计算方法

（1）电动机类型的选择

电动机类型的选择必须适应机械的负载特性，平稳或冲击程度，运行状态，调速范围，起动、制动的频繁程度，作业环境及电网供电状况等要求。

对于恒转速负载特性的机械，选用机械特性为硬特性的电动机为宜；对恒功率负载特性的机械，应选用变速直流电动机或带机械变速的异步电动机。

对无调速要求的机械，包括长期、短期、断续等各种运行状态的机械，应尽量采用异步电动机。对负载平稳且起动、制动无特殊要求的长期运行的机械，如机床、水泵和通风机等宜采用普通笼型电动机；如容量较大，应尽量采用同步电动机；对负载周期性变动的机械（如带飞轮）或起动负载大的机械，应尽量采用绕线转子电动机。

对于需要调速的机械，视调速范围和连续平滑程度的需要而选择电动机。要求有级调速的机械，如低速电梯及某些机床等，可采用笼型多速感应电动机，对调速平滑程度要求不高、且调速比不大时，宜采用绕线转子电动机；对调速比在 1∶3 以上，且需要连续稳定平滑调速的机械宜采用他励直流电动机；对需要起动转矩较大的机械，如牵引车和电机车等，宜采用串励直流电动机。

（2）电动机结构形式和安装形式的选择

根据电动机的工作环境条件，如环境温度、湿度、通风状况、杂物飞溅状况以及有无防爆等特殊要求，选择不同防护性能的外壳结构形式。一般应采用防护式电动机。

安装形式应根据电动机与被驱动机械连接方式而定。一般情况下应尽量采用卧式安装形式，立式安装形式只在能简化传动系统或必须竖直安置时才选用，如钻床、立式钻井机等。当需安装测速发电机或同时驱动两台工作机械时，可选用两端出轴的电动机。

（3）电动机额定电压及转速的选择

电动机额定电压的选择取决于电力系统对企业的供电电压。一般车间电网为 380 V 电压，因而中小型异步电动机可采用 220 V/380 V（△/Y 接法）及 380 V/660 V（△/Y 接法）两种额定电压。对于大型电动机可选用 3 000 V 以上的高压电源。直流电动机由单独直流发电机供电时，额定电压为 220 V 或 110 V，大功率电动机可为 600~800 V，甚至达 1 000 V。

电动机额定转速根据工作机械的要求而选定。通常电动机转速不低于500 r/min，因为当功率一定时，电动机的转速越低，其尺寸越大，价格越贵，而且效率也较低。如选用高速电动机，势必加大减速工作机械的传动比，致使机械传动部分复杂起来，因此必须综合考虑电动机和工作机械方面的因素。

（4）电动机容量的选择与计算

1）确定电动机容量的主要因素

确定电动机功率主要应考虑电动机的发热、允许的过载能力和起动能力三个因素，其中发热问题最为重要。

电动机的发热是指电动机内部产生损耗并转换成热能使电动机的温度升高。在电动机中耐热最差的是绕组的绝缘材料，绝缘材料的最高允许温度是电动机带负载能力的限度，而电动机的额定功率就是这一限度的代表参数。

对于瞬时最大负载需进行过载能力的校验。各种电动机的瞬时过载能力都是有限的，交流电动机受临界转矩的限制，直流电动机受换向器火花的限制。交流电动机的过载能力以允许转矩的过载倍数 λ_T 来衡量，直流电动机以电流的过载倍数 λ_I 来衡量。电动机过载能力的计算公式为

直流电动机

$$I_{max} \leqslant K\lambda_I I_e \tag{3.16}$$

异步电动机

$$T_{max} \leqslant KK_u^2\lambda_T T_e \tag{3.17}$$

同步电动机

$$T_{max} \leqslant K\lambda_T T_e \tag{3.18}$$

式中：I_{max}——瞬时最大负载电流，A；

T_{max}——瞬时最大负载转矩，N·m；

I_e——额定电流，A；

T_e——额定转矩，N·m；

K_u——电压波动系数（一般为 0.85）；

K——余量系数（交流电动机为 0.9，直流电动机为 0.9~0.95）。

λ_I、λ_T 值可在电动机手册中查到。

笼型异步电动机和同步电动机采用异步起动时，起动过程中的机械特性 $T=f(n)$ 是非线性的，因此平均起动转矩要根据电动机的机械特性来计算。一般情况下，由下列各式进行估算：

直流电动机

$$T_{Sa}=(1.3\sim1.4)T_e \tag{3.19}$$

同步电动机

当 $T_S>T_{pi}$ 时，

$$T_{Sa}=0.5(T_S+T_{pi}) \tag{3.20}$$

当 $T_S\leqslant T_{pi}$ 时，

$$T_{Sa}=(1.0\sim1.1)T_S \tag{3.21}$$

一般笼型电动机

$$T_{Sa}=(0.45\sim0.5)(T_S+T_{Cr}) \tag{3.22}$$

冶金、起重型

$$T_{Sa}=0.9T_S \tag{3.23}$$

冶金、起重用绕线式电动机

$$T_{Sa}=(1.0\sim2.0)T_{0.25} \tag{3.24}$$

式中：T_{Sa}——平均起动转矩，N·m；

T_e——额定转矩，N·m；

T_S——初始起动转矩（$s=1$）；

T_{pi}——引入转矩，N·m；

T_{Cr}——临界转矩，N·m；

$T_{0.25}$——负载持续率为25%时的额定转矩，N·m。

对于快速起动用的电动机，上述各式中的系数取大值。

如果交流电动机采用直接起动，则由下式计算：

$$K_u^2K_{min}T_e\geqslant K_ST_{ZS} \tag{3.25}$$

式中：K_u——电压波动系数（一般为0.85）；

K_{min}——电动机最小起动转矩与额定转矩之比；

T_e——额定转矩，N·m；

K_S——起动时的加速系数（1.2～1.5）；

T_{ZS}——起动时电动机轴上的静阻转矩，N·m。

2）电动机的工作制

电动机工作时，负载持续时间的长短对电动机的发热影响很大，因而对决定电动机的功率也有很大影响。电动机的工作制类型分为连续、短时、周期性或非周期性几种。

连续工作制的电动机工作时间较长，温升可达稳定值，其负载功率 P 和温升 τ 随时间 t 变化曲线如图3.14a所示；短时工作制电动机的工作时间 t_s 较短，而间歇时间 t_0 又相当长，负载功率和温升曲线如图3.14b所示。我国制造的这类电动机的工作时间为15 min、30 min、60 min和90 min四种。对于某一电动机对应不同的工作时间，其功率是 $P_{15}>P_{30}>P_{60}>P_{90}$。当电动机的实际工作时间符合上述标准时，可按对应的工作时间和功率选取电动机，其他情况可折算选取；周期性工作制电动机的工作时间和间歇时间轮流交换，且都较短，如图3.14c所示。这类电动机的工作特点可用负载持续率 $FC=t_s/(t_s+t_0)\times100\%$ 表示。标准负载持续率有15%、25%、40%、60%四种，且重复周期为 $t_s+t_0<10$ min。

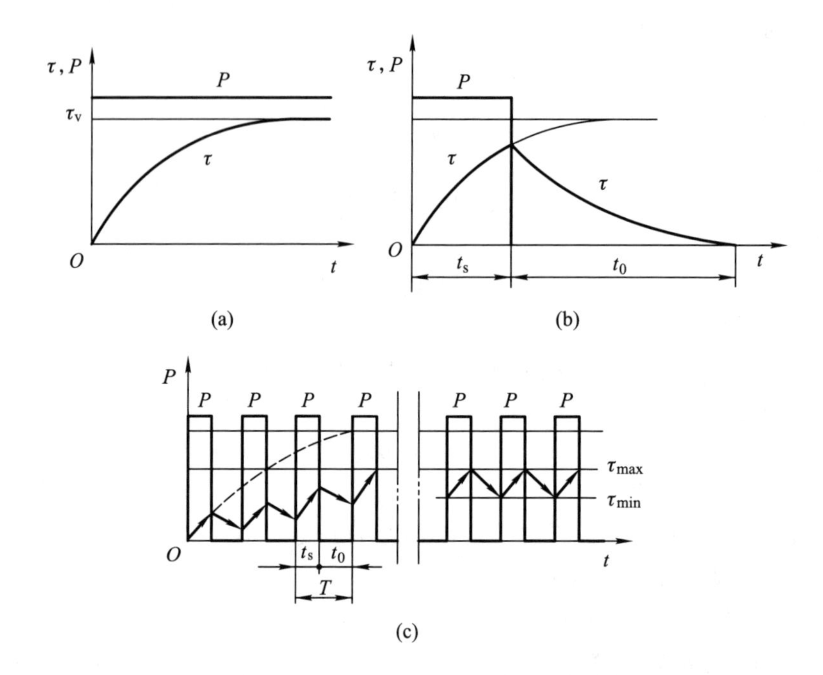

图 3.14　三种工作制下电动机负载功率和温升随时间的变化

造纸机、水泵、机床等都属于连续工作制，冶金机械的辅助机械、机床的辅助运动、水闸门启闭机等属于短时工作制，起重机、电梯、轧钢辅助机械等属于周期性工作制。

3）电动机负载图

电动机负载图是根据工作机械的负载变化绘制的电动机的转矩、功率或电流与时间的关系曲线。它是校验电动机的容量和过载能力，以及用等效转矩法、等效电流法或等效功率法校验电动机发热的依据。图 3.15 是根据起重机起升机构的工作循环图绘制的其电动机转矩负载图示例。

4）电动机的发热计算

针对变负载情况下电动机的发热计算，最常用的是等效法（又称均方根法）。该法根据不同的负载状态计算等效电流 I_{dx}、等效转矩 T_{dx}或等效功率 P_{dx}。只要它们小于相应的额定值 I_e、T_e 和 P_e，发热是允许的。对于不同负载状态下的各等效值可按下列公式计算。

① 周期性负载长期运行

等效电流

$$I_{dx}=\sqrt{\frac{I_1^2 t_1+I_2^2 t_2+\cdots+I_m^2 t_m}{t_1+t_2+\cdots+t_m}} \tag{3.26}$$

等效转矩

$$T_{dx}=\sqrt{\frac{T_1^2 t_1+T_2^2 t_2+\cdots+T_m^2 t_m}{t_1+t_2+\cdots+t_m}} \tag{3.27}$$

等效功率

$$P_{dx}=\sqrt{\frac{P_1^2 t_1+P_2^2 t_2+\cdots+P_m^2 t_m}{t_1+t_2+\cdots+t_m}} \tag{3.28}$$

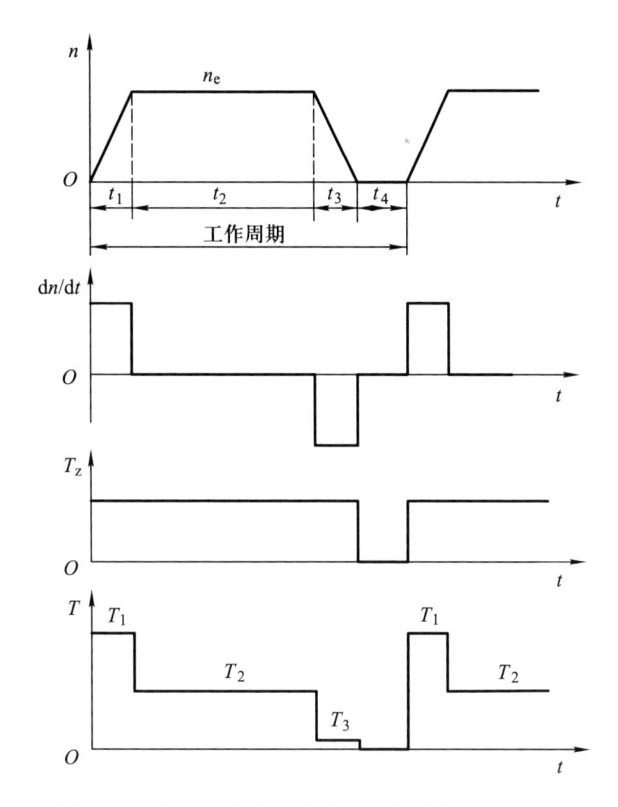

图 3.15 起重机起升机构的电动机转矩负载图示例

式中：I_1，I_2，…，I_m——各周期负载电流曲线近似直线段的各阶段电流值；

T_1，T_2，…，T_m——各阶段转矩值；

P_1，P_2，…，P_m——各阶段功率值；

t_1，t_2，…，t_m——各阶段持续时间。

等效电流法适用于各类电动机的发热校验；等效转矩法适用于转矩与电流成比例的场合，弱磁情况下需要修正，不适用于串励电动机；等效功率法在近似额定电压和额定转速下，功率与电流成正比时应用。

② 周期性变化负载断续运行

若采用连续工作制的电动机，

$$I_{dx}=\sqrt{\frac{\sum I_S^2 t_S+\sum I_{St}^2 t_{St}+\sum I_b^2 t_b}{C_\alpha(\sum t_S+\sum t_b)+\sum t_{St}+C_\beta\sum t_0}} \tag{3.29}$$

$$T_{dx}=\sqrt{\frac{\sum T_S^2 t_S+\sum T_S^2 t_{St}+\sum T_b^2 t_b}{C_\alpha(\sum t_S+\sum t_b)+\sum t_{St}+C_\beta\sum t_0}} \tag{3.30}$$

式中：I_S、I_{St}、I_b——一个工作周期中各起动、稳定、制动阶段电动机的相应电流；

T_S、T_{St}、T_b——一个周期中各起动、稳定、制动阶段电动机的相应转矩；

t_S、t_{St}、t_b、t_0——各起动、稳定、制动、停歇各阶段相应的时间；

C_α——起动、制动过程中电动机散热恶化系数；

C_β——停转时电动机散热恶化系数，该值可在电动机手册中根据电动机类型和冷却方式查到，且 $C_\alpha=(1+C_\beta)/2$。

若采用周期性工作制的电动机，

$$I_{dx}=\sqrt{\frac{\sum I_S^2 t_S+\sum I_{St}^2 t_{St}+\sum I_b^2 t_b}{C_\alpha(\sum t_S+\sum t_b)+\sum t_{St}}} \tag{3.31}$$

$$T_{dx}=\sqrt{\frac{\sum T_S^2 t_S+\sum T_{St}^2 t_{St}+\sum T_b^2 t_b}{C_\alpha(\sum t_S+\sum t_b)+\sum t_{St}}} \tag{3.32}$$

式中各符号同前。式（3.31）、式（3.32）计算结果除必须满足 $I_{dx}\leqslant I_{eFC}$ 或 $T_{dx}\leqslant T_{eFC}$ 外，还要求 $FC_z=FC_e$。I_{eFC} 和 T_{eFC} 分别为电动机在额定负载持续率 FC_e 下的额定电流和额定转矩。FC_z 为实际负载持续率，其值为

$$FC_z=\frac{\sum t_S+\sum t_{St}+\sum t_b}{\sum t_S+\sum t_{St}+\sum t_b+\sum t_0}\times 100\% \tag{3.33}$$

当 FC_z 与 FC_e 不等时，选择与实际负载持续率相近的电动机，并要求

$$I_{dxe}\leqslant I_{eFC} \quad 或 \quad T_{dxe}\leqslant T_{eFC} \tag{3.34}$$

式中，

$$I_{dxe}=I_{dx}\sqrt{\frac{FC_z}{FC_e}},\ T_{dxe}=T_{dx}\sqrt{\frac{FC_z}{FC_e}}$$

其中，I_{dxe}、T_{dxe} 分别为折算到额定负载持续率下的等效电流、等效转矩。

2. 选择与计算举例

例 3.4 某离心式水泵其流量 $Q=90\ m^3/h$，扬程 $H=25$ m，转速 $n=2\,900$ r/min，效率 $\eta=0.78$，试选择一台直接驱动水泵的电动机。

解：由题意知，负载为恒值长期运行，应按连续工作制选择电动机的容量。其步骤如下：

（1）计算电动机上负载所需功率 P_z　取水的重度 γ 为 9 810 N/m^3，传递效率 η_c 为 1，功率余量系数 K_P 为 1.10，则电动机轴上负载所需功率为

$$P_z=K_P\frac{\gamma QH}{\eta\eta_c}\times 10^{-3}=1.10\times\frac{9\,810\times 90\times 25}{0.78\times 1\times 3\,600}\times 10^{-3}\ kW=8.65\ kW$$

（2）选择电动机额定功率 P_e　选择 P_e 要大于 P_z，且额定转速 n_e 应为2 900 r/min 左右。故选用 Y160M1-2 型异步电动机，$P_e=10$ kW，$U_e=380$ V，$n_e=2\,930$ r/min。

（3）若选用笼型电动机，当在重载下起动时需校验起动能力。

（4）如果环境温度离标准 40 ℃较远，应修正电动机的额定功率。

本例不属于重载起动，且环境温度接近标准值，因此不必进行（3）（4）计算。

例 3.5 图 3.16 为一矿井提升机传动示意图。电动机带动摩擦轮同速旋转，靠摩擦力使钢绳和运载矿石的罐笼提升或放下。提升机用双电动机驱动，试选择电动机的容量。已知数据：井深 H 为 915 m，钢绳和平衡绳总长为 $2H+90$ m，运载重量 G_1 为 58 800 N，空罐笼重量 G_z 为 77 150 N，钢绳每米重量 g_3 为 106 N/m，摩擦轮直径 d_1 为 6.44 m，摩擦轮飞轮矩 GD_1^2 为 $2.73\times 10^6\ N\cdot m^2$，导轮直径 $d_2=5$ m，导轮飞轮矩 GD_2^2 为 $5.84\times 10^5\ N\cdot m^2$，额定提升速度 v_e 为 16 m/s，提升加速度 a_1 为 0.89 m/s^2，提升减速度 a_3 为1 m/s^2，工作周期 t_z 为 89.2 s，罐笼及导轨的摩擦阻力使负载增大 20%。

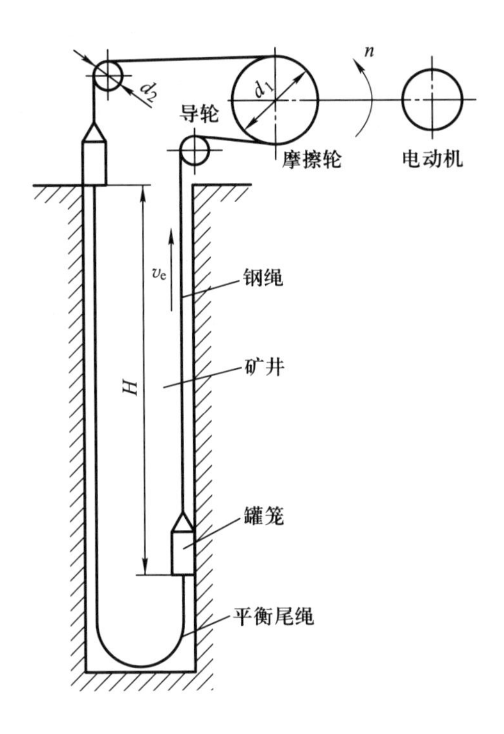

图 3.16 矿井提升机传动示意图

解: 由题意知负载为周期性断续运行，应按周期性工作制选择电动机的容量。

(1) 计算工作机的负载　由于两个罐笼和钢绳的重量相互平衡，计算时，只需考虑运载的重量和摩擦力即可。负载力和负载功率分别为

$$G=(1+20\%)G_1=1.2\times58\ 800\ \text{N}=70\ 560\ \text{N}$$

$$P_z=\frac{Gv_e}{1\ 000}=\frac{70\ 560\times16}{1\ 000}\ \text{kW}=1\ 129\ \text{kW}$$

(2) 初选电动机　取电动机的总额定功率 $P_e=1.2P_z=1.2\times1\ 129\ \text{kW}=1\ 355\ \text{kW}$，每台电动机额定功率为 700 kW，额定转速为 47.5 r/min，飞轮矩 $GD_D^2=1.065\times10^6\ \text{N}\cdot\text{m}^2$。

(3) 绘制电动机负载图

1) 各阶段运行时间计算

加速时间和加速阶段罐笼运行高度分别为

$$t_1=\frac{v_e}{a_1}=\frac{16}{0.89}\ \text{s}=18\ \text{s}\qquad h_1=\frac{1}{2}a_1t_1^2=\frac{1}{2}\times0.89\times18^2\ \text{m}=144.2\ \text{m}$$

减速时间和减速阶段罐笼运行高度分别为

$$t_3=\frac{v_e}{a_3}=\frac{16}{1}\ \text{s}=16\ \text{s}\qquad h_3=\frac{1}{2}a_3t_3^2=\frac{1}{2}\times1\times16^2\ \text{m}=128\ \text{m}$$

稳速阶段罐笼运行高度和稳速时间分别为

$$h_2=H-h_1-h_3=(915-144.2-128)\ \text{m}=642.8\ \text{m}\qquad t_2=\frac{h_2}{v_e}=\frac{642.8}{16}\ \text{s}=40.2\ \text{s}$$

停歇时间为

$$t_4=t_z-t_1-t_2-t_3=(89.2-18-40.2-16)\text{ s}=15\text{ s}$$

2）折算到电动机轴上的飞轮矩 GD^2 的计算

转动部分的飞轮矩为 $GD_a^2=2GD_D^2+GD_1^2+2(GD_2^2)'$，其中两导轮折算到电动机轴上的飞轮矩[*]为

$$\begin{aligned}2(GD_2^2)'&=2GD_2^2\left(\frac{n_2}{n_e}\right)^2=GD_2^2\left(\frac{60v_e}{\pi d_2 n_e}\right)^2\\&=2\times5.84\times10^5\times\left(\frac{60\times16}{3.14\times5\times47.5}\right)^2\text{ N}\cdot\text{m}^2\\&=1.936\times10^6\text{ N}\cdot\text{m}^2\end{aligned}$$

则

$$GD_a^2=(2\times1.065\times10^6+2.73\times10^6+1.936\times10^6)\text{ N}\cdot\text{m}^2=6.796\times10^6\text{ N}\cdot\text{m}^2$$

直线运动部分的飞轮矩为 $GD_b^2=365G'v_e^2/n_e^2$，其中直线运动部分总重量

$$G'=G_1+2G_z+g_3(2H+90)=416\ 620\text{ N}$$

则

$$GD_b^2=365\times416\ 620\times16^2/47.5^2\text{ N}\cdot\text{m}^2=1.725\times10^7\text{ N}\cdot\text{m}^2$$

最后折算到电动机轴上的飞轮矩为

$$GD^2=GD_a^2+GD_b^2=(6.796\times10^6+1.725\times10^7)\text{ N}\cdot\text{m}^2=2.405\times10^7\text{ N}\cdot\text{m}^2$$

3）转矩的计算

加速转矩

$$T_{a1}=\frac{GD^2}{375}\cdot\frac{n_e}{t_1}=\frac{2.405\times10^7}{375}\times\frac{47.5}{18}\text{ N}\cdot\text{m}\approx169\ 240\text{ N}\cdot\text{m}$$

减速转矩

$$T_{a3}=-\frac{GD^2}{375}\cdot\frac{n_e}{t_3}=-\frac{2.405\times10^7}{375}\times\frac{47.5}{16}\text{ N}\cdot\text{m}\approx-190\ 400\text{ N}\cdot\text{m}$$

稳速转矩

$$T_z=1.2G_1\frac{d_1}{2}=1.2\times58\ 800\times\frac{6.44}{2}\text{ N}\cdot\text{m}\approx227\ 200\text{ N}\cdot\text{m}$$

负载图上各阶段转矩分别为 $T_1=T_z+T_{a1}$，$T_2=T_z$，$T_3=T_z+T_{a3}$，代入上述数据给出电动机负载图如图 3.17 所示。

4）电动机发热和过载能力的校验

由负载图（图 3.17）知，等效转矩 T_{dx} 为（取散热恶化系数 $C_\alpha=0.75$，$C_\beta=0.5$）：

$$\begin{aligned}T_{dx}&=\sqrt{\frac{T_1^2t_1+T_2^2t_2+T_3^2t_3}{C_\alpha t_1+t_2+C_\alpha t_3+C_\beta t_0}}\\&=\sqrt{\frac{396\ 440^2\times18+227\ 200^2\times40.2+36\ 800^2\times16}{0.75\times18+40.2+0.75\times16+0.5\times15}}\text{ N}\cdot\text{m}\\&\approx260\ 000\text{ N}\cdot\text{m}\end{aligned}$$

---

* 本书例题在计算过程中根据工程需要对计算结果会适当圆整，有圆整处理的用“≈”表示。后同。

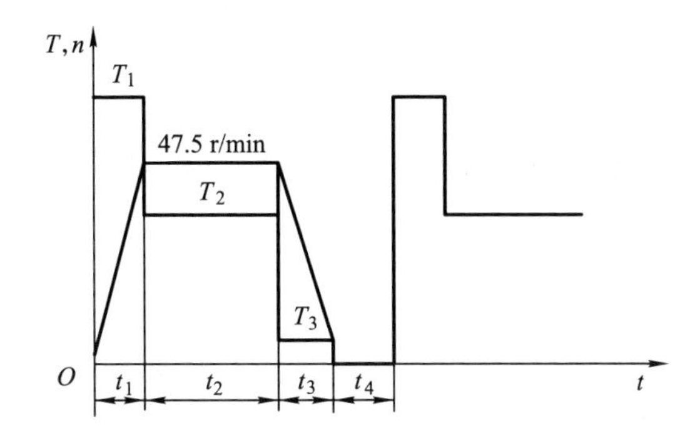

图 3.17 矿井提升机负载转矩图

电动机的额定转矩为

$$T_e = 9\ 550P_e/n_e = 9\ 550 \times 2 \times 700/47.5\ \text{N}\cdot\text{m} = 281\ 474\ \text{N}\cdot\text{m}$$

因为 $T_e = 281\ 474\ \text{N}\cdot\text{m} > T_{dx} = 260\ 000\ \text{N}\cdot\text{m}$，所以电动机温升通过。

取余量系数 $K=0.9$，电压波动系数 $K_u=0.85$，允许转矩过载倍数 $\lambda_T=2.5$，则有

$$KK_u^2\lambda_T T_e = 0.9 \times 0.85^2 \times 2.5T_e = 1.625T_e > T_1 = 1.41T_e$$

所以过载能力也通过，说明所选电动机容量合适。

例 3.6 大型车床刀架快速移动机构重量 G 为 5 300 N，移动速度 v 为15 m/min，传动比 j 为 100，动摩擦系数 μ 为 0.1，静摩擦系数 μ_0 为 0.2，传动效率 η 为 0.1，试选择驱动电动机的容量。

解： 由题意知此电动机为短时运行。对于短时工作制电动机的选择，可用连续工作制或用短时工作制的方法，本题按前者选择电动机的容量。

（1）计算刀架移动时电动机的负载功率 P_z

$$P_z = \frac{\mu G v}{60 \times 1\ 000\eta} = \frac{0.1 \times 5\ 300 \times 15}{60 \times 1\ 000 \times 0.1}\ \text{kW} = 1.325\ \text{kW}$$

（2）按允许过载能力选电动机 取交流异步电动机的过载倍数 $\lambda_T=2$，余量系数 $K=0.9$，电压波动系数 $K_u=0.9$，则电动机的额定功率为

$$P_e \geqslant \frac{P_z}{KK_u^2\lambda_T} = \frac{1.325}{0.9 \times 0.9^2 \times 2}\ \text{kW} = 0.909\ \text{kW}$$

额定转速近似为

$$n_e = jv = 100 \times 15\ \text{r/min} = 1\ 500\ \text{r/min}$$

初选电动机为 Y90L-4 笼型异步电动机，其参数为 $P_e = 1.5$ kW，$n_e = 1\ 400$ r/min，$\lambda_T = 1.8$。

（3）校验起动能力 由于静摩擦系数为动摩擦系数的两倍，所以有

起动负载功率为

$$P_g = 2P_z = 2 \times 1.325\ \text{kW} = 2.65\ \text{kW}$$

电动机起动功率为

$$P_Q = \lambda_T P_e = 1.8 \times 1.5\ \text{kW} = 2.7\ \text{kW}$$

由于 $P_Q > P_g$，故起动能力通过。但 P_Q 与 P_g 值相差较小，如果电网电压稍有下降，则可能起动不了。为提高可靠性，最终选 Y100L1-4 型电动机，$P_e = 2.2$ kW，$n_e = 1\ 420$ r/min。

短时工作制下电动机容量的选择方法请参阅相关手册。

3.4　液压/气压泵与马达的种类与选择

液压（气压）传动中的动力元件是把原动机（如电动机）输入的机械能转换为油液（气体）压力能的能量转换装置，其作用是为液压（气压）系统提供压力油（气）。动力元件为各种液压泵（空气压缩机），传动系统中各类液压（气压）马达和液压（气）缸在压力油（气）的推动下输出力和速度（直线运动），或力矩和转速（回转运动），从而将油液（气体）压力能转换为机械能。

3.4.1　液压泵的种类与选择

液压泵是液压传动系统的动力元件，由发动机或电动机驱动，将机械能转换成液体压力能，向液压系统提供具有一定压力和流量的液体。常用液压泵的种类如图 3.18 所示。

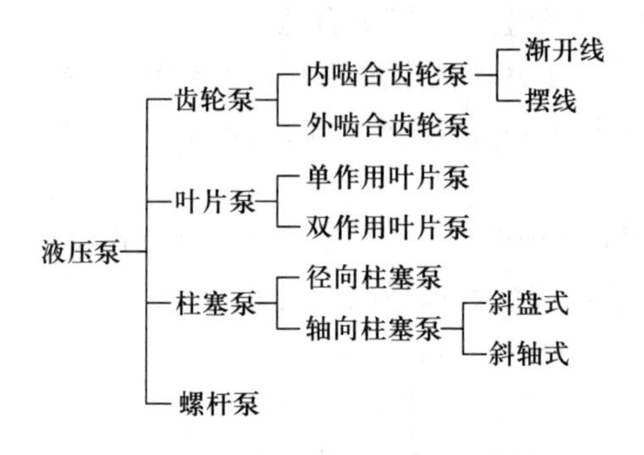

图 3.18　常用液压泵的种类

1. 液压泵的主要性能参数

（1）压力 p

液压泵的工作压力是指其实际工作时输出油液的压力，其大小取决于负载的大小和排油管路上的压力损失，与液压泵的流量无关。液压泵在正常工作条件下，根据试验标准规定能长期运转的最高压力称为液压泵的额定压力。液压泵产品铭牌上标出的压力即为额定压力。

（2）排量 q 和流量 Q

泵的排量 q 是指泵在无泄漏的情况下每转一转所排出的油液体积。它取决于泵的密封和工作容积。

泵的理论流量 Q_0是泵在无泄漏的情况下单位时间内输出的油液体积，它等于泵的排量与转速的乘积。泵的实际流量 Q 小于理论流量 Q_0。

（3）效率

由于液压泵存在泄漏和机械摩擦，泵在能量转换过程中存在流量方面的容积损失和机械方面的转矩损失两部分，因此其效率包括容积效率 η_V 和机械效率 η_m。容积效率 η_V 是泵的实际流量 Q 与理论流量 Q_0 的比值，机械效率 η_m 是泵的理论转矩 T_0 与实际输入转矩 T_i 的比值。液压泵的总效率 η 是其实际输出功率 P_o 与实际输入功率 P_i 之比，也等于容积效率与机械效率的乘积，即 $\eta=P_o/P_i=\eta_V\eta_m$。

（4）功率 N

液压泵的功率有实际输入功率 P_i 和实际输出功率 P_o。实际输入功率是指工作时作用在液压泵上的机械功率，实际输出功率是实际工作过程中的工作压力和实际输出流量的乘积。考虑泵在能量转换过程中的损失，液压泵的输出功率 $P_o=P_i\eta=pQ/60$，单位为 kW。

2. 液压泵的选用

液压系统的主要参数是压力和流量。它们是设计液压系统，选择液压元件的主要依据。压力决定于外载荷，流量取决于液压执行元件的速度和结构尺寸。液压泵的选用包括确定液压泵的类型、规格和型号。首先，根据液压传递系统主机的工况、功率大小和系统对工作性能的要求等条件确定液压泵的类型；然后，按系统所要求的压力、流量大小确定其规格与型号。常用液压泵的性能见表 3.1，可供选用时参考。

一般来讲，负载小、功率小的液压设备可用齿轮泵、双作用叶片泵；精度较高的机械设备（磨床），可用双作用叶片泵、螺杆泵；负载较大且有快速和慢速工作行程的机械设备（组合机床），可选用限压变量叶片泵和双联叶片泵；负载大、功率大的设备（刨床、拉床、压力机）可选用柱塞泵；机械设备的辅助装置，如送料、夹紧等不重要场合，可选用价格低的齿轮泵。

就目前国内产品情况来看，当系统工作压力大于 14 MPa 时，一般都用轴向柱塞泵。当系统的工作压力在 14 MPa 以下且无变量要求时，一般采用齿轮泵或双作用叶片泵，其中以齿轮泵应用最广泛。叶片泵的流量和压力脉动小、运转较平稳，但使用条件苛刻，因此在矿山、工程机械中应用较少，多用于工作平稳和功率较小的场合，如机床的液压传动系统中应用普通。

表 3.1　常用液压泵的性能比较及应用

项目	外啮合齿轮泵	双作用叶片泵	限压式变量泵	轴向柱塞泵	径向柱塞泵	螺杆泵
额定压力/MPa	低压<2.5 中高压 16~21	6.3~21.0	6.0~10.0	7.0~40	10~20	2.0~10.0
排量/(mL/r)	2.5~210	2.5~237	10~125	2.5~1 616	0.25~188	0.16~1 463
转速/(r/min)	300~7 000	500~4 000	500~2 000	600~6 000	700~1 800	1 000~18 000
流量调节	不能	不能	能	能	能	不能
容积效率	0.70~0.95	0.85~0.95	0.60~0.90	0.90~0.97	0.85~0.95	0.70~0.95
总效率	0.60~0.85	0.75~0.85	0.55~0.85	0.80~0.90	0.75~0.92	0.70~0.85
流量脉动率	大	小	中等	中等	中等	很小
自吸性能	好	较差	较差	较差	差	好

续表

项目	外啮合齿轮泵	双作用叶片泵	限压式变量泵	轴向柱塞泵	径向柱塞泵	螺杆泵
对油污敏感性	不敏感	敏感	敏感	敏感	敏感	不敏感
噪声	大	小	较大	大	大	很小
寿命	较短	较长	较短	长	长	很长
单位功率造价	最低	中等	较高	高	高	较高
应用范围	低压齿轮泵一般用于工作压力低于 2.5 MPa 的液压系统，中、高压齿轮泵多用于工程机械、航空、船舶等系统中	广泛应用于各类机场设备中，在塑料注射机、运输装卸机和工程机械中也有应用	在中、低压液压系统中应用较多。也用于一些功率较大的设备上，如高精度平面磨床、组合机床等系统中	广泛用于各类高压系统中。如冶金、锻压、矿山、起重、运输、工程机械系统中	常用于固定设备上，如压力机、拉床、船舶等	多用于精密加工设备，如镜面磨床等。在食品、石油、化工、纺织等领域，多用于输送液体

3.4.2　液压马达的种类与选择

液压马达是把液压能转变成旋转机械能的一种能量转换装置，按输出转矩的大小和转速高低可以分为两类：一类是高速小转矩马达，转速范围一般为 300～3 000 r/min 或更高，转矩为几百牛·米；另一类是低速大转矩液压马达，转速低于 300 r/min，转矩为几百至几万牛·米。液压马达的分类方法有很多，因此其种类也很多。液压马达的大致分类如图 3.19 所示。

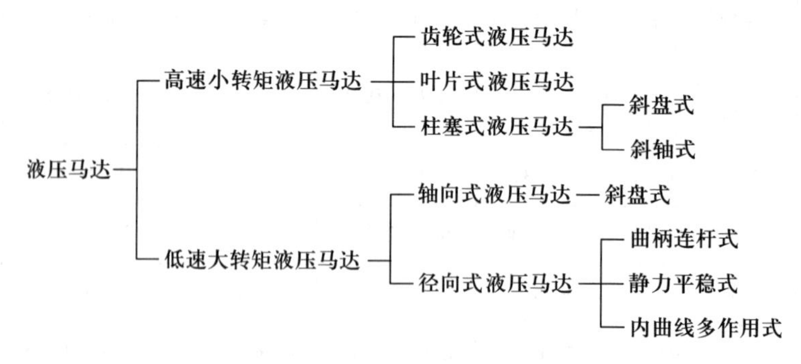

图 3.19　液压马达的大致分类

1. 液压马达的主要性能参数

(1) 转速 n

液压马达的额定转速是指输出额定功率（或转矩）的情况下正常持久的使用转速。液压马达的转速一般是可变的，它取决于输入流量和本身排量的变化，其最小值受最低稳定转速的限制，最大值受机械效率和使用寿命的限制。

（2）转矩 T

液压马达的实际输出转矩 $T_o=pq\eta_m/2\pi$，单位为 N·m，其中，p、q 和 η_m 分别为液压马达的工作压力、排量和机械效率。

（3）总效率 η

液压马达的总效率 $\eta=\eta_m\eta_v=2\pi T_o n/pQ$，其中，$\eta_v$ 为液压马达的容积效率，Q 为液压马达的流量，其他量同前。

2. 液压马达的选用

选择液压马达时，应根据液压系统所确定的压力、排量、设备结构尺寸、使用要求、工作环境等合理选定液压马达的具体类型和规格。若工作机械速度高、负载小，宜选用齿轮式液压马达或叶片式液压马达；速度平稳性要求高时，选用双作用叶片式液压马达；当负载较大时，宜选用柱塞式液压马达。若工作机械速度低、负载大，则有两种选用方案：一种是用高速小转矩液压马达配合减速装置来驱动工作机械；另一种是选用低速大转矩液压马达直接驱动工作机械。到底选用哪种方案，要经过技术、经济方面的比较才能确定。

根据矿山机械、工程机械的负载特点和使用要求，目前低速大转矩液压马达应用较普通。一般来说，对于低速、稳定性要求不高、外形尺寸不受限制的场合，可以采用结构简单的单作用径向柱塞式液压马达；对于要求转速范围较宽、径向尺寸较小、轴向尺寸稍大的场合，可以采用双斜盘轴向柱塞式液压马达；对于要求传递转矩大、低速、稳定性好的场合，常采用内曲线多作用径向柱塞式液压马达。几种低速大转矩液压马达的主要性能见表 3.2。

表 3.2 几种低速大转矩液压马达的主要性能

性能	多斜盘轴向柱塞式	单作用径向柱塞式	内曲线多作用径向柱塞式
常用压力/MPa	16~32	12~20	16~32
排量范围/(L/r)	0.25~25	0.1~10	0.25~50
最低稳定转速/(r/min)	2~4	5~10	0.5
容积效率	0.90~0.98	0.85~0.95	0.90~0.96
总效率	高	较高	较低
重量转矩比	较大	较小	小
起动转矩	较大	连杆式：较小 静力平衡式：较大	大
滑移量	小	较大	大
调速范围/(r/min)	3~1 200	5~600	1~200
外形	较小	较大	小
工艺性	结构简单，易加工	一般	结构复杂，难加工

3.4.3　空气压缩机的种类与选用

空气压缩机是气动系统的动力源，它是将机械能转换为气体压力能的装置（简称空压机，俗称气泵）。它的种类很多，一般按工作原理不同分为容积式和速度式两大类型。容积式空压机是通过运动部件的位移周期性地改变密封的工作容积来提高气体压力的，它有活塞式、膜片式、叶片式、螺杆式等几种类型。速度式空压机是通过改变气体的速度来提高气体的动能，然后将动能转化为压力能来提高气体压力的，它主要有离心式、轴流式和混合式等类型。在气压传动中一般最常用的机型为活塞式空压机。

空气压缩机的选用应以气压传动系统所需要的工作压力和流量两个参数为依据。在选择空气压缩机时，其额定压力应等于或略高于所需要的工作压力。一般气动系统需要的工作压力为 0.5~0.8 MPa，因此选用额定压力为 0.7~1.0 MPa 的低压空气压缩机。此外，还有中压空气压缩机，额定压力为 1 MPa；高压空气压缩机，额定压力为 10 MPa；超高压空气压缩机，额定压力为100 MPa。其流量以气动设备最大耗气量为基础，并考虑管路、阀门泄漏以及各种气动设备是否同时连续用气等因素。一般空气压缩机按流量可分为微型（流量小于 1 m^3/min）、小型（1~10 m^3/min）、中型（流量为 10~100 m^3/min）和大型（流量大于 100 m^3/min）等。

3.4.4　气动马达的种类及选择

1. 气动马达的种类

气动马达以压缩空气为动力输出转矩，驱动执行机构作旋转运动。气动马达按工作原理分为容积式和透平式两大类，容积式气动马达按其结构形式又分成许多种，最为常用的是叶片式和活塞式两种。气动马达的大致分类见图 3.20。

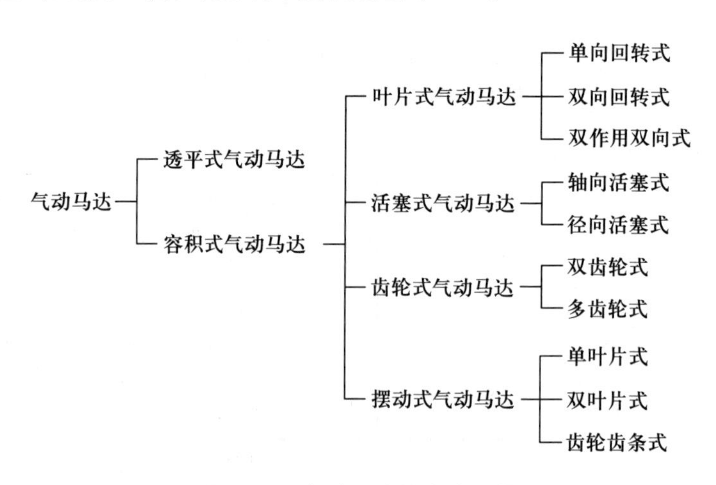

图 3.20　气动马达的大致分类

2. 气动马达的特性和选择

气动马达具有一些比较突出的优点，在某些场合，它比电动机和液压马达更适用。可

适用于无级调速、频繁起动、经常换向、高温潮湿、易燃易爆、带载起动、不便人工操纵、有过载可能和对运动精度要求不高的场合，如矿山机械、机械制造、油田、化工、冶炼、航空、船舶、医疗、气动工具等。

（1）叶片式气动马达的特性曲线（图 3.21）

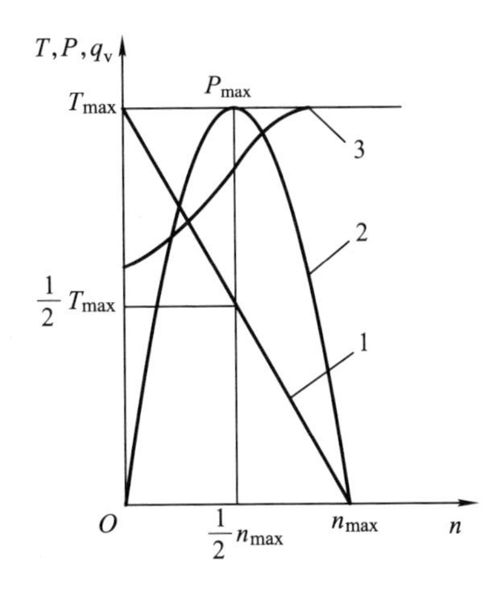

1—转矩特性曲线；2—功率特性曲线；3—耗气量特性曲线

图 3.21　叶片式气动马达的特性曲线

该特性曲线是在一定工作压力下作出的。当工作压力不变时，其转速 n、耗气量 q_v 及功率 P 均随外加负载 T 的变化而变化。当负载 T 为零即空转时，转速达到最大值 n_{max}，气动马达的输出功率 P 为零。当负载 T 等于最大转矩 T_{max} 时，转速为零，此时输出功率也为零。当 $T=T_{max}/2$ 时，其转速 $n=n_{max}/2$，此时马达的功率达最大值 P_{max}，通常这就是所要求的气动马达额定功率。

（2）活塞式气动马达的特性曲线（图 3.22）

活塞式气动马达的特性与叶片式气动马达类似。当工作压力 p 增加时，马达的输出功率 P、转矩 T 和转速 n 均增加。当工作压力不变时，其功率、转速和转矩均随外加负载的变化而变化。

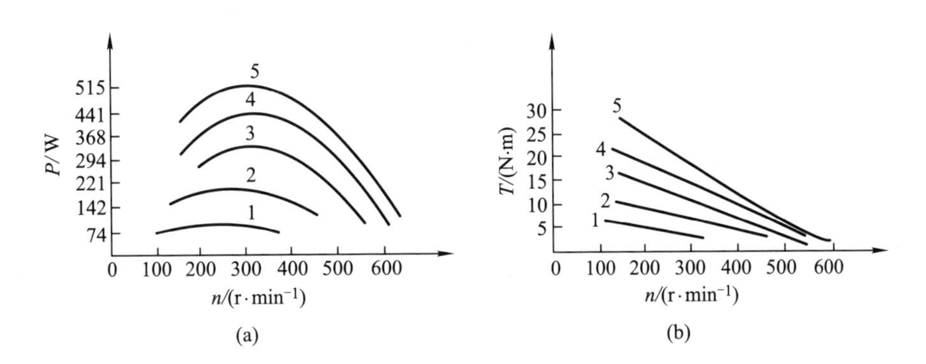

1—p=0.1 MPa；2—p=0.2 MPa；3—p=0.3 MPa；4—p=0.4 MPa；5—p=0.5 MPa

图 3.22　活塞式气动马达的特性曲线

选择气动马达要从负载特性考虑。在变负载的场合下，主要考虑速度范围及满足所需的负载转矩。在稳定负载的场合下，工作速度则是一个重要因素。叶片式气动马达制造简单，结构紧凑，但低速运动时转矩小，低速性能不好，适用于中、低功率的机械，在矿山及风动工具中应用普遍。活塞式气动马达在低速情况下有较大的输出功，低速性能好，适宜于载荷较大和要求低速转矩的机械，如起重机、绞车、绞盘、拉管机等。

气动马达的选择设计比较简单。先根据负载所需的转速和最大转矩计算出所需的功率，然后选择相应功率的气动马达，并根据气动马达的气压和耗气量设计气路系统。

3.5　内燃机的使用特性与匹配

内燃机是将燃料能量转化成机械能的一种常见动力设备，对于不便或无法利用外部电源的许多机器，常用内燃机驱动。内燃机种类较多，目前普遍应用的往复活塞式内燃机按燃料种类主要分为柴油机和汽油机，按气缸数目分为单缸内燃机和多缸内燃机，按一个工作循环的冲程数分为二冲程内燃机、四冲程内燃机等，按点火方式分为压燃式内燃机和点燃式内燃机，按进气方式分为自然吸气式和增压式内燃机。内燃机又分为高速内燃机（转速高于 1 000 r/min 或活塞平均速度高于 9 m/s）、中速内燃机（转速为 500~1 000 r/min 或活塞平均速度为 6~9 m/s）及低速内燃机（转速低于 600 r/min 或活塞平均速度低于 6 m/s）。

内燃机的工作特性是内燃机性能的对外表现。特性的表现形式有很多，本节主要介绍内燃机的基本使用特性，如负荷特性、速度特性、万有特性等。由于内燃机作为原动机是为其他工作机械提供动力的，两者之间的匹配不仅涉及工作机械的性能，而且也与内燃机本身的使用特性密切相关。

3.5.1　内燃机的有效性能指标

内燃机的性能指标有两种：一种是以工作介质在气缸内对活塞做功为基础的性能指标，称为指示指标，它用来评定工作循环进行的好坏；另一种是以内燃机功率输出轴上得到的净功率为基础的性能指标，称为有效指标，用来评定整个内燃机性能的好坏。通常在机械设计时，主要采用内燃机的有效性能指标。内燃机的有效性能指标主要包括动力指标、经济指标、强化指标、环境指标等。动力指标是表征内燃机做功大小的指标。一般用内燃机的有效转矩、有效功率、转速和平均有效压力等作为评定内燃机动力性能好坏的指标。经济指标是指内燃机的燃油和润滑油消耗率，主要以有效热效率和有效燃油消耗率来评定。强化指标是指内燃机承受热负荷和机械负荷能力的指标，一般包括升功率和强化系数。

1. 有效转矩 T_{tq}

有效转矩 T_{tq} 指内燃机通过曲轴或飞轮对外输出的转矩，单位为 N · m。

2. 有效功率 P_e

有效功率 P_e 是指内燃机通过曲轴或飞轮对外输出的功率，单位为 kW。内燃机的有效

功率 P_e 可以利用各种形式的测力器和转速计分别测出发动机在某一工况下曲轴的有效转矩 T_{tq}及在同一工况下的发动机转速 n，按公式 $P_e=\frac{T_{tq}n}{9\ 550}$（kW）求得。

3. 平均有效压力 p_{me}

单位气缸工作容积所做的功称为平均有效压力，单位 MPa。其值为 $p_{me}=\frac{30\tau P_e}{V_s ni}$，其中 τ 为每一循环的冲程数，i 为气缸总数，V_s 为气缸的工作容积（m^3）。此式表明，对于气缸总工作容积（即 iV_s）一定的内燃机，平均有效压力 p_{me}值反映了内燃机有效转矩 T_{tq}的大小。当气缸容积一定时，P_e 值越大，对外输出的功率越大，平均有效压力越大，内燃机的做功能力越强。p_{me}值的一般范围：柴油机 0.588～0.883 MPa，汽油机 0.588～0.981 MPa。

4. 有效燃料消耗率 b_e

单位有效功率每小时的燃料消耗量称为有效燃料消耗率 b_e[g/(kW·h)]，其值为 $b_e=\frac{B}{P_e}\times 10^3$，其中 B 为每小时燃料消耗量（kg/h）。

5. 升功率 P_l

气缸每升工作容积所发出的有效功率称为升功率，其值为 $P_l=\frac{P_e}{iV_s}$（kW/L）。升功率的一般范围：车用柴油机 11～26 kW/L；农用柴油机 9～15 kW/L；载重车用 22～26 kW/L。

在内燃机铭牌上的功率为标定功率，与其对应的转速为标定转速。国家标准规定的标定功率有表示内燃机保证持续运行 15 min、1 h、12 h 和长期持续运行的 15 min 功率、1 h 功率、12 h 功率和持续功率。标定功率不是发动机所能发出的最大功率，它是根据发动机用途而制定的有效功率最大使用限度。同一种型号的发动机，当其用途不同时，其标定功率值并不相同，有效转矩也随发动机工况变化而变化。因此，汽车发动机以其所能输出的最大转矩及其相应的转速作为评价发动机动力性能的一个指标。

3.5.2 内燃机的工况

表征内燃机工况的参数有转速 n、有效转矩 T_{tq}、有效功率 P_e等。由于 T_{tq}与内燃机的平均有效压力 p_{me}成正比，所以也经常用 p_{me}表示内燃机的负荷。用 p_{me}表示的负荷与内燃机的尺寸无关，便于比较不同内燃机真正的负荷水平。这些工况参数之间有下列关系：

$$P_e \propto T_{tq} \propto p_{me} n \tag{3.35}$$

可见 P_e、T_{tq}（或 p_{me}）、n 三个参数中，只有两个是独立变量，即当任意两个参数确定后，第三个参数就可通过与式（3.35）类似的关系式求出。

在 OnP_e坐标系中绘出的内燃机的几种工况和工作范围如图 3.23 所示。显然，内燃机可能的工作区域被限定在一定范围内。上边界线外特性功率线（3）为内燃机油量控制机构处于最大位置时不同转速下内燃机所能发出的最大功率。左侧边界线为内燃机最低稳定工作转速 n_{min}，低于此转速时，由于飞轮等运动件储存能量较小，导致内燃机转速波动过大，不能稳定运转，或者工作过程恶化，不能高效运转。右侧边界线为内燃机最高工作转速 n_{max}，n_n 为标定转速。因此，内燃机可能的工作范围就是上述三条边界线加上横坐标轴所围成的区域。

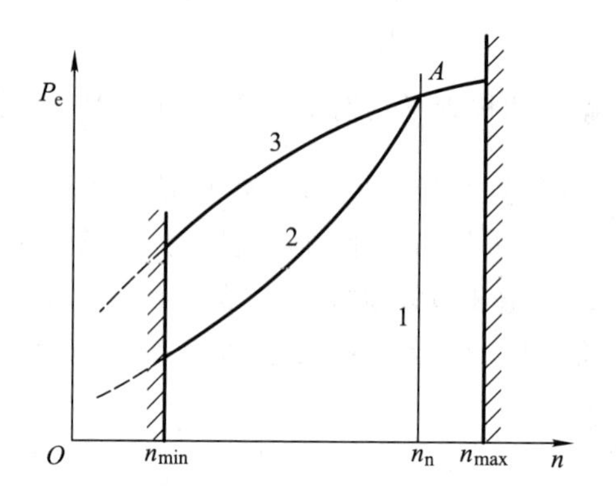

A—标定点；1—等转速工况线；2—螺旋桨工况线；3—外特性功率线

图 3.23　内燃机的几种工况和工作范围

不同用途的内燃机实际可能遇到的工况是各种各样的，典型的工况分为以下三类。

1. 点工况

运行过程中转速和负荷均保持不变（图 3.23 中的 A 点）的内燃机称为点工况内燃机。例如带动排灌水泵用的内燃机，除了起动和过渡工况外，一般都按点工况运行。

2. 线工况

当内燃机发出的功率与曲轴转速之间有一定的函数关系时，属于线工况内燃机。例如，当内燃机作为船用主机驱动螺旋桨时，内燃机所发出的功率必须与螺旋桨消耗的功率相等，后者在螺旋桨节距不变的条件下与 n^3 成正比，这类工况常被称为螺旋桨工况或推进工况（图 3.23 曲线 2 为螺旋桨工况线）。发电用的内燃机，其负荷变化没有一定的规律，然而内燃机的转速必须保持稳定，以保证输出电压和频率的恒定，反映在工况图上就是一条竖直线（图 3.23 线 1），这也是一种线工况。

3. 面工况

当内燃机作为汽车及其他陆地运输和作业机械的原动机时，它的转速取决于车辆的行驶速度，功率则取决于车辆的行驶阻力。行驶阻力不仅与车辆的行驶速度有关，更主要地取决于道路的情况或土壤的条件等，功率 P_e 和转速 n 都独立地在很大的范围内变化。这时，内燃机的可能工作范围就是它的实际工作范围。这种内燃机称为面工况内燃机。

对于点工况内燃机来说，标定功率点的指标足以说明一切，而对于线工况和面工况，特别是面工况的内燃机来说，只有标定点的指标是不够的，还要研究不同工况下的工作情况。内燃机的动力性指标（如 P_e、T_{tq}、p_{me} 等）、经济指标（燃油消耗率 b_e 等）、排放指标（法定污染物的排放量）等随其运行工况的变化规律，称为内燃机的使用特性。常用的有负荷特性、速度特性、万有特性等，用来表示特性的各指标随工况的变化曲线称为特性曲线。

3.5.3　内燃机的特性

1. 负荷特性

内燃机的负荷特性是指当内燃机的转速不变时，性能指标随负荷而变化的关系。这时，性能指标主要指有效燃料消耗率 b_e，有时也加上每小时燃料消耗量 B 和排气温度 t_r 等。由于转速不变，内燃机的有效功率 P_e、有效转矩 T_{tq}与平均有效压力 p_{me}之间互成比例关系，均可用来表示负荷的大小。

负荷特性是在内燃机试验台架上测取的。测试时，改变测功器负荷的大小，并相应调整内燃机的油量调节机构的位置，以保持规定的内燃机转速不变，待工况稳定后记录数据，得到一个试验点。将不同负荷的试验点相连即得到负荷特性曲线。

由于负荷特性可以直观地显示内燃机在不同负荷下运转的性能，且比较容易测定，因而在内燃机的研发、调试过程中，经常用来作为性能比较的依据。由于每一条负荷特性曲线仅对应内燃机的一种转速，为了满足全面评价性能的需要，常常要测出多条不同转速下的负荷特性曲线，其中最有代表性的是标定转速 n_n 和最大转矩转速 n_{tp}下的负荷特性曲线。驱动发电机的内燃机，一般按负荷特性运行。

图 3.24 所示为内燃机的负荷特性曲线。在负荷特性曲线上，最低有效燃料消耗率越小，内燃机经济性越好；b_e 曲线变化平坦，表示在宽广的负荷范围内能保持较好的燃料经济性，这对于负荷变化较大的内燃机来说十分重要。此外，无论是柴油机还是汽油机，都是在中等偏大的负荷范围下，b_e 最低。全负荷时，虽然内燃机功率输出最大，但燃料经济性并不是最好。在低负荷区，b_e 显著升高。为使内燃机在实际使用时节约燃料，负荷应接近经济负荷。

2. 速度特性

内燃机的速度特性，是指内燃机在供油量调节机构（柴油机上为油量调节杆，下面简称油门；汽油机上为节气门）位置保持不变的情况下，性能指标随转速而变化的关系。测定速度特性使用的性能指标主要有内燃机的有效转矩 T_{tq}、有效功率 P_e、有效燃料消耗率 b_e 和排气温度 t_r 等。油量调节机构位置不同，得出不同的速度特性。其中，当柴油机的油门固定在标定位置或汽油机的节气门全开时得出的速度特性，称为内燃机外特性。油量低于标定位置时的速度特性称为部分速度特性。由于内燃机外特性反映内燃机所能达到的最高动力性能，确定最大功率或标定功率、最大转矩及它们相应的转速，因而十分重要。内燃机外特性是体现其工作能力即动力性能的特性，因此所有内燃机出厂时，必须提供外特性的数据或曲线。

速度特性也是在内燃机试验台架上测取的。测试时，将油门或节气门位置固定不动，调节测功器的负荷，内燃机的转速相应发生变化，待工况稳定后记录数据，得到一个试验点。将不同转速的试验点相连即得到速度特性曲线。实际上，当汽车或其他行驶机械沿阻力变化的道路行驶时，若驾驶员保持节气门位置不变，内燃机的转速会因路况的改变而发生变化，这时内燃机就是沿速度特性曲线运行。

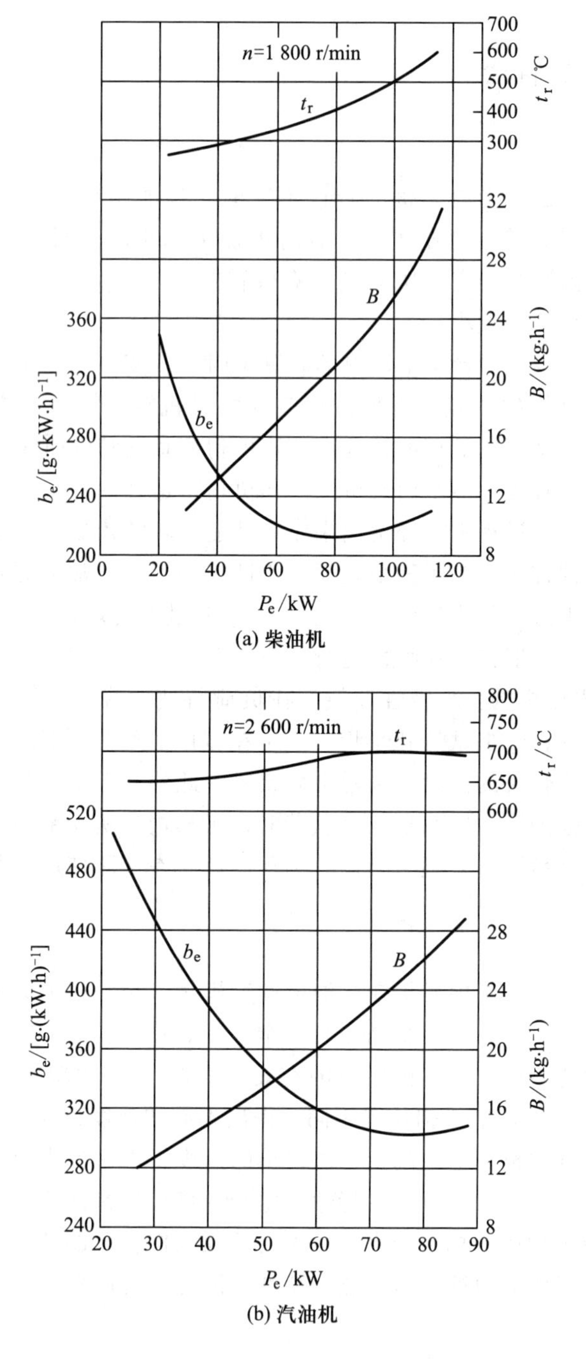

(a) 柴油机

(b) 汽油机

图 3.24　内燃机的负荷特性曲线

图 3.25 所示为内燃机的速度特性曲线，其中不同的数字表示不同的油门或节气门位置。速度特性中以全负荷速度特性即外特性最为重要，外特性曲线中最重要的是内燃机的有效转矩 T_{tq} 曲线。汽油机的速度特性（图 3.25b）与柴油机的速度特性（图 3.25a）相比，主要差别有下列两点：

1）柴油机的 T_{tq} 曲线都比较平坦，在油门关小后，T_{tq} 甚至随 n 的升高而增加；而汽油

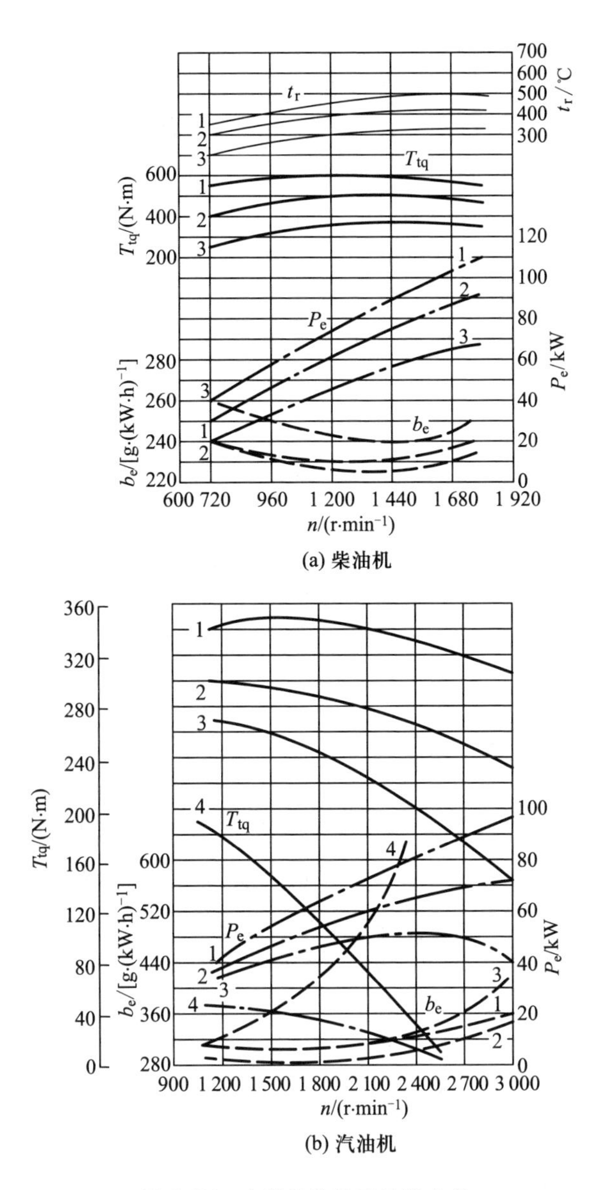

(a) 柴油机

(b) 汽油机

图 3.25 内燃机的速度特性曲线

机的 T_{tq} 基本上是随着 n 的升高而减小，节气门开度越小，这种降低的趋势越强烈，导致 P_e 曲线在高转速段上升趋缓，甚至开始下降。

2）柴油机的 b_e 曲线都比较平坦，仅在高、低速两端略有上翘，经济运行的转速范围很宽；而汽油机的 b_e 曲线一般均随 n 的升高而上升，只是在最低速端略有上翘，而且当节气门关小时，b_e 迅速增大，特别在高速范围尤其剧烈，经济运行的转速范围越来越窄。

由此可见，汽油机适用于负荷和转速变化较大的场合，如车辆等；柴油机一般适用于转速变化不大的场合，如发电机组等。

3. 万有特性

负荷特性和速度特性只能用来表示某一转速或某一节气门（或油门）位置时，内燃机各参数随负荷或转速的变化规律。车用内燃机工况变化范围很广，要弄清它们在各种不同使用工况下的性能，就需要有对应不同转速的多个负荷特性曲线图或对应不同节气门位置的多个速度特性曲线图，这样既不方便，也不直观。为了能在一张图上较全面地表示内燃机各种性能参数的变化，经常应用多参数的特性曲线，称为万有特性曲线。

万有特性曲线一般是在以转速 n 为横坐标、平均有效压力 p_{me}（或有效转矩 T_{tq}）为纵坐标的坐标系内绘出一些重要特性参数的等值曲线族，其中最重要的参数就是有效燃料消耗率 b_e，此外还有排气温度 t_r、过量空气系数 Φ_α 以及各种排放参数等。

图 3.26 所示为典型的内燃机关于 b_e 的万有特性曲线，即为燃油经济性特性曲线族，也称为油耗特性曲线。油耗特性曲线上等 b_e 曲线族由封闭的曲线和半封闭甚至不封闭的曲线组成，最内层 b_e 最小的等 b_e 曲线对应内燃机的最经济运行工况区，等值线越向外，燃油经济性越差。等 b_e 曲线的形状与它们在 $n-p_{me}$ 工况图上的位置对内燃机在实际使用中的燃油经济性有重要的影响。如果等 b_e 曲线横向较长，说明内燃机在负荷变化不大而转速变化较大的工况下 b_e 变化较小；如果等 b_e 曲线纵向较长，则表示内燃机在转速变化不大而负荷变化很大的工况下 b_e 变化较小。对于车用内燃机，希望最经济区域落在万有特性的中间位置，而且对轿车和轻型车偏低速小负荷，货车和重型车偏高速大负荷。从油耗特性曲线可以直观地看出，内燃机的绝对最低有效燃料消耗率 $b_{e\min}$ 是该内燃机燃油经济性的最重要指标。

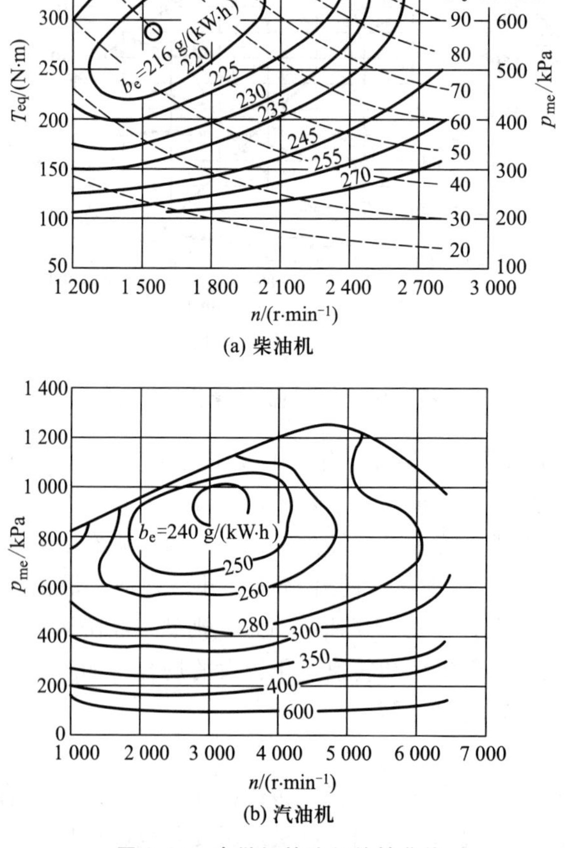

图 3.26　内燃机的油耗特性曲线

从图 3.26 可以看出，汽油机和柴油机的油耗特性有明显差异。首先，汽油机的 b_e 普遍比柴油机高；其次，汽油机的最经济区域处于偏向高负荷的区域，且随负荷的降低，油耗增加较快，而柴油机的最经济区则比较靠近中等负荷，且负荷改变时，油耗增加较慢。所以，在实际使用时，柴油车与汽油车在燃油消耗上的差距，比它们在最低有效燃料消耗率 $b_{e\,min}$ 上的差距更大。提高汽车在实际使用条件下的燃油经济性，对于汽车的节能有重要意义，而提高负荷率是改善内燃机特别是汽油机燃油经济性的有效措施。

3.5.4 内燃机与工作机械的匹配

由于工作机械种类繁多，匹配的要点也各不相同。其中，汽车的运行工况比较复杂，内燃机与汽车底盘的匹配具有一定的代表性，因此下面以车用内燃机的匹配为例介绍匹配要点。

1. 动力性匹配

车用内燃机（汽车发动机）的有效转矩 T_{tq}（N·m）在汽车驱动轮上产生的驱动力 F_t（N）按下式计算：

$$F_t = \frac{T_{tq} i_k i_0 \eta_t}{r} \tag{3.36}$$

式中：i_k、i_0 分别为汽车变速器、主传动器（减速器）的传动比；η_t 为传动系的效率，对机械式变速器，$\eta_t = 0.70 \sim 0.85$；r 为驱动轮的工作半径，m。

汽车行驶速度 v_α（km/h）与发动机转速 n（r/min）的关系为

$$v_\alpha = 0.377\, r n i_k i_0 \tag{3.37}$$

于是，可根据汽车发动机外特性曲线中有效转矩曲线得出变速器不同挡位下（不同）汽车的行驶特性曲线，如图 3.27 所示。

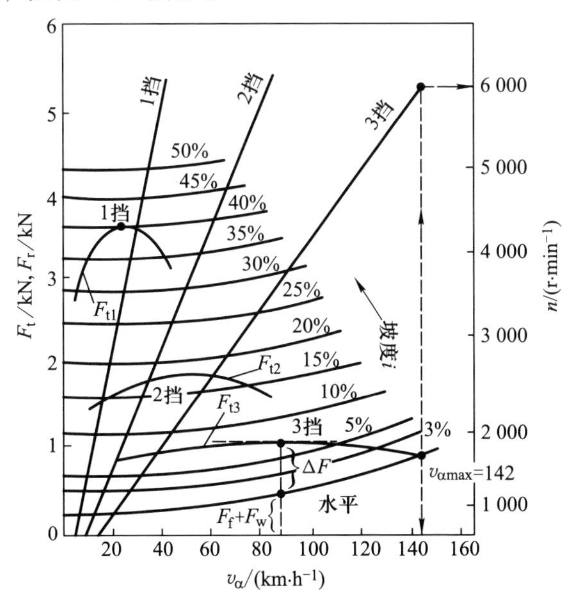

图 3.27　汽车的行驶特性曲线

汽车的行驶阻力 F_r 按下式计算：

$$F_r=F_f+F_w+F_i+F_j \tag{3.38}$$

式（3.38）中，F_f 为汽车滚动阻力，有

$$F_f=mgf\cos\alpha\approx mgf \tag{3.39}$$

式中：m——汽车总质量；

g——重力加速度；

f——轮胎滚动阻力系数，对货车可取 f 为 0.02～0.03，对轿车 $f=0.013[1+0.01(v_\alpha-50)]$；

v_α——汽车的行驶速度，km/h；

α——坡道角，当 α 不大时，$\cos\alpha\approx 1$。

F_w 为汽车空气阻力，N，它与汽车迎风投影面积 A（m^2）和汽车对空气相对速度的动压 $\rho_\alpha v_r^2/2$ 成正比。

$$F_w=\frac{1}{2}C_DA\rho_\alpha v_r^2$$

式中：C_D——汽车的空气阻力系数，轿车取 0.4～0.6，客车取 0.6～0.7，货车取 0.8～1.0；

A——对货车为前轮距×总高，对轿车为 0.78×总宽×总高；

ρ_α——空气密度，在常温下可取 $\rho_\alpha=1.226\ kg/m^3$；

v_r——汽车对空气的相对速度，在无风时即为汽车行驶速度 v_α。

于是将 ρ_α 代入上式并进行单位换算得

$$F_w=0.0473C_DAv_\alpha^2 \tag{3.40}$$

F_i 为爬坡阻力

$$F_i=mg\sin\alpha\approx mgi \tag{3.41}$$

式中，当坡道角 $\alpha<15°$时，$\sin\alpha\approx\tan\alpha=i$，$i$ 为道路的坡度。

F_j 为加速阻力

$$F_j=\delta m\frac{dv_\alpha}{dt} \tag{3.42}$$

式中，δ 为汽车旋转质量换算为平移质量的换算系数，$\delta=1+\delta_1 i_k^2+\delta_2$，$\delta_1=0.04\sim0.06$，$\delta_2=0.03\sim0.05$。

根据驱动力 F_t 与行驶阻力 F_r 的平衡可得汽车的行驶方程如下：

$$\frac{T_{tq}i_k i_0\eta_t}{r}=mgf+0.0473C_DAv_\alpha^2+mgi+\delta m\frac{dv_\alpha}{dt} \tag{3.43}$$

于是可画出汽车行驶性能曲线图。图 3.27 所示的是一辆使用排量为 1 L 的汽油机的轻型轿车的行驶性能曲线。横坐标为汽车的行驶速度 v_α，纵坐标为驱动力 F_t、行驶阻力 F_r 以及发动机转速 n。图中的三族曲线分别是随变速器挡位变化的驱动力线、随道路坡度变化的行驶阻力线以及不同挡位下发动机转速与车速关系线。由于工况稳定，因此加速阻力 $F_j=0$。

从汽车行驶性能曲线可以看出，最高挡驱动力曲线与水平路面行驶阻力曲线的交点，即表示汽车所能达到的最高速度 $v_{\alpha max}$（图 3.27 中 $v_{\alpha max}$ 为 142 km/h）；而与最低挡驱动力曲线上

最大驱动力点 F_{t1max} 相切的行驶阻力曲线所对应的道路坡度，就是汽车的最大爬坡极限（图3.27所示40%）。还可看出，该汽车发动机的最高使用转速可达到6 000 r/min左右。

在给定的行驶速度和变速器挡位下，最大驱动力与行驶阻力之差就是后备驱动力 ΔF，可用于加速，且可根据 $\Delta F=F_j$ 按式（3.42）算出汽车的加速度 dv_α/dt。后备驱动力越大，加速性能越好。不同车辆对加速性能有不同要求，长途货运重载车辆对经济性要求高，加速性能不是重点追求的目标，因此后备驱动力不大。现代高级轿车则着重追求动力性能，要求加速性能好，最大车速高，有很强的超车能力，配置的发动机排量最大，有较大的后备驱动力，但行驶中负荷率较低，运行经济性差。

利用力平衡公式［式（3.43）］和类似图3.27所示的汽车行驶性能曲线族可以选择发动机的外特性，并可分析不同匹配情况下的汽车行驶性能，检查汽车的最高车速、加速时间和最大爬坡能力是否满足设计需要。如果不满足要求，可通过改善发动机特性或更换发动机，或改变传动比设计来进行调整。

2. 燃油经济性匹配

汽车的使用油耗 q_{100}［L/(100 km)］可根据发动机的负荷（功率 P_e 或行驶阻力 F_r）和有效燃料消耗率 b_e 计算：

$$q_{100}=2.78\times10^{-3}\frac{F_r b_e}{\eta_t\rho_f} \tag{3.44}$$

或

$$q_{100}=\frac{100B}{v_\alpha}=0.008\ 84\frac{v_{st}p_{me}b_e i_k i_0}{r\tau} \tag{3.45}$$

式中：F_r——汽车的行驶阻力，N；

b_e——发动机的有效燃料消耗率，g/(kW·h)；

η_t——汽车传动系的效率；

ρ_f——燃油的密度，kg/L；

B——发动机的燃料每小时消耗量，kg/h；

v_α——汽车行驶速度，km/h；

v_{st}——发动机的排量，L；

p_{me}——发动机的平均有效压力，MPa；

i_k、i_0——分别为汽车变速器和主传动器的传动比；

r——驱动轮的工作半径，m；

τ——发动机的冲程数，四冲程机的 $\tau=4$，二冲程机的 $\tau=2$。

从汽车的使用油耗的计算公式［式（3.45）］可知，在其他条件不变时，汽车的使用油耗 q_{100} 与 $p_{me}b_e i_k$ 成正比，只有当 $p_{me}b_e i_k$ 为最小时，q_{100} 才达到最小。发动机在 b_{emin} 下工作时，汽车的 q_{100} 不一定最低，只是在车速与发动机功率都不变时，汽车的 q_{100} 才与发动机的 b_e 变化趋势相同。

所以，单纯改变传动比，使发动机在 p_{me} 较高而 b_e 较低的工况下运行，并不能降低汽车的 q_{100}。应设法使发动机万有特性的低油耗区移至中等转速、较低负荷区，也就是说，设法使发动机的经济区位于常用挡位、常用车速区。这就要求在选择发动机时，对其特性提出具体的要求，或者设法改变发动机的特性，以适应与汽车配套的要求。

汽车用不同的变速器挡位行驶时，q_{100}差异较大。在同一道路条件与相同车速下，虽然发动机发出的功率不变，但挡位越低（传动比越大），后备驱动力越大，发动机的负荷率越低，b_e越高，q_{100}也越大。使用高挡位的情况则与此相反。因此，增加变速器的挡位，加大通过选用合适挡位使发动机处于经济工况的概率，有利于汽车的节油。近年来，汽车变速器挡位有逐渐增加的趋势，轿车变速器已有 5 挡，重型货车甚至达 10 挡以上。自动控制的无级变速在这方面可达到最优化。

汽车在中低速行驶时，q_{100}最低。高速行驶时虽然发动机负荷率较高，但汽车行驶阻力由于空气阻力与 v_α^2 成正比而急剧增大，导致 q_{100}上升。但低速行车造成生产率下降，所以真正的经济车速应使 q_{100}/v_α 最小。

思　考　题

3.1　机械系统所受载荷类型有哪些？不同工作载荷对系统设计有何影响？

3.2　试简述机械系统的载荷确定方法。

3.3　机械系统中常用的原动机有哪些？请比较它们各自的特点。

3.4　什么叫原动机的机械特性？

3.5　试述机械系统设计中原动机的选择步骤。

3.6　画出三相鼠笼异步电动机的固有机械特性曲线图，并在图上表示出：

1）起动点 A（起动转矩为 T_Q）；

2）额定工作点 B（额定转矩为 T_N）；

3）同步转速点 H；

4）最大转矩点 P。

3.7　如何依据负载特点选择电动机类型？

3.8　某提升机，卷筒直径为 D，起升重量为 W，吊具重量为 W_1，提升速度为 v，加速时间为 10 s，稳速提升时间为 50 s，减速时间为 12 s，停歇时间为 10 s，假定折算到原动机轴上的转动惯量为 J，其他重量及阻力均不计，试画出其工作负载图、转速变化图、加速度变化图及动力机的负载图（要求有计算过程）。

3.9　内燃机的三类典型工况是什么？

3.10　什么是内燃机的使用特性？它包含哪些性能？

第4章　传动系统设计与执行系统设计

4.1　传动系统概述

尽管构造和用途不相同，但现代机器的结构往往都包括原动机、传动系统和执行系统（执行机构）三大部分。传动系统是将原动机的运动和动力传递给执行机构或执行构件（后将执行机构或执行构件统称为执行件）的中间装置，其类型主要有机械传动、流体动力传动、电力和磁力传动等。组成传动联系的一系列传动件称为传动链，所有传动链及它们之间的相互联系组成传动系统。传动系统有两类：一类是内联传动，主要考虑两执行件间的传动精度；另一类是外联传动，主要考虑执行件的速度（或转速）和传递动力的要求。机械系统的传动不仅是连接原动机（或某执行件）与执行件（或另一执行件）的桥梁，而且要将原动机（或执行件）的速度和力矩转换为符合执行件（或另一执行件）所要求的速度和力矩。

4.1.1　传动系统的功能

动力源的性能一般不能直接满足执行件的要求，需要通过中间机械转化来满足执行件的需要，如：

1）把原动机输出的速度降低或增高，以适合执行件的需要；

2）实现变速传动以满足执行件经常变速的要求；

3）把原动机输出的转矩变换为执行件所需要的转矩或力；

4）把原动机输出的等速旋转运动，转变为执行件所要求的、其速度按某种规律变化的旋转或其他类型的运动；

5）实现由一个或多个原动机驱动若干个相同或不同速度的执行件；

6）由于受外形、尺寸的限制，或为了安全和操作方便，执行件不宜与原动机直连时，也需要用传动装置来连接。

4.1.2　传动系统要求

设计传动系统时应考虑下列要求：

1）考虑原动机和执行件的匹配，使它们的机械特性相适应，并使两者的工作点接近各自的最佳工况点且工作稳定；

2）满足执行件在起动、制动、调速、反向和空载等方面的要求；

3）设计外联传动链时主要考虑满足执行件的速度（或转速）和传递动力的要求，而设计内联传动链时还要满足两执行件间传动精度的要求。

4）传动链应尽量简短，力求采用构件数目和运动副数目最少的机构，以简化结构，减轻整机重量，降低制造费用，同时也有利于提高传动精度和系统刚度；

5）布置紧凑，尽可能减小传动系统的尺寸，减小所占空间；

6）当载荷变化频繁且可能出现过载时，应考虑设置过载保护装置；

7）设置必要的安全防护装置。

上述条件有时是相互矛盾的，不能全部得到满足。应根据具体情况，全面地分析考虑，在满足机器主要功能的条件下，本着经济、适用、美观的原则恰当解决。

4.2　传动系统的类型及其选择

机械的传动系统（简称传动）类型可按传动比的变化情况、工作原理、输出速度的变化情况、能量流动路线等分类，也可根据功率大小、速度高低、轴线相对位置及传动用途等进行分类。

传动系统按驱动机械系统的原动机可分为电动机驱动、内燃机驱动等，而电动机驱动又有交流异步电动机（单速、多速）驱动，直流并励电动机、交流调速主轴电动机驱动，交、直流伺服电动机驱动，步进电动机驱动等；按动力源驱动执行件的数目可分为独立驱动、集中驱动和联合驱动等；按工作原理可分为机械传动、流体传动、电力传动；按传动比的变化情况可分为固定传动比和可调传动比两类。不同的分类方法，传动系统可分为不同的类别。

4.2.1　按驱动形式分类

1. 独立驱动的传动系统

独立驱动的传动系统是指各执行件分别由原动机单独进行驱动。一般有以下几种情况。

（1）机械系统只有一个执行件

图4.1所示为曲柄压力机传动系统简图。它只有一个执行机构，即曲柄滑块机构。电动机9通过一对齿轮副8、7及离合器6带动曲轴4旋转，再通过连杆3使滑块2在立柱10的导轨中作往复运动。操纵杆1使离合器6接合或脱开，即可控制曲柄滑块机构的运动或停止。制动器5和离合器6的动作要协调，即工作前要先松开制动器5再接合离合器6，停车时则要先脱开离合器再接合制动器。

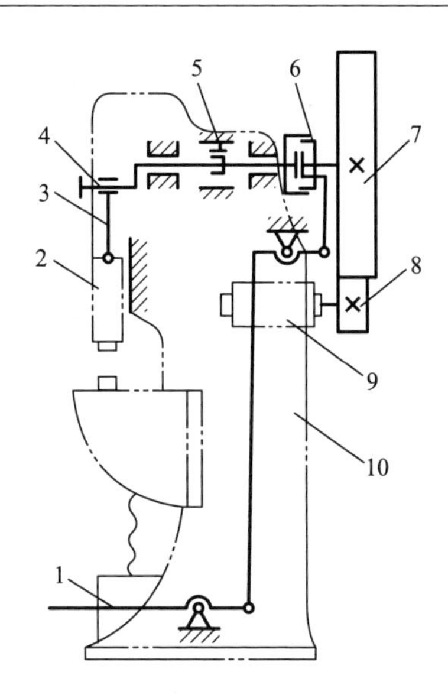

1—操纵杆；2—滑块；3—连杆；4—曲轴；5—制动器；
6—离合器；7、8—齿轮；9—电动机；10—立柱

图 4.1 曲柄压力机传动系统简图

（2）机械系统有多个运动不相关的执行件

图 4.2 所示的龙门起重机有三个主要运动，即大车运行、小车运行和物料升降。这三个运动相互独立，彼此之间无严格的速比要求，因此它们的执行件可以分别由各自的原动机单独驱动。当机械系统的结构尺寸和所需力较大，而且各独立运动执行件的使用又较频繁时，常采用各执行件单独配一个原动机的方案。这样可减少传动件的数量，简化传动链，也可以减轻机械系统的重量，使传动装置的布局合理，安装、维修等都较方便。

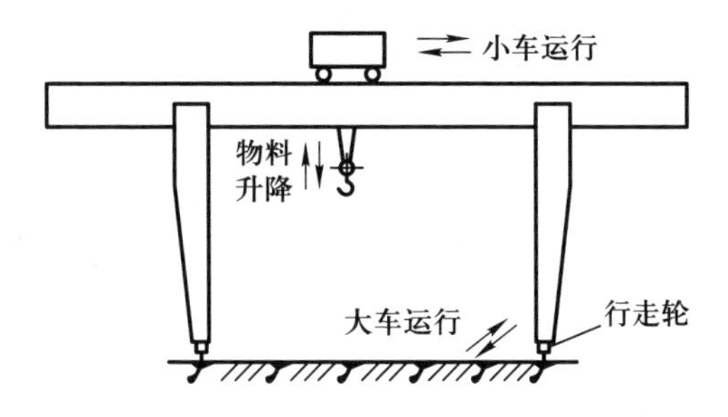

图 4.2 龙门起重机的主要运动简图

（3）数控机械系统

各种数控机械系统，如数控编织机、数控冲剪床、数控机床以及工业机器人等，一般都有多个执行件，各执行件的运动彼此有严格的速比和位置要求，以实现复杂的运动组合或加工复杂的表面。由于采用数字指令进行控制，故每个执行件都有各自的动力源单独驱动。

2. 集中驱动的传动系统

在下列情况下常采用由一个动力源集中驱动多个执行件的传动方案。

（1）执行件之间有严格的传动比要求

加工高精度螺纹时，要求主轴与刀具的运动之间保持十分准确的传动比，不仅要求平

均传动比相等，也要求瞬时传动比的变化一致。通常将这种传动比的准确程度称为传动精度。图 4.3 为 SG8630 型高精度丝杠车床的传动系统图，机床的主轴和刀架由一个无级调速电动机集中驱动。电动机经带轮传动副的蜗杆蜗轮副（2/43）驱动主轴，主轴经挂轮 A、B、C、D 及丝杠螺母副驱动刀架。使用该机床加工螺纹时要求主轴每转一转，刀具的移动距离等于螺纹的导程。这种关系是由精密挂轮保证的，当螺纹的导程改变时需调整挂轮的齿数。此外，为了保证加工螺纹的精度，进给传动链中不允许采用传动比不稳定的传动（如带传动、摩擦离合器等）。

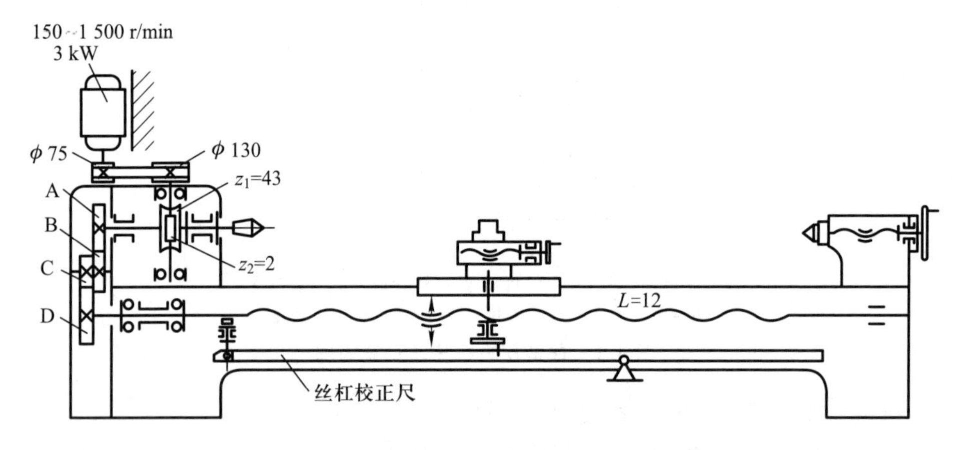

图 4.3　SG8630 型高精度丝杠车床的传动系统图

（2）执行件之间有动作顺序要求

在某些机械上各个执行件的动作之间都有严格的时间和空间联系，这种情况多出现在机械控制的自动机上，如多轴自动车床、食品包装机等。通常用安装在分配轴上的凸轮来操纵和控制各个执行件的运动，分配轴每转一转就完成一个工作循环，各执行件的动作顺序均由各自的凸轮曲线来保证。因此，自动机的执行件虽然较多，但仍可用一个动力源集中驱动。

（3）各执行件的运动相互独立

采用一个原动机驱动可减少原动机数量，这对野外作业的机械如用于建筑工地的钻机来说具有显著的优点，对中小型机械来说采用集中驱动还可简化传动系统。

3. 联合驱动的传动系统

联合驱动的传动系统是指由两个或多个原动机经各自的传动链联合驱动一个执行机构的传动系统，主要用于低速、重载、大功率、执行机构少而惯性大的机械。如双输入轴圆弧齿轮减速器，用作功率大于 1 000 kW 的矿井提升机的主减速器，是由两个电动机联合驱动。联合驱动可以使机械的工作负载由多台原动机分担，因而使传动件的尺寸减小，整机的重量减轻。

4.2.2　按传动比的变化情况分类

1. 固定传动比的传动系统

对于执行件在某一固定的速度（或转速）下工作的机械，为了解决原动机与执行件之间转速的不一致，常需要增速或减速，其传动系统只需由若干个固定传动比的传动副串联组成即可。

2. 可调传动比的传动系统

很多机械需要根据工作条件选择一个最经济的工作速度，能调整速度是通用机械的特征之一。例如，金属切削机床需要根据工件材料、硬度和刀具性能等选择适当的切削速度。

可调传动比的传动一般可分为有级变速、无级变速和周期性变速三种情况。

（1）有级变速传动系统

有级变速传动系统主要由滑移齿轮、交换齿轮、交换带轮等变速传动副组成，可使执行件获得若干个所需要的转速，但这种传动系统不能在变速范围内连续变换。有级变速传递的功率大，变速范围宽，传动比准确，工作可靠，但有转速损失。当变速级数较少或变速不频繁时，可采用交换齿轮或交换带轮传动，交换齿轮变速的特点是结构简单，齿轮数量少，不需要操纵机构，但是变速时需更换齿轮，费时费力。因此，交换齿轮适用于不需要经常变速或变速时间对生产率影响不大、结构简单的机械系统，如成批或大量生产的某些自动或半自动车床、专用机床或组合机床等。

（2）无级变速传动系统

当执行件的速度（或转速）需要在一定范围内连续变化时，可采用无级变速传动系统。这样可以使执行件获得最有利的速度，能在系统运转中变速，也便于实现自动化等。机械传动系统中常用的无级变速装置有以下几种。

1）机械无级变速器

机械无级变速器有钢球式、宽带式等多种结构，它们都是依靠摩擦力来传递转矩，并通过连续地改变摩擦传动副的工作半径来实现无级变速。机械无级变速器结构简单、传动平稳、噪声小、效率高，使用维修方便，因而在各类机械中广泛应用。由于摩擦副存在弹性滑动，有转速损失，故不能用于调速精度要求高的场合。

2）液压无级变速装置

液压无级变速装置是利用油液为介质来传递动力，通过连续地改变输入液动机（或油缸）的油液流量来实现无级变速。它的传动平稳、运动换向冲击小、易于实现直线运动，因此常用于执行件要求直线运动的机械系统中。

3）电气无级变速装置

电气无级变速装置是以直流并励电动机，交流变频电动机或交、直流伺服电动机，步进电动机等为原动机，通过连续地变换这些电动机的转速来实现无级变速。

机械系统中的执行件在工作过程中在整个变速范围内的功率、转矩特性不同，而要求电动机的功率、转矩特性必须与之相适应。但是，不论是直流并励电动机，交流变频电动机还是交、直流伺服电动机，只在额定转速以上至最高转速之间为恒功率调速，变速范围小，而在额定转速以下为恒转矩的，变速范围很宽。若执行件要求在整个变速范围内为恒功率调速，则上述无级调速器均不能适应，需串联一个有级变速装置来扩大恒功率调速范围，如一些大型机床（立式车床、龙门刨床）和数控机床以及数控纤维缠绕机等的主运动传动系统。

电气无级变速的性能取决于电动机（或电磁装置）调速控制系统的性能，一般具有响应速度快、惯性小、能量传输方便、功率不受限制（取决于电动机或电磁装置的容量）等特点。随着机械工业的发展，电气无级变速在各个领域中得到了越来越广泛的应用。

（3）周期性变速传动系统

有些机械的工作速度需按周期性规律变化，其输出角速度是输入角速度的周期性函数，用来实现函数传动及改善机构的运动或动力特性，这在轻工自动机械、仪表装置中应用较多。常用非圆齿轮、凸轮、连杆机构或组合机构等实现周期性变速传动。

4.2.3　按工作原理分类

按工作原理，传动可分为机械传动、流体传动和电力传动三类。表4.1所示为按工作原理分类的传动及其特点。

表4.1　按工作原理分类的传动及其特点

<table>
<tr><th colspan="4">类型</th><th>特点</th></tr>
<tr><td rowspan="11">机械传动</td><td rowspan="3">摩擦传动</td><td colspan="2">摩擦轮传动</td><td rowspan="3">依靠接触面间的正压力产生摩擦力进行传动，外廓尺寸较大。由于弹性滑动的存在，传动比不能保持恒定。但结构简单，制造容易，运行平稳，无噪声，借助于打滑可起到安全保护作用</td></tr>
<tr><td colspan="2">挠性件摩擦传动</td></tr>
<tr><td colspan="2">摩擦式无级变速传动</td></tr>
<tr><td rowspan="8">啮合传动</td><td rowspan="3">齿轮传动</td><td>定轴齿轮传动</td><td rowspan="3">依靠轮齿的啮合来传递运动和动力，外廓尺寸小，传动比恒定或按照一定的函数关系作周期性变化，功率范围广，传动效率高，制造精度要求高，否则易引起冲击和大噪声</td></tr>
<tr><td>动轴轮系（渐开线轮系，谐波传动）</td></tr>
<tr><td>非圆齿轮传动</td></tr>
<tr><td rowspan="3">蜗杆传动</td><td>圆柱蜗杆传动</td><td rowspan="3">用于传递交错轴间运动，工作平稳，传动比大，噪声小，但传动效率低，单头蜗杆可以实现自锁</td></tr>
<tr><td>环面蜗杆传动</td></tr>
<tr><td>锥蜗杆传动</td></tr>
<tr><td colspan="2">挠性啮合传动（链传动、同步带传动）</td><td>具有啮合传动的一些优点，可以实现远距离传动</td></tr>
<tr><td colspan="2">螺旋传动（滑动螺旋传动、滚动螺旋传动、静压螺旋传动）</td><td>主要用于变回转运动为直线运动，同时传递能量和力。单头螺旋传动效率低，可自锁</td></tr>
<tr><td rowspan="3">流体传动</td><td colspan="3">气压传动</td><td rowspan="3">速度、转矩均可无级调节，具有隔振、减振和过载保护功能，操纵简便，易于实现自动控制，效率较低。同时需要一些辅助设备，如过滤装置等，密封与维护要求较高</td></tr>
<tr><td colspan="3">液压传动</td></tr>
<tr><td colspan="3">液力传动、液体黏性传动</td></tr>
</table>

续表

<table>
<tr><th colspan="2">类型</th><th>特点</th></tr>
<tr><td rowspan="2">电力传动</td><td>交流电力传动</td><td rowspan="2">可以实现远距离传动，易于控制，但在大功率、低速、大转矩的场合使用有一定困难</td></tr>
<tr><td>直流电力传动</td></tr>
</table>

4.2.4 传动类型的选择

1. 选择的基本原则

传动类型有很多，在选择时可遵循下面的基本原则：

1）小功率传动，应在满足工作性能的要求下，选用结构简单的传动装置，尽可能降低初始费用。

2）大功率传动，应优先考虑传动装置的效率，以节约能源、降低运转和维修费用。

3）当执行件要求变速时，若能与原动机调速比相适应，可直接连接或采用定传动比传动装置；当执行件要求变速范围大，用原动机调速不能满足机械特性和经济性要求时，应采用可调传动比传动。除执行件需要连续变速外，尽量采用有级变速传动。

4）当载荷变化频繁，且可能出现过载时，应考虑过载保护装置。

5）执行件要求与原动机同步时，应采用无滑动的传动装置。

6）传动装置的选用必须与制造技术水平相适应，应尽可能选用专业厂生产的标准传动元件。

2. 固定传动比传动的选择

固定传动比传动主要采用机械传动装置。具体选择时应考虑以下因素：

1）功率及转速　选择传动类型时，首先应考虑能否实现所传递的功率及运转速度，当功率小于 100 kW 时各种传动类型都可以选用。对于大功率传动，应优先选用效率高的传动类型。

2）单级传动和多级传动　在单级传动时的最大传动比是选择传动类型时的重要依据之一。单级传动不能满足传动比要求时可采用多级传动，效率相应降低。当传动类型不同时，单级传动和多级传动的效率需进行方案比较，以便选择既满足传动比要求、效率又较高的传动方案。

3）结构尺寸和安装布置要求　当传动要求尺寸紧凑时，应优先选用齿轮传动；当传动比较大且又要求尺寸紧凑时，可考虑选用行星齿轮传动、蜗杆传动。

选择传动类型时还应考虑布置上的要求。当主、从动轴平行时，可以选用带、链或圆柱齿轮传动；当两轴相交时，可选用锥齿轮或圆锥摩擦轮传动；当两轴交错时，可选用蜗杆传动或螺旋齿轮传动。

3. 有级变速传动的选择

为换挡方便，有级变速传动常采用直齿圆柱齿轮变速装置。采用有级变速传动主要有以下两种情况：

1）执行件要求有多挡固定转速，而原动机是非调速的，采用有级变速传动系统可适应执行件的多挡速度要求。

2）当执行件要求有较大的变速范围时，可采用有级变速传动和调速原动机联合调速的方法。

4. 无级变速传动的选择

机械传动、流体传动和电力传动都能实现无级变速。机械无级变速传动装置结构简单，传动平稳，但寿命较短，常用于较小功率传动；液压无级变速传动装置具有尺寸小、效率较高、变速范围大、可吸收冲击、防止过载、易于实现自动化等优点，但制造精度要求高、成本较高，常用于载荷较大或结构要求紧凑的机械。气压无级变速传动装置多用于小功率传动和各种恶劣环境；电力无级变速传动装置传动的功率范围大，能远距离传递动力。

5. 单流传动和多流传动的选择

单流传动应用很广泛。由于全部能量流过每一个传动构件，各构件的尺寸都较大。为了保持高的传动效率，每一传动构件均应有较高的效率。

当机械的执行件较多，但所需的总功率不大时，可采用多个原动机分流传动。某些低速大功率的机械，如轧钢机、球磨机等，可采用两个或多个原动机共同驱动，即汇流传动，有利于缩小机器的体积、重量和转动惯量。

6. 传动的特殊要求

1）设计传动时，需掌握执行件的起动要求和原动机的起动性能。当起动时的负载转矩超过原动机的起动转矩时，需在原动机和传动系统之间增设适当的离合器或液力耦合器，使原动机可以空载起动。

2）为了缩短停车过程或适应紧急制动的需要，特别是转动惯量较大的系统，应考虑制动措施。

3）许多执行件要求正反向工作，有些要求停车反向，有些要求快速反向，如磨床等。设计时，应充分利用原动机的反转性能。对于不能或不便于反向工作的原动机，如中小型内燃机、汽轮机等，应在传动系统中装设反向机构。

4）当执行件的载荷变化频繁、变化幅度较大，可能过载而本身又无过载保护装置时，应在传动系统中考虑过载保护。

5）当执行件起动、制动、变速频繁，原动机不能适应这一工况要求时，设计变速装置时应考虑空挡，如传动链脱开、执行件制动、原动机空载运转等。

4.3　传动系统的运动设计

传动系统的运动设计是指运用转速图的基本原理，拟定满足给定转速数列的经济合理的传动系统方案。传动系统的运动设计主要包括选择变速组及其传动副数，确定各变速组内的传动比，以及计算齿轮齿数和带轮直径等内容。

本节主要讲述有级变速传动系统和无级变速传动系统的运动设计。

4.3.1　有级变速传动系统的运动设计

有级变速传动系统常由变速齿轮传动或变速带传动组成，在一定的变速范围内，其输出轴只能得到有限级数的转速。有级变速传动最基本的变速装置是二轴变速传动，即在两根轴之间用一个变速组传动。二轴变速传动可实现 2 至 4 级变速，当要求的变速级数多于 4 级时，可以采用由两个或两个以上变速组串联而成的多轴传动装置。当机械系统的执行件的速度需要在一定范围内变化，而又允许有一定的速度损失时，基于经济性考虑，可采用有级变速系统。下面介绍机床有级变速系统设计时应遵循的原则和规律，其他机械系统的传动设计，可参照进行。

对于通用机床（如普通车床）主运动的执行件，一般都有若干个按等比数列排列的转速，当采用普通交流异步电动机时，它只能提供一个（或二三个）转速。在该传动设计中，要解决的主要问题是应遵循什么原则和规律，才能使执行件（主轴组件）获得按等比数列排列的若干级转速。图 4.4 所示是某中型车床的主传动系统图，该传动系统内共有 5 根轴：电动机轴和轴 Ⅰ 至轴Ⅳ，其中轴Ⅳ为主轴。轴 Ⅰ —轴 Ⅱ 之间为传动组 a；轴 Ⅱ —轴 Ⅲ 和轴 Ⅲ —轴Ⅳ之间分别为传动组 b 和 c，它们都有两对传动副。传动系统图具有清晰、直观的特点，它既可以清晰地看出传动系统的总体构成，如电动机、各传动副（带传动、齿轮传动）和各传动轴（轴 Ⅰ 、轴 Ⅱ 、轴 Ⅲ 、轴Ⅳ）等，也可以直观看出各传动副的传动关系，如带传动（ $\phi125/\phi254$）、轴 Ⅰ 与轴 Ⅱ 之间的传动（36/36，24/48，30/42），轴 Ⅱ 与轴 Ⅲ 之间的传动（42/42，22/62）和轴 Ⅲ 与轴Ⅳ之间的传动（70/35，21/84）。由此可得出 Ⅰ 、Ⅱ 、Ⅲ 、Ⅳ轴分别有 1、3、6、12 级转速。但由于从传动系统图中不能直接看出输出轴的各级转速值，许多关于传动系统特性方面的关键信息不能描述出来，且绘制较麻烦，因此传动系统图的应用受到了一定的限制。在此基础上出现了转速图。

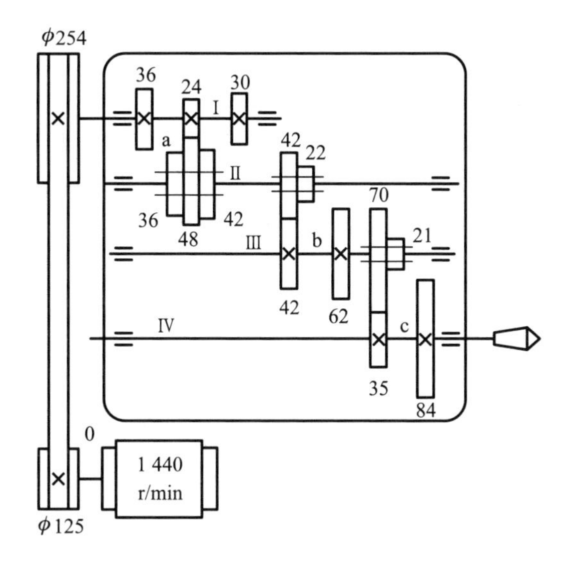

图 4.4　某中型车床的主传动系统图（12 级）

图 4.5 所示为上述 12 级变速的传动系统对应的转速图，它的绘制要比传动系统图简单。转速图不仅可以表示出传动系统图要表达的内容，还可以清楚地看出其输出的转速范围（31.5~1 400 r/min），以及得到各级转速所经过的传动路线。为了更好地掌握转速图，先介绍转速图的含义和表达内容。

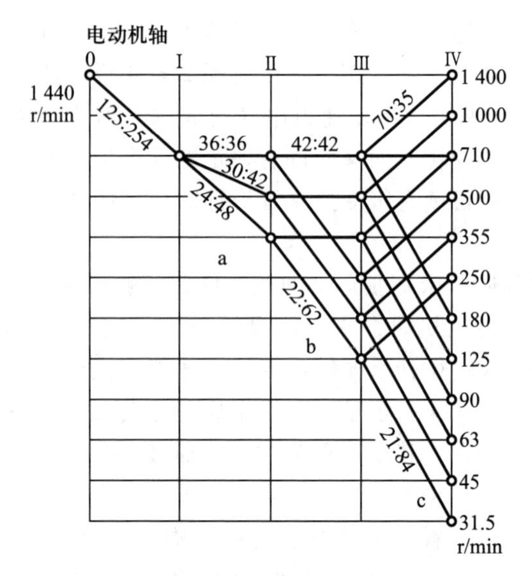

图 4.5　12 级车床主传动系统的转速图 *

1. 转速图

（1）转速图基本概念

图 4.5 是图 4.4 所示的主传动系统相对应的转速图。由图可知，电动机转速为 1 440 r/min，轴转速范围为 31.5~1 400 r/min，公比 $\varphi=1.41$，转速级数 $Z=12$。从转速图还可以看出：

1）轴线

轴线是转速图中一组距离相等的竖线，用来表示变速组中的各传动轴。图 4.4 中有 5 根传动轴，从左向右依次画出五条间距相等的竖线，从左向右依次标注电动机轴 0、Ⅰ、Ⅱ、Ⅲ和主轴Ⅳ，分别与主传动系统图（图 4.4）上的各轴相对应。注意，竖线之间的间距相等是为使图面清晰明了，并不表示各轴中心距相等。

2）转速线

转速图上距离相等的一组水平线用来表示转速的对数坐标。由于主轴转速是等比数列，两相邻转速之间具有下列关系：

$$\frac{n_2}{n_1}=\varphi,\quad \frac{n_3}{n_2}=\varphi,\quad \cdots,\quad \frac{n_z}{n_{z-1}}=\varphi$$

两边取对数，得

$$\lg n_2-\lg n_1=\lg \varphi$$

$$\lg n_3-\lg n_2=\lg \varphi$$

$$\cdots\cdots$$

$$\lg n_z-\lg n_{z-1}=\lg \varphi$$

因此，如将转速图上的竖线坐标取对数，则使竖线的普通坐标变为对数坐标，出现了任意相邻两转速线的间隔相等，都等于一个 lg φ 的结果。为了方便，习惯上不写符号 lg，而是

* 图中转速的数值都按机械系统设计的习惯做过圆整和简化处理。

直接标注转速值。对于图 4.4 所示的主传动系统，主轴有 12 个转速，故画 12 条间距相等的水平线。通过计算知道，主轴的 12 级转速分别为 31.5 r/min、45 r/min、63 r/min、90 r/min、125 r/min、180 r/min、250 r/min、355 r/min、500 r/min、710 r/min、1 000 r/min、1 400 r/min，并可得出公比 $\varphi=1.41$。

3）转速点

在轴线上画的圆点（或圆圈）称作转速点，它表示该轴所具有的转速值。如图 4.5 所示，在主轴（Ⅳ轴）上画有 12 个圆圈，它们都落在水平线和竖直线的交点上，表示主轴具有的 12 级转速。将计算得到的这 12 级转速按顺序标注在圆圈的右边，通过计算可知Ⅰ轴转速值为 710 r/min，Ⅱ轴转速值为 355 r/min、500 r/min、710 r/min，Ⅲ轴转速值为 125 r/min、180 r/min、250 r/min、355 r/min、500 r/min、710 r/min，分别在Ⅰ、Ⅱ、Ⅲ轴线和转速线的交点处画上 1、3、6 个圆圈，以表示这三个传动轴所具有的转速级数与转速值。

4）传动线

轴线间转速点的连线为传动线，它表示相应传动副及其传动比值。传动线的倾斜方向和倾斜程度分别表示传动比的升降和大小。若传动线是水平的，表示等速传动，传动比 $i=1$；若传动比线向右上方倾斜，表示升速传动，传动比 $i>1$；若传动线向右下方倾斜，表示降速传动，传动比 $i<1$。对于图 4.4 所示的主传动系统，在电动机轴（0 轴）与Ⅰ轴之间，有一对传动副，其传动比值为

$$i_1=\frac{125}{254}\approx\frac{1}{2}=\frac{1}{1.41^2}=\frac{1}{\varphi^2}$$

该两轴间的传动是降速传动，传动比线从主动转速点 1 440 r/min 引出向右下方倾斜两格。

在轴Ⅰ—轴Ⅱ之间有三对传动副构成一个传动组 a，它的传动比值分别为

$$i_{a_1}=\frac{24}{48}=\frac{1}{2}=\frac{1}{\varphi^2}\quad i_{a_2}=\frac{30}{42}=\frac{1}{1.41}=\frac{1}{\varphi}\quad i_{a_3}=\frac{36}{36}=\frac{1}{1}$$

因此，在转速图的轴Ⅰ—轴Ⅱ之间应有三条传动比线，它们都从主动转速点 710 r/min 引出，分别为向右下方倾斜两格与一格的连线以及一条水平线。

由此可见，转速图是由“三线一点”组成：轴线、转速线、传动线和转速点。转速图直观地表示了传动系统中轴的数目、主轴及传动轴的转速级数、转速值及其传动路线、变速组组数及传动顺序、各变速组的传动副数及传动比值。同时还表示出传动组内各传动比之间的关系以及传动组之间的传动比的关系。

（2）传动比分配方程（转速图基本原理）

从图 4.5 可以看出，该车床主传动系统通过 1 个三级变速传动组 a 和 2 个两级变速传动组 b、c，使主轴获得范围为 31.5～1 400 r/min，公比 $\varphi=1.41$ 的 12 级按等比数列排列的转速。但并不是任意几个变速传动组串联起来都能实现按等比级数排列的分级变速。

下面将分析各变速组的传动比与使主轴获得等比数列排列的转速之间的内在规律。

1）基本组

变速组 a 中有三对传动副，表示传动比值的传动线都是由Ⅰ轴的主动转速点 710 r/min 引出的，它们的传动比比值为

$$i_{a_1} : i_{a_2} : i_{a_3} = \frac{1}{\varphi^2} : \frac{1}{\varphi} : 1 = 1 : \varphi : \varphi^2 \tag{4.1}$$

由此可见，在变速组 a 中，相邻传动比连线之间相差一个公比 φ，各传动比值是以 φ 为公比的等比数列，通过这三个传动比的作用，使Ⅱ轴获得以 φ 为公比的等比数列的三个转速（355 r/min、500 r/min、710 r/min）。主轴能够获得按等比数列排列的转速是因为这个变速组首先起作用的结果。实质上，它使主轴获得了以 φ 为公比的三个转速。因此，这个变速组是必不可少的最基本的变速组，称它为基本组。

通常将变速组中两个大小相邻的传动比的比值称为级比，而将变速组内相邻两传动比相距的格数称为级比指数。级比一般写成 φ^x 的形式，其中 x 为级比指数。

可将变速组 a 的级比式（4.1）写成通式

$$i_1 : i_2 : \cdots : i_{p_j} = 1 : \varphi^{x_j} : \cdots : \varphi^{(p_j-1)x_j} \tag{4.2}$$

式中：φ^{x_j}——任意相邻两传动比的比值，简称级比；

x_j——级比指数或传动特性指数；

p_j——该传动组的传动副数。

式（4.2）称为传动比分配方程。基本组的级比指数（传动特性）用 x_0 表示，基本组的级比 $\varphi^{x_0} = \varphi^1$，故级比指数 $x_0 = 1$。

2）扩大组

在变速组 b 中，有两对传动副，其传动比比值为

$$i_{b_1} : i_{b_2} = \frac{1}{\varphi^3} : 1 = 1 : \varphi^{x_1}$$

式中，x_1 为第一扩大组的级比指数。这个变速组的相邻传动比值之间相差 φ^3，在转速图上表现为相邻传动线之间相差 3 格。通过这个变速组内两个传动比的作用，使Ⅲ轴获得了 6 级按以 φ^3 为公比的等比数列排列的转速。实质上是使主轴又增加了 3 个转速。可见，这个变速组是在基本组已经起作用的基础上，起到了再将转速级数增加的作用，称它为扩大组。又因它是第一次起扩大作用，称它为第一扩大组。由于在基本组中有 3 对传动副，它已使Ⅱ轴获得了以 φ 为公比的 3 级转速，故第一扩大组的级比必须是 φ^3，才能使Ⅲ轴获得以 φ^3 为公比的 6 级转速。即第一扩大组的级比为 φ^3，级比指数 $x_1 = 3$，它恰好等于基本组的传动副数 $p_0(=3)$。

在变速组 c 中有两对传动副，其传动比比值为

$$i_{c_1} : i_{c_2} = \frac{1}{\varphi^4} : \varphi^2 = 1 : \varphi^6 = 1 : \varphi^{x_2}$$

式中，x_2 为第二扩大组的级比指数。该式表示变速组 c 的级比为 φ^6，故第二扩大组的级比指数等于 6，在转速图上表现为相邻传动线之间相差 6 格。通过该变速组的作用使Ⅳ轴（主轴）的转速由 6 级增加至 12 级。由于变速组 c 是第二次起增加主轴转速级数的作用，因此称之为第二扩大组。同理，第二扩大组的级比必须是 φ^6，才能使主轴获得按等比数列排列的转速。它的级比指数 $x_2 = 6$，应当等于基本组的传动副数 $p_0(=3)$ 与第一扩大组的传动副数 $p_1(=2)$ 的乘积，即 $x_2 = p_0 p_1$。

若机床还有第三次、第四次……扩大变速范围，则还有第三、第四……扩大组。通常，机床的传动系统都由若干个变速组串联而成，任意变速组的传动比之间的关系都应满

足式（4.2）所示的传动比分配方程。区别不同变速组的是它的级比指数 x_i。

在由若干个变速组串联组成的传动系统中，满足基本组、第一扩大组、第二扩大组……的排列顺序，即按照级比指数 x_i 从小到大的变速组排列顺序称为传动系统的扩大顺序。在设计变速系统时，扩大顺序可能与传动顺序一致，也可能不一致。

3）变速组的变速范围

变速组内最大传动比 i_{max} 与最小传动比 i_{min} 之比，称为变速组的变速范围 r，即

$$r=\frac{i_{max}}{i_{min}} \tag{4.3}$$

由式（4.2）知，任一变组的变速范围

$$r_i=\varphi^{(p_i-1)x_i} \tag{4.4}$$

对于上例，则有

基本组的变速范围 $r_a=r_0=\varphi^{(p_0-1)x_0}=\varphi^2$ $(p_0=3,\ x_0=1)$

第一扩大组的变速范围 $r_b=r_1=\varphi^{(p_2-1)x_1}=\varphi^3$ $(p_1=2,\ x_1=3)$

同理，可得到第二扩大组的变速范围 $r_c=r_2=\varphi^6$。又因为

$$n_{max}=n_{电}\ i_{amax}i_{bmax}i_{cmax}$$

$$n_{min}=n_{电}\ i_{amin}i_{bmin}i_{cmin}$$

所以主轴的变速范围 R_n 为

$$R_n=\frac{n_{max}}{n_{min}}=\frac{n_{电}\ i_{amax}i_{bmax}i_{cmax}}{n_{电}\ i_{amin}i_{bmin}i_{cmin}}=r_ar_br_c \tag{4.5}$$

写成通式为

$$R_n=r_0r_1r_2\cdots r_i \tag{4.6}$$

式（4.6）表明，主轴的变速范围 R_n 等于各变速组变速范围的连乘积。

在设计机床的变速系统时，在降速传动中，为了防止从动齿轮的直径过大而使径向尺寸增大，通常限制传动副的最小传动比，使 $i_{min}\geqslant 1/4$。在拟画转速图时，一般都应使每个变速组的变速范围不超过允许值。通常，由于最后一个扩大组的变速范围最大，一般只需检查最后一个扩大组的变速范围。

2. 结构式和结构网

变速组的传动副数 p_i 和级比指数 x_i 是它的两个基本参数。这两个参数一旦确定，则该变速组就随之而定。若将这两个参数紧密地写成 p_{ix_i} 或 $p_i[x_i]$ 这样的形式，则表示变速组的方式就简单得多。如果按运动的传递顺序将表示每个变速组的两个基本参数写成乘积的形式，就是所谓的“传动结构式”，简称“结构式”。传动系统的转速级数可表示为

$$Z=p_{0x_0}p_{1x_1}p_{2x_2}\cdots p_{ix_i}$$

对于图 4.4 的变速系统和图 4.5 的转速图，其结构式为

$$12=3_1\times2_3\times2_6 \quad 或 \quad 12=3[1]\times2[3]\times2[6]$$

上式表示了主轴的 12 级转速是通过基本组 3_1（传动副数 $p_0=3$，级比指数 $x_0=1$）、第一扩大组 2_3（传动副数 $p_1=2$，级比指数 $x_1=3$）、第二扩大组 2_6（传动副数 $p_2=2$，级比指数 $x_2=6$）的共同作用获得的。上式是转速扩大顺序和传动顺序一致的情况，若将基本组、扩大组采取不同的排列顺序，对于传动方案 12=3×2×2，共可得如下 6 种结构式：

$$12=3_1\times2_3\times2_6,\ 12=3_1\times2_6\times2_3,\ 12=3_2\times2_1\times2_6$$

$$12=3_2\times2_6\times2_1,\quad 12=3_4\times2_2\times2_1,\quad 12=3_4\times2_1\times2_2$$

显然，结构式简单，但并不直观，与转速图的差别很大。为此，可将以结构式表示的内容用类似转速图那样的线图来表示，称为结构网。图 4.6 就是对应图 4.5 所示转速图的结构式 $12=3_1\times2_3\times2_6$ 的结构网。

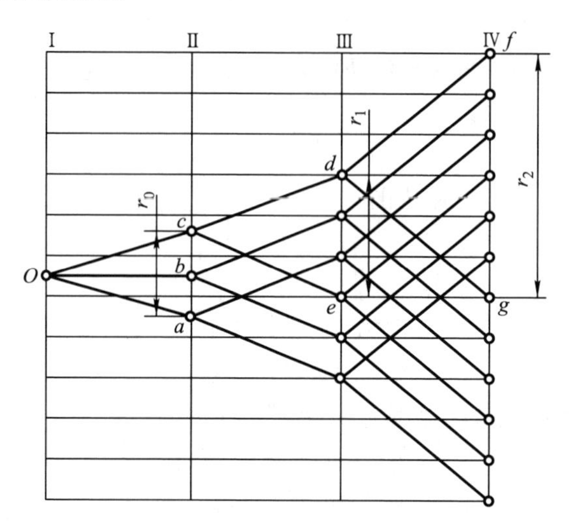

图 4.6　结构式 $12=3_1\times2_3\times2_6$ 的结构网

该传动系统有三个变速组，故应有 4 条间距相等的表示传动轴的竖线。主轴有 12 级转速，故有 12 条间距相等表示转速的水平线。由于结构网只表示传动比的相对关系，故表示传动比的连线可对称画出。为此，在图 4.6 中的Ⅰ轴上找出其中点 O。在轴Ⅰ—轴Ⅱ间是基本组，$x_0=1$，故表示三对传动副的传动线从 O 点引出时，一条是水平传动线 Ob，一条是向右上方升一格的传动线 Oc，一条是向右下方降一格的传动线 Oa。在轴Ⅱ—轴Ⅲ间的传动组是第一扩大组，$x_1=3$，表示相邻传动线之间跨 3 格。从 c 点（也可从 a、b 点）分别引出向右上方升 1.5 格和向右下方降 1.5 格的传动线 cd 和 ce，再分别过 b、a 点画 cd 和 ce 的平行线（代表同一传动副），所示Ⅲ轴有 6 级转速（在Ⅲ轴相应位置上画 6 个圆点或圆圈）。在轴Ⅲ—轴Ⅳ间的变速组是第二扩大组，$x_6=6$，从 d 点（也可从其他 5 个点）引出上下对称的两条传动线 df 和 dg（点 f 为点 d 向右上方升 3 格，点 g 为点 d 向右下方降 3 格）。再在轴Ⅲ上的其余转速点上分别引 df 和 dg 的平行线，则画出完整的结构网。

从结构网的画法可知，结构网只表示传动组内传动比的相对关系，故传动线不表示传动比的实际值。轴上转速点只表示每根轴的转速数目，而不表示转速值（主轴除外）。结构网还表示了每个变速组的变速范围，如 $r_0=\varphi^2$、$r_1=\varphi^3$、$r_2=\varphi^6$。总体来说，结构式或结构网表达了与转速图完全一致的传动特性。一个结构式对应唯一结构网，反之亦然。而一个结构网或结构式可有多个转速图，但一个转速图只能对应一个结构式或一个结构网。由于结构网在形式上和转速图相似，故拟画转速图时只需要将结构网上的第一网结点 O 以及中间轴上的网结点同时沿其轴调整到适当位置，而并不改变传动线间的相对关系，就可以获得不同的转速图。同时还看出，在设计传动系统时，利用结构式或结构网来进行方案对比是非常方便的。

3. 转速图的拟定

由于变速组数和每一变速组中的传动副数可以不同，不同传动副数的变速组的排列次序可以不同，基本组、第一扩大组、第二扩大组……的排列次序也可不同，因此可以有很多种转速图方案实现所要求的转速级数和转速数列，这就存在如何从众多方案中选择出经济合理方案的问题。

有级变速传动系统转速图的设计步骤依次为：确定变速组数和转速数列；确定各变速组的传动组数和传动副数；确定合适的传动结构式，画出相应的结构网；选定电动机的转速；分配降速比，拟画转速图；确定带轮直径和齿轮齿数。

4. 齿轮齿数的确定

转速图拟画之后，要根据各传动副的传动比确定齿轮齿数、带轮直径等。对于固定传动比传动，满足传动比的要求即可。当变速组内有若干对传动副时，牵涉的问题较多。下面介绍变速齿轮齿数的确定。

（1）确定齿轮齿数需注意的问题

1）应满足转速图上传动比的要求。确定的齿轮齿数之比是实际传动比，它与理论传动比（转速图给定的传动比）可能存在误差，因而造成主轴转速的误差，只要转速误差不超过$\pm 10(\varphi-1)\%$是允许的，即

$$\left|\frac{n'-n}{n}\right| \leqslant 10(\varphi-1)\% \tag{4.7}$$

式中：n'——主轴实际转速，r/min；

n——主轴标准转速，r/min；

φ——选用的公比。

2）齿数和 S_z 不宜过大。以便限制齿轮的线速度而减少噪声，同时避免中心距增加而使变速箱结构庞大。一般情况下，$S_z \leqslant 100 \sim 200$。

3）齿数和 S_z 不宜过小。选择齿数和时不应使小齿轮发生根切。为使运动平稳，对于直齿圆柱齿轮，一般要求最小齿数 $z_{\min} \geqslant 18 \sim 20$，同时还要满足结构上的需要。

4）保证三联滑移齿轮顺利通过。变速组内有三对传动副时，应检查三联滑移齿轮齿数之间的关系，以确保其左右滑移时能顺利通过。

（2）齿轮齿数的确定

在确定齿轮齿数之前，应先初步根据强度理论计算出各变速组内齿轮副的模数，以便根据结构要求判断所确定的最小齿轮齿数或齿数和是否恰当。在同一变速组内的齿轮为了设计、制造和管理方便，一般取相同模数。在一般情况下，主传动链中所采用模数的种类应尽可能少些，以便为设计、制造和管理提供方便。

1）变速组内模数相同时齿轮齿数的确定

① 查表法

对于外联传动链，如果传动比 i 采用标准公比 φ 的整数次方，则可查表 4.2 来确定齿数和 S_z 及小齿轮齿数。

② 计算法

对于传动比要求准确的传动链（如内联传动链），可通过计算法确定各变速组内齿轮副的齿数。当各对齿轮副的模数相同，且不变位时，各对齿轮副的齿数和必然相等。可写出

$$i_j = z_j / z_j', \quad S_{z_j} = z_j + z_j' \tag{4.8}$$

式中：z_j、z_j'——第 j 对齿轮副的主、从齿轮齿数；

i_j——第 j 对传动副的传动比。

由上式可得

$$z_j=\frac{i_j}{1+i_j}S_{z_j},\ z_j'=\frac{1}{1+i_j}S_{z_j}\quad 或\quad z_j'=S_{z_j}-z_j \tag{4.9}$$

首先，根据前述应注意的问题来确定齿数和 S_z，或先试定最小齿轮齿数 $z_{\min}$，再根据传动比算出齿数和，最后按其余齿轮副的传动比分配其余齿轮副的齿数。如果所得齿数的传动比误差不能满足要求，则应重新调整齿数和，再由传动比分配齿轮齿数。

表 4.2　各种常用传动比和齿数和的适用小齿轮齿数

i	S_z																			
	40	41	42	43	44	45	46	47	48	49	50	51	52	53	54	55	56	57	58	59
1.00	20		21		22		23		24		25		26		27		28		29	
1.06		20		21		22		23									27		28	
1.12	19							23									27		28	
1.19					20		21		22		23		24		25		26		27	
1.26		18		19		20					22		23		24		25			26
1.33	17		18		19			20		21		22			23		24		25	
1.41		17					19		20			21		22		23			24	
1.50	16					18		19			20		21			22		23		
1.58		16			17					19			20		21			22		23
1.68	15			16					18			19			20		21			22
1.78			15					17			18			19		20		21		
1.88	14			15			16			17			18			19			20	
2.00			14			15			16			17			18			19		
2.11					14			15			16			17			19			19
2.24						14				15			16			17			18	
2.37								14				15			16			17		
2.51							13			14				15			16			
2.66												14				15			16	16
2.82														14	14			15		
2.99																	14			
3.16																			14	
3.35																				
3.55																				
3.76																				

续表

i	S_z																			
	60	61	62	63	64	65	66	67	68	69	70	71	72	73	74	75	76	77	78	79
1.00	30		31		32		33		34		35		36		37		38		39	
1.06	29		30		31		32		33		34		35		36		37	38		
1.12	29		29		30		31		31		33		34		35		36	36	37	37
1.19	28	28		29			30		31		32		33			34	35	35		36
1.26		27		28		29	29		30		31		32		33	33		34		35
1.33		26		27		28			29		30		31			32		33		34
1.41	25			26		27		28	28		29		30	30		31		32		33
1.50	24		25			26		27	27		28		29	29		30		31	31	
1.58	23		24			25		26			27		28	28		29		30	30	
1.68			23		24			25		26	26		27	27		28		29	29	
1.78		22			23			24		25	25		26			27			28	
1.88	21	21		22	22		23			24			25			26			27	
2.00	20			21			22			23			24			25			26	
2.11			20			21	21		22	22		23	23		24	24			25	
2.24			19	19			20			21			22	22		23	23		24	24
2.37		18			19			20	20			21			22			23	23	
2.51	17			18			19	19			20	20		21	21			22	22	
2.66			17				18			19	19			20	20			21		
2.82		16				17			18	18			19	19			20	20		
2.99	15				16			17	17			18	18			19	19			20
3.16			15	15			16	16			17	17				18				19
3.35		14				15	15			16	16				17				18	18
3.55				14	14				15	15			16	16				17	17	
3.76							14	14				15	15				16	16		

续表

i	S_z																				
	80	81	82	83	84	85	86	87	88	89	90	91	92	93	94	95	96	97	98	99	100
1.00	40		41		42		43		44		45		46		47		48		49		50
1.06	39		40	40	41	41	42	42	43	43	44	44	45	45	46	46		47		48	
1.12	38	38		39		40		41		42		43		44	44	45	45	46	46	47	47
1.19		37		38		39	39	40	40	41	41		42		43		44	44	45	45	46
1.26		36	36	37	37		38		39		40	40	41	41		42		43		44	44
1.33	34	35	35		36		37	37	38	38		39		40	40	41	41		42		43
1.41	33		34		35	35		36		37	37	38	38		39		40	40		41	
1.50	32		33	33		34		35	35		36		37	37		38		39	39	40	40
1.58	31		32	32		33	33		34		35	35		36		37	37		38	38	39
1.68	30	30		31		32	32		33	33		34		35	35		36	36		37	37
1.78	29	29		30	30		31			32		33	33		34	34		35	35		36
1.88	28	28		29	29		30	30		31	31		32	32		33	33		34	34	35
2.00		27			28		29	29		30	30		31	31		32	32		33	33	
2.11		26			27			28	28		29	29		30	30		31	31		32	32
2.24		25			26	26		27	27		28	28		29	29			30	30		31
2.37		24			25	25		26	26			27	27		28	28		29	29		
2.51	23	23			24	24		25	25			26	26		27	27			28	28	
2.66	22	22			23	23		24	24			25	25			26	26		27	27	
2.82	21	21			22			23	23			24	24			25	25			26	26
2.99	20			21	21			22	22			23	23			24	24			25	25
3.16	19			20	20			21	21			22	22			23	23			24	24
3.35			19	19			20	20	20			21	21			22	22			23	23
3.55	18	18				19	19			20	20	20			21	21			22		22
3.76	17	17				18	18				19	19				20	20			21	21
3.98	16				17	17				18	18				19	19				20	20
4.22				16	16				17	17				18	18	18			19	19	19

续表

i	S_z																			
	101	102	103	104	105	106	107	108	109	110	111	112	113	114	115	116	117	118	119	120
1.00		51		52		53		54		55		56		57		58		59		60
1.06	46		50		51		52		53	53	54	54	55	55	56	56	57	57	58	58
1.12		48		49		50		51	51	52	52	53	53	54	54	55	55	56	56	57
1.19	46		47		48		49	49	50	50	51	51	52	52		53		54	54	55
1.26	45	45		46		47	47	48	49	49	50	50		51	51	52	52	53	53	
1.33	43	44	44		45		46	46	47	47		48		49	49	50	50		51	
1.41	42	42	43	43		44	44	45	45	46	46		47	47	48	48		49	49	50
1.50		41	41	42	42		43	43	44	44		44	45	46	46		47	47	48	48
1.58	39		40	40		41		42	42		43	43	44	44		45	45	46	46	46
1.68	38	38		39	39		40	40	41	41		42	42		43	43	44	44	44	45
1.78		37	37		38	38		39	39		40	40	41	41	42	42		43	43	
1.88	35		36	36		37	37		38	38		39	39		40	40		41	41	42
2.00	34	34		35	35		36	36		37	37		38	38		39	39	39	40	40
2.11		33	33		34	34		35	35	35	36	36	36		37	37		38	38	
2.24	31		32	32		33	33	33	34	34	34		35	35		36	36		37	37
2.37	30	30		31	31		32	32	32		33	33		34	34		35	35	35	
2.51	29	29			30	30		31	31	31		32	32		33	33	33		34	34
2.66		28	28		29	29	29		30	30	30		31	31		32	32	32		33
2.82		27	27	27		28	28	28		29	29			30	30			31	31	
2.99			26	26			27	27			28	28			29	29			30	30
3.16	24		25	25	25		26	26	26			27	27			28	28			29
3.35	23			24	24			25	25	25		26	26	26			27	27		
3.55	22			23	23			24	24	24			25	25	25		26	26	26	
3.76	21			22	22				23	23			24	24	24			25	25	25
3.98				21	21				22	22				23	23				24	24
4.22			20	20	20				21	21				22	22	22			23	23

例 4.1　试确定图 4.7 变速组内齿轮的齿数。

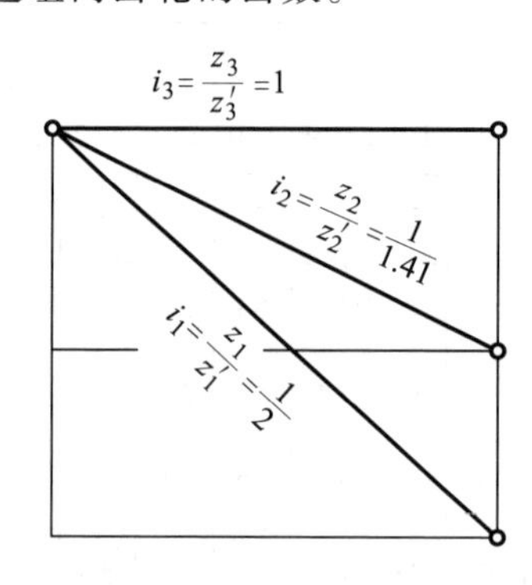

图 4.7　变速组转速图

由转速图可知，该变速组内三联齿轮的传动比分别为 $i_1=1/2$、$i_2=1/1.41$、$i_3=1$，最小齿轮在 i_1 中，确定 $z_1=24$，$z_1'=z_1/i_1=24\times2=48$，则齿数和 $S_{z_1}=z_1+z_1'=24+48=72$。用式（4.9）可计算出其余两对齿轮副的齿数：

$$z_2=\frac{i_2}{1+i_2}S_{z_2}=\frac{1/1.41}{1+1/1.41}\times72=30,\quad z_2'=S_{z_2}-z_2=72-30=42,$$

$$z_3=\frac{i_3}{1+i_3}S_{z_3}=\frac{1}{1+1}\times72=36,\quad z_3'=S_{z_3}-z_3=72-36=36$$

该例经过验算满足要求。但在许多情况下，要经过反复计算才会得到满意的结果。实际上，表 4.2 就是把常用的传动比和齿数和按上述公式进行计算得到的。因此，查表法与计算法的结果相同。

2）变速组内模数不同时齿轮齿数的确定

根据机床主轴转速和主传动系统传递转矩的需要，有时需要在同一个变速组内设置不同的模数。例如，X62W 铣床主传动中第二扩大组的两对齿轮传动比分别为 $i_1=1/4$ 和 $i_2\approx2$，考虑到齿轮实际受力情况相差较大，而将齿轮副的模数分别选择为 $m_1=4$ 和 $m_2=3$。

设变速组内有两对齿轮副 z_1/z_1' 和 z_2/z_2'，齿数和分别为 S_{z_1} 和 S_{z_2}，采用的模数分别为 m_1 和 m_2，齿轮不变位时，必有

$$\frac{1}{2}m_1\ (z_1+z_1')\ =\frac{1}{2}m_2\ (z_2+z_2')$$

所以得

$$m_1S_{z_1}=m_2S_{z_2}\quad 或\quad m_1/m_2=S_{z_2}/S_{z_1}$$

也有 $\frac{S_{z_2}}{m_1}=\frac{S_{z_1}}{m_2}$，可得

$$S_{z_1}=m_2E,\ S_{z_2}=m_1E \tag{4.10}$$

式中，E 为正整数。

在齿轮模数已定的情况下，选择 E 值，利用上式可计算出齿数和 S_{z_1}、S_{z_2}，再根据各对齿轮副的传动比分配齿数。如果不能满足转速图上的传动比要求，须调整齿数和重新分配齿数。因此，经常会采用变位齿轮的方法改变两对齿轮副的齿数和，以获得所要求的传

动比。

5. 扩大变速系统调速范围的办法

如果设计计算出的变速范围不能满足机器的要求，例如要求中型普通车床的变速范围 $R_n=140\sim200$，镗床的变速范围 $R_n=200$，须采取措施来扩大主轴的变速范围。

（1）转速重合

扩大变速范围最简便的办法是在原有的传动链之后再串联一个变速组，但由于极限传动比的限制，串联变速组的级比指数需要特殊处理。例如$\varphi=1.26$，如果要求 $R_n>50$，根据式（4.4）~式（4.6）可知，基本组为 3_1（传动副数 $p_0=3$，级比指数 $x_0=1$）、第一扩大组为 3_3（传动副数 $p_1=3$，级比指数 $x_1=3$），第二扩大组为 2_9（传动副数 $p_2=2$，级比指数 $x_2=9$），$3_1\times3_3\times2_9$ 的变速范围 $R_n=r_0r_1r_2=\varphi^{2\times1}\varphi^{2\times3}\varphi^{1\times9}=\varphi^{17}\approx50$，不能满足要求。这时可在后面串联一个传动副数为 2 的变速组，即 $3_1\times3_3\times2_9\times2_{18}$，这是正常传动的情况。但因最后一个变速组的 $r=\varphi^{18}=64>>8$，故只有将 $x_3=18$ 改为 $x_3=9$ 才行，于是变成 $3_1\times3_3\times2_9\times2_9$。这时，主轴转速重合了 9 级，主轴的实际转速级数 $Z=3\times3\times2\times2-9=27$ 级。但主轴的变速范围 $R_n=1.26^{26}\approx400$。由此例可看出，设计转速重合传动系统的方法是减小扩大组的级比指数 x_i。转速重合的方法还可用于主轴转速级数不便分解因子等情况，如主轴转速级数 Z 为 17、19、23、27 等。

（2）背轮机构

背轮机构（单回曲机构）的传动原理见图 4.8。图中Ⅰ轴和Ⅲ轴同轴线，运动由Ⅰ轴输入，可经离合器 M 直接传动Ⅲ轴，传动比 $i_1=1$。也可脱开离合器经两对齿轮 z_1/z_2、z_3/z_4 传动Ⅲ轴。若两对齿轮皆为降速，而且取极限降速比 $i_{\min}=1/4$，则背轮机构变速组的极限变速范围为 $i_{\min}=i_1/i_2=16$。这比一般滑移齿轮变速组的极限变速范围大得多，因此用背轮机构作为最后一级变速组可以扩大传动系统的变速范围，其转速图形式如图 4.8c 所示。同时，背轮机构仅占用两排孔的位置，可减小变速箱的尺寸，镗孔数目少，故工艺性好。要注意的是，当离合器 M 接通直接驱动Ⅲ轴时，应使齿轮与缸脱离啮合，以减小空载损失、减少噪声和避免超速现象。图 4.8a 所示的方案因 z_1 为滑移齿轮，接通离合器的同时齿轮 z_4 和 z_3 啮合，导致传动轴Ⅱ出现超速现象，而图 4.8b 所示的方案因 z_4 为滑移齿轮可避免超速现象。

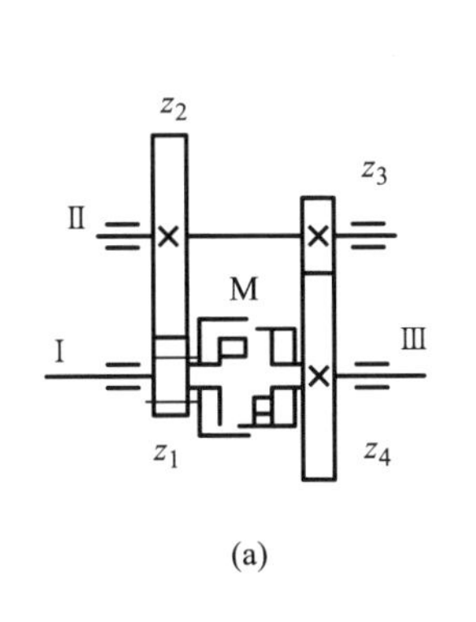

(a)

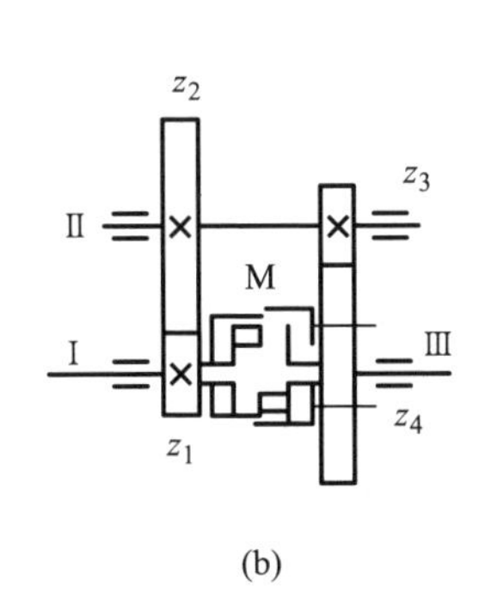

(b)

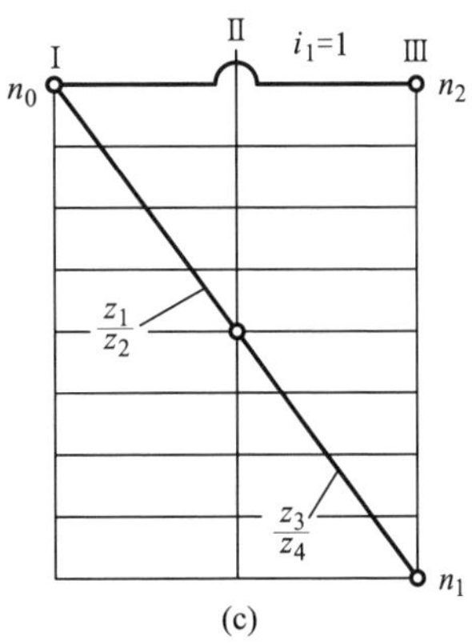

(c)

图 4.8 背轮机构传动原理示意图

6. 齿轮的排列与布置

在确定了变速组传动齿轮的齿数之后，应根据转速图来画传动系统图。齿轮的排列方式将直接影响变速箱尺寸、变速操纵的方便性及结构实现的可能性等。因此，设计传动系统图时应注意合理确定齿轮的排列方式。

（1）滑移齿轮的轴向布置

变速组中的滑移齿轮一般宜布置在主动轴上，因它的转速一般比从动轴的转速高，则其上的滑移齿轮的尺寸小、重量轻、操纵省力。为避免同一滑移齿轮变速组内的两对齿轮同时啮合，两个固定齿轮的间距应大于滑移齿轮的宽度，一般留有间隙量 Δ 为 1~2 mm。

（2）一个变速组内齿轮轴向位置的排列

在轴上排列齿轮时，通常有窄式和宽式两种排列方式。窄式排列是指滑移齿轮所占用的轴向长度较小。图 4. 9a 所示的双联齿轮变速组是窄式排列，它占用的轴向长度 $L>4b$；图 4. 9b 所示为双联滑移齿轮的宽式排列，它占用的轴向长度 $L>6b$。其中，L 为滑移齿轮所占有的轴向长度，b 为一个齿轮宽度。可见，所谓宽式排列，是指滑移齿轮所占用的轴向长度较大。在相同的载荷条件下，采用宽式排列，轴径需增大，轴上的小齿轮的齿数也需增加，齿数和以及径向尺寸也相应加大。因此，一般应采用窄式排列，以便尽量缩短轴向尺寸。

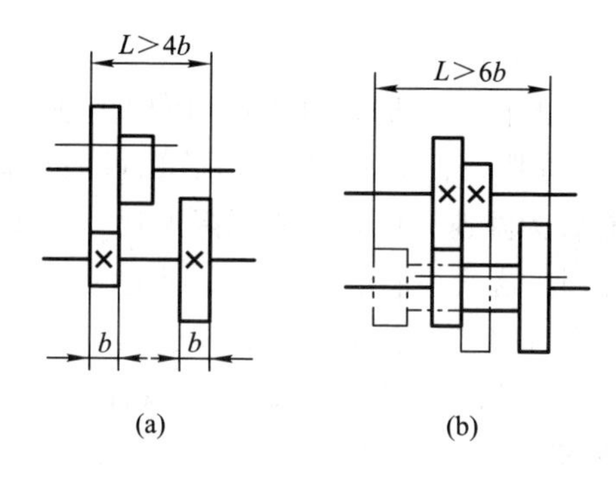

图 4. 9　双联滑移齿轮轴向排列

如前所述，三联滑移齿轮中相邻两齿轮的齿数差应大于 4，才能使滑移齿轮在越过固定齿轮时避免齿顶相碰。若相邻齿数差小于 4，除了采用增加齿数和的方法（使相邻两齿轮的齿数差增加，此时径向尺寸也加大）也可以采用变位齿轮的方法予以解决。

除了滑移齿轮成一体的排列方式外，还可以将三联或四联滑移齿轮拆成两组进行排列，以减小滑移距离和轴向长度，而且对齿数差也没有什么要求。但是，为了防止这两组齿轮同时进入啮合，需有互锁装置，所以操纵机构较复杂。

（3）两个变速组内齿轮轴向位置的排列

图 4. 10a、b 为两个变速组的齿轮并行排列的方式，其总长度等于两变速组的轴向长度之和；图 4. 10c、d 为两个变速组的齿轮交错排列的方式，其总的轴向长度较短，但对固定齿轮的齿数差有要求。如果采用公用齿轮，其轴向长度将更为缩小。在图 4. 10e 所示的单公用齿轮的四级变速机构中，总长度$L>5b$；在图 4. 10f 所示的双公用齿轮的三轴四级变速机构中，总长度可缩短，$L>4b$。

由此可见，采用公用齿轮不仅减少了齿轮的数量，而且缩短了轴向尺寸，但也会导致变速箱径向尺寸的增大，设计时需根据具体情况决定。

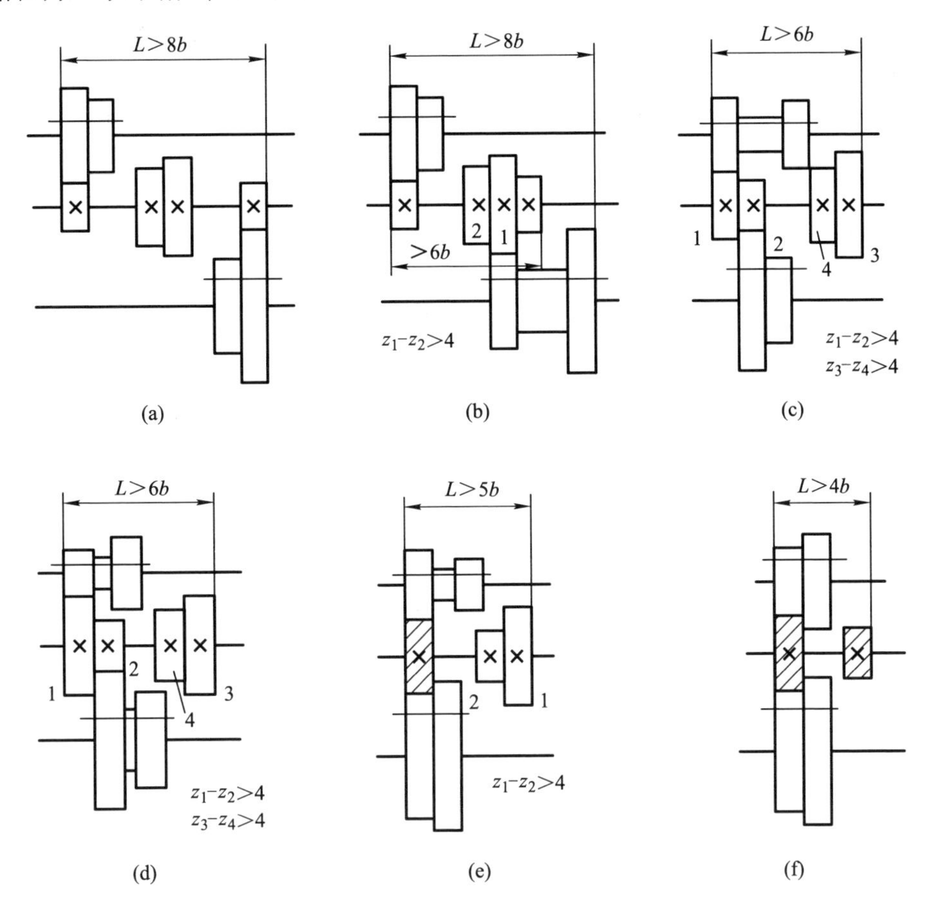

图 4.10 两个变速组的齿轮轴向排列

7. 计算转速的确定

传动系统中各传动件（如轴、齿轮）的尺寸主要根据它们所传递的最大转矩来计算，传递的最大转矩大则结构尺寸大，传递的最大转矩小则可缩小结构尺寸。传动件传递的最大转矩取决于它所传递的功率和转速两个因素。传动件的转速有恒定不变的，有变化的。对于机床传动系统中转速变化的传动件应根据哪个转速来进行动力计算的问题，就是下面将要讨论的计算转速问题。对于其他机械系统传动件的尺寸计算，则可根据其工况分析并参照此予以确定。

（1）机床的功率与转矩特性

对于专用机床，在特定的工艺条件下各传动件所传递的功率和转速是固定不变的，所传递的转矩也是一定的。对于工艺范围较广的通用机床来说，传动件所需传递的功率和转速并不是固定不变的。

根据切削原理可以知道，切削速度对切削力、进给速度对进给力的影响是不大的。因此，对于作直线运动的执行件，可以认为在任何速度下都有可能承受最大切削（或进给）力。也就是说，对于作直线运动的执行件，在任何转速下都有可能承受最大转矩，即可认为是恒转矩传动。

对于旋转主运动，主轴转速不仅取决于切削速度，还取决于工件或刀具的直径。而作旋转运动的进给运动，工作台的转速不仅取决于进给速度，还取决于旋转半径。较低转速多用于加工大直径工件或采用大直径刀具的场合，这时要求输出的转矩较大。反之，要求的转矩较小。因此，旋转运动传动链内的传动件，输出的转矩与转速成反比，基本上属于恒功率传动。需注意，旋转为主运动的通用机床，切削用量都不大，并不需要传递全部功率。即使将低转速用于粗加工，由于受刀具、夹具和工件刚度的限制，不可能采用大的切削用量，也不会用到电动机的全功率。使用全功率时的最低转速，其转矩也最大。主轴所传递的功率或转矩与转速之间的关系，称为机床主轴的功率和转矩特性，如图4.11所示。机床主轴从n_{max}到某一级转速n_j之间，主轴传递了全部功率，称为恒功率区Ⅰ。在这区间，转矩随转速的降低而增大。从n_j到n_{min}，转矩保持不变，且为n_j时的转矩，而功率却随转速的降低而变小，称该区为恒转矩区Ⅱ。可见转速n_j是传递全功率的最低转速，该转速的功率达最大而转矩也达最大，称n_j为机床主轴（执行件）的计算转速。

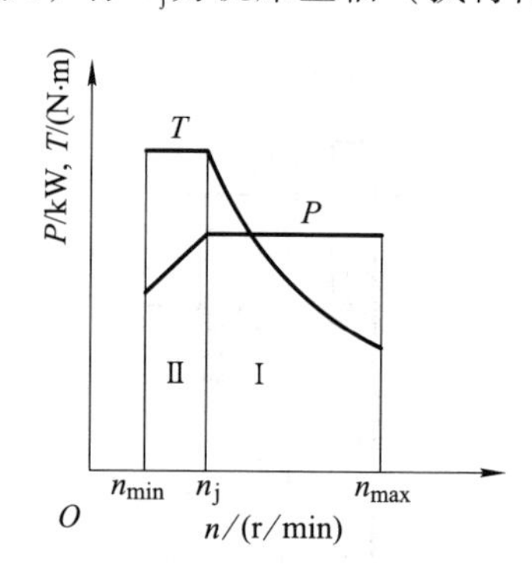

图4.11　机床主轴的功率和转矩特性

（2）机床主轴计算转速的确定

主轴的计算转速是指主轴传递全部功率时的最低转速。机床主轴的计算转速因机床类型的不同而有差异。对于大型机床，由于工艺范围广，变速范围宽，计算转速可取得大一些，对于精密机床、钻床、滚齿机等，由于工艺范围较窄，变速范围较小，计算转速应取得小一些；轻型机床的计算转速可比标准推荐的大，而数控机床由于考虑要切削轻金属，变速范围又比普通机床宽，计算转速可比表中推荐的大。表4.3列出了各类通用机床的主轴计算转速。

（3）传动件的计算转速

主轴从计算转速n_j到最高转速之间的全部转速都传递全部功率。因此，使主轴获得上述转速的传动件的转速也应该传递全部功率。传动件转速中的最低转速，就是传动件的计算转速。当主轴的计算转速确定后，就可以从转速图上确定各传动件的计算转速。确定的方法一般是先确定主轴前一轴上传动件的计算转速，再顺序往前推，逐步确定其余传动轴和传动件的计算转速。在确定传动件计算转速的操作中，可以先找出该传动件有几级转速，再找出哪几级转速传递了全功率，最后找出传递全功率的最低转速就是该传动件的计算转速。

表 4.3 各类通用机床的主轴计算转速

<table>
<tr><th colspan="2" rowspan="2">机床类型</th><th colspan="2">计算转速 n_j</th></tr>
<tr><th>等公比传动</th><th>双公比或无级传动</th></tr>
<tr><td rowspan="2">中型通用机床和用途较广的半自动机床</td><td>车床、升降台铣床、六角车床、仿形半自动车床、多刀半自动车床、单轴和多轴自动半自动车床、卧式镗铣床（ϕ 63~ϕ 90）</td><td>$n_j=n_{min}\varphi^{\frac{Z}{3}-1}$
n_j为主轴的第一个（低）1/3 转速范围内的最高一级转速</td><td>$n_j=n_{min}\left(\frac{n_{max}}{n_{min}}\right)^{0.3}$</td></tr>
<tr><td>立式钻床、摇臂钻床、滚齿机</td><td>$n_j=n_{min}\varphi^{\frac{Z}{4}-1}$
n_j 为主轴的第一个（低）1/4 转速范围内的最高一级转速</td><td>$n_j=n_{min}\left(\frac{n_{max}}{n_{min}}\right)^{0.25}$</td></tr>
<tr><td>大型机床</td><td>卧式车床（ϕ 1 250~ϕ 4 000）、立式车床、卧式和落地式镗铣床（≤ϕ 160）</td><td>$n_j=n_{min}\varphi^{\frac{Z}{3}}$
n_j 为主轴的第一个（低）1/3 转速范围内的最低一级转速</td><td>$n_j=n_{min}\left(\frac{n_{max}}{n_{min}}\right)^{0.35}$</td></tr>
<tr><td rowspan="2">高精度、精密度机床</td><td>落地式镗铣床（ϕ 160~ϕ 260）</td><td>$n_j=n_{min}\varphi^{\frac{Z}{2.5}-1}$</td><td>$n_j=n_{min}\left(\frac{n_{max}}{n_{min}}\right)^{0.4}$</td></tr>
<tr><td>坐标镗床、高精度车床</td><td>$n_j=n_{min}\varphi^{\frac{Z}{4}-1}$
n_j 为主轴的第一个（低）1/4 转速范围内的最高一级转速</td><td>$n_j=n_{min}\left(\frac{n_{max}}{n_{min}}\right)^{0.25}$</td></tr>
</table>

4.3.2 无级变速传动系统的运动设计

无级变速传动系统很多，主要有下列三类：

1）电气无级变速。如直流调速电动机、交流调速电动机、步进电动机、伺服电动机等。

2）流体无级变速。有液力变速和液（气）压变速两类。前者采用液力变矩器实现无级变速，后者采用节流容积联合调速实现无级变速。

3）机械无级变速。多采用摩擦传动机构来实现调速。由于其结构简单、传动平稳、噪声小、使用维修方便、效率高，在各类机械中得到了广泛的应用。需注意的是，由于摩擦副元件的弹性滑动，摩擦副无级传动存在转速损失，不能用在调速精度要求高的场合，

变速范围通常只有 $R_n=4\sim6$（少数可达 10～15）。为了扩大其变速范围，通常将无级变速传动机构和有级变速传动机构串联使用。

数控机床一般都采用由直流或交流电动机作为驱动源的电气无级调速。由于数控机床主运动的调速范围（$R_n=100\sim200$）大，调速电动机的功率和转矩特性也难以直接与机床的功率和转矩特性要求相匹配。所以，一般在无级调速电动机之后串联机械分级变速传动，以满足调速范围和转矩特性的要求。

采用交流异步电动机的分级变速主运动系统是恒功率变速系统，在实际生产中并不需要在整个调速范围内均为恒功率，尤其在低速下进行加工时用不到变速系统的全部功率。机床实际使用情况表明，一般都要求在计算转速以上为恒功率传动，计算转速以下为恒转矩传动。这一计算转速就是主轴输出设计要求的最大转矩且能利用电动机最大功率时的最高转速。

直流电动机的恒转矩到恒功率的输出特性与机床所要求的功率和转矩特性是相似的，但由于输出转矩较小，功率调速范围又不够宽，由电动机直接驱动主轴是不能满足机床的使用要求的。因此，需要在电动机之后串联齿轮分级变速传动，以达到主轴转矩与无级调速范围的要求。

4.4　执行系统设计

4.4.1　执行系统概述

机械执行系统设计是机械系统总体设计的核心，也是整个机械系统设计工作的基础。执行系统设计的好坏，对机械能否完成预期的工作任务、工作质量的优劣以及产品市场竞争能力的强弱，都起着决定性的作用。执行系统是指在系统中能直接完成预期工作任务的子系统，由执行构件和与之相连的执行机构组成。

随着机电一体化技术的发展，执行系统的作用和组成也不断地发生变化。但无论怎样变化，归纳起来执行系统的主要作用还是为了实现传递和变换动力，即把传动系统传递过来的运动与动力进行必要的变换，以满足执行构件的要求。按照执行系统的不同功能要求，执行系统可以分为以下几类：

1）夹紧。如图 4.12 所示的气动机械手结构示意图，通过气压传递将工件夹紧。

2）移送。将工件从一个位置搬运到另一个位置。

3）运输。将工件按指定的路线从一个工位输送到另一个工位，如图 4.13 所示的有轨小车结构示意图。

4）检测。通过机械、电子、传感器或其他方式将检测结果传递给执行机构，从而实现“合格”与“不合格”工件的分离。

5）加载。对工件施加力或力矩以达到完成生产任务的目的。图 4.14 所示为压床机械运动简图。

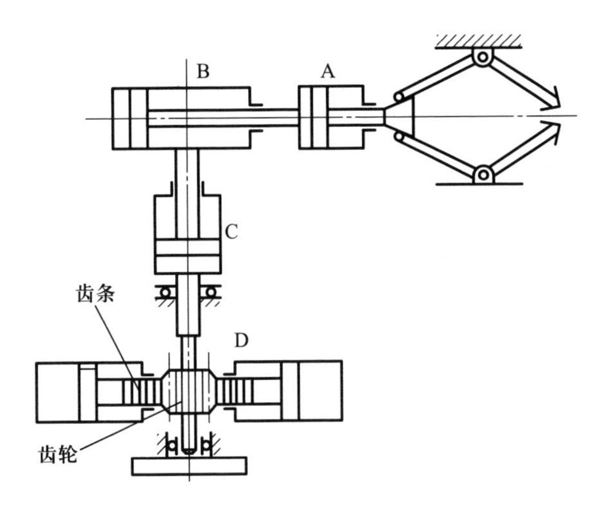

图 4.12 气动机械手结构示意图

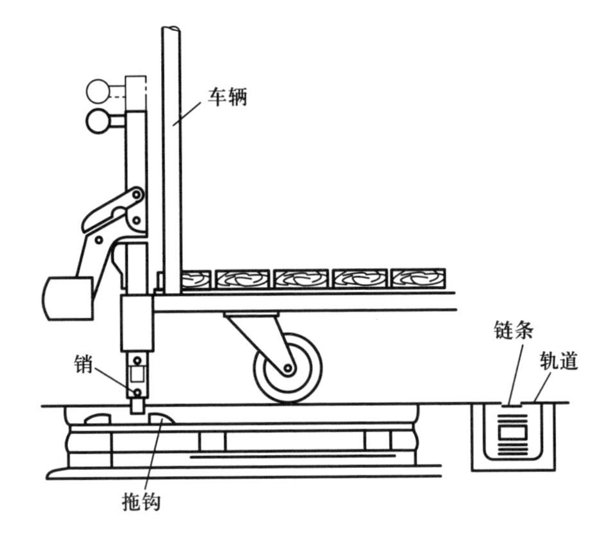

图 4.13 有轨小车结构示意图

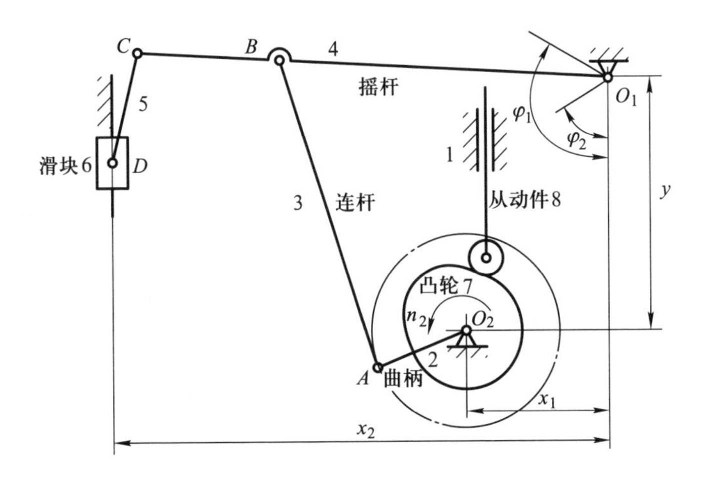

图 4.14 压床机械运动简图

执行系统按其运动和动力的不同要求也可分为动作型（如缝纫机和印刷机）、动力型（冲床和碎石机）和混合型（如插齿机和滚齿机）。而按执行系统中执行机构间的相互关系又可以分为单一型（如带输送机和搅拌机）、相互独立型（如外圆磨床的磨削进给与砂轮转动）和相互联系型（如包装机和纺织机）。执行系统的运动形式是多种多样的，但总的来说可以概括为移动和转动两大类，而其驱动形式基本也是由电动机、气压或液压马达实现转动，气压或液压缸实现移动。

4.4.2　常用执行机构的主要性能特点

执行机构设计和制造的主要性能特点是否能有效地满足使用要求和工艺要求，是否能有效地应用于生产实际，将严重地影响机械系统的工作质量和效率。而设计执行系统时首先要考虑的是采用什么机构去完成所确定的运动规律。由于执行系统的工作条件各异，动作要求千变万化，往往单个基本机构难以完成这些复杂的要求。因此，根据执行系统设计需要，同时考虑机械的结构限制、动力性能、制造难易和经济特性等条件，由常用的执行机构进行有机地组合，从而形成满足实际需要和比较合理的方案。

目前，常用的执行机构主要有平面连杆机构、齿轮机构、凸轮机构、螺旋机构和棘轮机构等。下面将简单介绍以上常用执行机构的主要性能特点。

平面连杆机构是指若干构件通过低副连接而成的平面机构。低副运动具有可逆性，主动件改变时各构件的相对运动规律是不变的。平面连杆机构的运动形式主要是转动或移动，可以实现较复杂的平面运动和传动放大。其主要性能是磨损小、寿命长、制造简单、制造精度较高，能方便实现转动、摆动和移动等基本运动形式及其相互转换，能实现多种运动轨迹和运动规律。但运动累计误差大，不能精确实现运动要求，不易精确实现复杂的运动规律。平面连杆机构最简单的基本形式是四杆机构，如图 4.15 所示的曲柄摇杆机构、图 4.16 所示的双曲柄机构和图 4.17 所示的双摇杆机构。

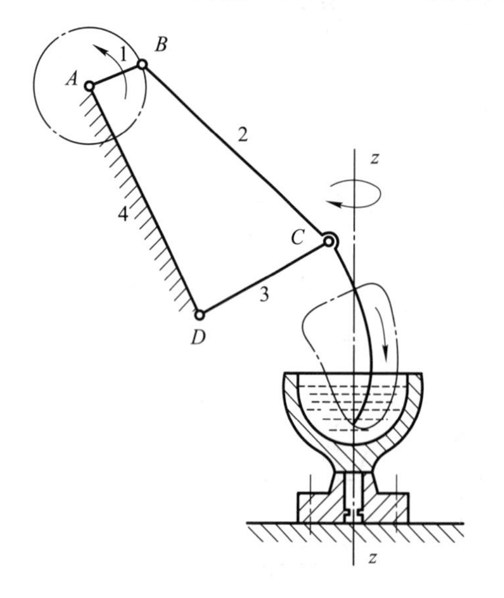

图 4.15　曲柄摇杆机构

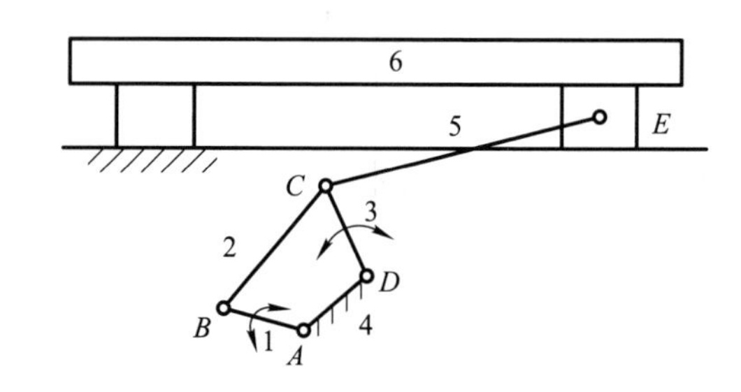

图 4.16　双曲柄机构

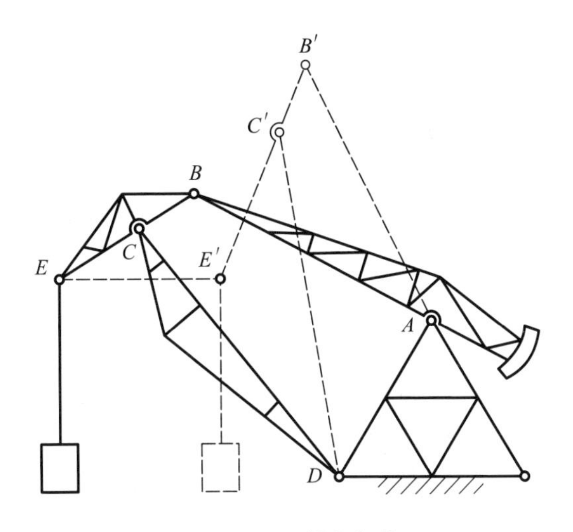

图 4.17 双摇杆机构

齿轮机构是现代机械中应用最为广泛的一种传动机构，可以用来传递空间任意两轴间的运动和动力，具有传动准确、平稳、机械效率高、使用寿命长、工作安全可靠等特点。齿轮机构可分为变传动比齿轮机构和定传动比齿轮机构两大类。

凸轮机构就是由凸轮、从动件和机架三个主要构件所组成的高副机构。在各种机器中，尤其是自动化机器中，为实现各种复杂的运动要求，常采用凸轮机构。其设计比较简便，只要将凸轮的轮廓曲线按照从动件的运动规律设计出来，从动件就能较准确地实现预定的运动规律，如图 4.18 所示的内燃机配气机构和图 4.19 所示的自动机床上控制刀架运动的凸轮机构。凸轮机构只要适当地设计出凸轮的轮廓曲线，就可以使推杆得到各种预期的运动规律，且机构简单紧凑。但由于凸轮轮廓曲线与推杆之间为点、线接触，易磨损，所以凸轮机构多用在传力不大的场合。

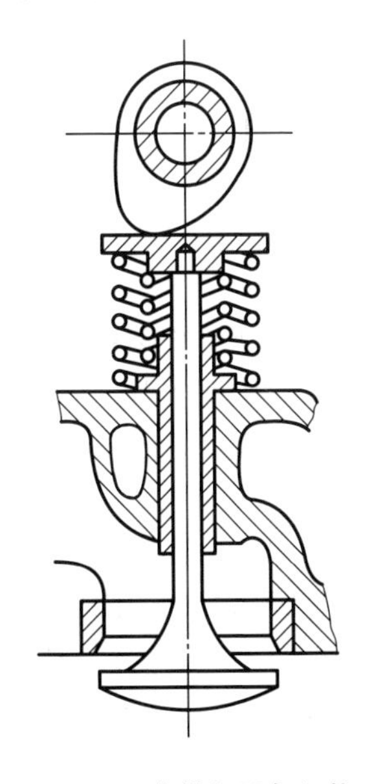

图 4.18 内燃机配气机构

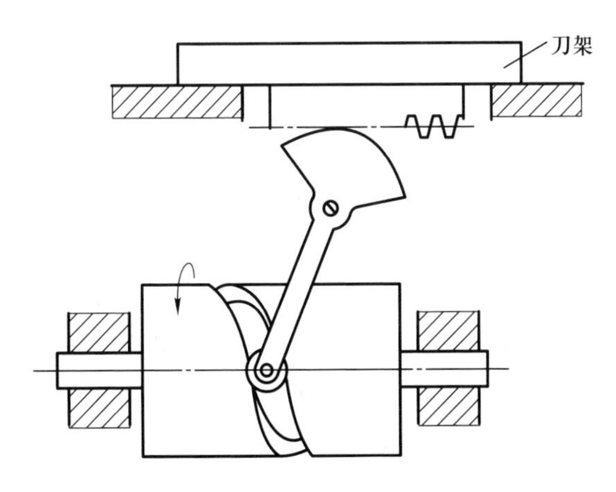

图 4.19 自动机床上控制刀架运动的凸轮机构

螺旋机构能将回转运动变换为直线运动，其运动准确性高，且有很大的减速比；工作平稳、无噪声，可以传递很大的轴向力。但由于螺旋副为面接触，且接触面间的相对滑动速度较大，故运动副表面摩擦、磨损较大，传动效率较低，一般螺旋传动具有自锁作用，即螺母的移动不能作为输入运动，也即螺母的移动不能带动螺杆转动。螺旋机构的结构简单，制造方便，在各种机械产品如仪器仪表、工装夹具、测量工具等上得到广泛应用，如图 4. 20 所示的台钳定心夹紧机构和图 4. 21 所示的螺旋压力机。

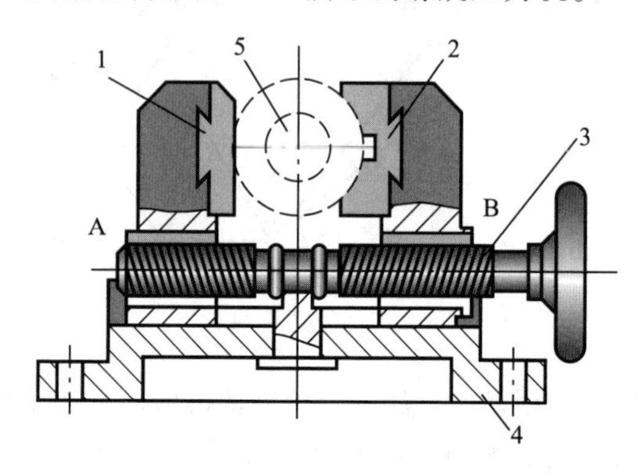

1—固定钳口；2—活动钳口；3—丝杠；4—底座；5—工件

图 4. 20　台钳定心夹紧机构

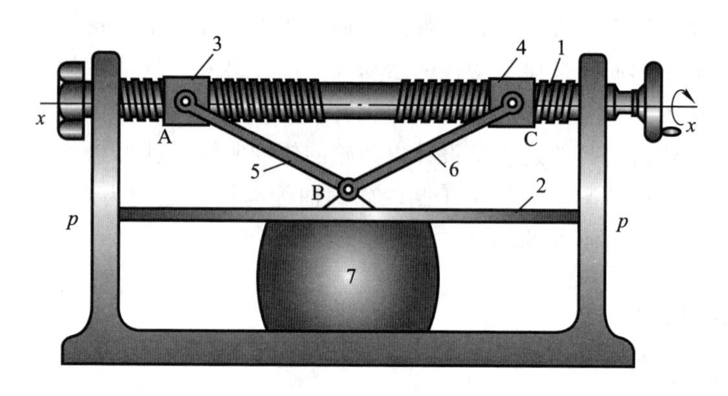

1—螺杆；2—压板；3、4—滑块（螺母）；5、6—连杆

图 4. 21　螺旋压力机

棘轮机构是机械中常见的一种间歇运动机构，通常输入运动为连续运动，输出运动为周期性的运动和停歇。它广泛应用于如机床和自动机中的送进、成品输出，机械中的分度、转位等场合。棘轮机构具有结构简单、制造方便和运动可靠等优点，故在各类机械中有广泛的应用。但回程时摇杆上的棘爪在棘轮齿面上滑行时引起噪声和齿尖磨损。同时，为使棘爪顺利落入棘轮齿间，摇杆摆动的角度应略大于棘轮的运动角，这样就不可避免地存在空程和冲击。此外，棘轮的运动角必须以棘轮齿数为单位有级地变化。因此，棘轮机构不宜应用于高速和运动精度要求较高的场合。棘轮机构所具有的单向间歇运动特性，在实际应用中可满足如送进、制动、超越离合和转位、分度等工艺要求，如图 4. 22 所示的绳索拉紧装置和图 4. 23 所示的棘轮机构。

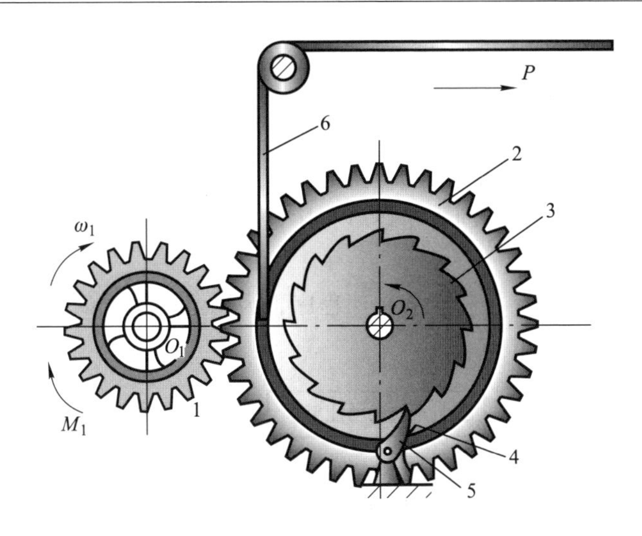

1、2—齿轮；3—棘轮；4—弹簧；5—止回棘爪；6—绳索

图 4.22 绳索拉紧装置

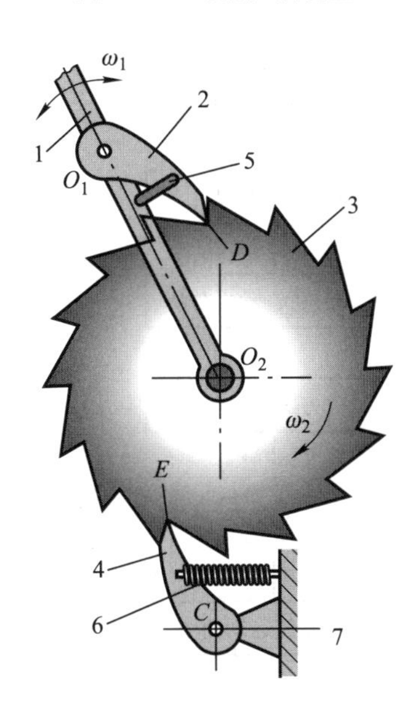

1—摇杆；2—驱动棘爪；3—棘轮；4—制动棘爪；5、6—弹簧；7—机架

图 4.23 棘轮机构

4.4.3 执行系统设计的基本要求和步骤

1. 执行系统设计的基本要求

在设计执行系统时，既要确定机械系统中各个子系统、元件、器件的相互连接、相互作用的设计要求，又要明晰它们之间的协调功能，从而使整个机械系统设计方案最优。因此，执行系统设计必须满足以下要求：

1）实现预定的运动和动作；

2）各构件具有足够的刚度和强度；

3）各执行机构间的动作应协调；

4）结构合理、造型美观，便于加工与安装；

5）工作安全可靠，有足够的使用寿命。

除上述之外，根据执行系统的工作环境，还可能有防腐或耐高温等要求。

2. 执行系统设计的步骤

通常执行系统的设计不存在固有的设计程序，为满足初学者的设计需要，可将其设计流程概括为如图4.24所示。

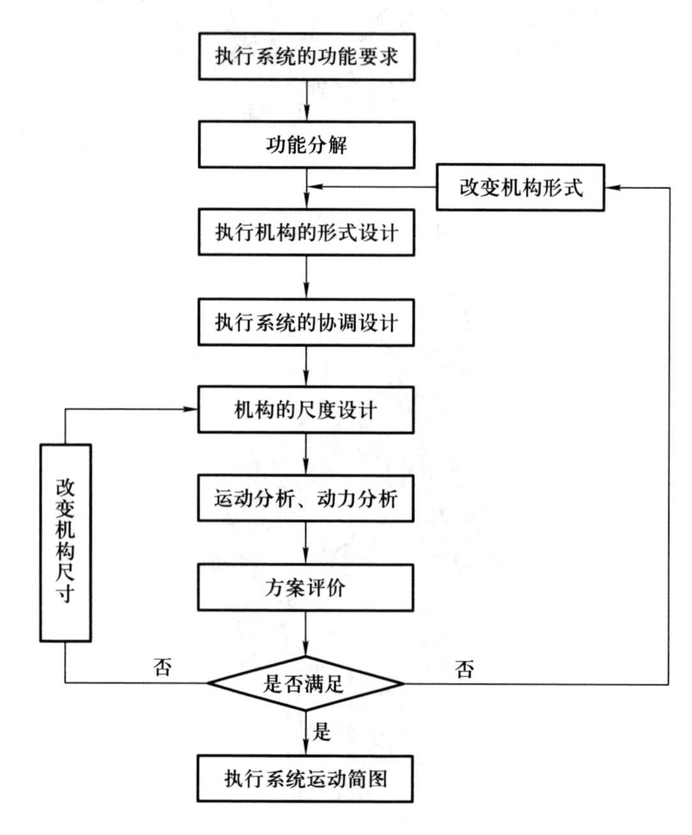

图4.24 执行系统的设计流程

（1）确定执行系统的功能要求并进行功能分解

首先要明确执行系统的功能要求，并在此基础上合理地进行功能分解。

（2）进行执行机构的形式设计和执行系统的协调设计

执行机构的形式设计具有多样性和复杂性，满足同一功能要求时可选用或创造不同的机构类型。在进行执行机构的形式设计时，除应满足基本功能所要求的运动形式或运动轨迹外，还应遵循以下几项原则：

1）机构尽可能简单；

2）机构具有较好的动力学特性；

3）机构安全可靠。

执行机构的形式设计包括执行机构的选型和执行机构的构型。执行机构的选型是指利用发散思维的方法，将前人创造发明出的各种机构按照运动形式或实现的特定功能进行分类，然后根据设计要求尽可能地将所有可能的机构形式进行比较和评价，确定合适的机构形式。

当根据执行系统的功能要求确定了实现各执行功能元件的机构形式后，需要将各执行机构形成一个整体，使这些机构以一定的次序协调动作，互相配合，完成机械预定的总功能，同时在空间布置上也应满足协调性和操作上协同性的要求。这一过程称为执行系统的协调设计。

为了清楚地了解执行系统中各执行机构在完成总功能中的作用和次序，必须先绘出整个机器中各执行机构的运动循环图。运动循环图不但表明了各机构的配合关系，给出各执行机构运动设计的依据，同时也是设计控制系统和调试设备的重要依据。执行系统的协调设计步骤如下：

1）确定机械工作循环的周期　机械工作循环的周期是指一个产品生产的整个过程所需要的总时间，一般用 T 来表示。它根据设计任务书中给定的机械的理论生产率来确定。

2）确定各执行机构在一个运动循环中各个行程段及其所需的时间　根据机械生产的工艺过程，分别确定各执行机构的工作行程段、空回行程段以及可能具有的若干个停歇段。确定各执行机构在每个行程段和每个停歇段所需的时间以及对应于分配轴的转角。

3）确定各执行机构动作间的协调配合关系　根据机械生产过程对工艺动作先后顺序和配合关系的要求，协调各执行机构各行程段的配合关系是执行系统协调设计的关键。此时，应充分考虑执行系统协调设计的原则，如不仅要保证各执行机构在时间上按一定的顺序协调配合，还要保证在运动过程中不会产生空间位置上的相互干涉等。

（3）进行执行机构的运动学、动力学分析，评价、修改确定执行系统设计方案

确定执行机构的尺度后，对执行机构进行运动学和动力学分析，以确定其是否满足执行系统的功能要求。由于满足同一运动形式或特定功能要求的机构方案有很多，对这些方案应从运动特性、工作性能、动力性能等方面进行综合评价。执行系统各项评价指标是根据执行机构设计的主要要求和功能设定的，主要包括执行系统的性能指标、运动性能、工作性能、动力性能、经济性和结构紧凑的特性。如运动性能主要评价其运动规律、运动轨迹、运转速度、传动精度；动力性能主要评价其承载能力、传力特性、振动和噪声等；经济性则主要考虑其加工难易、维护方便性以及能耗大小等。

（4）执行系统运动图

执行系统运动图描述了各执行构件运动间的相互协调配合关系。在编制执行系统运动图时，必须选取机构中某一主要的执行构件作为参考件，取其有代表性的特征位置为起始位置，作为确定其他执行构件相对于该主要执行构件运动的先后次序和配合关系的基准。执行系统运动图是设计机器的控制系统和进行机器调试的依据。

思　考　题

4.1　简述传动系统的功能和要求。

4.2　常见的传动系统有哪些类型？选择传动类型时应考虑哪些因素？

4.3　有级变速与无级变速传动系统分别具有什么性能特点？各应用于哪些场合？

4.4　画出结构式 $12=2_3\times3_1\times2_0$ 的结构网，并分别求出 $\varphi=1.41$ 时，第二变速组和第二扩大组的级比、级比指数（传动特性）和变速范围。

4.5　写出采用二联、三联滑移齿轮时，输出轴具有 18 级转速的所有可能的结构式，确定出一个合理的结构式并说明其合理性的理由，画出对应的结构网。

4.6　扩大变速系统调速范围的方法有哪几种？各有何应用特点？

4.7　无级变速系统的典型应用场合有哪些？有哪些方法可实现无级变速传动？

4.8　有一普通车床，公比 $\varphi=1.26$，转速级数 $Z=18$ 级，最低转速 $n_{min}=28$ r/min，拟选用电动机的转速为 1 440 r/min，试回答下列问题：

1）转速范围 R_n、公比 φ 和级数 Z 之间关系计算式为（　　　　　　　　）；

2）计算主轴的转速范围 R_n =(　　　)，最高转速 n_{max} =(　　　) r/min；

3）写出最佳的结构式（　　　　　　　　）；

4）验算最后一个扩大组的变速范围的计算式为（　　　　），其计算的结果为 R_n =(　　　)，是否满足要求（　　　）；

5）根据下表查取主轴的各级输出转速为（　　　　　　　　　　）r/min；

6）试根据转速图的设计原则，绘制出结构式对应的转速图；

7）写出主轴的计算转速 n_j =(　　　) r/min。

题 4.8 表

1.00	1.06	1.12	1.18	1.25	1.32	1.40	1.50	1.60
1.70	1.80	1.90	2.00	2.12	2.24	2.36	2.50	2.65
2.80	3.00	3.15	3.35	3.55	3.75	4.00	4.25	4.50
4.75	5.00	5.30	5.60	6.00	6.30	6.70	7.10	7.50
8.00	8.50	9.00	9.50	10.0				

4.9　已知某普通卧式铣床的主轴转速为 45 r/min、63 r/min、90 r/min、125 r/min、180 r/min、…、1 400 r/min，转速公比 $\varphi=1.41$，求主轴的计算转速。

4.10　为什么数控车床和车削加工中心常采用恒功率段重合的传动系统设计方法？其设计要点是什么？

4.11　执行系统设计的步骤有哪些？

4.12　什么是执行系统？执行系统由哪些部分构成？

4.13　执行系统按照其运动和动力的不同要求可分成哪几种类型？

4.14　执行系统设计应该满足哪些基本要求？

4.15　执行系统主要分为哪几类？

4.16　常用执行机构有哪些？其主要性能特点如何？

第5章　支承与导轨系统设计

5.1　支承系统概述

5.1.1　支承系统的定义和分类

1. 定义

在机器中用于支承或容纳零部件的零件被统称为支承系统，是底座、机体、床身、车架、桥架（起重机）、壳体、箱体以及基础平台等零件的统称。

机械中的支承系统（下文均称支承件）种类繁多，形状各异，如机床的支承件包括床身、立柱、横梁、底座、刀架、工作台、升降台和箱体等。它们是机床的基础件，一般都比较大，故也称为“大件”。支承件的作用是支承零部件，并保持被支承零、部件间的相互位置关系及承受各种力和力矩。一个机械系统的支承件往往不止一个，它们有的相互固定连接，有的在轨道上运动。机械工作时，执行构件所受的力和力矩都通过支承件逐个传递，故支承件会变形。而机械系统所受的动态力（如机床上变化的切削力、机械系统中旋转件的不平衡等）会使支承件和整个机械系统振动，严重的变形和振动会破坏被支承零、部件的相互关系。因此，支承系统是机械系统十分重要的构件。

2. 分类

支承件的种类很多，根据结构形状可分为以下几类：

1）梁类，一个方向的尺寸比另外两个方向的尺寸大得多的零件，如机床的床身、立柱、横梁、摇臂、滑枕等。

2）板类，一个方向的尺寸比另外两个方向的尺寸小得多的零件，如机床的底座、工作台、刀架等。

3）箱类，三个方向的尺寸大致一样的零件，如机床的箱体、升降台等。

4）框架类，如支架、桥架、桁架等。

按所用的材料，支承件可分为金属支承和非金属支承两大类。按制造方法金属支承又可分为铸造支承、焊接支承和组合支承，非金属支承可分为花岗岩支承、混凝土支承和塑料支承。

图5.1所示为支承件分类。

支承结构按形状分类如图5.2所示。

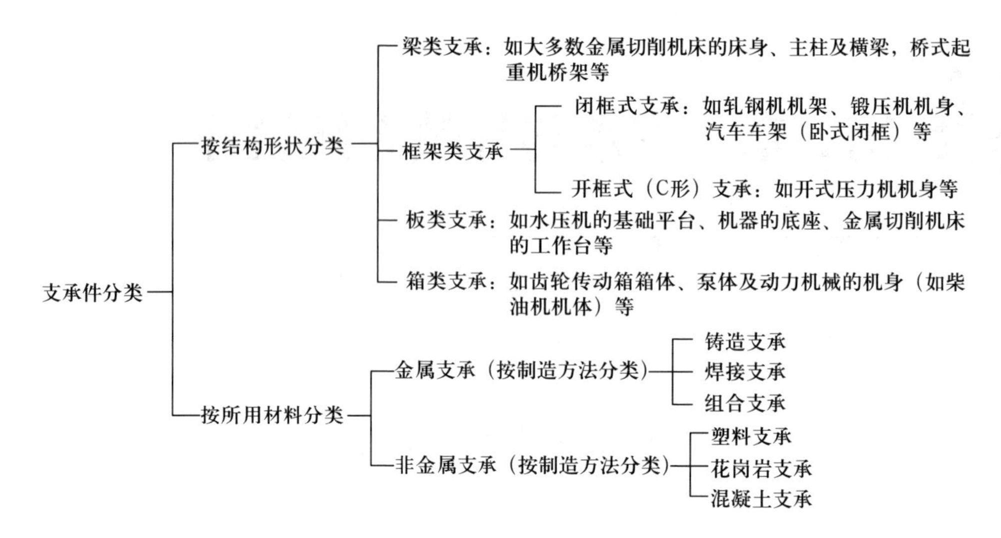

图 5.1　支承件分类

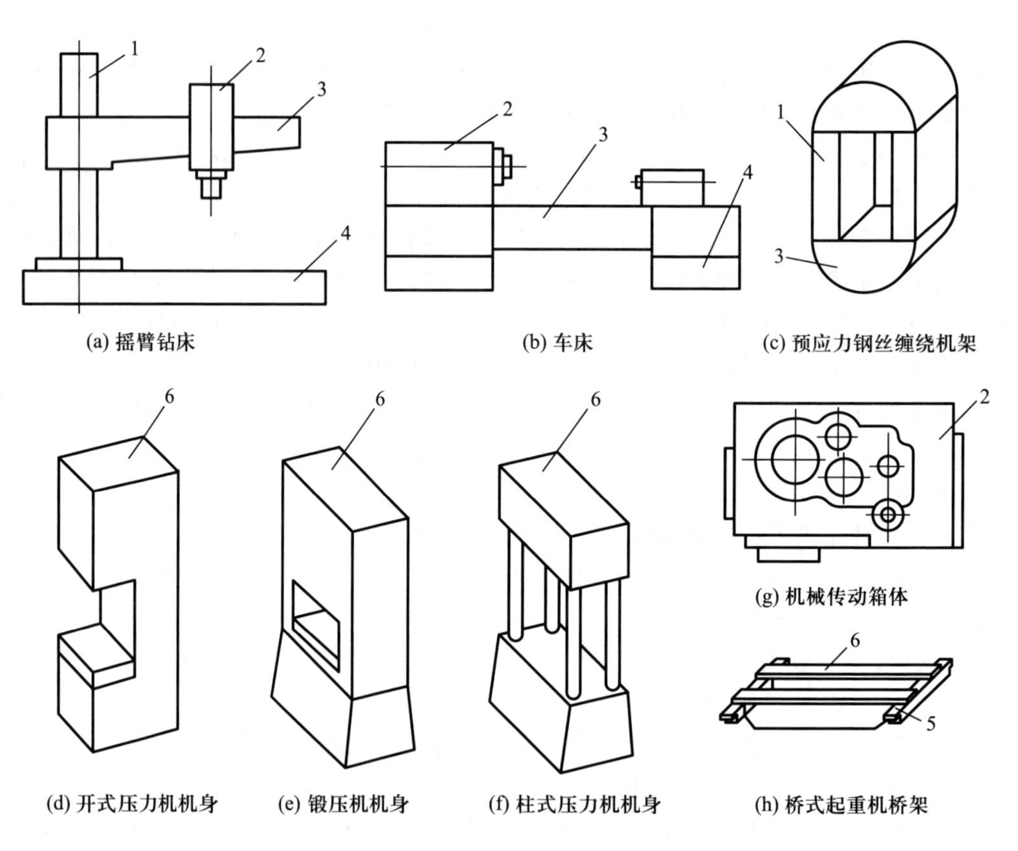

1、3、5—梁类支承；2—箱类支承；4—板类支承；6—框架类支承

图 5.2　支承结构按形状分类

5.1.2 支承系统设计的基本要求和设计原则

1. 基本要求

根据支承件的功用可知，支承系统设计的基本要求如下：

（1）足够的刚度

支承件在载荷作用下抵抗变形的能力称为支承件的刚度。要求在额定载荷的作用下支承件的变形不超过允许值。评定大多数支承结构工作能力的主要准则是刚度，例如在机床中床身的刚度决定着机床生产率和产品精度；在齿轮减速器中，箱体的刚度决定了齿轮的啮合情况和它的工作性能；薄板轧机的支承结构刚度直接影响钢板的质量和精度。

（2）足够的强度

强度是评定支承件工作性能的基本准则。支承系统的强度应根据机器在运转过程中可能发生的最大载荷或安全装置所能传递的最大载荷来校核其静强度。此外还要校核其疲劳强度。

支承系统的强度和刚度都需要从静态和动态两方面来考虑。动刚度是衡量支承结构抗振性能的指标，而提高支承结构抗振性能应从提高支承件的静刚度、控制固有频率、加大阻尼等方面着手。提高静刚度和控制固有频率的途径：合理设计支承件的截面形状和尺寸，合理选择壁厚及布置肋、注意支承结构的整体刚度与局部刚度以及接合面刚度的匹配等。

（3）稳定性

支承件的受压结构及受压弯结构都存在失稳问题。有些支承件制成薄壁腹式也存在局部失稳。稳定性是保证支承结构正常工作的基本条件，必须加以校核。

（4）良好的热特性

机械工作时，电动机、液压系统等的发热，环境温度的变化，以及机床切削过程产生的热，都会使支承件产生不均匀的变形，以致破坏被支承零、部件的相互位置关系，降低机械系统的工作精度。

（5）内应力

支承件在焊接、铸造和粗加工过程中，材料内部会产生内应力，如不消除，在使用过程中，内应力会重新分布和逐步消失，引起支承件变形。因此，在设计时要从结构和选材上保证支承件的内应力最小，并在铸造、焊接和粗加工后进行时效处理。

2. 设计原则和步骤

（1）初步确定支承件的形状和尺寸

支承件的形状和尺寸取决于安装在它内部与外部的零件和部件的形状与尺寸、配置情况、安装与拆卸等要求，也取决于工艺、所承受的载荷、运动等情况。然后，利用经验公式或经验数据，结合设计人员的经验，参考现有同类型支承结构，初步拟定支承件的结构形状和尺寸。

（2）力学分析与校核

利用材料力学、弹性力学等固体力学理论，对支承结构进行强度、刚度和稳定性等方面的校核，然后修改设计，以满足要求。

(3) 静态和动态特性验算

利用有限元静动态分析、模型试验（或实物试验）和优化设计等求得支承件的静态和动态特性，并据此对设计进行修改或对几个方案进行对比，选择最佳方案。

(4) 制造工艺性和经济性分析

支承系统中许多支承结构复杂、尺寸庞大、加工和装配困难，设计时应进行制造工艺性分析，包括焊接（或铸造）、机械加工、热处理、装配等方面。此外，还应进行经济性分析，分析是否符合经济性要求，控制成本。

5.2　支承系统的结构设计

支承系统是机床的一部分，因此设计支承系统时，应首先考虑所属机床的类型、布局及常用支承件的形状。在满足机床工作性能的前提下，综合考虑其工艺性。还要根据其使用要求，进行受力和变形分析，再根据所受的力和其他要求（如排屑、吊运、安装其他零件等）进行结构设计，初步决定其形状和尺寸。

支承件结构设计时应考虑的主要问题是保证良好的静刚度和动态特性，减少热变形，合理选用材料和热处理方式，有较好的结构工艺性等。

刚度设计的主要方法是根据支承件的受力情况合理地选择支承件的材料、截面形状和尺寸、壁厚，合理地布置肋板和肋条，以提高结构整体和局部的弯曲刚度和扭转刚度。

对较重要的支承件要进行验算或模型试验，可以用有限元方法进行定量分析计算，求出其静态刚度和动态特性，力求在较小重量下得到较高的静刚度和固有频率，再对设计进行修改和完善，选出最佳结构形式，这样既能保证支承件具有良好的性能，又能尽量减轻重量，节约金属材料。

5.2.1　截面形状的合理选择

支承件主要承受弯矩、扭矩以及弯扭复合载荷。在弯扭复合载荷的作用下，支承件的变形与截面的抗弯惯性矩和抗扭惯性矩有关，并且与截面惯性矩成正比。支承件结构的合理设计应是在最小质量条件下具有最大静刚度。静刚度主要包括弯曲刚度和扭转刚度。支承件的截面形状不同，即使同一材料、相等的截面积，其抗弯和抗扭惯性矩也不同。因此，应正确选择截面的形状和尺寸，从而提高自身刚度。

表 5.1 列出了一些不同截面形状的抗弯和抗扭惯性矩的相对值。截面积皆近似为 100 cm^2。材料和截面积相同而形状不同时，截面惯性矩相差很大。比较后可知：

1）截面积相同时空心截面刚度大于实心截面刚度。无论是方形、圆形或矩形，空心截面的刚度都比实心的大，而且同样的断面形状和相同大小的面积，与外形尺寸小而壁厚的截面相比，外形尺寸大而壁薄的截面的抗弯刚度和抗扭刚度都高。因此，设计支承件时，为提高刚度，支承件的截面应是中空形状，尽可能加大截面尺寸，在工艺可能的前提下，尽可能减小壁厚，可以大大提高截面的抗弯和抗扭刚度。当然壁厚不能太薄，以免出现薄壁振动。

2）圆环形截面的抗扭刚度比方形截面的高，而抗弯刚度比方形截面的低。因此，如果支承件以承受扭矩为主，则应采用圆形或环形截面，若以承受弯矩为主，则应采用方形或矩形截面。矩形截面在其高度方面的抗弯刚度比方形截面的高，但抗扭刚度则较低。对于以承受一个方向的力矩为主的支承件，常取矩形截面，并以其高度方向作为受弯方向，如龙门刨床的立柱、立式车床的立柱等；如果所承受的弯矩和扭矩都相当大，则常取正方形截面，如镗床加工中心和滚齿机的立柱等。

3）封闭截面的刚度远远大于开口截面的刚度，开口截面比封闭截面，刚度显著下降，特别是抗扭刚度下降更多。因此，在可能的条件下应尽量把支承件的截面做成封闭形状。如普通卧式数控车床要有高的刚度，以适应粗加工要求，故床身横截面设计成四面封闭结构。床身采用倾斜式空心封闭箱形结构，排屑方便，抗扭刚度高。但是为了排屑和在床身内安装一些机构的需要，有时不能做成全封闭形状，这就要以牺牲支承件刚度为代价。

表 5.1　常见截面的抗弯、抗扭惯性矩比值

<table>
<tr><th>截面形状
（面积近似相等）</th><th>抗弯惯性
矩相对值</th><th>抗扭惯性
矩相对值</th><th>说明</th></tr>
<tr><td>φ113</td><td>1</td><td>1</td><td rowspan="5">1. 由惯性矩相对值可以看出：圆形截面有较高的抗扭刚度，但抗弯刚度较低，故宜用于受扭为主的机架。工字形截面的抗弯刚度最大，但抗扭刚度很低，故宜用于承受纯弯的机架。矩形截面的抗弯、抗扭刚度分别低于工字形和圆形截面，但其综合刚性最好（各种形状的截面，其封闭空心截面的刚度比实心截面的刚度大）。
另外，截面面积不变，加大外形轮廓尺寸，减小壁厚，或使材料远离中性轴的位置，可提高截面的抗弯、抗扭刚度。封闭截面的抗扭刚度比开口截面的高得多。</td></tr>
<tr><td>φ113
φ160</td><td>3.03</td><td>2.89</td></tr>
<tr><td>φ160
φ196</td><td>5.04</td><td>5.37</td></tr>
<tr><td>φ160
φ196</td><td></td><td>0.07</td></tr>
<tr><td>50
200
235
85</td><td>7.35</td><td>0.82</td></tr>
</table>

续表

截面形状（面积近似相等）	抗弯惯性矩相对值	抗扭惯性矩相对值	说明
100; 100	1.04	0.88	
200; 50	4.13	0.43	
100; 100; 148; 148	3.45	1.27	2. 机架受载情况往往是拉、压、弯曲、扭转同时存在，对刚度又要求高，另一方面，由于空心矩形内腔容易安设其他零件，故许多机架的截面常采用空心矩形截面
148; 148; 184; 184	6.90	3.98	
25; 10; 500; 25; 150	19	0.09	

5.2.2　合理设置肋板和肋条

1. 定义及作用

肋分为肋板（隔板）和肋条（筋条）两种。肋板是指连接支承件四周外壁的内板，它能使支承件外壁的局部载荷传递给相连接的壁板，使整个支承件各壁板均能承受载荷，从而提高了支承件的整体刚度。肋板有横向肋板、纵向肋板和斜向肋板三种常用布置形式。横向肋板可以提高支承件两个方向的抗弯刚度。纵向肋板布置与受力方向一致时，能够有效提高支承件的抗弯刚度。斜向肋板既能提高支承件两个方向的抗弯刚度，又能提高其抗扭刚度。肋条是指在支承件壁板上的条状结构，只有有限的高度，它不连接支承件的整个截面。肋条通常有直肋、交叉肋、三角形肋、井字形肋、蜂窝形肋和米字形肋等布置形式，如图 5.3 所示。

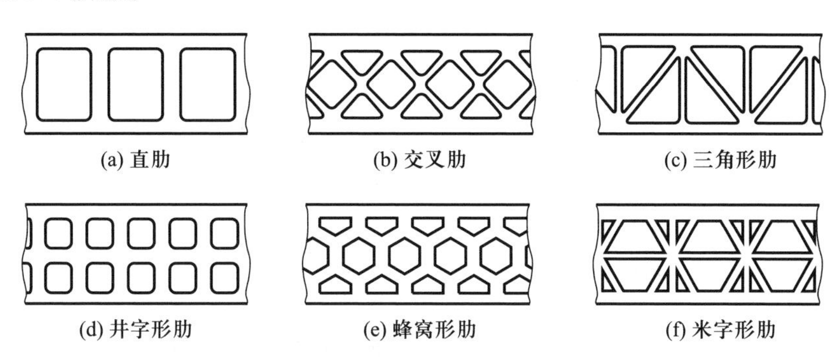

图 5.3　肋条的常用布置形式

肋主要有如下作用：

1）可以提高支承件的强度、刚度和减轻支承件的质量。

2）在薄壁截面内设肋可以减少其截面畸变，在大面积的薄壁上布肋可缩小局部变形和防止薄壁振动及降低噪声。

3）对于铸造支承结构，使铸件壁厚均匀，防止金属堆积而产生缩孔、裂纹等缺陷。作为补缩通道，扩大冒口的补缩范围；改善铸型的充型能力，防止大平面铸件上夹砂等缺陷。

4）散热。如电动机外壳上的散热肋。

2. 肋的合理布置原则

肋的合理布置原则如下：

1）为有效地提高机架抗弯刚度，肋应布置在弯曲平面内；

2）应有利于将局部载荷传递给其他壁板使载荷均衡；

3）带孔肋板应避免布置在高梁主传力肋板的位置上。

5.2.3　合理开孔和选择壁厚

1. 合理开孔

由于结构上或工艺上的要求，如为了安装机件或清砂，支承件（如机床的床身或立柱）上常需开孔。开孔对刚度的影响取决于孔的大小和位置。下面提供有关试验数据供设计时参考。

图 5.4 表明在弯矩、扭矩作用下圆孔对箱形截面梁刚度的影响。从图 5.4 中可知，梁的刚度随孔的直径增大而减小，当 $D/H>0.4$ 时，刚度明显下降；梁中性轴附近的孔对弯曲刚度削弱的影响要比远离中性轴的孔小。

图 5.5 表明开孔加盖板对箱形截面梁刚度的影响。图 5.5 中表明，开孔加盖板并用螺

钉紧固或开孔加组合盖板并用螺钉紧固，可将抗弯刚度恢复到接近未开孔时的刚度，但对抗扭刚度提高不大。

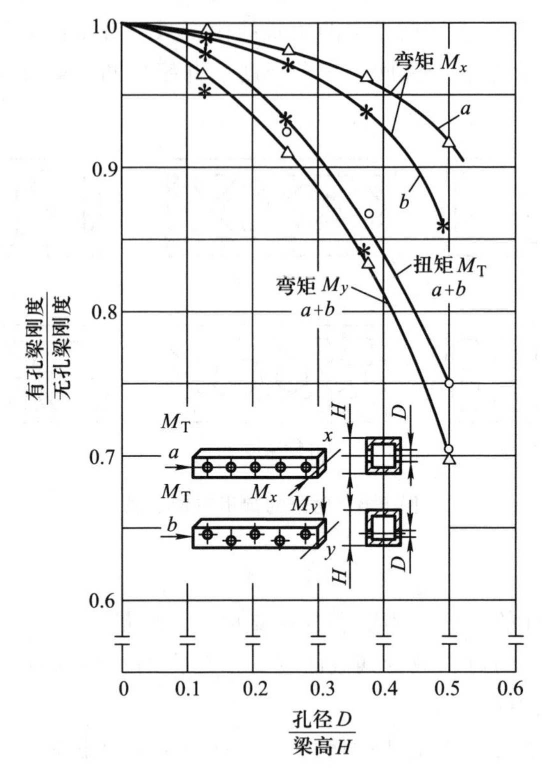

图 5.4　圆孔的位置和直径对箱形截面梁刚度的影响

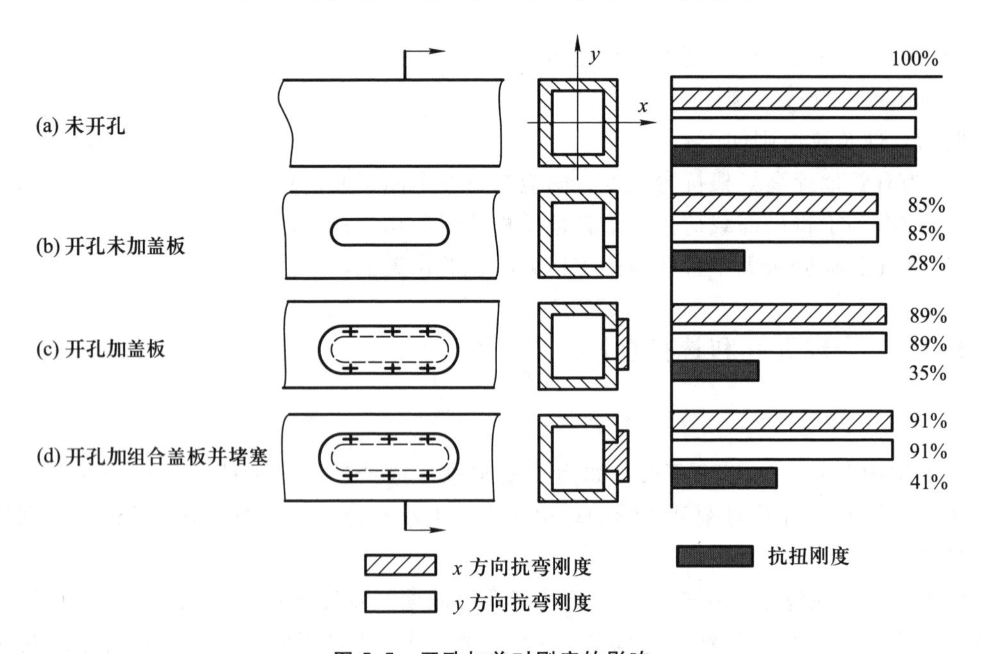

图 5.5　开孔加盖对刚度的影响

表 5.2 列举了各种形状和尺寸的孔位于立柱的不同位置时对立柱刚度的影响。

表 5.2 孔的各种形状、位置及大小对立柱刚度的影响

壁孔形状、位置及尺寸	720, 20, 320, 200, 120, 270	ϕ100, ϕ100	ϕ120, ϕ120	ϕ120, ϕ120
抗弯刚度相对值	1.0	0.99　0.89	0.78　0.94	0.90　0.97
抗扭刚度相对值	1.0	0.97　0.97	0.72　0.98	0.86　0.95
弯曲固有频率/Hz	455	434　390	428　411	448　403
扭转固有频率/Hz	336	334　273	299　285	324　287
壁孔形状、位置及尺寸	70, 80	70, 80	100, 100, 185, 255, 立柱底面	245, 240
抗弯刚度相对值	1.0　0.98	0.78　0.62	1.0　0.87	0.97　0.89
抗扭刚度相对值	1.0　1.0	0.62　0.59	1.0　0.69	0.99　0.94
弯曲固有频率/Hz	438　392	435　360	412　406	418　408
扭转固有频率/Hz	325　264	270　270	275　270	306　312

2. 合理选择壁厚

铸铁支承件壁厚的选择取决于其强度、刚度、材料、铸件尺寸、质量和工艺等因素。

按目前的工艺水平，对于砂模铸造铸铁件的壁厚，可利用当量尺寸按表 5.3 选择，对于铝合金铸件的壁厚，按表 5.4 选择。表 5.3 和表 5.4 中推荐的是铸件最薄部分的壁厚，支承面、凸台等应根据强度、刚度以及结构上的需要适当加厚。

当量尺寸为

$$N=\frac{2L+B+H}{3}$$

式中：L——铸件的长度，m；

B——铸件的宽度，m；

H——铸件的高度，m。

表 5.3　铸铁支承件的壁厚

当量尺寸 N/m	灰铸铁		可锻铸铁	球墨铸铁
	外壁厚/mm	内壁厚/mm	壁厚/mm	壁厚/mm
0.3	6	5	壁厚比灰铸铁减小 15%~20%	壁厚比灰铸铁增大 15%~20%
0.75	8	6		
1.0	10	8		
1.5	12	10		
1.8	14	12		
2.0	16	12		
2.5	18	14		
3.0	20	16		
3.5	22	18		
4.0	24	20		
4.5	25	20		
5.0	26	22		
6.0	28	24		
7.0	32	28		
8.0	32	28		
9.0	36	32		
10.0	40	36		

表 5.4　铝合金铸件的壁厚

当量尺寸 N/m	0.3	0.5	1.0	1.5	2	2.5
壁厚/mm	4	4	6	8	10	12

大型铸钢支承结构的合理最小壁厚及凸台尺寸：铸钢件的最小壁厚值在一般情况下不宜为大型铸钢件设计时所选用，因为大型铸钢件模型及工艺装备比较粗糙，铸造时浇注温度一般难以控制，这给生产薄壁铸件带来一定困难，故一般情况下大型铸钢件合理最小壁厚的数值可参照表 5.5 选取。

表 5.5 大型铸钢件合理最小壁厚 mm

铸件的最大轮廓尺寸	铸件的次大轮廓尺寸						
	≤350	351~700	701~1 500	1 501~3 500	3 501~5 500	5 501~7 000	>7 000
≤350	10	—	—	—	—	—	—
351~700	10~15	15~20	—	—	—	—	—
701~1 500	15~20	20~25	25~30	—	—	—	—
1 501~3 500	20~25	25~30	30~35	35~40	—	—	—
3 501~5 500	25~30	30~35	35~40	40~45	45~50	—	—
5 501~7 000	—	35~40	40~45	45~50	50~55	55~60	—
>7 000	—	—	>50	>55	>60	>65	>70

注：形状复杂、容易变形的铸造件的合理最小壁厚可按表中数值适当增加，不重要的、形状简单的铸件的合理最小壁厚可按表中数值适当减小。

肋的尺寸可按表 5.6 确定。为防止铸铁平板变形，其上所加的肋的高度见表 5.7。

表 5.6 肋 的 尺 寸 mm

铸件外表面上肋的厚度	铸件内腔中肋的厚度	肋的高度
0.8s	(0.6~0.7)s	≤5s
说明	s——肋所在壁的壁厚	

表 5.7 铸铁平板上肋的高度 mm

简图	最大轮廓尺寸 L	当平板宽度为下列尺寸时肋的高度 H	
		$B<0.5L$	$B\geqslant 0.5L$
L H B	<300	40	50
	301~500	50	75
	501~800	75	100
	801~1 200	100	150
	1 201~2 000	150	200
	2 001~3 000	200	300
	3 001~4 000	300	400
	4 001~5 000	400	450
	>5 000	450	500

5.2.4　合理的工艺性

支承系统一般分为铸造支承结构和焊接支承结构，在进行工艺性设计时要注意区别对待。

铸造支承结构的特点是轮廓尺寸较大，多为箱形结构，有复杂的内、外形状，尤其是内腔往往设置有凸台和肋等。这些结构将给造型，制芯，型芯的定位、支承、浇注，型芯气体的排出以及清砂等带来一系列问题。另外，支承结构的某些部位尺寸厚大（如床身导轨），当这些部位的厚度与周围连接壁相差过大时，铸造过程中还易产生裂纹等缺陷，因此在设计中应正确处理这类问题。

铸造支承结构的加工工艺性应注意以下几点：

1）对于长度较大的支承结构，尽可能避免端面加工，因为当其长度超过龙门刨加工宽度时需要使用落地镗或专用设备，而且装夹费时；另外，也要避免内部深处有加工面，特别是倾斜的加工面。

2）尽量减少加工时翻转和调头的次数。

3）加工时有较大的基准支承面。

此外，箱体的加工量主要是箱壁上精度高的支承孔和平面，故结构设计时应注意以下几点：

1）避免设计工艺性差的盲孔、阶梯孔和交叉孔。通孔的工艺性好，其中长度 L 与孔径 D 之比 $L/D\leqslant1.5$ 的短圆柱通孔工艺性最好。$L/D>5$ 的孔称为深孔，精度和表面粗糙度要求高时加工困难。

2）同轴线上孔径的分布形式应尽量避免中间隔壁上的孔径大于外壁上的孔径。

3）箱体上的紧固孔和螺纹孔的尺寸规格尽量一致，以减少刀具数量和换刀次数。

焊接支承结构要注意以下问题：

1）材料的可焊性。焊接件钢材的选择要考虑可焊性，可焊性差的材料会造成焊接困难，使焊缝可靠性降低。一般碳的质量分数低于 0.25%的碳钢（如 Q235A，20 及 25 钢）和碳的质量分数低于 0.2%的低合金钢（如 Q345 及 Q390 等）可焊性良好。

2）合理布置焊缝。焊缝应位于低应力区，以获得承载能力大、变形小的构件；为减小焊缝应力集中和变形，焊缝布置应尽可能对称，最好至中性轴的距离相等；尽量减少焊缝的数量和尺寸，且焊线要短；焊缝不要布置在加工面和需要表面处理的部位上；若条件允许应将工作焊缝变成连续焊缝；避免焊缝汇交和密集，使次要焊缝中断，主要焊缝连续。

3）提高抗振能力。由于普通钢材的吸振能力低于铸铁，故对于抗振能力要求高的焊接件应采取抗振措施，如利用板材间的摩擦力或填充物来吸振等。

4）提高焊接接头抗疲劳能力和抗脆断能力，减少应力集中。如尽量采用对接接头，当厚度不等的钢板对接时要以 1∶4 至 1∶10 的斜度预加工厚板，采用刻槽影响小的接头，焊缝避开高应力区，使焊缝向母材圆滑过渡等。减少或消除焊接残余应力，如采用合理的焊接方法和工艺参数、焊后热处理等。减小结构刚度以降低应力集中和附加应力影响，调整残余应力场。

5）坯料选择的经济性。尽可能选用标准型材、板材、棒料，减小加工量；拐角处用压弯（内侧半径为壁厚的1.5~2.0倍）可节省材料和焊接费用；合理确定焊缝尺寸，角焊缝的焊脚尺寸的增加将使角焊缝的面积和焊接量成平方关系增加。

6）操作方便，避免仰焊缝，减少立焊缝，尽量采用自动焊接，减少手工焊和工地焊接量。

5.2.5 提高支承系统的抗振性

改善支承件的动态特性、提高支承件抵抗受迫振动的能力主要依靠提高系统的静刚度、固有频率以及增加系统阻尼，具体措施如下：

1. 增加阻尼，改善阻尼特性

1）采用具有阻尼性能的焊接结构，利用接合面间的摩擦阻尼来减小振动。即两焊接件之间留有接合而未焊死的表面，在振动过程中，两接合面之间的相对摩擦起阻尼作用，使振动减小。如采用间断焊缝、焊减振接头等来加大摩擦阻尼。

2）在支承件内腔，填充型砂、混凝土或高黏度的润滑油等具有高内阻尼的材料，振动时利用相对摩擦来耗散振动能量。对于焊接支承件，在内腔中填充混凝土减振；对于铸铁支承件，铸件内砂芯不清除，或在支承件中填充型砂、混凝土等阻尼材料，可以起到减振作用。如有些车床床身和镗床主轴箱，为增大阻尼，提高动态特性，将铸造砂芯封装在箱内。

3）采用阻尼涂层。对弯曲振动结构，尤其是薄壁结构，在其表面喷涂一层具有高内阻尼的黏滞弹性材料，如沥青基制成的胶泥减振剂、高分子聚合物和油漆腻子等，或采用石墨纤维的约束带和内阻尼高、切变模量极低的压敏式阻尼胶等，涂层愈厚，阻尼愈大。

4）采用环氧树脂黏结的结构，其抗振性超过铸造和焊接结构。

5）采用较粗糙的加工面或在接触面间垫上弹性材料，但会使接触刚度有所降低。

2. 提高静刚度

根据支承件的受力情况，通过正确选择支承件的材料、壁厚、截面形状和尺寸，优化支承件的局部结构，以及合理布置肋板和肋条等方法，来提高其自身刚度和局部刚度。同时，支承件之间还应有合理的接触刚度，使之与自身刚度和局部刚度相适应，以提高支承件的动态特性。

3. 提高固有频率

支承件的固有频率应远离干扰频率，一般振源的频率较低，故应提高支承件的固有频率，避开共振区。可以采用提高静刚度或减小质量的方法来提高支承件的固有频率。

5.2.6 降低支承系统的热变形

机床工作时，切削区、电动机、液压系统和机械摩擦都会产生热量，支承件受热以后，形成不均匀的温度场，产生不均匀的热膨胀，从而产生热变形。机床热变形是影响加工精度的重要因素之一，热变形对精密机床、自动机床及重型机床加工精度的影响很大，应设法减少热变形，特别是不均匀的热变形。降低热变形对精度影响，可采取如下措施：

1. 控制温升

机床运转时，各种机械摩擦、电动机、液压系统都会发热。如果能适当地加大散热面积，加设散热片，采用风扇、冷却器等措施改善散热条件，迅速将热量散发到周围空气中，则机床的温升不会很大。此外，还可以采用分离或隔绝热源的措施，如把主要热源如电动机及电气箱、液压油箱、变速箱等与机床分离，移到与机床隔离的地基上；在支承件中布置隔板来引导气流经过大件内温度较高的部位，将热量带走；在液压马达、液压缸等热源外面加隔热罩，以减少热源热量的辐射；采用双层壁结构时中间有空气层，使外壁温升较小，又能限制内壁的热胀作用。高精度的机床可安装在恒温室内。

2. 均衡温度场

如卧式车床床身，可以用改变传热路线的办法来减少温度不均，图5.6中A处装主轴箱，是主要的热源，C处是导轨。在B处开了一个槽口，可以使从A处传来的热量分散传至床身各部，床身温度就比较均匀。但槽口不能开得太深，否则将降低刚度。

大型滚齿机立柱和床身截面采用双层壁加肋的结构，将其内腔设计成供液压油循环的通道，使床身温度场一致，可有效地降低热变形。

3. 采用热补偿装置

采用热补偿的基本方法是在热变形的相反方向上采取措施，产生相反的热变形，使两者之间影响相互抵消，减少综合热变形。

目前，国内外都已能利用计算机和检测装置进行热位移补偿。先预测热变形规律，然后建立数学模型存入计算机中，通过实时处理进行热补偿。

4. 采用热对称结构

所谓热对称结构，是指在发生热变形时，其工件或刀具回转中心线的位置基本不变，因而减小了对加工精度的影响。采用如图5.7所示的双立柱对称结构的加工中心，其主轴箱装在框式立柱内，且以左、右两立柱的侧面定位。由于两侧热变形的对称性，主轴中心线的升降轨迹不会因立柱热变形而左右倾斜，保证了定位误差。卧式车床床身采用双山形导轨，可以减少车床溜板箱在水平面内的位移和倾斜。需考虑的是，对称结构不仅要使大件相对热源的结构对称，而且要使该大件与其他大件的定位夹紧条件也对称。

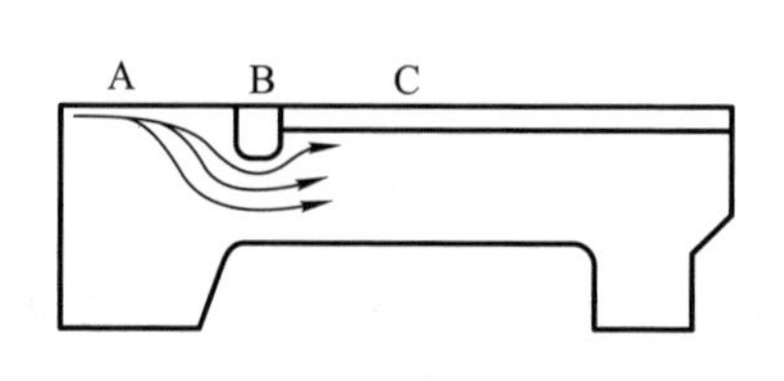

图5.6　车床床身的均热

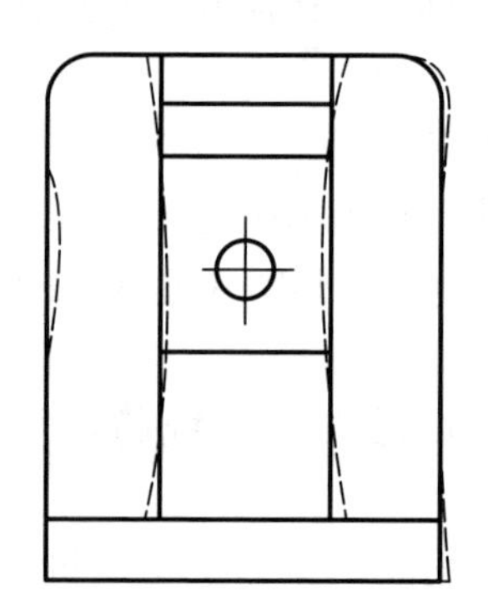

图5.7　双立柱对称结构

5.3 导轨系统概述

5.3.1 定义

直线运动导轨（简称导轨）的作用在于保证零件（或组合件）按照规定方向作直线往复运动。导轨由如下两部分组成：

1）运动件——作直线往复运动的零件；

2）承导件——支承和约束运动件，并使其按规定方向作直线往复运动的零件。

按结构特点和摩擦性质，导轨可分滑动摩擦导轨、滚动摩擦导轨、液体静压导轨、气体静压导轨等。

5.3.2 导轨的设计要求

由于导轨在精密仪器中起着重要作用，它直接影响仪器的精度，因此对导轨必须提出下列几项基本要求：

1）导向精度。运动件沿规定方向作直线运动的准确程度。导向精度的高低，主要取决于导轨本身的直线度及导轨的配合间隙。

2）运动的灵活性和平稳性。主要取决于导轨中的摩擦力和导轨表面的几何形状误差。

3）对温度变化的不敏感性。当温度变化时，导轨仍能正常工作，既不“卡滞”，又不晃动，与导轨类型、材料及间隙的设计有关。

4）耐磨性。耐磨性的好坏关系到导轨在长期使用过程中能否保持一定的导向精度。它主要取决于相配运动件的材料、导轨的表面粗糙度及表面硬度。

5）结构工艺性。导轨在满足正常工作的条件下，结构应力求简单，便于制造、检验及调整，从而降低成本。

5.3.3 导轨的设计程序

导轨的设计主要包括如下几道程序。

1）根据工作条件、载荷特点，确定导轨的类型、截面形状和结构尺寸。

2）进行导轨的力学计算，选择导轨材料、表面精加工和热处理方法以及摩擦面硬度匹配。

3）设计（滑动）导轨的配合间隙和预加载荷调整机构。

4）设计导轨的润滑系统及防护装置。

5）制定导轨的精度和技术条件。

5.4　滑动摩擦导轨

5.4.1　类型与结构

常用的滑动摩擦导轨（简称滑动导轨）按承导件的断面形状可分为圆柱面滑动导轨和棱柱面滑动导轨两类。

1. 圆柱面滑动导轨

圆柱面滑动导轨的承导面是圆柱面，常用结构形式如图 5.8 所示。由于承导件是圆柱，所以它的加工、检验都比较简单，易于达到较高的精度。圆柱面导轨是滑动摩擦导轨中最简单的一种，在仪器仪表中应用较广泛。缺点是间隙不能调节，特别是磨损后的间隙不能调整和补偿，对温度变化也较敏感。

单一的圆柱面导轨运动件除可沿其轴线做直线运动外，还可绕其轴线转动。在多数情况下，运动件的转动是不允许的，因为这种转动将增大仪器的误差，甚至破坏机构传动。为此，需要采用各种防转动结构。

图 5.8a、b 所示为在承导件上做出防转动的平面和加上防转动柱销。图 5.8c 所示为利用辅助承导面防转动。辅助承导面可以是圆柱面，也可以是平面。如结构允许，适当增加它与基本导面间距，可减小由间隙所引起的转角误差。

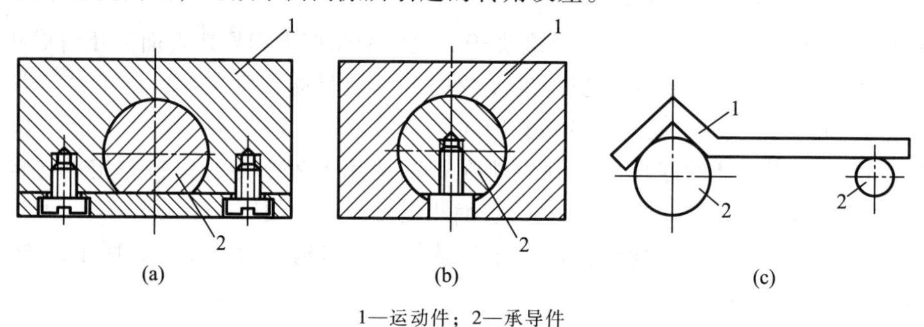

1—运动件；2—承导件

图 5.8　圆柱面滑动导轨

2. 棱柱面滑动导轨

棱柱面滑动导轨的承导面由几个平面组成。

（1）基本形式

表 5.8 所示为棱柱面滑动导轨的基本形式。

表 5.8　棱柱面滑动导轨的基本形式

	对称三角形	不对称三角形	矩形	燕尾形
凸形	45°　45°	15°~30°　90°		55°　55°

续表

	对称三角形	不对称三角形	矩形	燕尾形
凹形	90°~120°	65°~70° 90°		55° 55°

1）三角形导轨。顶角一般为90°，当导轨面宽度一定时，其承载能力和导向精度取决于顶角的大小。三角形导轨的优点是导向精度较高，磨损后可自动补偿间隙，承载能力大，且刚度好；缺点是加工检修比较复杂，高精度的导轨刮研工作量大。

2）矩形导轨。承载能力和刚度较大，但导向精度不如三角形导轨。其优点是结构简单，加工检修比较容易；缺点是磨损后间隙不能自动补偿。

3）燕尾形导轨。燕尾形导轨如图5.9所示，其特点是结构紧凑，间隙调节方便，但几何形状比较复杂，难以达到很高的配合精度。导轨中的摩擦力较大，运动不灵活，适用于受力不大和速度不高的场合，例如各种工具显微镜的镜头架上的导轨。

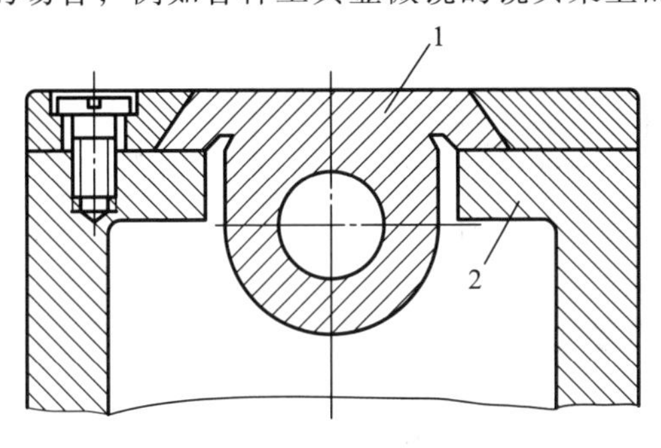

1—运动件；2—承导件

图5.9 燕尾形导轨

（2）组合导轨

在设计导轨时，经常采用几种基本形式的同类组合或不同类组合而形成的导轨，简称组合导轨，如表5.9所示。

表5.9 常见组合导轨的组合形式、特点及应用

序号	名称	图示	特点及应用
1	两根或四根平行的圆柱		制造工艺性、导向性好，主要用于轻型机械，或者受轴向力的场合，例如，四柱油压机的导柱（拉杆）模具的导杆等
2	一个V形和一个平面（构成V形的两个平面的交线与平面平行）		导向性好，刚性较好，制造较方便，应用广泛，如卧式车床、龙门刨床、磨床

续表

序号	名称	图示	特点及应用
3	两个 V 形（构成 V 形的两个平面的交线平行）		导向精度高、能自动补偿磨损，加工检修困难，主要用于精度要求高的机床，如坐标镗床、精密丝杠车床等
4	双矩形（相当于矩形截面的方柱）		主要承受与主支承面相垂直的作用力，承载能力大，加工维修容易，但磨损后调整间隙麻烦，导向性差，适用普通精度机床或重型机床，如升降台铣床、龙门铣床
5	双燕尾		是闭式导轨接触面个数最少的一种结构，用一根镶条即可调节各接触面的间隙。常用于牛头刨床、插床的滑枕导轨，升降台铣床工作台和车床刀架导轨，以及仪表机床导轨等
6	矩形和燕尾形		它有调整方便、承受力巨大的优点，多用于横梁、立柱和摇臂导轨，以及多刀车床刀架导轨等

注：除组合 2、3 外其余组合导轨的构件均可互为运动件。

5.4.2　滑动导轨的受力分析

设计导轨时要合理地确定运动件上作用力的方向和位置。因为作用力的方向和位置对导轨的工作情况有很大的影响。当作用力与运动轴线不重合（图 5.10），即作用力与运动件方向成一定角度时，在力的作用下，导轨工作面上就会产生与运动方向垂直的支反力 F_{N_1} 和 F_{N_2}，从而产生与运动方向相反的摩擦力，严重时还可能出现自锁现象，使导轨完全不能工作。下面分析两种情况。

1. 作用力与运动方向成一定角度

如图 5.10 所示，当作用力 F 与导轨运动方向成 α 角时，为便于分析，不考虑因运动件与承导件之间的配合间隙产生的倾角及运动件的自重。设外力为 F，轴向力 F_a，支点反向力为 F_{N_1} 和 F_{N_2}，摩擦力为 F_{f_1} 和 F_{f_2}，作用点距离为 H，运动件直径为 d。根据静力学平衡方程式，则有

$$\sum F_X=0,\ (F_{N_1}+F_{N_2})f_e+F_a-F\cos\alpha=0 \tag{5.1}$$

$$\sum F_Y=0,\ F_{N_1}-F_{N_2}+F\sin\alpha=0 \tag{5.2}$$

$$\sum M_A=0,\ \frac{1}{2}F_a d+F_{N_2}L+F_{N_2}f_e d-F(L+H)\sin\alpha-\frac{1}{2}Fd\cos\alpha=0 \tag{5.3}$$

式中：f_e 为导轨滑动摩擦系数，其值随导轨机构不同而异；L 为运动件与承导件之间的接触长度。

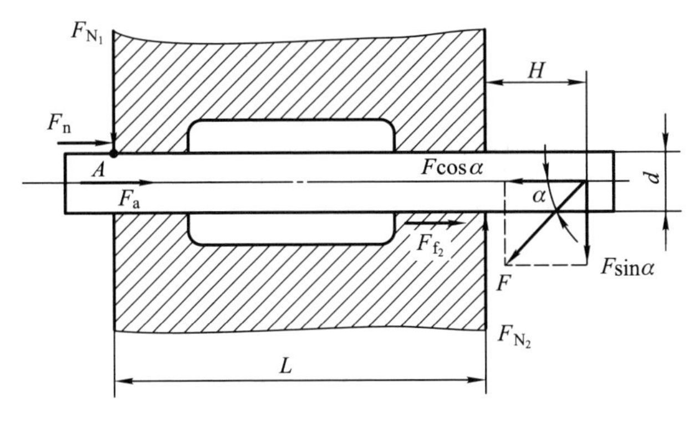

图 5.10 导轨受力分析图

欲推动运动件，必须使

$$F\cos\alpha - F_a - (F_{N_1} + F_{N_2})f_e > 0 \tag{5.4}$$

联立式（5.2）、式（5.3）和式（5.4），得

$$F\left[\cos\alpha - \frac{f_e\sin\alpha(2H+L-f_e d)}{L}\right] > F_a$$

即

$$F > \frac{F_a}{\cos\alpha - \dfrac{f_e\sin\alpha(2H+L-f_e d)}{L}} \tag{5.5}$$

欲能驱动运动件，驱动力 F 应为有限值，因此保证运动件不被卡死的条件是

$$\cos\alpha - \frac{f_e\sin\alpha(2H+L-f_e d)}{L} > 0$$

若运动件的直径很小，d 可略去（$d=0$），则有

$$\cos\alpha - f_e\sin\alpha\left(\frac{2H}{L}+1\right) > 0$$

由此，当推力 F 与运动件轴线有一夹角 α 时，运动件不自锁的条件为

$$\frac{L}{H} > \frac{2f_e\tan\alpha}{1-f_e\tan\alpha}$$

当 $\alpha=0$，作用力 F 通过运动轴线，此时 $F=F_a$，作用力不会产生附加的摩擦力，导轨的运动灵活性最好。

2. 作用力 F 平行于导轨运动件轴线

为便于分析，不考虑导轨配合间隙所产生的倾斜，并略去运动件自重。如果作用力与轴线相距 H（图 5.11），依据力系平衡条件可得运动件不被卡死的条件

$$1-2f_e\frac{H}{L} > 0$$

即

$$2f_e\frac{H}{L} < 1$$

为了保证运动灵活，设计时建议取

$$2f_e\frac{H}{L} < 0.5$$

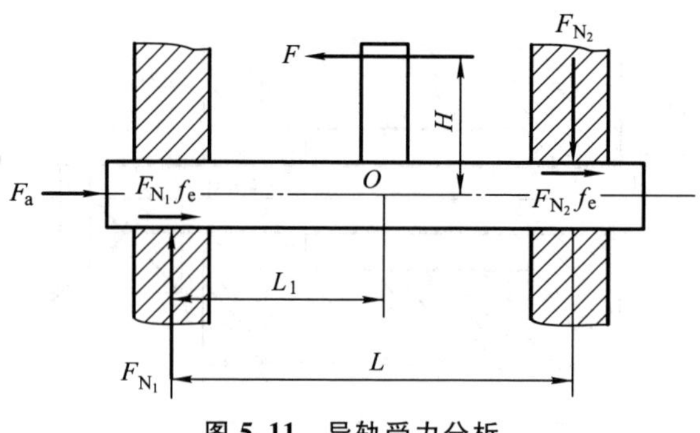

图 5.11　导轨受力分析

5.4.3　滑动导轨的压力计算

1. 导轨的许用压力

导轨的压力是影响导轨耐磨性和接触变形的主要因素之一。若设计导轨时将压力取得过大，则会加剧导轨的磨损；若取得过小，又会增大尺寸。因此，应根据具体情况，适当地选择压力的许用值。重型机床和精密机床的压力可取得小些；中等尺寸的普通机床，压力可取得大些，通用机床铸铁-铸铁、铸铁-钢导轨等铸铁导轨的许用压力可按表 5.10 选取。专用机床许用压力比表中数值减小 25%～30%。

表 5.10　铸铁导轨的许用压力　　MPa

导轨种类			平均压力	最大压力
直线运动导轨	主运动导轨和滑动速度较大的进给运动导轨	中型机床	0.4～0.5	0.8～1.0
		重型机床	0.2～0.3	0.4～0.6
	滑动速度低的进给运动导轨	中型机床	1.2～1.5	2.5～3.0
		重型机床	0.5	1.0～1.5
		磨床	0.025～0.04	0.05～0.08
主运动和滑动速度较大的进给运动的圆导轨，D 为导轨直径（mm）		D<300	0.4	
		D>300	0.2～0.3	
		环状	0.15	

2. 压力的分布与假设条件

影响导轨压力分布的因素很多，情况复杂，为了便于进行工程设计，首先假设导轨本身刚度大于接触刚度。此时只考虑接触变形对压力的影响，沿导轨的接触变形和压力按线性分布，在宽度上视为均布。按压力线性分布规律计算的导轨很多，例如车床溜板、铣床工作台和铣头、滚齿机刀架、各种机床的短工作台导轨等。

每个导轨面上所受的载荷都可以简化为一个集中力 F 和一个倾覆力矩 M 的作用，如图 5.12 所示。导轨压力的分布如图 5.13 所示。导轨所受的最大、最小和平均压力分别为

$$\left.\begin{aligned} p_{\max} &= p_F + p_M = \frac{F}{aL}\left(1+\frac{6M}{FL}\right) \\ p_{\min} &= p_F - p_M = \frac{F}{aL}\left(1-\frac{6M}{FL}\right) \\ p_{平均} &= \frac{1}{2}\left(p_{\max}+p_{\min}\right) \end{aligned}\right\}$$

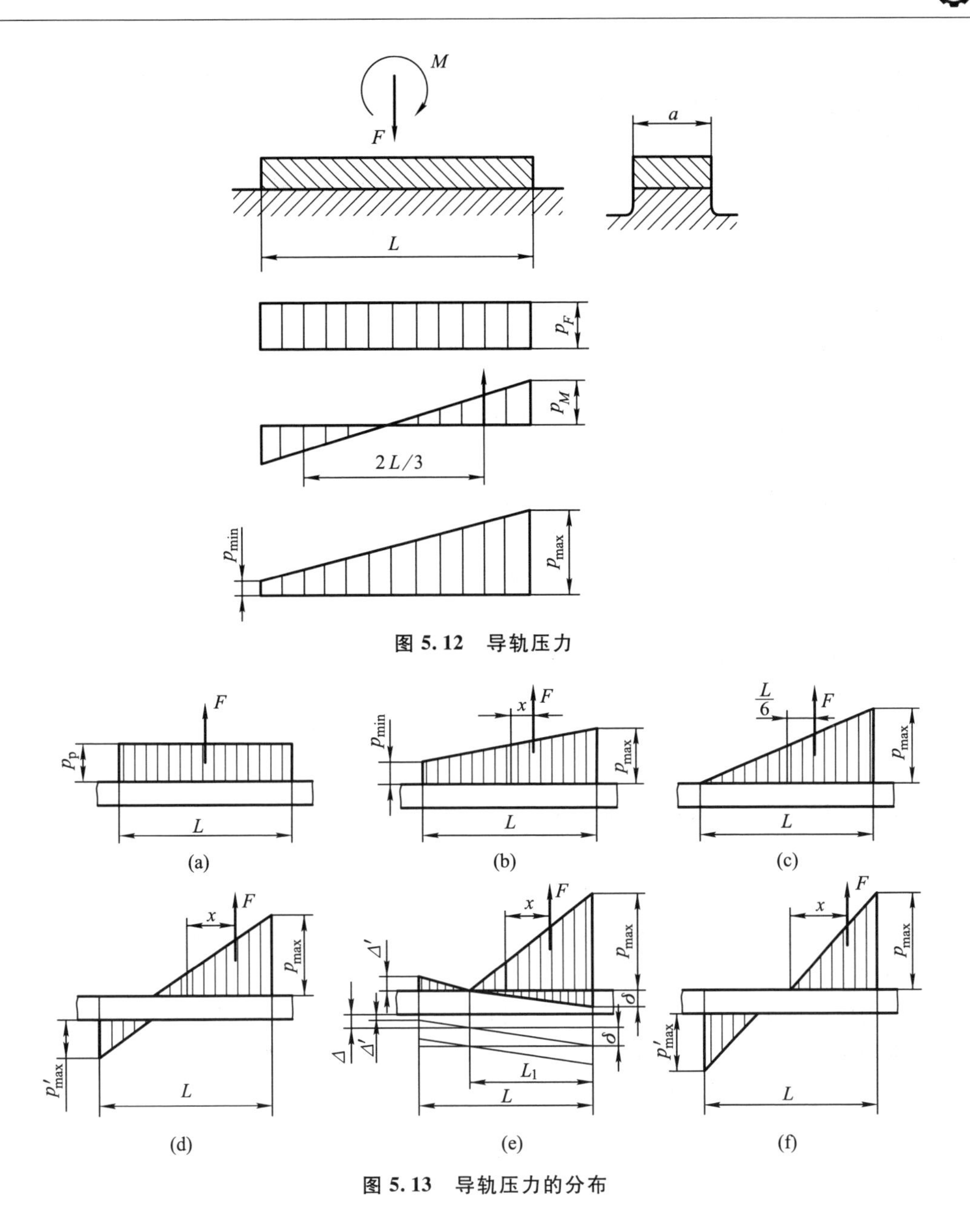

图 5.12　导轨压力

图 5.13　导轨压力的分布

5.4.4　滑动导轨的主要尺寸的确定

导轨主要尺寸包括导轨的宽度 B、三角形导轨的顶角 α、两导轨间距 L_a、导轨运动件长度 L 等。

1）导轨宽度 B。已知载荷 F，并选择确定合理的压力 p，导轨宽度即可求出

$$B=\frac{F}{pL}$$

式中，L 为导轨运动件长度。

2）三角形导轨的顶角 α。三角形导轨的顶角 α 采用 90°为宜，因为刮研导轨的方形研

具刚性好，制造和使用方便，能进行自检，用它来刮研可保证有很高的直角的精确度。α 取小于 90°可以提高导向性，但磨损会使精度急剧降低。过小还会使工作台移动时有楔紧作用，增大摩擦阻力。α 取大于 90°，能减小压力，但导向性较差。

3）两条导轨的间距 L_a。取小的导轨间距，可以减小仪器外形尺寸，使仪器灵巧，节约材料。但间距过小，有可能造成工作不稳定。导轨间距应在保证运动件工作稳定的前提下尽可能取小值。

4）导轨运动件长度 L。增大导轨运动件长度 L，有利于改善导向精度、运动灵活性和工作的可靠性，但工作台的尺寸和重量会随之加大。根据经验 $L=(1.2\sim1.8)L_a$。

5.4.5　滑动导轨间隙调整装置的设计要求

导轨间隙调整装置广泛采用镶条和压板，结构形式很多，设计时一般要求如下：

1）调整方便，保证刚性，接触良好。

2）镶条一般应放在受力较小一侧，如要求调整后中心位置不变，可在导轨两侧各放一根镶条。

3）导轨长度较长（>1 200 mm）时，可采用两根镶条在两端调节，使接合面加工方便，接触良好。

4）选择燕尾导轨的镶条时，应考虑部件装配的方式，要便于装配。

5.4.6　滑动导轨的材料与热处理

1. 导轨材料的要求和匹配

用于导轨的材料应具有良好的耐磨性、摩擦系数小和动静摩擦系数差小。加工和使用时产生的内应力小，尺寸稳定性好。

导轨副应尽量采用不同材料，如果选用相同材料，也应采用不同的热处理或不同的硬度。通常动导轨（短导轨）用较软和耐磨性低的材料，固定导轨（长导轨）用较硬和耐磨材料制造，材料匹配及其相对寿命（反映其对耐磨性的影响）见表 5.11。

表 5.11　导轨材料匹配及其相对寿命

导轨材料及热处理	相对寿命	导轨材料及热处理	相对寿命
铸铁/铸铁	1	淬火铸铁/淬火铸铁	4~5
铸铁/淬火铸铁	2~3	铸铁/镀铬或喷涂钼铸铁	3~4
铸铁/淬火钢	>2	塑料/铸铁	8

注：导轨材料斜杠之前为动导轨材料，之后为固定导轨材料。

2. 导轨材料与热处理

机床滑动导轨的常用材料主要是灰铸铁和耐磨铸铁。灰铸铁中通常用 HT200 或 HT300 做固定导轨，用 HT150 或 HT200 做动导轨。标准 JB/T 3997—2011 对普通灰铸铁导轨的硬度要求和表面硬度公差见表 5.12。

表 5.12　灰铸铁导轨的硬度要求和表面硬度公差

导轨硬度要求（HBW）				导轨表面硬度公差	
导轨长度/mm	导轨铸件质量/t	不低于	不高于	导轨长度/mm	硬度公差不超过（HBW）
≤2 500	—	190	255	≤2 500	25
>2 500	>3~5	180	241	>2 500	35
—	>5~10	175	241	几件连接的导轨①	45

注：导轨厚度大于 60 mm 时，导轨硬度要求的下限值允许降低 5 HBW。

①以其中最长件的硬度要求为基数，检验几件导轨的硬度差。

常用耐磨铸铁与普通铸铁耐磨性比较见表 5.13。

表 5.13　常用耐磨铸铁的耐磨性

耐磨铸铁名称	耐磨性（为普通铸铁的耐磨性的倍数）
磷铜钛耐磨铸铁	1.5~2
高磷耐磨铸铁	1
钒钛耐磨铸铁	1~2
稀土铸铁	1
铬钼耐磨铸铁	1

导轨热处理：一般重要的导轨，铸件粗加工后进行一次时效处理，高精度导轨铸件半精加工后还需进行第二次时效处理。

常用导轨淬火方法如下：

1）高、中频淬火，淬硬层深度为 1~2 mm，硬度为 45~50 HRC。

2）电接触加热自冷表面淬火，淬硬层深度为 0.2~0.25 mm，显微硬度为 600 HM 左右。这种淬火方法主要用于大型铸件导轨。

5.5　滚动摩擦导轨

滚动摩擦导轨（简称滚动导轨）是在两导轨面之间放入滚珠、滚柱、滚针等滚动体，使导轨运动处于滚动摩擦状态。由于滚动摩擦阻力小，从而工作台移动灵敏，低速移动时也不产生爬行。工作台起动和运行消耗的功率小，滚动导轨磨损小，保持精度持久性好，故在仪器中广泛应用。

但是，这种导轨是点或线接触，故抗振性差，接触应力大，所以在设计这种导轨时，对导轨的直线性和滚动体的尺寸精度要求高。导轨对脏物比较敏感，要很好地防护，其结构比滑动导轨复杂，制造困难，成本高。

5.5.1　滚动摩擦导轨的类型、特点及应用

滚动导轨的类型很多，按运动轨迹分有直线运动导轨和圆运动导轨，按滚动体的形式分有滚珠导轨、滚柱导轨和滚针导轨，按滚动体是否循环分有滚动体不循环导轨和滚动体循环导轨。滚动导轨的类型、特点及应用见表 5.14。

表 5.14　滚动导轨的类型、特点及应用

类型		简图	特点及应用
滚动体不循环的滚动导轨	滚珠导轨	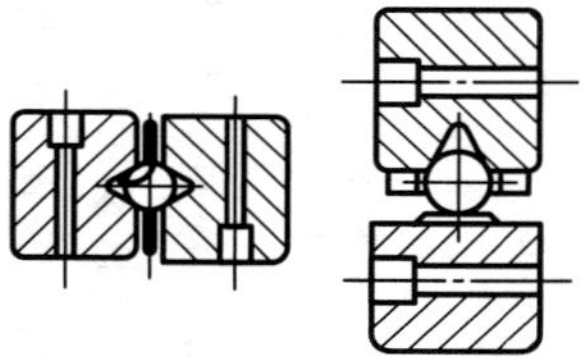	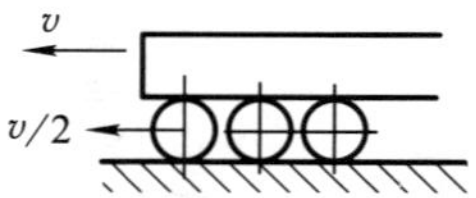 由于滑座与滚动体存在如上图所示的运动关系，所以这种导轨只能应用于行程较短的场合。 滚珠导轨摩擦阻力小，刚度低，承载能力差，不能承受大的倾覆力矩和水平力，这种导轨适用于载荷不超过 1 000 N 的机床。 滚柱导轨承载能力及刚度比滚珠导轨高，交叉滚柱导轨副四个方向都能受载，滚针导轨承荷能力和刚度最高，滚柱、滚针对导轨面的平行度误差要求比较高，且容易侧向偏移和滑动。 主要用于承载能力较大的机床，如立式车床、磨床等
	滚柱导轨	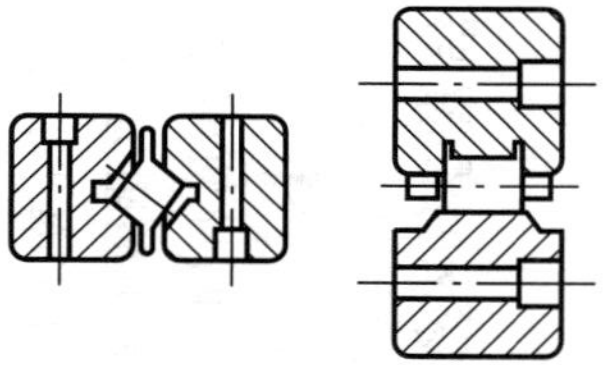	
	滚针导轨	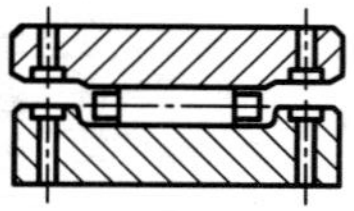	

续表

类型		简图	特点及应用
滚动体循环的滚动导轨	滚珠直线导轨副	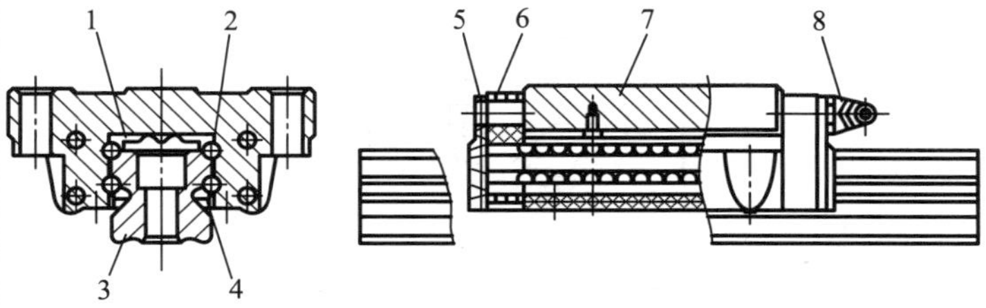 1—保持架；2—承载球列；3—导轨；4—侧面密封垫；5—末端密封垫；6—侧面平板；7—滑块；8—润滑油接口	滚珠直线导轨副经过精密磨削，具有高效率，动、静摩擦系数相对较小，摩擦特性好，低速不爬行，导向精度高和寿命长等优点。此外，滚珠直线导轨副还能够根据需要选择不同种类的预加载荷，刚性好，广泛应用于数控机床、工业机器人等机械产品。 交叉滚柱导轨副的滚柱体有效接触长度比较大，且交叉滚柱导轨的安装高度更低，由于是两副导轨平行安装组合成为一套，使得使用交叉滚柱导轨副的工作台整体性要好于滚珠直线导轨副，倾覆力矩也高于滚珠直线导轨副。因此，运作起来的工作台稳定性高于滚珠直线导轨副
	滚柱交叉导轨副	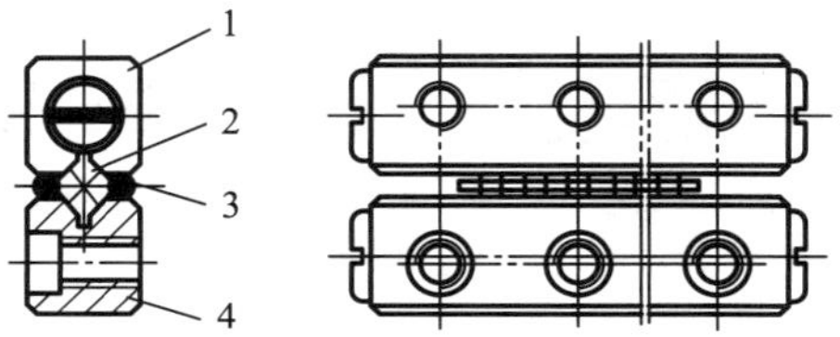 1—滑块；2—滚子；3—保持架；4—轨道	
	滚柱导轨块	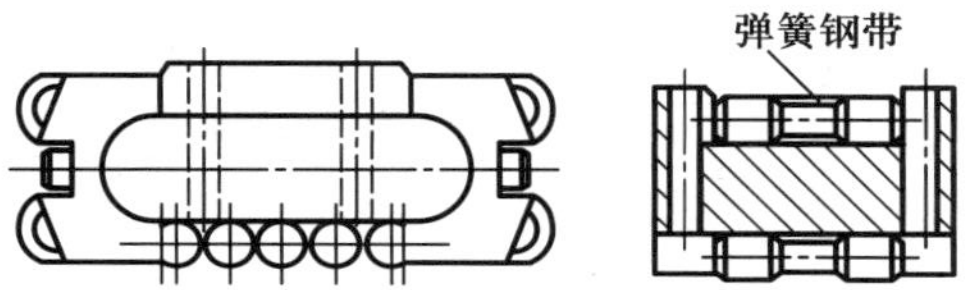 弹簧钢带	

续表

类型		简图	特点及应用
滚动体循环的滚动导轨	滚珠直线导轨套副	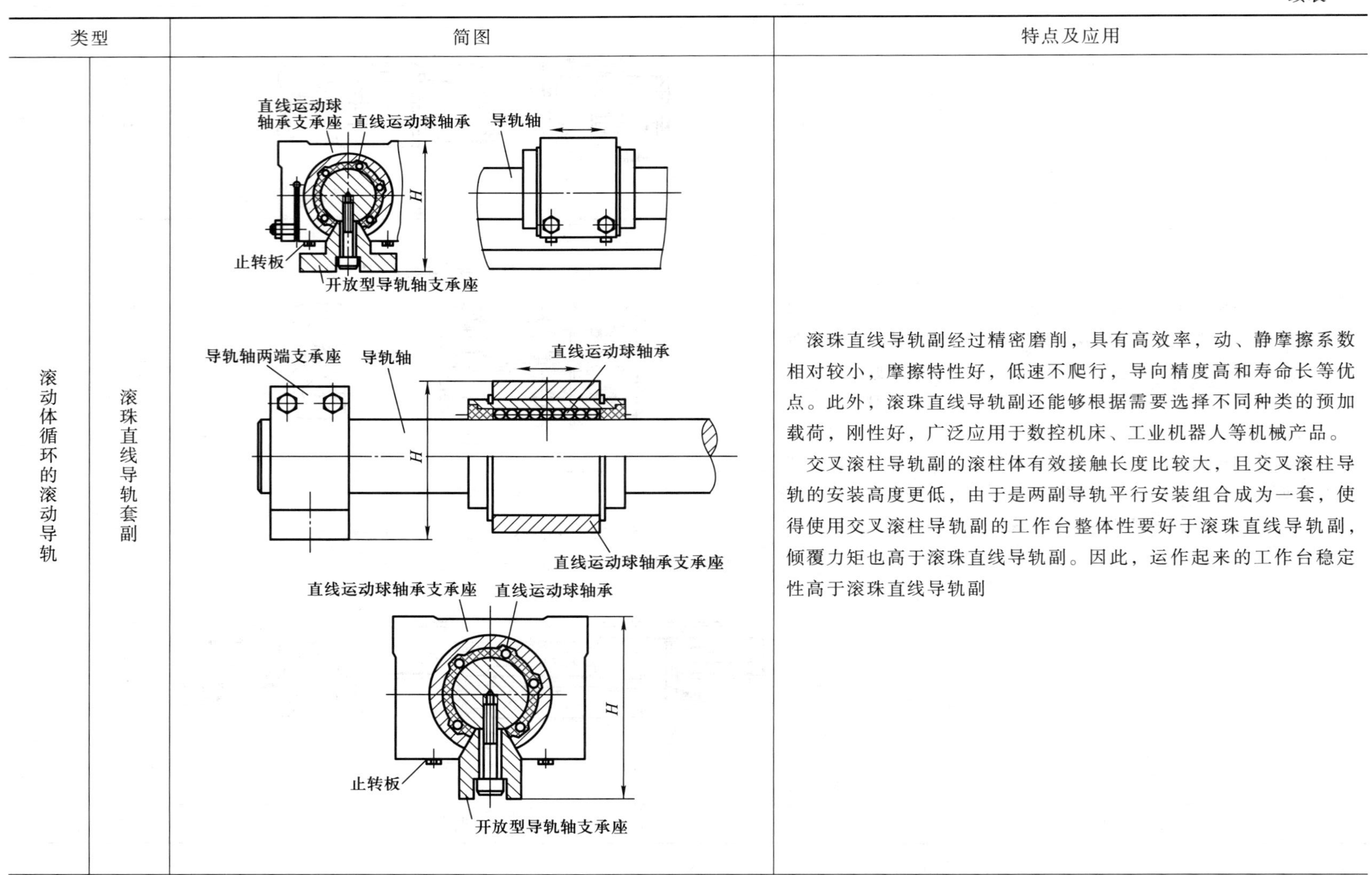	滚珠直线导轨副经过精密磨削，具有高效率，动、静摩擦系数相对较小，摩擦特性好，低速不爬行，导向精度高和寿命长等优点。此外，滚珠直线导轨副还能够根据需要选择不同种类的预加载荷，刚性好，广泛应用于数控机床、工业机器人等机械产品。 交叉滚柱导轨副的滚柱体有效接触长度比较大，且交叉滚柱导轨的安装高度更低，由于是两副导轨平行安装组合成为一套，使得使用交叉滚柱导轨副的工作台整体性要好于滚珠直线导轨副，倾覆力矩也高于滚珠直线导轨副。因此，运作起来的工作台稳定性高于滚珠直线导轨副

续表

类型		简图	特点及应用
滚动体循环的滚动导轨	滚动花键副	负载滚珠列 空载滚珠列 花键轴 返向器 花键套 键槽 密封垫	有专业化生产厂生产，品种规格比较齐全、技术质量保证。设计制造机械采用这类导轨副，可缩短设计制造周期，提高质量，降低成本
	滚动轴承滚动导轨	滚动轴承	任何能承受径向力的滚动轴承（或轴承组）都可以作为这种导轨的滚动元件。 轴承的规格多，可设计成任意尺寸和承载能力的导轨，导轨行程可以很长。 很适合大载荷、高刚度、行程长的导轨，如大型磨头移动式平面磨床、绘图机等导轨

本章只对滚珠导轨进行讲述。

1. 结构

常用的滚珠导轨有两轨道和四轨道直线导轨副，图 5.14 是 GGB 型滚珠直线导轨副结构图。

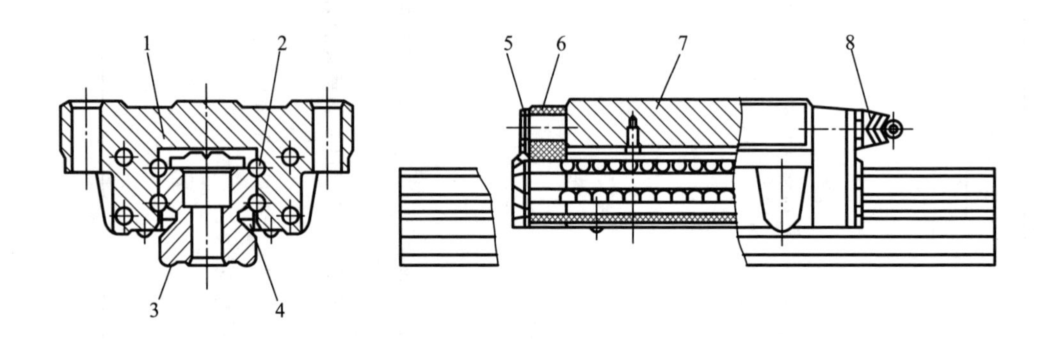

1—保持架；2—钢球；3—导轨；4—侧密封垫；
5—密封端盖；6—反向器；7—滑块；8—油杯

图 5.14　GGB 型滚珠直线导轨副结构图

滚珠直线导轨副是由导轨、滑块、钢球、反向器、保持架、密封端盖及挡板等组成。当导轨与滑块作相对运动时，钢球沿着导轨上经过淬硬和精密磨削加工而成的 4 条轨道滚动，在滑块端部，钢球又通过反向器进入反向孔后再进入轨道，钢球就这样周而复始地进行滚动运动，反向器两端装有防尘密封端盖，可有效地防止灰尘、屑末进入滑块内部。

2. 额定寿命计算

$$\left.\begin{aligned} L&=\left(\frac{f_{\mathrm{h}} f_{\mathrm{t}} f_{\mathrm{c}} f_{\mathrm{a}}}{f_{\mathrm{w}}} \frac{C}{P}\right)^{\varepsilon} K \\ P&=F_{\max} \end{aligned}\right\} \tag{5.6}$$

式中：L——额定寿命，km。

C——额定动载荷，kN。

P——当量动载荷，kN。

$F_{\max}$——受力最大的滑块所受的载荷，kN，计算方法见机械设计手册。

ε——指数。当滚动体为滚珠时，$\varepsilon=3$；为滚柱时，$\varepsilon=10/3$。

K——额定寿命，km。当滚动体为滚珠时，$K=50$ km；滚柱时，$K=100$ km。

f_{h}——硬度系数，

$$f_{\mathrm{h}}=\left(\frac{\text{滚道实际硬度（HRC）}}{58}\right)^{3.6}$$

由于产品技术要求规定，滚道硬度不得低于 58 HRC，故通常可取 $f_{\mathrm{h}}=1$。

f_{t}——温度系数，查表 5.15。

f_{c}——接触系数，查表 5.16。

f_{a}——精度系数，查表 5.17。

f_w——载荷系数，查表5.18。

表 5.15 温度系数

工作温度/℃	≤100	>100~150	>150~200	>200~250
f_t	1	0.90	0.73	0.60

表 5.16 接触系数

每根导轨上滑块数	1	2	3	4	5
f_c	1.00	0.81	0.72	0.66	0.61

表 5.17 精度系数

精度等级	2	3	4	5
f_a	1.0	1.0	0.9	0.9

表 5.18 载荷系数

工作条件	f_w
无外部冲击或振动的低速运动的场合，速度小于 15 m/min	1~1.5
无明显冲击或振动的中速运动场合，速度为 15~60 m/min	1.5~2
有外部冲击或振动的高速运动场合，速度大于 60 m/min	2~3.5

当行程长度一定时，以h为单位的额定寿命为

$$L_h = \frac{10^3 L}{2\times 60 L_a n_2} \approx \frac{8.3L}{L_a n_2} \tag{5.7}$$

式中：L_h——寿命时间，h；

L——额定寿命，km，见式（5.6）；

L_a——行程长度，m；

n_2——每分钟往复次数。

3. 尺寸系列

以GGB型为例，图5.15为滚珠导轨编号规则示例，表5.19为GGB型滚珠直线导轨副的尺寸参数。根据不同使用场合，推荐预加载荷，见表5.20。

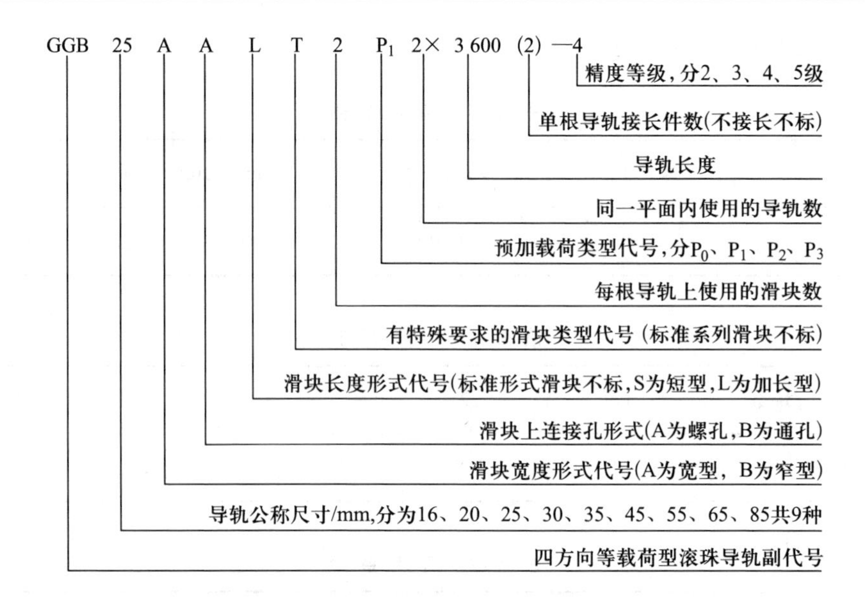

图 5.15　滚珠导轨编号规则示例

表 5.19　GGB 型滚珠直线导轨副的尺寸参数　　mm

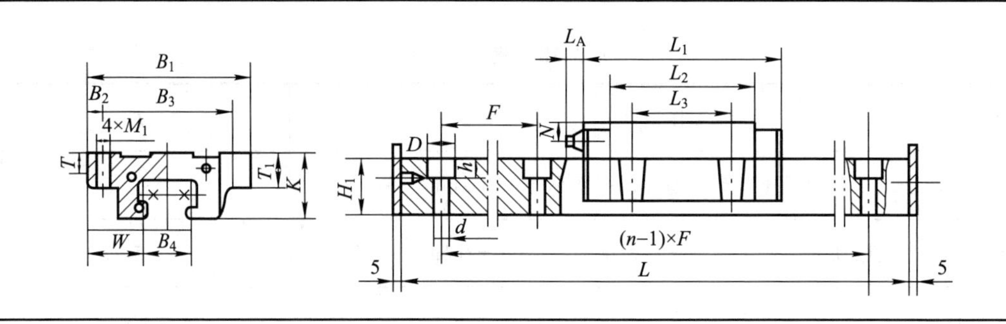

表 5.20　推荐预加载荷类型

预加载荷类型	应用场合
P_1	大刚度并有冲击和振动的场合，常用于重型机床的主导轨等
P_2	要求较高重复定位精度，承受侧悬载荷、扭转载荷，单根使用的场合，常用于精密定位运动机构和测量机构上
P_3	有较小的振动和冲击，两根导轨并用，且要求运动轻便处
P_4	用于输送机构中

5.5.2　滚动导轨的预紧

对于精度要求较高、受力大小和方向变化较大的场合，滚动导轨应预紧。合理地将滚动导轨预紧可以提高其承载能力、运动精度和刚度。在滚动体与导轨面之间预加一定载荷，可增加滚动体与导轨的接触面积，以减小导轨面平面度、滚子直线度及滚动体直径不一致性误差的影响，使大多数滚动体均能参加工作。由于有预加接触变形，接触刚度增加，因而提高了导轨的精度、刚度和抗振性。

滚动导轨预紧方法主要有以下两种：

1）利用尺寸差达到预紧，相配尺寸达到过盈配合。

2）调整元件，靠调整螺钉、垫块或斜块移动导轨来实现预紧，如图 5.16 所示。此结构采用楔铁方式进行预紧滚动导轨块，通过调节两个螺钉（一推一拉）来调节楔块的位置，达到所需的预紧程度。

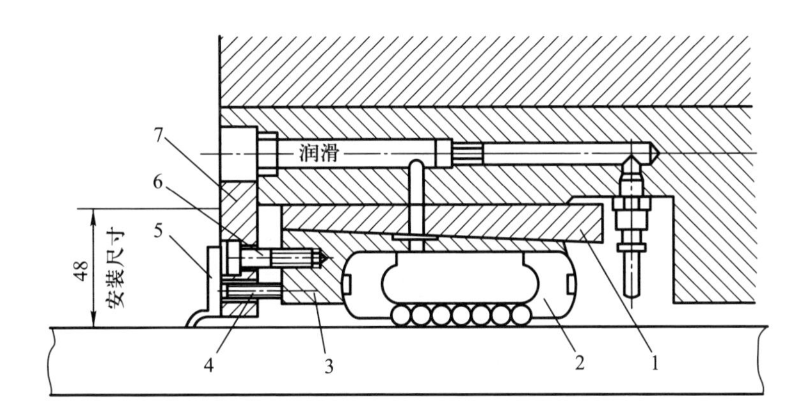

1—楔块；2—标准导轨块；3—楔块（支承导轨）；
4、6—调整螺钉；5—刮屑板；7—楔块调节板

图 5.16　滚动导轨预紧

预紧的滚动导轨常应用在下述情况：对移动精度要求较高的精密机床导轨，为提高接触刚度和消除间隙；竖直配置的立式机床滚动导轨，为防止滚动体脱落和歪斜；倾覆力矩较大的滚动导轨，为了防止滚动体翻转。国产的 GGB 型直线滚珠导轨副可根据用户要求配置不同直径的钢球，并按相应的配合公差制作预紧。

5.5.3 滚动导轨的材料

滚动导轨材料有下列要求：

1）材料表面必须具有较高的硬度；

2）性能应稳定，加工后不易变形；

3）加工性能好，成本低。

滚动体（滚珠或滚柱）一般采用滚珠轴承钢 GCr15，淬火后硬度可达 60~66 HRC。运动件和承导件一般用 50、60 钢，如要求较高，可用工具钢 T8、T10。对于大型导轨，也可采用合金铸铁作导轨，为使尺寸稳定，需进行人工时效处理。

5.6 静压导轨

5.6.1 液体静压导轨的工作原理

液体静压导轨由专门的供油装置输出具有一定压力的润滑油，经过节流器进入导轨的各油腔内，将工作台浮起，油膜将运动件与承导件分隔开，油腔内的润滑油通过间隙从四周封油面流出，完成油路循环。

静压导轨系统包括三个部分：导轨 1、节流器 2 和供油装置 3（图 5.17）。

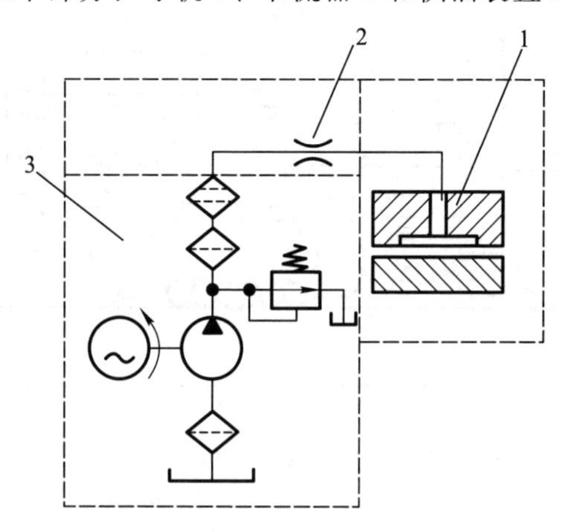

图 5.17　液体静压导轨系统组成

5.6.2 液体静压导轨结构

液体静压导轨按其结构特点可分为开式静压导轨和闭式静压导轨（图 5.18）。

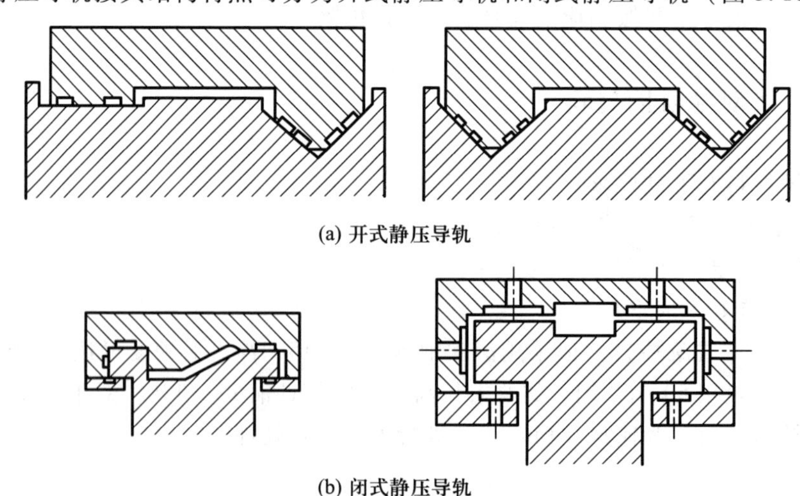

(a) 开式静压导轨

(b) 闭式静压导轨

图 5.18　液体静压导轨结构

若运动件的长度在 2 m 以下，则在其长度内应取 2~4 个油腔。但导轨间隙越大，流量越大，刚度减小，导轨容易出现漂移。对于中小型设备，空载时的导轨间隙一般取 0.01~0.025 mm；对于大型设备，空载时的导轨间隙一般取 0.03~0.08 mm。

导轨材料一般可采用铸铁。

对导轨的几何形状误差和变形有严格要求。为保证形成油膜而使运动件与承导件隔开，要求在运动件的长度范围内，导轨的各项几何形状误差的总和应小于导轨间隙。导轨的变形会使导轨精度降低。若变形量超过了导轨间隙，则静压导轨就失去了作用。

静压导轨的润滑油需经严格过滤。为防止铁屑和其他杂质落在导轨面上和润滑油中，导轨面上尽可能加防护罩。中小型设备中，一般采用 20 号机械油作为润滑油；大型设备中，一般采用 30 号、40 号和 50 号机械油作为润滑油。

气体静压导轨的原理与液体静压导轨相似。

5.6.3 气体静压导轨的工作原理

气体静压导轨适用于精密、轻载、高速的场合。它在图形发生器、光刻机、初测台、刻线机、自动绘图机、三坐标测量机等精密机械和精密仪器方面得到越来越多的应用。设计气体静压导轨的关键是设计性能良好的气垫。

气体静压导轨的工作原理如图 5.19 所示。供气装置 1 必须供给恒压、干燥、清洁（除油、除尘）的压缩空气，以提供气体静压导轨正常工作所必需的基本条件。节流器 2 是供气装置 1 和坑式气腔 5 之间的固定阻尼，是使气膜具有承载能力的重要元件。气垫 3 是气体静压导轨的关键组件。其主要尺寸参数有气腔半径 r_1、厚度 δ，气垫半径 r_2，气膜

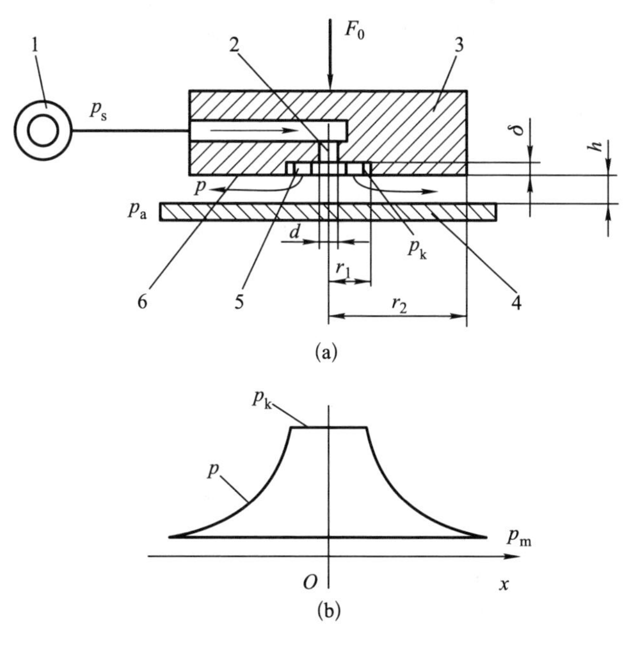

1—供气装置；2—节流器；3—气垫；4—平台；5—坑式气腔；6—封气面

图 5.19 气体静压导轨的工作原理

厚度 h，节流器直径 d，环境压力 p_a。当一定压力 p_s 的压缩空气经节流器进入气腔，沿其封气面6流出，形成气膜，将气垫及其与之相连的工作台浮起，实现纯气体摩擦的工作状态。气腔压力 p_k、封气面压力 p 所形成的承载能力与负载 F_0 相平衡。当负载增大时，气膜厚度减小；当负载减小时，气膜厚度增大。

5.6.4　气体静压导轨的几种结构

多个气垫的不同组合，可以得到不同类型的空气静压导轨。空气静压导轨按结构形式的不同可分为开式空气静压导轨和闭式空气静压导轨。开式空气静压导轨，通常是气垫设置在基座的导向面一侧，负载沿气垫的法线压向支承面，被支承件可沿与气垫法线成90°的任意方向滑动。水平运动导轨多用此种结构。

图5.20为闭式气体静压导轨示意图。图中1为工作台，2为气垫，3为基座。气垫成对设置在基座导向面的上下或上下左右几个方向上，负载沿气垫法线的正向或反向作用于支承面。被支承件可沿与气垫法线成90°方向滑动。气垫成对设置时的刚度为两个气垫刚度之和，承载能力为两个气垫承载能力之差。水平、竖直运动导轨均可用此种结构。

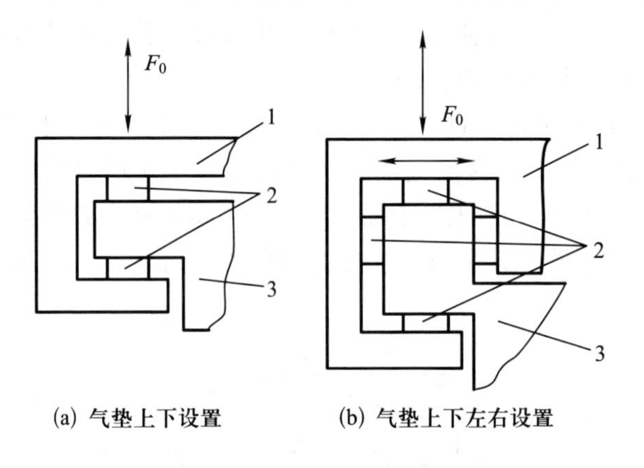

1—工作台；2—气垫；3—基座

图5.20　闭式气体静压导轨示意图

在实际应用中，根据导轨的载荷、移动速度和精度的不同要求，可采用全闭式、混合式结构，如图5.21所示。图中，1为运动件，2为气垫，3为基座。图5.21a为全闭式气体静压导轨，气垫上下、左右设置，可承受正、反、左、右方向的作用力。通常大平面设置6个气垫（单侧3个），其余每个支承面设置2个，总计14个气垫。该导轨精度高，刚度和承载能力大。图5.21b为Ⅱ字混合式气体静压导轨，气垫的上平面设置6个气垫（单侧3个），左右成对设置4个气垫，总计10个。可承受竖直方向和左右方向的作用力。这类导轨结构简单，加工方便，刚度、承载能力、精度均较低。图5.21c为平-Ⅱ混合式气体静压导轨，气垫在每个支承面上均设置2个，总计8个，可承受重力和左右方向作用力。在龙门架上可安装两向气体静压导轨，组成三坐标。通常三坐标测量机用此结构，适用于低速、精度一般的场合。

图5.22所示为一种适用于高精度、高速度、轻载的新型气体静压导轨。图中，1为 x 向导轨，2为 y 向导轨，3为负压吸浮式气垫，4为花岗岩基座。此导轨可承受竖直方向的

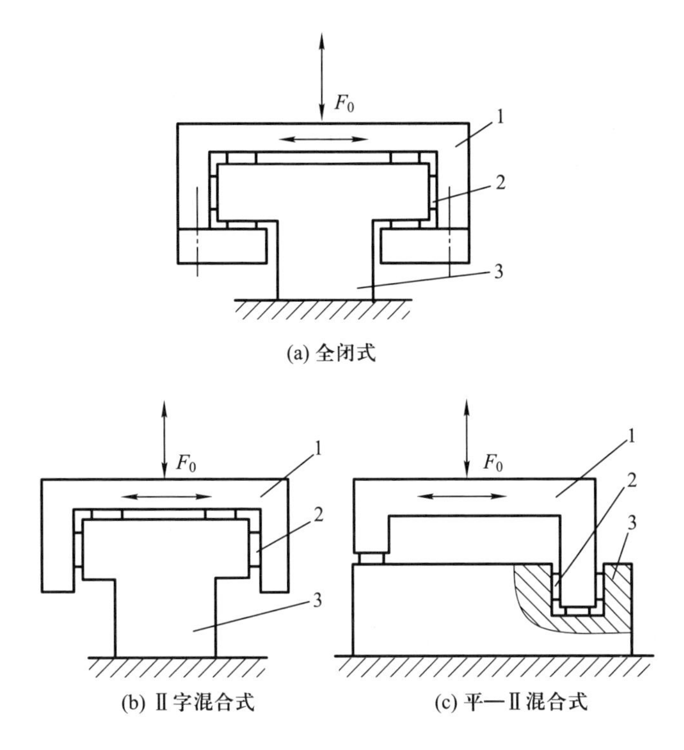

1—运动件；2—气垫；3—基座

图 5.21　气体静压导轨实用结构举例

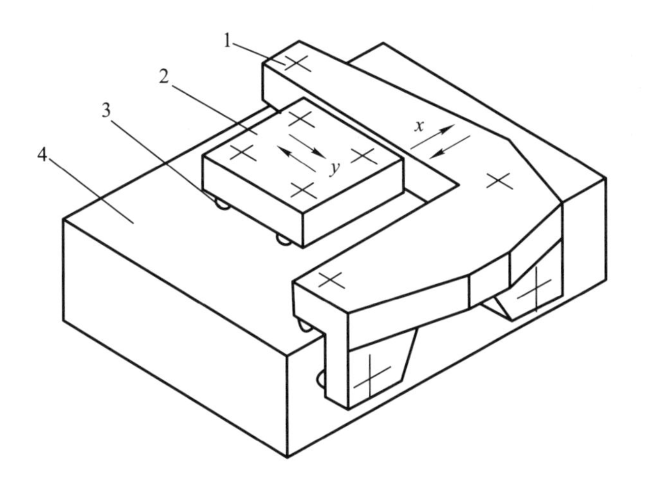

1—x 向导轨；2—y 向导轨；3—气垫；4—基座

图 5.22　一种新型气体静压导轨

正、反作用力以及垂直于 x、y 向导轨运动方向的一定侧作用力。气垫虽然是单侧设置，但是，由于采用了一种负压吸浮式气垫，所以属于两坐标闭式气体静压导轨。x 向导轨沿着基座运动，同时吸着 y 向导轨一起运动。y 向导轨沿着 x 向导轨的垂直侧面运动。由于 x、y 向导轨都是在同一平面上运动，故对简化结构、提高精度很有利。x 向导轨上设置了 5 个气垫，y 向导轨上设置了 6 个气垫。用该气体静压导轨制成的精密机械，其移动速度为 63.5 mm/s，重复位置精度为±0.25 μm。因此，它是高精度、高速度、高可靠性的一种较理想的精密导轨。

气体静压导轨同液体静压导轨相比，有下列优点：气体的黏度极小，约为油液的 1/1 000，因此摩擦力很小，适宜于高速下工作。工作时，气体阻力可忽略不计，支承里产生热量很少，被流体还能带走一部分，加上气体膨胀时有冷却效应，因而气体静压导轨具有冷态工作的特点，几乎不产生热变形，这对精密机械有重要意义。压力气膜的均化效应，可以抵消一部分导轨表面误差对运动精度的影响，因此运动精度较高，其重复定位精度可以达到 0.1 μm；空气物理性能稳定，可以直接排入大气，不污染环境，不腐蚀光学和电气元件，不必回收。其缺点有承载能力较低、容易引起不稳定、需要高的加工精度以及不能自润滑等。

思　考　题

5.1　加强支承件自身刚度有哪些措施？

5.2　铸铁支承件和焊接支承件各有何优、缺点？各用于什么场合？

5.3　合理布置肋有哪些原则？请举例说明。

5.4　如何合理在支承件上开孔？请举例说明。

5.5　常用的支承件的材料有哪些？

5.6　试说明导轨的设计原则和设计程序。

5.7　如何进行导轨的受力分析和压力计算？

5.8　滚动导轨和滑动导轨相比较有何优、缺点？

5.9　静压导轨有哪些类型？请举例说明。

第6章　操控系统设计

6.1　操控系统概述

操控系统是机械系统的重要组成部分，机械系统的运动状态，如原动机的起停及换向、传动系统中传动路线的切换、执行系统的工作方式等，都是由操控系统的最初设计模型决定的。

操控系统包括操纵系统和控制系统。操纵系统主要是指把人和机械联系起来，使机械按照人的指令工作的机构和元件所构成的总体。其功能主要是实现信号转换，即通过操作者施加于机械的信号系统，达到完成机械的起动、停止、制动、换向、变速和变力等动作的目的。而控制系统则主要是指由控制主体、控制客体和控制媒体组成的具有自身目标和功能的管理系统。控制系统意味着通过它可以按照所希望的方式保持和改变机器、机构或其他设备内任何感兴趣的量。其功能主要是能使各执行机构按一定的顺序和规律运动；能改变各运动机构的运动方向、运动轨迹或运动参数（位移、速度和加速度）；能协调各运动构件的运动状态和轨迹，实现预定的作业环节要求；能实现对产品的检测与分类；能对工作中出现的不正常现象及时报警并消除，并能防止事故的发生等。

6.2　操纵系统设计

6.2.1　操纵系统的作用与组成

1. 操纵系统的作用

操纵系统的作用是按照用户的控制要求，对执行机构进行控制，即把人施加于机械的信号，经过转换传递到执行机构，以实现机械的起动、停止、制动、换向、变速、变力及完成各种辅助动作等。操纵系统虽然不直接参与机械做功，对机械的精度、强度、刚度和寿命没有直接影响，但是机械系统工作性能的好坏、工作效率的高低及操作者工作强度的大小等，都与操纵系统有直接的关系。操纵系统设计的好坏直接影响其作用的发挥。

2. 操纵系统的组成

操纵系统主要由操纵元件、执行元件、传动元件及一些辅助元件等组成。

（1）操纵元件

操纵元件是发出指令动作或指令信号的元件。常用的有拉杆、手柄、手轮、按钮、电气开关、传感器和脚踏板等。

（2）执行元件

执行元件是直接带动被操纵元件动作的元件，是直接与被操纵件部分接触的元件，完成操纵系统的功能。常用的有滑块、销子和拨叉等。

（3）传动元件

传动元件是将操纵元件的运动及其上的作用力传递到执行元件，以实现操纵目的的中间元件。常用的有拉杆、摆杆、丝杠螺母、齿轮齿条、螺旋及凸轮等。有时液压传动、气动传动及电气传动作为助力装置与机械传动配合使用。

（4）辅助元件

有些操纵系统还具有一些辅助装置和元件，常用的有保证操纵系统安全可靠工作的定位元件、锁定元件、回位元件和互锁元件，控制被操纵件按所要求的方向和行程运动的控制件（凸轮、孔盘等），用来显示被操纵件运动结果的指示器等。

6.2.2　操纵系统的要求

操纵系统在人与整机之间起纽带作用，操纵系统设计的好坏直接影响其作用的发挥，因此在确定整机总体方案时就应对操纵系统加以全面考虑。设计应满足结构合理、轻便省力、方便舒适、易于操纵、便于记忆、反馈准确迅速、有可调性、安全可靠等要求。

1. 结构合理

操纵系统通常与传动系统交错排列，选择合理的传动机构（包括凸轮机构、齿轮齿条机构、杠杆机构等）或合适的控制形式（包括手动控制、液压控制、电气控制和气动控制等），充分利用箱体的空间，使整机布局合理、性能完善。

2. 轻便省力

选择合适的传动比或杠杆比，尽量减小操纵力，降低操作者的劳动强度，提高劳动生产率和安全性，同时还可提高操纵系统的灵敏度，达到灵活操纵。操纵力的大小应符合人机工程学的有关规定。采用气动、液压或电气控制会使操作方便省力，更易实现整机自动化。

3. 方便舒适

操纵元件应按人机工程学的要求布置，其位置和操纵行程应在人体能达到的舒适操纵范围内。此外，操纵元件的形状、尺寸、位置布置、运动方向和操作顺序等都要符合人体结构和动作习惯。

4. 易于操纵，便于记忆

操作动作应合理分配给双手和双脚，操纵手柄的球头直径应与人手掌掌握大小相适应，按钮操纵时，开、停按钮的位置、大小、力度要适当，采用摇把和手轮为操纵元件时，习惯上应使顺时针方向旋转对应执行机构的前进工作行程，逆时针方向旋转对应后退工作行程；为了引起人的注意，应尽可能对不同控制功能的操纵元件采用不同的形状或颜色加以区分。

5. 反馈准确迅速

操纵系统应具有良好的反馈性，使操纵结果的信号准确迅速地反馈给操作者，以便操作者及时判断操作的效果，并作出新的操纵决策。

6. 有可调性

操纵系统应能进行必要的调节，以保证系统的元件磨损后，经过调节仍能达到操纵的效果。

7. 安全可靠

操纵元件应有可靠的定位，相互关联的操纵结构应互锁，以保证操纵安全有效，防止错误操纵。为防止因意外事故而对人体造成伤害，除应采取必要的安全保护措施外，还应有应急措施。在最便于操作的位置安装急停开关装置，以备在紧急状况下使用。

6.2.3 操纵系统的分类

操纵系统种类较多，可以按照不同的方法进行分类。

1. 按照传动方式分类

操纵系统按传动方式可以分为机械传动操纵系统、混合传动操纵系统（机械与液压或机械与气压）及电气传动操纵系统等，电气传动操纵系统可实现远距离的控制。

2. 按照操纵力的来源分类

操纵系统按照操纵力的来源可以分为人力操纵系统、助力操纵系统、电动操纵系统、液压操纵系统、气压操作系统和混合操作系统。

人力操纵系统中所需的作用力和能量全部由操作者提供，所以只适宜于操纵力较小的机械。

助力操纵系统是利用系统中储备的能量帮助人力进行操纵。储备能量的方式有弹性变形能、液压能和电能，因此又分为弹性助力操纵系统、液压助力操纵系统和电动助力操纵系统。

电动操纵系统的结构较为简单，可大大降低系统复杂度，电能为清洁能源，且便于存储，只需给一个信号，电动操纵系统即可完成预定工作，操纵起来更为轻便。

液压操纵系统中只需要操作者施加很小的力（如克服传动件的摩擦阻力），而操纵所需的较大作用力全部由液压系统供给。

气压操纵系统与液压操纵系统类似，操作者施加的力很小，只需克服操纵元件本身的摩擦阻力，克服操纵阻力所需的力全部由压缩空气供给。

3. 按照人体操纵方法分类

操纵系统按照人体操纵方法可以分为手动操纵系统和脚踏操纵系统。手动操纵系统最为常用。因为人手动作比脚灵活，动作范围大，操纵能力强，一般总是先考虑用手操纵，只有当操纵力较大、操纵元件较多时，才考虑用脚操纵（或手、脚并用操纵）。

4. 按照执行元件的动作方式分类

操纵系统按照执行元件的动作方式可以分为摆动式操纵系统和移动式操纵系统等。

5. 按照操纵部位和操纵方式分类

船舶的操纵系统按照操纵部位和操纵方式可以分为机旁手动操纵、机舱集中控制室控制和驾驶室控制三种。机旁手动操纵的操纵台设置在原动机旁边，使用相应的控制机构操纵原动机，由轮机员直接手动操纵，使之满足各种工况下的需要；机舱集中控制室控制的操纵台设置在机舱适当部位的专用控制室内，由轮机员对原动机实现操纵和监视；驾驶室控制是指在船舶驾驶室内，专设主机遥控操纵台，由驾驶员直接操纵原动机。

机旁手动操纵是操纵系统的基础，机舱集中控制室控制和驾驶室控制均为遥控，三者之间常设有转换装置以便随意转换。每种操纵台上均设操纵手柄、操纵部位转换开关、应急操作按钮及各种显示仪表，以便对主机进行操纵和运行状态的监视。尽管目前主机遥控技术已经达到了相当高的水平，但系统中仍必须保留机旁手动操纵系统，以保证在一些特殊状况下对主机的可靠控制。

6.2.4　几种常用的典型操纵机构

1. 离合器、制动器的操纵机构

离合器和制动器的操纵机构是车辆及各种机械中最常用、最典型的操纵机构，其结构形式由于离合器和制动器的类型、用途、大小和总体布置的要求不同而多种多样。常见离合器和制动器的操纵机构有机械操纵机构、液压操纵机构、气压操纵机构和电气操纵机构等。

（1）机械操纵机构

机械操纵机构是指操纵系统中的传动主要是由机械传动来完成，如采用杠杆机构、连杆机构、蜗杆传动和齿轮传动等，其操纵力由人力提供。当操纵阻力较大时，可在操纵系统中增加助力装置以完成操纵动作。

1）人力操纵机构

图 6.1 所示的机构就是人力操纵离合器的机械操纵机构。从图 6.1 中可知，操纵元件的动作由脚踏完成，其传动元件为双臂杠杆与平面四杆机构。

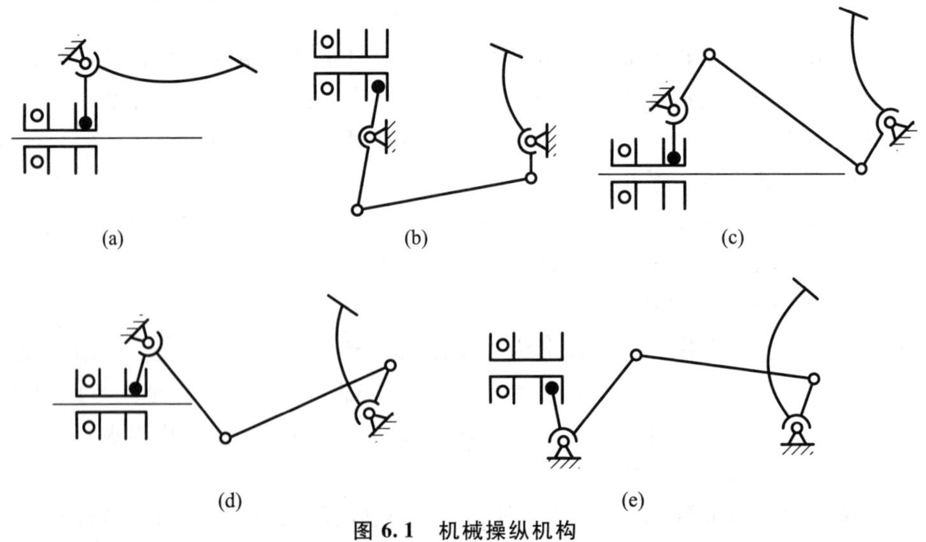

图 6.1　机械操纵机构

在设计人力操纵机构时，如采用手杆操纵，其操纵力不宜超过 150 N；若采用脚踏操纵，其操纵力不宜超过 300 N。

2）助力操纵机构

当操纵力超过了上述人力操纵机构的推荐值后，就应当考虑采用助力装置实现操纵，即助力操纵机构。常用的助力装置有弹簧式和液压式两种，它们适用于各种大中型机械。

① 弹簧式助力装置

这种装置是在操纵机构中安装一个助力弹簧，利用它把离合器接合时压紧弹簧，将一部分势能存储起来，供下次分离时使用。图 6.2 就是装有弹簧式助力装置的助力操纵机构。

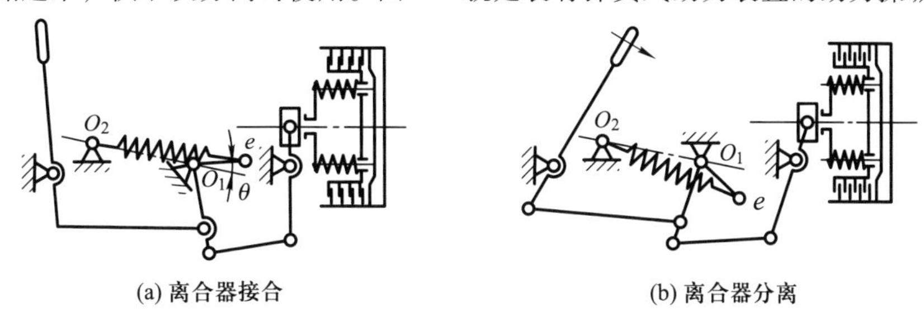

图 6.2 装有弹簧式助力装置的助力操纵机构

在图 6.2 中，当弹簧的端点 e 在 O_1O_2 的延长线上时，其处于死点，弹簧被拉得最长。要使离合器接合时，e 点应越过死点（O_1O_2 延长线的上方），这时助力弹簧对离合器不会产生拉力，以免影响压紧效果。助力弹簧在这里还起到了回位弹簧的作用，保证当杠杆被限位挡块限位后，分离轴承处有适当的间隙。在分离过程中 e 点移动，在越过死点之前，助力弹簧被拉伸，反而多消耗操纵人员的体力。只有在越过死点之后，由于弹簧的收缩才发挥助力作用。因此应在保证助力弹簧可以被有效且稳定锁死的条件下，尽量减小离合器接合时助力弹簧与 O_1O_2 之间的夹角 θ。

操纵力的变化曲线如图 6.3 所示。横坐标是操纵杆行程 S（$O \sim S_a$ 为自由行程，$S_a \sim S_b$ 为工作行程），纵坐标是操纵力 F。曲线 1 是未装助力弹簧时的作用力（在自由行程阶段作用力为零）；曲线 2 是助力弹簧换算到操纵杆上的作用力；曲线 3 是曲线 1、曲线 2 的合成，它表明装了助力弹簧之后最终的效果（在自由行程阶段，作用力为 $F_{O_2} \sim F_{a_2}$；在工作行程阶段，作用力为 $F_{a_3} \sim F_{b_3}$）。曲线 1 和 3 之间带竖线的阴影面积即为需增加的操纵功。

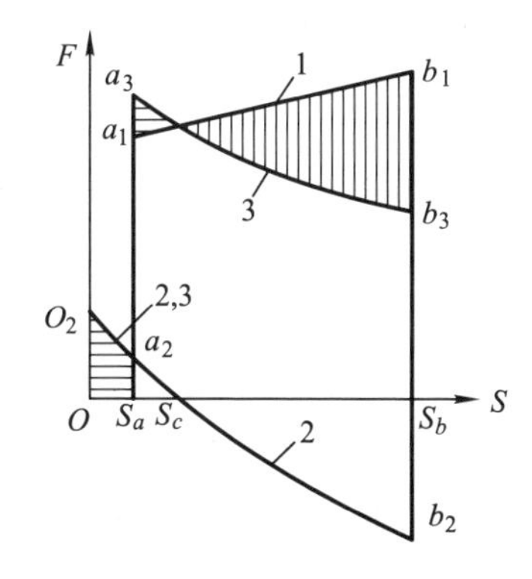

1—未装助力弹簧曲线；2—装有助力弹簧曲线；3—曲线 1 和曲线 2 的合成

图 6.3 操纵力的变化曲线

由于在死点（对应于 S_c）之前助力弹簧多消耗操作者体力，带横线的阴影面积即为需增加的操纵功。两者之差便是助力弹簧装置所存储的能量，它相当于压紧弹簧所释放出势能的 60%～70%。考虑机械效率后，实际节省的操纵功为 25%～40%。可见弹簧式助力装置虽能减少人的体力消耗，但大部分操纵功仍需由人去做。所需的最大操纵力由 E_{b_1} 变为 F_{a_3}，稍有减小。

设计时，应使 S_c 略大于 S_a，即助力弹簧死点应安排在自由行程完全消失，离合器开始分离之后，以便利用助力弹簧压紧的力量促使助力弹簧退过死点回到原始位置。助力弹簧有拉伸式和压缩式两种。由于弹簧式助力装置结构简单，工作可靠，因此在中型离合器上采用较适宜。

② 液压式助力装置

液压式助力装置的工作原理如图 6.4 所示。扳动操纵手柄使分配滑阀向右移动，阀头的锥面堵住液压油流向油箱的孔道，油压便推动活塞右移将离合器分离。液压式助力装置的工作压力一般为 2.0～2.5 MPa。

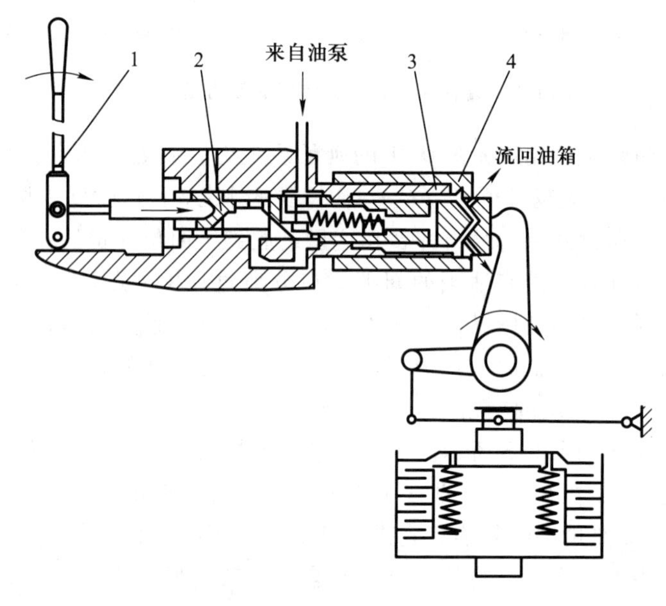

1—操纵手柄；2—分配滑阀；3—滑阀导管；4—活塞

图 6.4　液压式助力装置的工作原理

（2）液压操纵机构

液压操纵机构结构紧凑，且只需要操作者施加较小的力就能获得较大的操纵力，因此被广泛用于各种大中型机械中。

1）离合器用液压操纵机构

对于大功率传动用的离合器，因其操纵力较大，一般采用液压操纵方式。图 6.5 是一种以液压装置压紧离合器的活塞施压液压操纵机构。其工作原理：轴 10、缸体 1 和摩擦钢片 3 一起转动，套在轴上的齿轮 6 与摩擦片 4 一起转动。离合器接合时，压力油从油道 B 进入油腔 C，推动活塞将摩擦钢片 3 和摩擦片 4 压紧，使齿轮与轴一同旋转；分离时，油道 B 和油腔 C 与溢油路相通。活塞在分离弹簧 7 的作用下回到原位。为了润滑和冷却摩擦

面，低压油从油道 A 进入，经内鼓的若干径向孔流向摩擦面（其上开有油槽），然后从外鼓的径向孔排出。可以看出，这种离合器中的活塞必须与缸体一同旋转，才能防止缸体与活塞的配合面及密封件损坏。这种油缸称为旋转油缸。

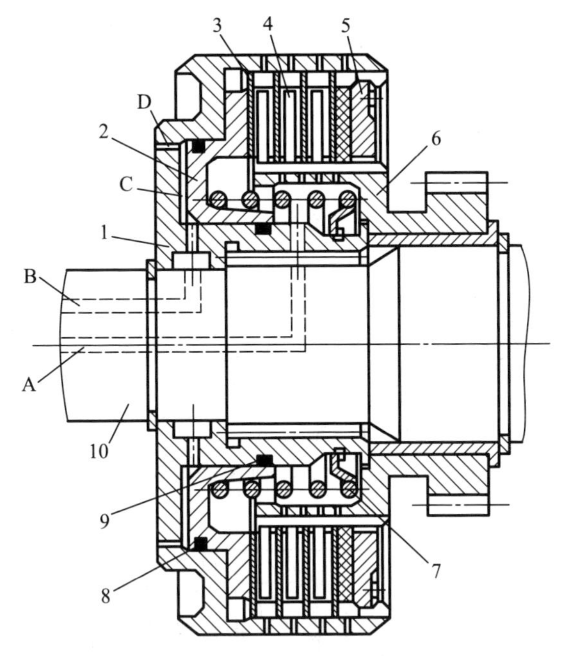

1—缸体；2—活塞；3—摩擦钢片；4—摩擦片；5—承压盘；6—齿轮；
7—分离弹簧；8—金属密封环；9—橡胶密封圈；10—轴

图 6.5　活塞施压液压操纵机构

油缸的施压方式有活塞施压和缸体施压两种。图 6.5 为活塞施压液压操纵机构，油液对活塞的力通过摩擦钢片 3、摩擦片 4 和承压盘 5 传到缸体上，与油液直接对缸体的力相平衡，不传到轴上。图 6.6 为缸体施压液压操纵机构，油液对缸体的力通过摩擦片、离合器内鼓、轴承等传到轴上，与油液对活塞的力相平衡。这使轴承及用于轴向定位的挡圈、螺母等承受较大的轴向力。

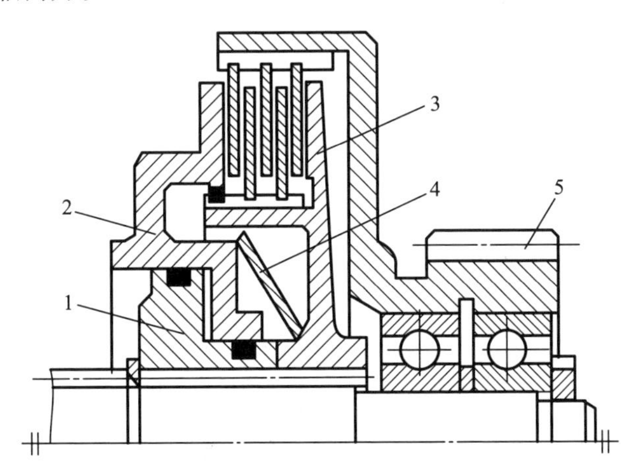

1—活塞；2—缸体；3—离合器内鼓；4—碟形分离弹簧；5—齿轮

图 6.6　缸体施压液压操纵机构

旋转油缸的一个重要问题是排油困难。较好的措施是设置几个专门的钢球排油阀。离心式钢球排油阀的工作原理如图6.7所示。图6.7中右侧较大的孔A通油腔，左侧较小的孔B通外界空间。离合器接合时，钢球被压力油推向左侧的锥形阀座上，油腔中的油不能溢出；离合器分离时，油腔中压力下降，钢球在离心力作用下回到距油缸中心线最远的壁上，油腔中的油可经孔A向孔B排出。

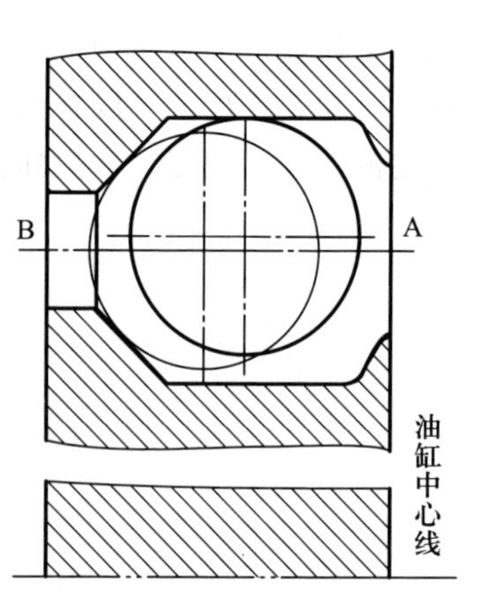

图6.7 离心式钢球排油阀的工作原理

图6.8所示为液压操纵换挡的工作原理。图6.8中Ⅰ挡离合器处于分离状态，Ⅰ挡油缸中的油液可从油口B溢回油箱。Ⅱ挡离合器处于接合状态。当Ⅱ挡离合器开始接合时，从油泵来的压力油经油口A进入Ⅱ挡的油缸，推动活塞压紧摩擦片。在摩擦片被压紧之后，油口A不再进油，油液便推开压力控制阀5，从油口C进入轴中心的油道流向摩擦片的油槽，并润滑轴承等零件。因此，压力控制阀的作用是保证油液在流动过程中对摩擦面产生合乎要求的压力。这一压力可通过压力控制阀5中的弹簧进行调节。

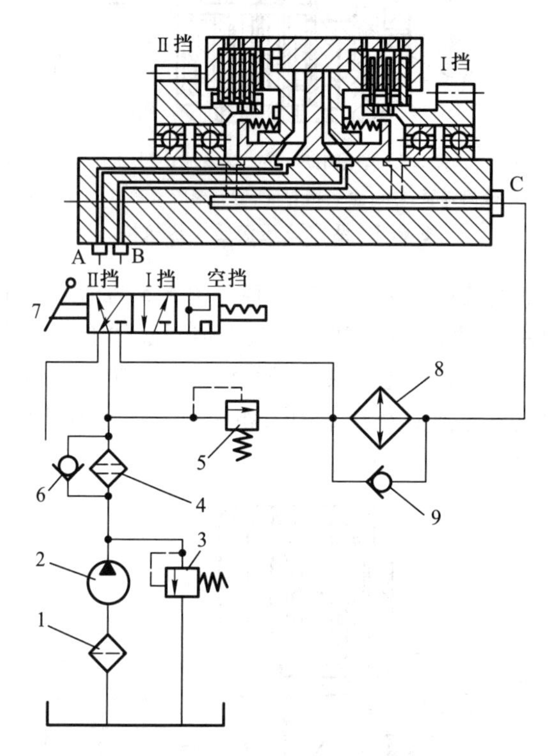

1—过滤器；2—油泵；3—安全阀；4—滤油器；5—压力控制阀；
6、9—旁通阀；7—分配阀；8—散热器

图6.8 液压操纵换挡的工作原理

分配阀7由操作者操纵进行换挡。当移到Ⅰ挡位置时，油泵的油从油口B进入，将Ⅰ挡离合器接合。此时油口A与油箱相通，Ⅱ挡离合器分离。分配阀移到空挡位置时，油口

A、B 均与油箱相通，两个离合器同时分离，油泵的油经分配阀直接流向油口 C 而不通过压力控制阀 5，以减小空挡时油泵的载荷。用于压紧摩擦片的油压力一般为 0.6~1.2 MPa，有时会更高一些，这对液压元件的加工精度和密封质量要求较高。

2）制动器用液压操纵机构

用于大功率制动器的液压操纵机构有液压式人力操纵机构和液压式动力操纵机构两种。

① 液压式人力操纵机构

液压式人力操纵时操作者施加较小的力，由液压系统施加较大的操纵力，其机构见图 6.9。其工作原理：当踩下左制动踏板 8（右半部分图中未画出）时，左滑阀 1 向左移动，单向阀 2 被顶开，而补充油液的单向阀 5 在弹簧的作用下关闭，左滑阀 1 继续左移，就迫使油液顶开单向阀 4 进入左制动油缸 3 而使左侧车轮制动。此时虽然单向阀 2 开启，但因右制动阀中相应的单向阀 2′处于关闭状态，压力油不能进入右制动油缸，因而实现左侧单边制动。当两踏板同时踏下时，左、右制动阀中的单向阀 2 和 2′都开启，两阀相通，保证两侧制动器同时工作且制动力矩相等。这种制动方式省力且可保证左、右水平作用力平衡。油液的工作压力一般为 6~8 MPa。

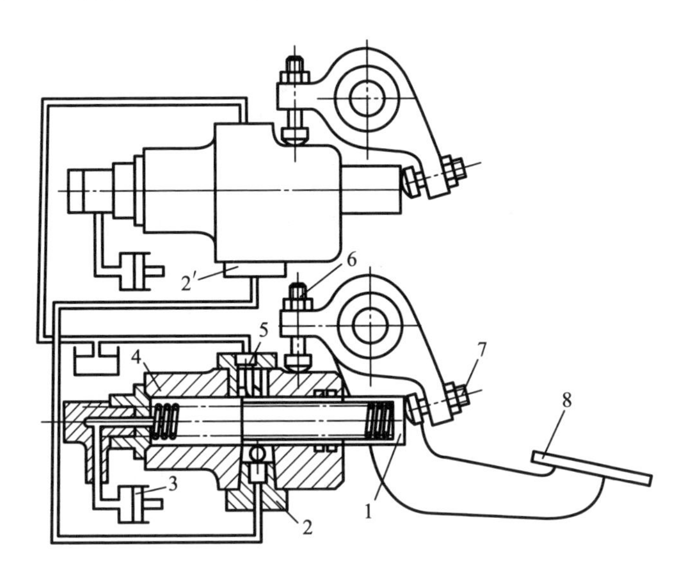

1—左滑阀；2、2′、4—单向阀；3—左制动油缸；5—补充油液的单向阀；
6、7—调整螺钉；8—左制动踏板

图 6.9 液压式人力操纵机构

② 液压式动力操纵机构

液压操纵机构随使用目的的不同，其结构形式也多种多样，但其工作原理都是一样的。下面以图 6.10 所示的车辆制动用液压式动力操纵机构为例来介绍。它的控制阀包括两个单向阀 7 和由锥阀 13、14，阀顶杆 15 组成的一个主阀。油道 A 和油泵相通，油道 D 通向车辆悬挂系统分配器，C 通向制动油缸，E 通向油箱。其工作原理：不制动时，锥阀 3、13，单向阀 7 开启，锥阀 14 关闭，A 和 D 相通，C 和 E 相通，此时油泵来油可供悬挂系统之需。踩下制动踏板后，锥阀 13 关闭，锥阀 14 开启，且锥阀 13 开度变小有节流作用，从而油压升高，液压油经锥阀14、单向7流向油道C至制动油缸。滑阀越往左移，锥阀13的开度越小，油压越高，制动力矩越大，踏板下移所需克服的阻力也越大，从而使操作者获得制动的感觉越明显。随着B腔中油压升高，锥阀13逐渐左移，锥阀14逐渐关闭，使制动油缸的油压不再上升。制动结束后，油缸中的油经锥阀3和E流回油箱。

左、右制动器共用一只踏板操纵，控制阀中有凸轮4和单向阀7，可用以实现单边制动。在图6.10所示的位置时，两个单向阀7均开启，制动时高压油从B腔经单向阀7同时流向制动油缸的油道C，即左、右制动器同时制动。为了实现单边制动，制动踏板1的支点固定在凸轮4的轴2上，踏板可带动轴2向左右各摆动6°，操纵时只需稍稍偏转踏板，就可使凸轮4转动。如果凸轮4顺时针转动一个角度，图6.10中左边的单向阀7就不再被凸轮4顶住而变为关闭。这时油液只能流向右侧制动油缸，实现单边制动。为防止在高速行驶时操作不慎因单边制动而引起事故，用连锁手柄6转动连轴销5使凸轮4不能转动。

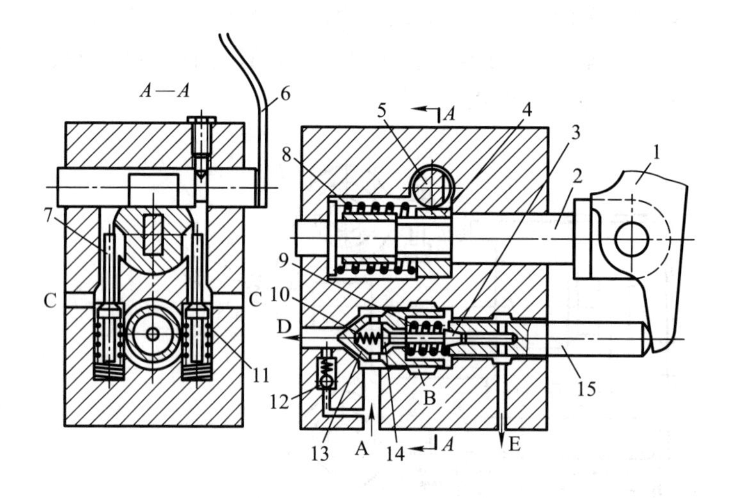

1—制动踏板；2—轴；3、13、14—锥阀；4—凸轮；5—连轴销；6—连锁手柄；
7—单向阀；8、9、10、11—弹簧；12—限压阀；15—阀顶杆

图6.10 车辆制动用液压式动力操纵机构

(3) 气压操纵机构

气压操纵机构具有操纵力大、动作快等特点，因此广泛应用于各种车辆的制动系统或各种机械设备的操纵机构中。人所施加的力很小，只用来克服操纵件自身的摩擦阻力。图6.11是车辆上使用的气动制动器的操纵机构。制动时踩下制动踏板5，制动阀4中的膜片3下移，先将放气阀2关闭，然后将进气阀12顶开，压缩空气由进气阀12进入制动阀，再流向前、后轮制动气室11。在制动过程中，前、后轮制动气室11和制动阀中膜片3下方的气压逐渐升高，推动膜片3克服上方弹簧的压力向上移动，逐渐使进气阀12关闭，气压停止上升。如进一步踩下踏板，则弹簧进一步压缩，又推动膜片3下移，使进气阀重新打开，直到气压增高到某一新的数值，又使膜片上移到进气阀12关闭为止。这样，即可通过踏板行程的大小来控制前、后轮制动气室中的压力和制动力矩。

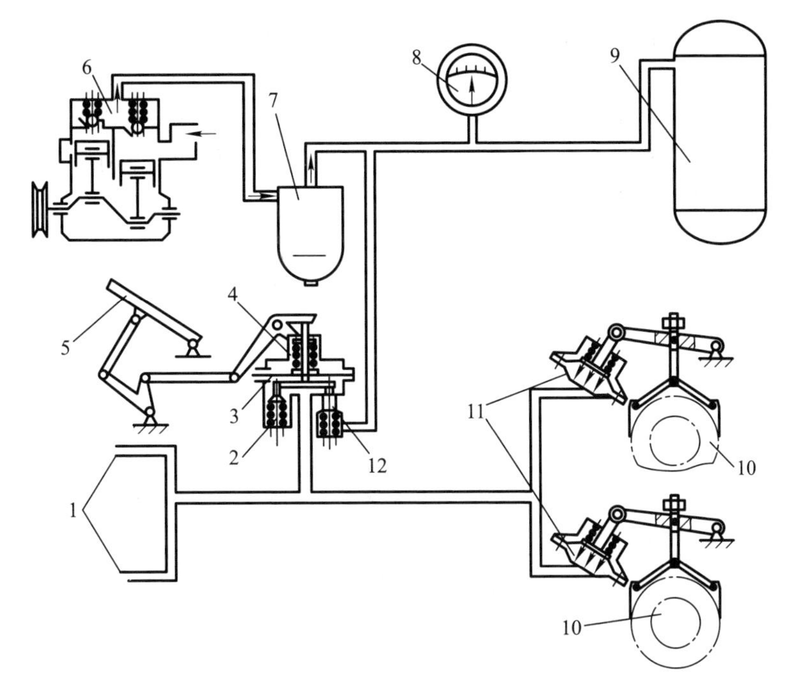

1—通往前轮制动气室的管路；2—放气阀；3—膜片；4—制动阀；
5—制动踏板；6—气泵；7—油水分离器；8—压力表；9—储气筒；
10—前、后轮制动器；11—前、后轮制动气室；12—进气阀

图 6.11 气动制动器的操纵机构

2. 摆动式、移动式操纵机构

(1) 摆动式操纵机构

摆动式操纵机构是一种结构简单的单独操纵机构，其应用普遍。图 6.12 所示为摆动式操纵机构。转动手柄 1 经转轴 2、摆杆 3、滑块 4 即可使制有环形槽的滑移齿轮 5 移动。

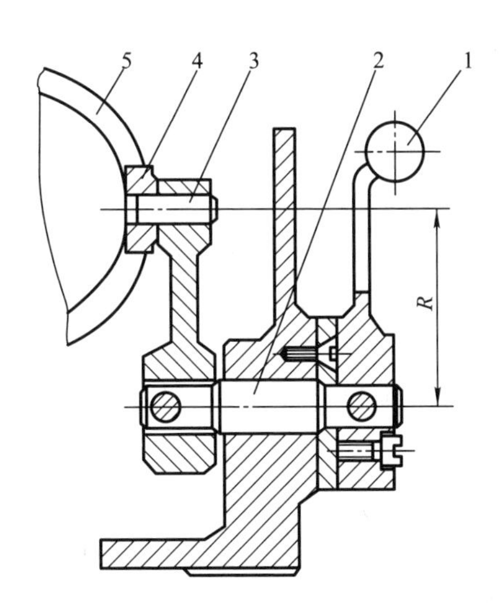

1—转动手柄；2—转轴；3—摆杆；4—滑块；5—滑移齿轮

图 6.12 摆动式操纵机构

摆杆摆动时，滑块运动轨迹是半径为 R 的圆弧，滑块在滑移齿轮环形槽内相对于滑移齿轮轴线会产生偏移量 e，e 越大，操纵就越费力，滑块脱离滑移齿轮环形槽的可能就越大，所以设计时应力求使偏移量 e 减小。为了减小滑块的偏移量，摆杆轴最好布置在滑移齿轮行程中点的垂直面内。同时为使滑移齿轮顺利移动，拨动机构运动的推动力必须克服滑移齿轮与轴间的摩擦阻力。所以，要求操纵机构不应发生自锁现象。

（2）移动式操纵机构

移动式操纵机构通常用于滑移齿轮移动距离较大的场合。最常用的移动式操纵机构是齿轮齿条操纵机构。如图 6.13 所示，它把手柄 2 的转动通过齿轮 3 与齿条 4 的啮合，使拨叉 1 沿导向轴 5 移动，从而使齿条得以移动。

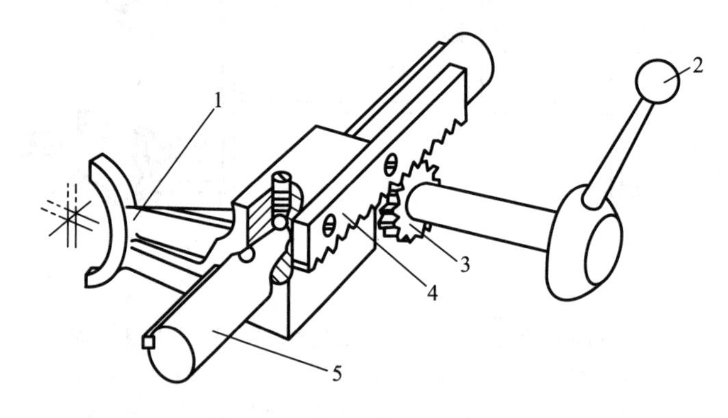

1—拨叉；2—手柄；3—齿轮；4—齿条；5—导向轴

图 6.13　齿轮齿条操纵机构

6.2.5　操纵系统中的安全保护装置

操纵系统必须具有完备的安全保护装置，才能够实现可靠的定位、自锁和互锁。操纵系统安全保护装置常用的有定位机构、自锁机构和互锁机构。

1. 定位机构

为保证操作安全和机床的正常运转，操作机构应能够实现可靠的定位。定位机构按工作原理可分为弹性定位和刚性定位两种形式。

弹性定位机构依靠滚珠、圆柱或圆锥在弹簧力的作用下，压紧在运动件上相应的定位孔或定位槽中实现定位。图 6.12 所示的摆动式操纵机构中采用的就是弹性定位机构中的钢珠定位。弹性定位机构的定位元件能够依靠运动件移动时产生的力脱开定位孔或定位槽，而不需要单独设置脱出机构，所以机构简单。这类机构为了保证定位可靠，设计定位槽时应使其具有自锁效应。

刚性定位机构又有摩擦定位（如刹车定位、摩擦离合器定位等）、插销定位和啮合定位三种形式。插销定位机构是使用较普通的定位机构。刚性定位机构一般利用外力使定位件进入定位孔或定位槽中，通常由凸轮、液（气）动、电磁铁、电动机等完成。

2. 自锁机构

自锁机构是以一定的预压力把操纵元件、执行元件或中间的某传动元件固定在设定的

位置上。只有所施加的操纵力大于这个预压力，操纵元件或执行元件才会运动。图 6.14 为滑移齿轮操纵系统中采用的钢球自锁机构。钢球在弹簧力的作用下，使钢球压紧在齿轮的 V 形槽内起到自锁作用。当作用在齿轮上的轴向力大于压紧力在齿轮轴向上的分力时，齿轮才能滑移。这就保证了齿轮不能自动滑移，也不会影响正常的传动。

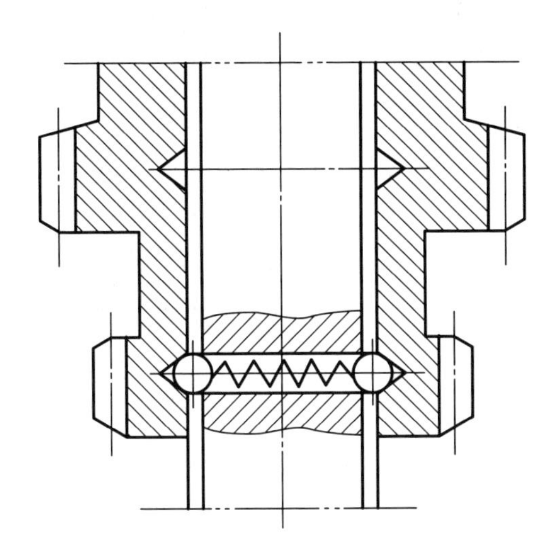

图 6.14 滑移齿轮操纵系统中采用的钢球自锁机构

钢球自锁机构上切槽的槽形一般有半圆形和 V 形两种，如图 6.15 所示。槽的夹角 α 将影响移动滑杆需要的操纵力的大小。半圆形切槽在球窝边缘磨损后，α 角减小，会使滑杆移动的轴向力减小。因此，它的自锁性能不如 V 形切槽。

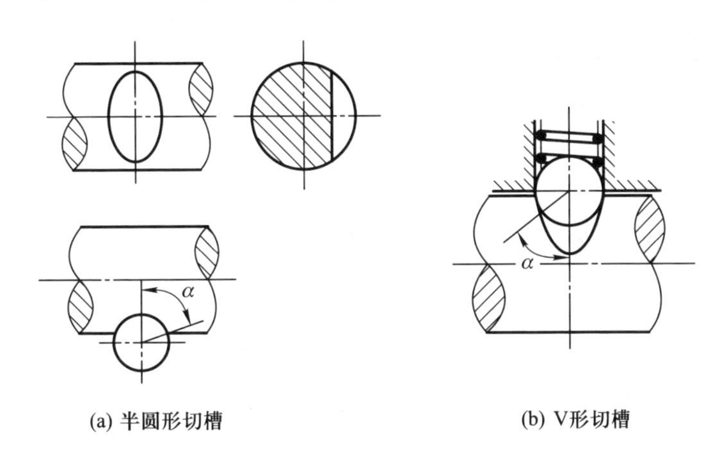

图 6.15 钢球自锁机构上切槽的槽形

图 6.16 所示为汽车驻车制动器的自锁机构。当驻车操纵杆 15 顺时针方向运动时，通过制动拉杆 12 带动蹄片操纵臂 11 逆时针方向摆动，推动前蹄臂 10 和左侧制动蹄右移同时通过制动臂拉杆 9 拉动后蹄臂 7，压缩支持弹簧 8，使右制动蹄左移，两制动蹄夹紧制动盘，产生制动作用，并由棘爪 13 将操纵杆锁定在制动位置上。

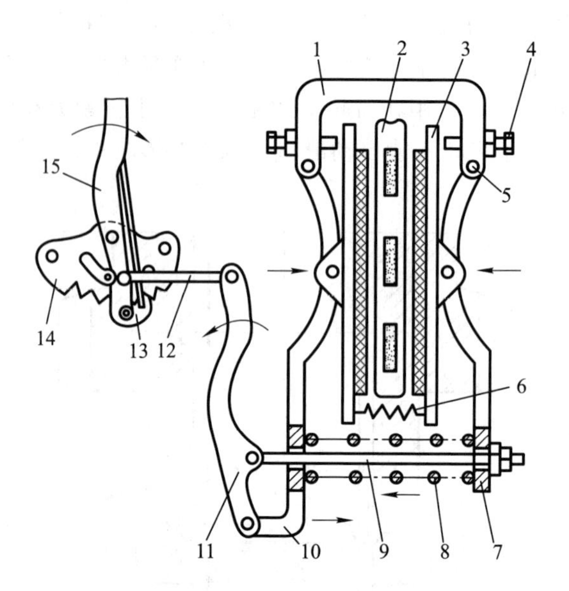

1—制动蹄支架；2—制动盘；3—制动蹄；4—调整螺钉；5—销；6—拉簧；
7—后蹄臂；8—支持弹簧；9—制动臂拉杆；10—前蹄臂；11—蹄片操纵臂；
12—制动拉杆；13—棘爪；14—扇形齿板；15—操纵杆

图 6.16　汽车驻车制动器的自锁机构

3. 互锁机构

互锁机构使操纵系统在进行一个操作动作时把另一个操作动作锁住，从而避免机械发生不应有的运动干涉，保证在前一执行元件的动作完成后才可使另一执行元件动作。如在车辆和机床等各类机械的变速箱中不会同时挂两个挡；在离合器和制动器配合动作的操纵系统中，应保证离合器先脱开、制动器后制动，或制动器先松开、离合器后接合。

互锁机构可以采用机械、液压和电气等多种方式来实现。机械互锁机构根据对不同运动方式之间的互锁要求，常见的有以下几种：

（1）旋转运动间互锁

用于平行轴旋转运动间的几种互锁机构如图 6.17 所示。如图 6.17a 所示，两个手柄

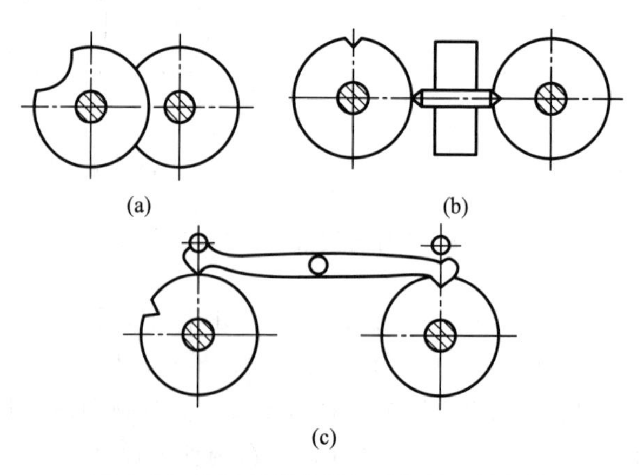

图 6.17　两平行轴旋转运动间的互锁机构

上各装有一个带缺口的圆盘，图中所示位置只有左轴可转动，只有当两缺口相对时，才能转动两个轴中的任意一个。图 6.17b 所示是采用一个可左右推移的柱销使两平行轴互锁。图 6.17c 所示为用一个能绕中间小轴摆动的杠杆，使两平行轴互锁。图 6.18 是互相垂直的旋转轴运动间的互锁机构，其工作原理与上述平行轴间的互锁机构类似。

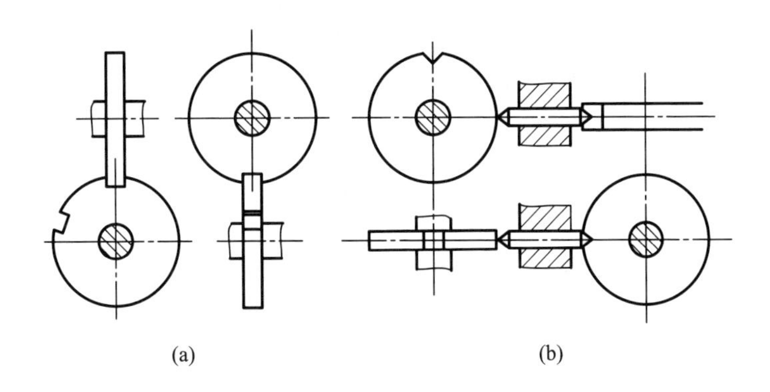

图 6.18　互相垂直的旋转轴运动间的互锁机构

（2）直线运动间互锁

两直线运动间的互锁机构如图 6.19 所示。图 6.19a 为两轴上环形槽相对时为原始位置，即可移动其中任意的一根轴，当移动其中一根轴时，钢球被推入另一根轴上的环形槽内，使该轴被锁住。图 6.19b 为两轴间通过圆盘互锁，当圆盘上的缺口对准某一轴时，该轴可以轴向移动，另一轴被圆盘锁住。

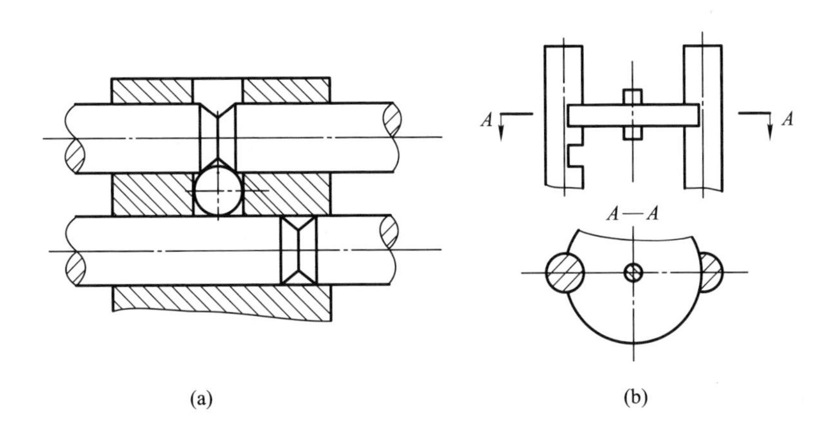

图 6.19　两直线运动间的互锁机构

（3）直线运动与旋转运动间互锁

图 6.20 为直线运动与旋转运动间的互锁机构。图 6.20a 为两轴互相平行时的互锁机构，挡板对准移动轴上的槽时，右边轴才能转动，这时左边轴被锁住。图示位置为右边轴被锁住，而左边轴能移动的情况。图 6.20b 为两轴相互垂直时的互锁机构。

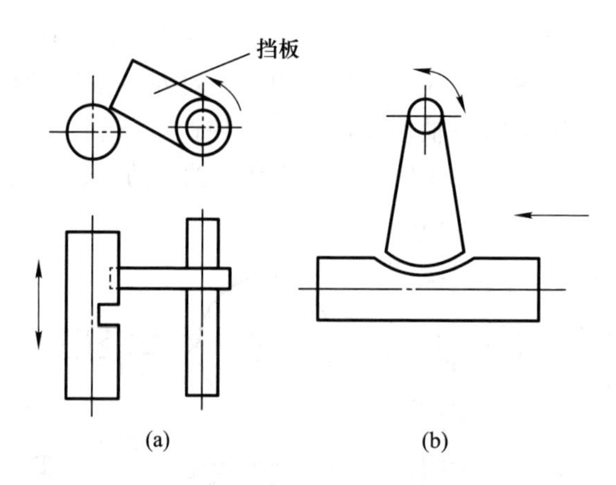

图 6.20　直线运动与旋转运动间的互锁机构

6.2.6　操纵系统设计的内容、步骤和注意事项

操纵系统存在于各种机械、车辆、船舶和飞机等机械系统中。其工作原理和结构形式多种多样，再加上其应用的场合和特点不同，也应有不同的设计要求和计算内容。总的来看，操纵系统的设计一般包括原理方案设计、结构设计和操纵元件的造型设计。其具体步骤如下：

（1）原理方案设计

原理方案设计是根据设计的要求，如执行元件的运动轨迹、速度，被操纵件的数目以及各执行元件之间的关系，拟订操纵系统中操纵元件、执行元件和传动元件的设计方案。在拟订方案后，再确定主要的设计参数（如操纵力、操纵行程和传动比等）及有关的几何尺寸。

拟订方案时，应大量搜集国内外同类操纵系统的先进资料，结合所设计目标的特点，拟订技术先进、切实可行的设计方案。为此应遵循以下三个原则：

1）尽量简化机构设计，缩短传动路线。在满足功能要求的前提下，应尽量采用构件数目和运动副数目少的机构。因为减少构件和运动副数目可以简化结构、减轻重量、降低成本、提高传动系统的刚度和效率。

2）尽量减小机构及构件的尺寸。机构的尺寸与操纵系统整体尺寸有密切的关系，如在同一速比条件下，蜗杆机构比齿轮机构及链传动机构的尺寸要小。

3）应具有较高的机械效率。传动链的总效率等于传动链中各个机构效率的连乘积。因此，当传动链中某一个机构的传动效率较低时，就会使总效率降低。在拟订方案时要综合考虑，既要保证较优的传动设计，又要保证较高的传动效率，从而得到最佳的设计方案。

（2）结构设计

在原理方案设计的基础上继续完成操纵系统中操纵元件、执行元件和传动元件的结构形状和尺寸设计。必要时，为确保操纵安全可靠，要增加安全保护元件或装置。

结构设计中要重点考虑保证功能、提高性能和降低成本这三个要素。保证功能就是在结构设计中体现功能结构的明确性、简单性和安全性；提高性能就是要使结构合理承载，提高结构的强度、刚度、精度、稳定性，减小应力集中等；降低成本要从选材、加工和安装的合理性等方面追求良好的经济性。

（3）操纵元件的造型设计

操纵元件不仅用来完成操纵系统的任务，也对整机美观起到装饰和点缀的作用。它的艺术造型对提高整机的价值具有一定的作用。不同的操纵元件在不同机械上，应有自己独特的造型和风格，并与机械整体外观和功能相协调。详见有关机械产品造型设计的文献。

此外，在以上各部分设计中，必须随时考虑人机协调问题，详细内容见第 10 章。

6.2.7 操纵系统设计实例分析与计算

例 6.1 设计一种接合式摩擦片离合器的脚踏板机械操纵机构。

（1）原理方案设计

根据题意要求，离合器接合采用弹簧压紧，分离操纵机构采用平面四杆机构，如图 6.21 所示。其工作原理：离合器靠压紧弹簧 2 产生的压紧力 F_n 将带摩擦面的从动盘 4 夹紧在压盘 3 和主动盘 5 之间，从而借助摩擦力将输入到主动盘 5 上的动力经从动盘 4 传到输出轴 10 上。若要切断动力，脚踏踏板 8 通过中间拉杆 9 及杠杆使滑盘左移，再经分离杠杆 7 使拉杆 6 右移压紧弹簧 2，使主动盘 5、从动盘 4 和压盘 3 分离。当撤去脚踏力时，回拉弹簧 1 使脚踏板回位，压紧弹簧 2 使离合器接合。

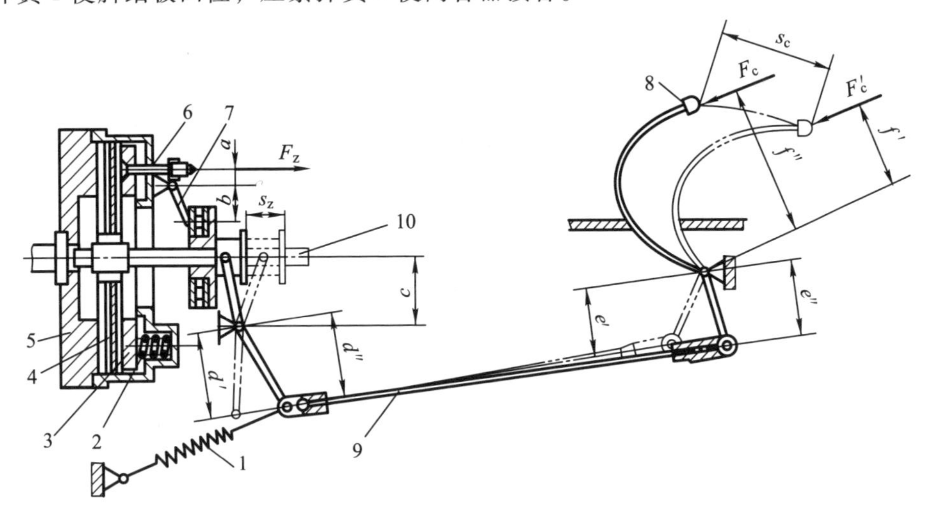

1—回拉弹簧；2—压紧弹簧；3—压盘；4—从动盘；5—主动盘；6—拉杆；7—分离杠杆；8—踏板；9—中间拉杆；10—输出轴

图 6.21 接合式摩擦片离合器的脚踏板机械操纵机构

（2）初步确定主要的几何尺寸

本例中未提出具体的要求，其操纵机构的主要几何尺寸和它们之间的关系用符号直接标注在图中，如图 6.21 所示。

（3）确定主要的设计参数

操纵系统作为人体四肢的延伸，一般是以变力、变行程和完成较复杂的动作为目的。其主要设计参数有操纵力、操纵行程和传动比。

1）操纵力 F_c 的确定

操纵力 F_c 是操作者施加给操纵元件的最大作用力，取决于执行元件的工作阻力 F_z、操纵系统的传动比 i_c 和操纵系统的传动效率 η。操纵力 F_c 可通过下式计算：

$$F_c = F_z/(\eta i_c) \tag{6.1}$$

操纵系统的传动效率一般取 0.7～0.8。此操纵机构的工作阻力包括压紧弹簧 2 的压紧力 F_n 和离合器分离、压紧弹簧 2 继续被压缩时的弹簧力 ΔF_n，所以执行元件的工作阻力为

$$F_z = F_n + \Delta F_n = F_n + K\Delta\lambda = F_n + KZ\Delta S \tag{6.2}$$

式中：K——弹簧刚度；

$\Delta\lambda$——附加变形；

Z——离合器的摩擦面对数；

ΔS——离合器各摩擦面间应保持的间隙。

2）操纵行程 s_c 的确定

操纵行程是指执行元件从初始位置到完成操纵的终了位置，操纵元件所走过的位移，可由下式计算：

$$s_c = i_c s_z \tag{6.3}$$

式中：s_z——执行元件的行程；

i_c——传动比。

操纵元件的移动由人体活动实现，操纵行程的大小直接影响人体感觉的舒适性。一般手柄操纵行程为 80～120 mm，脚踏板操纵行程以不大于 200 mm 为宜。

3）传动比 i_c 的确定

操纵系统的传动比为传动元件的主动力臂与从动力臂之比，其值决定于传动机构中构件的尺寸，应按在克服最大操纵阻力时构件所在的位置确定。如图 6.21 中各力臂为 a、b、c、d''、e'' 和 f''。因为 a、b 和 c 较小，可视为不变，所以操纵系统的传动比为

$$i_c = bd''f''/(ace'') \quad 或 \quad i_c = F_z/F_{cp} \tag{6.4}$$

式中，F_{cp} 为许用操纵力，可查阅人机工程学的相关手册。

新设计时，因为工作阻力 F_z 可先确定，所以可先按 $i_c = F_z/F_{cp}$ 初定传动比。按此传动比确定各传动杆尺寸，进行结构设计。然后根据结构尺寸精确计算传动比 i_c，并验算操纵力 F_c。若超过推荐值，则应调整传动元件的尺寸。

在确定传动比 i_c 时，要考虑操纵力和操纵行程两个方面的问题。当工作阻力 F_z 一定时，i_c 大则 F_c 小，操纵就省力；当执行元件的行程 s_z 一定时，i_c 大则 s_c 大，操纵行程大易使操作者疲劳。

例 6.2　设计一个凸轮传动的操纵系统。

原理方案设计：如图 6.22a 所示，此操纵系统是用一个操纵元件 1 通过两个执行元件（拨叉）3 和 6，分别操纵两个被操纵件（变速齿轮），即三联滑移齿轮 4 和双联滑移齿轮 5，且操纵位置有一定的顺序关系。因此，这是一种顺序变速的集中操纵系统。圆柱凸轮 8 上开有两条沟槽 a 和 b，沟槽 a 经杠杆 2 和执行元件 3 操纵三联滑移齿轮 4，沟槽 b 经杠杆 7 和执行元件 6 操纵双联滑移齿轮 5，由此得到 6 种转速。操纵元件 1 每转 60°得到一种转

速。由于沟槽曲线形状是按照一定变速顺序设计的，因此从一个速度变到另一个速度，经中间各级转速，故称为顺序变速。图 6.22b 为圆柱凸轮轮廓曲线展开图，表明两条沟槽的曲线形状，图中 Ⅰ 至 Ⅵ 表示两个滑移齿轮相应的 6 个位置。

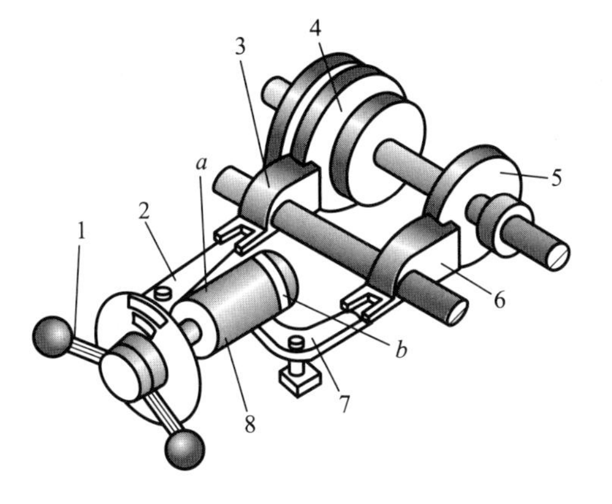

(a) 操纵系统简图

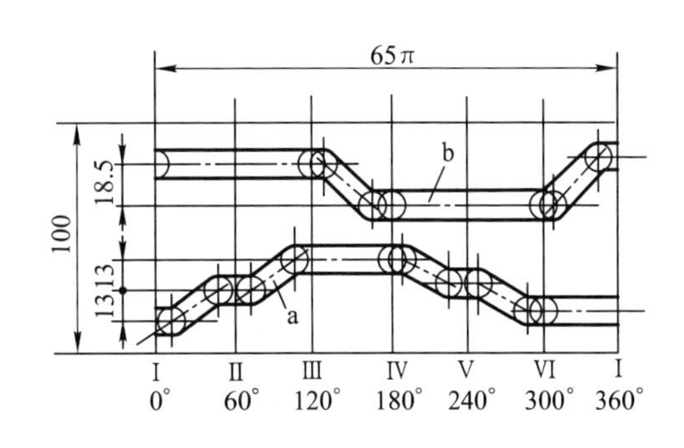

(b) 圆柱凸轮轮廓曲线展开图

1—操纵元件（手轮）；2、7—杠杆；3、6—执行元件（拨叉）；4—三联滑移齿轮；5—双联滑移齿轮；8—圆柱凸轮

图 6.22 凸轮传动的操纵系统

采用凸轮传动操纵系统时，其原理方案设计的要点如下：

1）分析执行元件的运动规律，绘制凸轮的行程曲线。如图 6.22 所示的凸轮传动的操纵系统，其执行元件的运动规律就是被操纵件（变速齿轮）（三联滑移齿轮 4 和双联滑移齿轮 5）的位置变化规律，凸轮的行程曲线就是图 6.22b 所示的凸轮沟槽曲线。

2）绘制凸轮理论轮廓曲线，包括确定凸轮机构尺寸（凸轮基圆半径 R_b 和滚子直径 d_r）和绘制凸轮轮廓曲线。

3）验算凸轮轮廓曲线不同曲率半径处的压力角。为保证操纵系统省力和凸轮不发生自锁，最大压力角 α_{max} 不得大于推荐的许用压力角 α_p，对于从动件作直线运动的推杆，$\alpha_p = 45° \sim 60°$，常用的凸轮轮廓曲线有圆弧、直线和阿基米德螺线。

4）绘制凸轮的工作图。

5）确定从动件的杠杆尺寸，杠杆比由凸轮升程和执行元件移动距离确定。

6.3 控制系统设计

6.3.1 控制系统的作用与组成

1. 控制系统的作用

机械系统在工作过程中，各执行机构应根据生产要求，以一定的顺序和规律运动。各执行机构运动的开始、结束及其顺序一般由控制系统保证。可见控制系统实际是指输出能按照要求的给定输入进行调节以实现控制功能的一套装置。早期机械系统中，人作为控制系统的一个关键环节起着决定作用。随着科学技术的发展，控制系统自动化程度的提高，在一些控制系统中，人的作用逐渐被控制装置所取代，从而形成了自动控制系统。机械设备中控制系统的作用主要包括可使各执行机构按一定的顺序和规律运动；能改变各执行机构的运动方向、运动轨迹或运动规律；能协调各执行机构的运动和动作，实现预定的作业环节要求；能对产品进行检测和分类；可对工作中出现的不正常现象及时报警并消除，防止事故的发生。

2. 控制系统的组成

无论多么复杂的控制系统都是由以下一些基本环节或元件所组成。将这些基本环节或元件用相应的变量及信号流向联系起来就构成控制系统的组成框图。图6.23是典型的闭环控制系统框图，控制系统主要由控制部分和被控对象所构成，能够对被控对象的工作状态进行自动控制。控制部分的功能是接收指令信号和被控对象的反馈信号，并对被控对象发出控制信号。被控对象则是接收控制信号，发出反馈信号，并在控制信号的作用下实现被控运动。

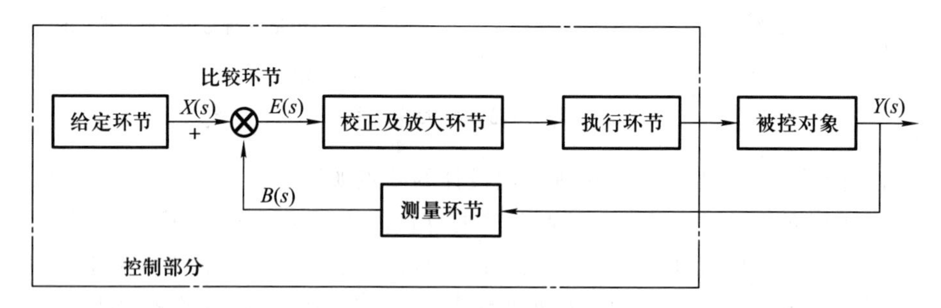

图6.23　典型的闭环控制系统框图

控制系统的控制部分包括给定环节、测量环节、比较环节、校正及放大环节和执行环节，从而实现对被控对象的控制。

（1）给定环节

给定环节是给出与反馈信号同样形式的控制信号，确定被控对象“目标值”的环节。给定环节的物理特性决定了给出的信号可以是电量、非电量，也可以是数字量或模拟量。

（2）测量环节

测量环节用于测量被测变量，并将被控变量转换为便于传送的另一物理量（一般为电量）的环节。例如电位计可将机械转角转换为电压信号，测速发电机可将转速转换为电压信号，光缆测量装置可将直线位移转换为数字信号，这些都可作为控制系统的测量环节。

（3）比较环节

比较环节的功能是将输入信号$X(s)$与测量环节发出的有关被控变量$Y(s)$的反馈信号$B(s)$进行比较。经比较后得到一个小功率的偏差信号$E(s)=X(s)-B(s)$，如幅值偏差、相位偏差、位移偏差等。如果$X(s)$与$B(s)$都是电压信号，则比较环节实际上就是一个电压相减环节。

（4）校正及放大环节

为了实现控制，往往要对偏差作必要的校正，然后进行功率放大以便能推动执行环节，实现这些功能的环节称为校正及放大环节。

(5) 执行环节

执行环节是接收放大环节的控制信号，驱动被控对象按照预期的规律运动的环节。执行环节一般是能将外部能量传送给被控对象的有源功率放大装置，工作中往往要进行能量转换，例如，将电能通过电动机转换成机械能驱动被控对象作机械运动。

6.3.2 控制系统的特性与要求

1. 控制系统的特性

只有知道了控制系统的特性才能去利用和控制它。控制系统的特性通常分为两类：一类是只与系统结构有关的固有特性，它包含系统的稳定性、可控性和可观性三方面。另一类是不仅与系统结构有关，还与其输入信号有关的响应特性，常分为动态特性和稳态特性两种。在经典控制论中只讨论稳定性、动态特性和稳态特性，可控性和可观性在现代控制论中加以研究。所谓控制系统的稳定性，就是指控制系统动态过程的振荡倾向和控制系统克服扰动恢复平衡状态的能力。稳定性是系统的固有特性，也是最根本的特性，只有在得知系统是稳定的以后，才有必要分析系统的响应特性。系统稳定与否取决于系统本身的结构与参数，而与输入无关。图 6.24 为稳定系统对单位阶跃信号的响应曲线，曲线呈衰减的收敛；图 6.25 为不稳定系统信号的响应曲线，曲线呈明显的振荡与发散状态。

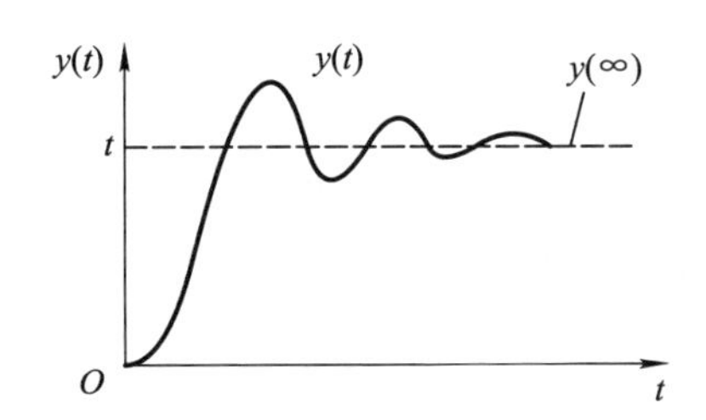

图 6.24 稳定系统对单位阶跃的响应曲线

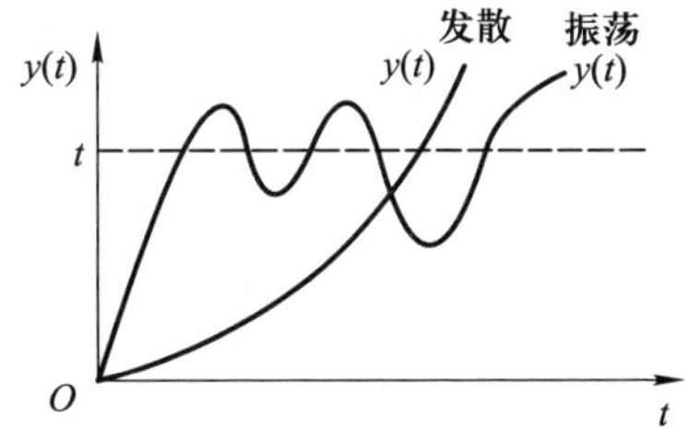

图 6.25 不稳定系统对单位阶跃的响应曲线

任何一个实际稳定的控制系统对输入信号的时间响应，都是由瞬态过程和稳态过程两个阶段组成。瞬态过程体现了系统随时间变化的动态特性，也常称作动态响应或瞬态响应。常用动态精度来描述系统实际输出量偏移预期输出量的程度。稳态过程是指时间趋于无穷时的响应过程，该过程体现了系统的稳态特性，也常称作稳态响应，一般用稳态精度来描述控制系统处于稳态时实际输出量偏移预期输出量的程度。

2. 控制系统的要求

(1) 稳定性要求

任何一个系统能进行正常工作的首要条件是系统必须具有稳定工作的能力。对实际的控制系统来说，不仅仅要求它的状态是稳定的，而且还要有一定的稳定范围或稳定裕量，即相对稳定性。只有这样才能在一定程度上防止因系统特性或参数变化而发生失控事故。同时，有了稳定裕量，建立数学模型和分析计算中采用某些简化处理，仍然能保证系统稳定性。

(2) 响应特性要求

响应特性包括动态特性和稳态特性。为了更具体地描述控制系统的动态特性和稳态特性，常引入一些物理量来衡量控制系统的动态性能和稳态性能，这些物理量也是表达和评价一个控制系统满足设计要求程度的重要指标。

1）动态性能

过渡过程中系统的动态性能常用系统的阻尼特性和响应速度来表征。系统必须具有合理的阻尼，以保证稳定性。阻尼特性可用单位阶跃响应曲线表征，如图 6.26 所示。欠阻尼($0<\zeta<1$)时控制系统的阻尼特性可用超调量 σ_p来衡量：

$$\sigma_p = \frac{y_{max} - y(\infty)}{y(\infty)} \times 100\% \tag{6.5}$$

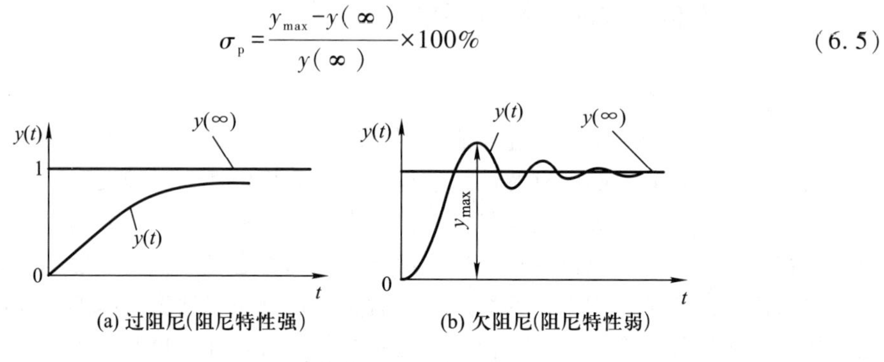

图 6.26　系统的单位阶跃响应曲线

σ_p 越小说明系统的阻尼越强，响应过程进行得越慢。过大可使控制系统的瞬态响应出现严重超调，而且过渡过程长时间内不能结束。系统的阻尼特性还可以通过被控量 $y(t)$ 在过渡过程中穿越 $y(\infty)$的次数 N 来描述。显然，N 越小说明系统的阻尼特性越强。闭环控制系统必须具备符合要求的阻尼特性。在一般的控制系统中，为了兼顾稳定性和快速性，阻尼比 ζ 的取值一般为 0.4~0.8。而在机器人控制系统中一般不允许超调，即应该选择系统的阻尼比 $\zeta>1$（过阻尼），因为假如机器人控制系统末端执行器的运动目标为某个物体的表面，若此时出现超调，则末端执行器会破坏物体的表面。理想情况下取 $\zeta=1$（临界阻尼）。

在系统稳定的前提下，控制系统消除实际输出量与给定输入信号的期望输出量偏差的快速程度（即快速性）必须同时满足设计指标的要求。闭环控制系统的快速性一般用响应速度来描述，所以控制系统应具有恰当的响应速度。响应速度一般是通过单位阶跃响应曲线上的一些时间特征值来表征，如图 6.27 所示，一般要求响应速度尽可能快。σ_p 为超调量，2δ 为允许误差，t_r 为上升时间，t_p 为峰值时间，t_s 为调整时间或过渡过程时间。这些

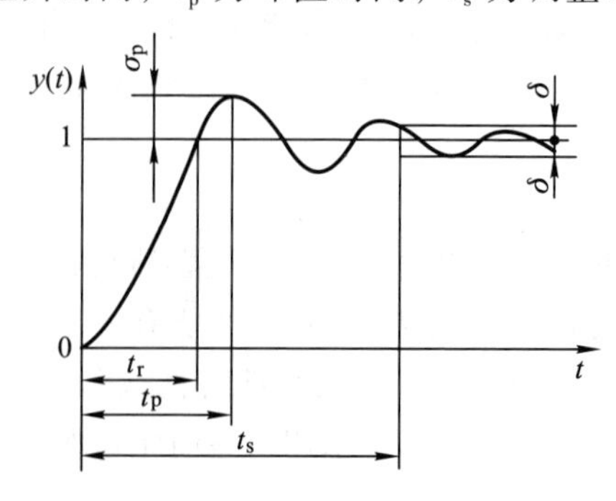

图 6.27　欠阻尼系统单位阶跃响应曲线

时间越短说明系统的响应速度越快，系统的快速性越好。其中，调整时间 t_s 定义为，在响应时间范围内，当 $t \geqslant t_s$ 时，输出量 $y(t)$ 达到 $y(\infty)$ 时的时间。

$$|y(t)-y(\infty)| \leqslant \delta \quad (\delta=0.02 \sim 0.05) \tag{6.6}$$

2）稳态性能

闭环控制系统的稳态性能用稳态误差来度量。稳态误差包含各种扰动误差，通常是指在过渡过程或调整过程结束后，控制系统的实际输出量 $y(t)$ 与给定输入量确定的预期输出量 $y_r(t)$ 之间的偏差 $e(t)$ 值。

$$e_s = \lim_{t \to \infty} e(t) = \lim_{t \to \infty} [y_r(t) - y(t)] \tag{6.7}$$

控制系统的稳态误差通常也称为系统的准确性，是衡量控制系统工作性能的重要指标。数控机床的稳态误差越小，其加工精度越高。在典型输入信号的作用下控制系统的稳态误差大小是评价稳态精度的基本指标，对于不同的典型信号，稳态误差 e_s 可能有所不同，一般控制系统的稳态误差不应超过 2%～5%，但对于恒温和恒速系统的稳态误差应设定在 1%以内。

设计机械控制系统时应根据对象的具体条件对稳定性、响应速度和准确性进行权衡，确定一个满足控制要求的最佳方案。

（3）其他要求

机械设备的控制系统结构多种多样，功能各不相同，要求也各有侧重。除了必须满足上述三方面的主要要求外，还应该具有结构简单、维修方便、重量轻、体积小、投资少等特点。

6.3.3 控制系统设计的基本方法

在传统的控制系统设计中，被控对象往往不作为设计内容，设计任务仅仅是采用控制器来调节已经给定的被控对象的状态。而在机电一体化控制系统中，被控对象和控制系统总是同在设计范畴之内，这样使得控制系统的设计具有更大的灵活性，设计出的控制系统的性能更为优越。

控制系统设计前，必须充分了解被控对象、执行机构及所有系统元件的运动规律，了解系统内外扰动的性质，提出控制系统设计的技术要求和性能指标，给出确定的动态参数和寻优目标，将系统中的所有环节都抽象出数学模型。然后采用各种不同的方法分析控制系统的性能，主要对系统的稳定性和控制质量进行研究与分析。通过分析进而发现系统本身的结构和参数与控制系统特性之间的相互关系，并从中找到改善和调整系统设计的方法。在设计控制系统中需要处理的物理信号主要有电、磁、光、热的传输，以及刚体、弹性体和流体的运动。这些物理信号的传输方法由物理学中的一些基本定律确定。应用这些物理学基本定律可以抽象出各自的数学表达式（即数学模型）。控制系统的数学表达式可以用微分方程、积分方程或差分方程表示。设计中各环节的特性都可按照系统整体要求进行匹配和统筹设计。

6.3.4　控制系统的设计步骤与注意事项

本节将介绍控制系统设计的一般步骤与注意事项，它包括以下几个方面：

（1）准备工作

对设计目标进行机理分析和理论抽象，明确控制系统的技术要求，制定试验项目与指标，确定安全保护等级与措施，明确扰动的性质，建立扰动的数学模型，设定有关的统计特征值和频谱等。

（2）整体理论分析与控制方案设计

根据被控对象及其负载特性和控制系统所采用的元件，拟订控制系统图；建立各环节和系统的数学模型，对于阶次很高的系统，应进行降阶处理，得到一个简化的数学模型；确定系统的初步结构与参数，进行系统稳定性分析与优化；同时还应综合考虑结构尺寸、重量、可靠性、经济性、可维护性、通用性等要求。

（3）系统详细设计与组装调试

综合前面的分析，详细对各环节进行选型与设计，然后按要求进行模块组装，利用系统的数学模型进行计算机仿真与调试试验研究，得出一个最优的设计方案。

（4）研制控制系统样机，形成技术文件

对控制系统进行静态特性和动态特性试验，验证是否满足各项技术要求和性能指标，形成一系列技术文件，包括设计图样、电子元器件明细表、系统操作程序及使用说明书、维修与故障诊断说明书等。

下面主要以伺服系统设计为例来具体展开。

6.4　伺服系统设计

6.4.1　伺服系统概述

伺服系统又称随动系统或自动跟踪系统，是一种对机械运动参数（如位移、速度、加速度、力或力矩等）的自动控制系统。在很多情况下，伺服系统专指被控制量（系统的输出量）是机械位移或速度、加速度的反馈控制系统，其作用是使输出的机械位移（或转角）准确地跟踪输入的位移（或转角）。伺服系统的结构组成和其他形式的反馈控制系统没有原则上的区别。

伺服系统最初用于舰艇的自动驾驶、火炮控制和指挥仪中，后来逐渐推广到很多领域，特别是自动化机床、天线位置控制、导弹和飞船的制导等。伺服系统按控制方式可分为开环伺服系统、闭环伺服系统和半闭环伺服系统。伺服系统按所用驱动元件的类型可分为机电伺服系统、液压伺服系统和气动伺服系统。随着计算机与电子技术的发展，计算机不仅可以作为复杂控制系统的一个组成部分，而且可以用于单个伺服控制回路的调节器中代替常规的模拟控制器，构成了所谓的数字伺服反馈控制系统，使得时变控制系统、非线

性控制系统以及多变量控制系统等问题都得以解决。

同时采用伺服系统可以达到以下目的：

1）以小功率指令信号去控制大功率负载。火炮控制和船舵控制就是典型的例子。

2）在没有机械连接的情况下，由输入轴控制位于远处的输出轴，实现远距离同步传动。

3）使输出机械位移精确地跟踪电信号，如记录和指示仪表等。

大多数伺服系统具有检测回路的反馈控制系统，通常采用传统的经典控制理论来进行分析与设计。以伺服驱动装置为核心的伺服驱动系统已有成熟的理论分析、试验研究与设计计算方法。随着计算机技术与现代控制理论的发展，伺服系统的控制手段也正向着模糊控制和神经网络控制等智能化方向发展。本节将重点介绍机电伺服系统和数字伺服系统。

6.4.2 机电伺服系统设计

1. 机电伺服系统的结构组成与工作原理

机电伺服系统（简称伺服系统）是以移动部件的位置和速度为控制量的自动控制系统，其典型应用就是数控机床中的进给系统。伺服系统是数控系统的重要组成部分，在数控装置和机床之间起联系的作用，其性能的好坏直接决定着数控机床的整机质量。数控机床伺服系统的一般结构如图 6.28 所示。

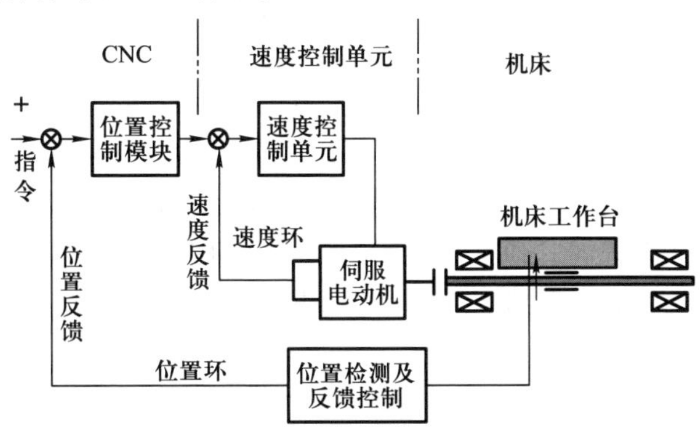

图 6.28 数控机床伺服系统的一般结构

机电伺服系统是一个双闭环系统，内环是速度环，外环是位置环。速度环用作速度反馈的检测装置有测速发电机、脉冲编码器等。速度控制单元是一个独立的部件，它由速度调节器、电流调节器及功率驱动放大器等各部分组成。位置环是一个由 CNC 装置中的位置控制模块、速度控制单元、位置检测及反馈控制等部分组成。数控装置生成的进给位移运动指令作为伺服系统的输入，伺服系统接收后快速响应跟踪指令信号，同时，检测装置将位移的实际值检测出来，反馈给位置控制模块中的位置比较器，指令与实际检测位置值比较，有差值就发出速度信号。速度单元接收速度信号，经变换和放大转化为机床各坐标轴运动。通过不断比较指令值与反馈实测值，系统不断发出差值信号，直到差值为零，运动结束，完成伺服控制过程。

2. 伺服系统的要求与性能匹配

（1） 伺服系统的要求

伺服系统的基本要求是输出量迅速而准确地响应指令输入的变化。所以，伺服系统必须在保证系统跟踪稳定的前提下，满足工作性能要求的稳态精度和动态品质，并具有良好的经济性。

1） 稳态误差

稳态误差是衡量系统稳态精度的指标。机电伺服系统一般都含有积分环节，如电动机、液压马达、液压缸、齿轮传动等都可看做积分环节。一般将开环传递函数 $G(s)$ 中包含一个积分环节($1/s$)的系统称为Ⅰ型系统，包含两个积分环节($1/s^2$)的系统称为Ⅱ型系统。二者的方框图如图 6.29 所示。

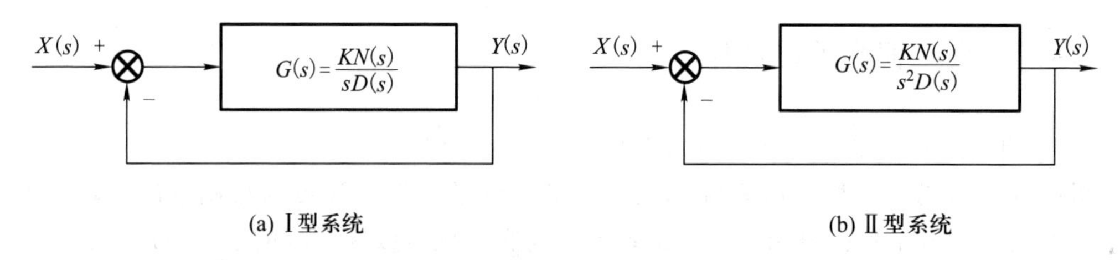

图 6.29　Ⅰ型系统和Ⅱ型系统的方框图

在相同输入信号下，Ⅱ型系统的稳态误差比Ⅰ型系统的小，在不同输入信号下，Ⅰ型系统对位置输入无稳态误差，对速度输入有稳态误差，对加速度输入完全不能跟随；而Ⅱ型系统则对位置输入和速度输入均无稳态误差，对加速度输入有稳态误差。所以，通常称Ⅰ型系统为一阶无静差系统，Ⅱ型系统为二阶无静差系统。不论是Ⅰ型系统还是Ⅱ型系统，系统的稳态误差与系统的开环增益 K 成反比，增大开环增益 K 可使稳态误差减小，但会降低系统的稳定性。系统的其他参数只影响系统的动态过程，不影响系统的稳态误差。总之，从保证伺服系统稳态跟踪精度角度看，Ⅱ型系统是比较理想的结构。

2） 动态品质

采用单位阶跃输入下的时域指标超调量 σ_p 和调整时间 t_s 来表示动态性能，当 $0<\zeta<1$ 时，有

$$\sigma_p = \exp\left(-\frac{\pi\zeta}{\sqrt{1-\zeta^2}}\right)\times 100\% \tag{6.8}$$

$$t_s \approx \frac{1}{\zeta\omega_n}\left(3+\ln\frac{1}{\sqrt{1-\zeta^2}}\right) \tag{6.9}$$

式中：ω_n——系统固有频率，

$$\omega_n = \sqrt{\frac{K}{T}} \tag{6.10}$$

ζ——阻尼比，

$$\zeta = \frac{1}{2\sqrt{KT}} \tag{6.11}$$

（2）伺服系统的性能匹配

伺服系统必须具有满足系统工作性能要求的精度、稳定性和快速响应性。在驱动能量无限大的前提下，只要设法提高响应频率和加大回路增益就可提高伺服系统的精度，但伺服系统的重量、摩擦、负载、有限刚度等有源因素引起的失动量会在使回路增益加大的同时产生闭环系统的振荡。若减小回路增益使其趋于稳定，则会对快速变化的目标跟踪不上，使动态与稳态误差变大。如果设法减小有源因素的影响，比如通过提高驱动系统的刚度、减小惯性力和失动量等来提高系统的性能，则会增加系统成本。总之，伺服系统的精度、稳定性、快速响应性与经济性是相互矛盾的。为了经济地设计出实用的伺服系统，有必要研究影响系统精度、稳定性和快速响应性的主要因素和了解伺服驱动系统性能与机械系统的匹配关系。

1）系统的固有频率

对于机械传动装置，由于弹性、摩擦和间隙等因素始终存在，由此引起的机械结构的谐振不可避免。为了保证系统的稳定性，应采取一些合理的措施来提高机械系统的刚度，减小惯量，以提高其固有频率。一般要求机械系统的第一固有频率是驱动系统固有频率的2~3倍，其他固有频率是第一固有频率的2~3倍。相互错开各环节的固有频率是避免系统发生耦合振动的有效措施。

表6.1列出了美国通用电气公司推荐的两类伺服系统频率响应参数，可供参考。

表6.1 美国通用电气公司推荐的两类伺服系统频率响应参数

项目	直流伺服电动机系统	电液伺服液压马达系统
位置环增益	17 rad/s	42 rad/s
位置环穿越频率	17 rad/s	42 rad/s
速度环穿越频率	70~100 rad/s	100~125 rad/s
液压部件的固有频率		300 rad/s
最低机械固有频率	500 rad/s	600 rad/s
其他机械固有频率	900 rad/s	1 200 rad/s

2）系统刚度与转动惯量

刚度与转动惯量是决定系统固有频率的两个主要参数，必须在满足系统固有频率要求的基础上，综合考虑刚度与转动惯量的合理数值。同时，适当提高系统机械零件的刚度对提高机械部分固有频率、提高系统稳定性、系统响应速度、提高系统精度、减小失动量等均有益处。

系统转动惯量对电动机灵敏度和系统精度均有影响。当折算到电动机轴上的负载转动惯量 J_{mL} 小于电动机转动惯量 J_m 时，上述影响一般不大，但当 J_{mL} 大于 $3J_m$ 时，将使伺服电动机的灵敏度和响应时间受到很大影响，甚至使伺服放大器不能在正常调节范围内工作。因此，一般推荐

$$1 \leqslant \frac{J_{mL}}{J_m} \leqslant 3 \tag{6.12}$$

3. 伺服系统电动机的选择

(1) 伺服电动机类型的选择

常用伺服电动机有步进电动机、直流伺服电动机和交流伺服电动机三类。其中，开环伺服系统多采用步进电动机，闭环和半闭环伺服系统大多采用直流和交流伺服电动机。表 6.2 列出了常用伺服电动机的主要特点与应用场合，可供选电动机时参考。

表 6.2　常用伺服电动机的主要特点与应用场合

电动机种类	主要特点	应用场合
步进电动机	1. 转角与控制脉冲数成比例，可构成直接数字控制； 2. 有定位（自锁力）； 3. 可构成廉价的开环控制系统	计算机外围设备、办公机械以及对速度、精度要求不高的中、小功率自动控制装置
直流伺服电动机	1. 高响应特性； 2. 高功率密度（体积小，重量轻）； 3. 可实现高精度数字控制； 4. 有接触换向部件，需维护	NC 机械、机器人、计算机外围设备、办公机械、音响及音像设备、计测机械、医疗器械等
交流伺服电动机	1. 对定子电流的激励分量和转矩分量分别控制，调速系统复杂； 2. 具有直流伺服电动机的全部优点，且无换向部件； 3. 结构简单、坚固、容易维护，但控制成本高	功率较大的 NC 机械

(2) 伺服电动机容量的选择

伺服电动机容量的选择主要依据转矩和转速两方面的性能参数，一般步骤如下：

1) 根据有关的技术数据分析确定技术方案。

2) 计算伺服电动机的静载荷转矩，初选伺服电动机。

3) 计算外部转动惯量和电动机轴上的总转动惯量。

4) 计算斜坡上升时间，进行动载荷计算，确定要求的电动机转速。如不满足要求，则应修改技术方案或重选电动机。

5) 进行热特性校核。

伺服电动机的机械特性曲线一般按额定转矩分为连续工作区和非连续工作区。在连续工作区内转矩和转速的任意组合，伺服电动机都可连续工作。在非连续工作区内，电动机将工作在过载状态下，这时对于不同的电动机，其连续工作时间和停顿时间都有一定的要求。若超过要求，电动机将可能出现过热现象，控制系统将报警断电。因此，不管在什么工作区都应使电动机工作在转矩-速度特性曲线允许的范围内，避免出现过热。

伺服系统必须能提供克服摩擦和工作负载所要求的转矩，同时还应保证工作负载变化时伺服电动机有较强的加减速能力，即具有良好的瞬态响应特性。因此，伺服电动机满足机械系统工作所需的转矩为

$$M=M_{\mathrm{mL}}+M_{\mathrm{m\mu}}+M_{\alpha} \tag{6.13}$$

其中，

$$M_{\mathrm{mL}}=\frac{M_{\mathrm{L}}}{i\eta} \tag{6.14}$$

$$M_{\alpha}=J_{\mathrm{tot}}\frac{d_{\omega}}{d_{\mathrm{t}}}=(J_{\mathrm{m}}+J_{\mathrm{mL}})\frac{d_{\omega}}{d_{\mathrm{t}}} \tag{6.15}$$

$$J_{\mathrm{mL}}=\sum J_{\mathrm{m}s}+\sum J_{\mathrm{m}t} \tag{6.16}$$

$$\sum J_{\mathrm{m}s}=\sum J_{s}\left(\frac{\omega_{s}}{\omega_{\mathrm{m}}}\right)^{2}=\sum J_{s}\frac{1}{i_{\mathrm{ms}}^{2}} \tag{6.17}$$

$$\sum J_{\mathrm{m}t}=\sum m_{t}\left(\frac{v_{t}}{\omega_{\mathrm{m}}}\right)^{2} \tag{6.18}$$

上式中，M——伺服电动机工作所需转矩，N·m；

M_{mL}——工作负载转矩折算到伺服电动机轴上的转矩，N·m；

M_{L}——工作负载转矩，N·m；

$M_{\mathrm{m\mu}}$——克服摩擦和损耗所需转矩折算到伺服电动机轴上的转矩之和，N·m；

M_{α}——伺服电动机所需加速转矩，N·m；

i——伺服电动机到工作负载零件的总传动比；

η——伺服电动机到工作负载零件的总效率；

J_{tot}——驱动系统折算到伺服电动机轴上的总转动惯量，kg·m²；

J_{m}——伺服电动机（含测速发电机）的转动惯量，kg·m²；

J_{mL}——折算到电动机轴上的负载转动惯量，即驱动系统所有运动零件惯量折算到伺服电动机轴上的转动惯量之和，kg·m²；

$\frac{d_{\omega}}{d_{\mathrm{t}}}$——伺服电动机的加速度，rad/s²，该值反映了伺服电动机的瞬态响应特性；

$\sum J_{\mathrm{m}s}$——驱动系统中所有回转零件转动惯量折算到伺服电动机轴上的转动惯量之和，kg·m²；

$\sum J_{\mathrm{m}t}$——驱动系统中所有移动零件惯量折算到伺服电动机轴上的转动惯量之和，kg·m²；

J_{s}——驱动系统中第 s 个回转零件的转动惯量，kg·m²；

ω_{s}——驱动系统中第 s 个回转零件的角速度，rad/s²；

ω_{m}——伺服电动机对应于额定转速的角速度，rad/s²；

i_{ms}——伺服电动机到第 s 个回转零件的传动比；

m_{t}——驱动系统中第 t 个移动零件的质量，kg；

v_{t}——驱动系统中第 t 个移动零件的移动速度，m/s。

4. 伺服系统机械传动机构设计

机械传动机构对伺服系统的性能影响很大。对伺服系统机械传动机构的要求概括为固

有频率高、刚度大、阻尼大、传动部分的惯性尽可能小、传动特性尽可能为线性等。

(1) 减速器的设计

减速器用于电动机与负载之间。一般伺服电动机的转速高，转矩低，而负载要求的是转速低，转矩高。因此，伺服系统通过设置减速器以实现电动机和负载在转速、力矩及惯量上的匹配。伺服系统一般对响应速度的要求较高，因此首先要考虑选择合适的传动比，使其负载加速度的响应速度最大。

图 6.30 为电动机—齿轮系—负载系统示意图。图中，M_m、J_m、α_m 分别为电动机的驱动转矩、转动惯量和角加速度；i 为齿轮减速器的传动比；M_L、J_L、α_L 分别为负载的转矩、转动惯量和角加速度。显然，传动比应满足

$$i=\frac{\omega_m}{\omega_L} \tag{6.19}$$

式中：ω_L——负载角速度，rad/s；

ω_m——伺服电动机额定角速度，rad/s。

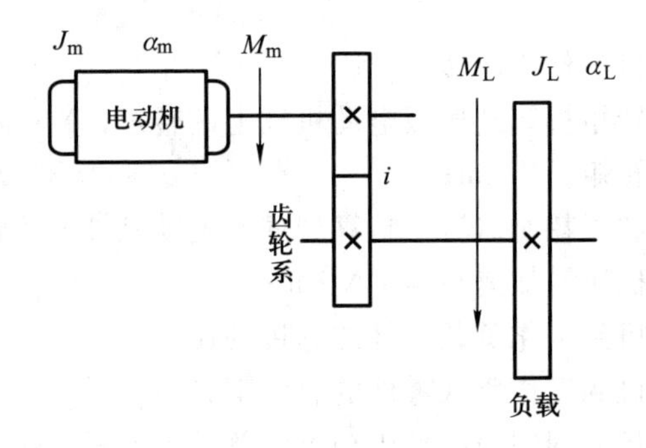

图 6.30　电动机—齿轮系—负载系统示意图

设电动机的驱动转矩和负载的转矩相平衡，则有

$$(M_m-J_m\alpha_m)i\eta=M_L+J_L\alpha_L \tag{6.20}$$

为简化计算，近似取 $\alpha_m=i\alpha_L$，则有

$$\alpha_L=\frac{i\eta M_m-M_L}{i^2\eta J_m+J_L} \tag{6.21}$$

将上式对 i 求导，并令其等于零，可得负载有最大角加速度时的最佳传动比为

$$i=\frac{M_L}{\eta M_m}+\sqrt{\left(\frac{M_L}{\eta M_m}\right)^2+\frac{J_L}{\eta J_m}} \tag{6.22}$$

当负载转矩为零时，可得最大角加速度的最佳传动比 $i=\sqrt{J_L/\eta J_m}$，相应的最大角加速度为

$$\alpha_{Lmax}=\frac{M_m}{2\sqrt{\dfrac{J_mJ_L}{\eta}}} \tag{6.23}$$

由式(6.23)可知，提高传动效率 η 对加大伺服系统的响应速度有利。传动比 i 的分配应有利于提高系统稳定性、快速响应性和传动精度，因此传动比的分配应注意以下几点。

1）加大单级降速比，减小转动惯量

减小转动惯量可提高驱动系统的固有频率。减小动力消耗可提高系统的稳定性与响应速度。加大单级降速比可减小高速级齿轮直径，这是减小转动惯量的最有效途径。

2）减少传动级数

传动级数少则齿轮传动侧隙的累积值小，传动的角度传递误差及失动量均可减小。

伺服系统中的齿轮副必须具有足够的刚度，并有消除齿侧间隙的技术措施。为保证齿轮啮合中心距的准确性，除适当减小齿轮安装中心距的极限偏差外，还需适当提高轴承的精度等级，采用过盈配合，减小轴承间隙，并采取预紧措施，提高轴承刚度。轴及其支承包括箱体均应有足够的刚度，适当加大轴径。当须采用变速传动时，常采用离合器变速而不采用滑移齿轮变速，以免加大失动量。

（2）滚珠丝杠驱动装置的设计

滚珠丝杠驱动装置由支承轴承、滚珠丝杠和导板等组成。伺服系统常用滚珠丝杠驱动装置的支承轴承有一端止推和两端止推两种安装形式，如图 6.31 所示。

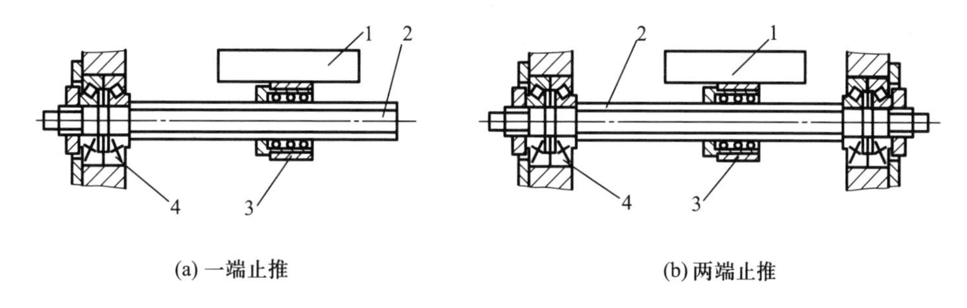

1—工作台；2—滚珠丝杠；3—螺母；4—圆锥滚子轴承

图 6.31 滚珠丝杠驱动装置支承轴承的基本安装形式

滚珠丝杠的安装形式对滚珠丝杠驱动装置的刚度有较大影响，为实现预紧，止推端由两个“背靠背”安装的轴承组成，以增加支承刚度。由于滚珠丝杠副是可调的无间隙传动件，因此滚珠丝杠驱动装置的总刚度是其动态特性指标，其计算公式见表 6.3。当滚珠丝杠的直径是螺距的 3 倍以上时，其扭转刚度是轴向刚度的 20 倍以上，扭转刚度对固有频率的影响小于 2.5%，可忽略不计。但当滚珠丝杠的直径小而螺距大时，扭转变形的影响就不可忽略。

（3）移动部件的导轨设计

移动部件导轨面的接触刚度相对来讲一般比较大，移动部件对伺服系统的影响主要体现在摩擦和阻尼两方面。目前普遍使用的导轨有滑动导轨、滚动导轨和静压导轨三种形式。滑动导轨通常存在较大的静摩擦，因而传动效率低，且容易出现低速爬行现象，目前常采用导轨黏接聚四氟乙烯塑料的方法来减小摩擦和爬行趋势。

滚动导轨是数控系统中常用的导轨形式，采用滚动导轨时由于导轨面摩擦较小，若系统的阻尼过小，将出现机械振荡，从而延长过渡时间，降低系统的稳定性。静压导轨是滑动性能与磨损性能较好的一种，其摩擦特性和阻尼特性好，运动平稳，有较高的定位精度，因此在大型机床等设备中应用广泛。

表 6.3　滚珠丝杠驱动装置的有关计算公式

<table>
<tr><th>项目</th><th>计算公式</th><th>备注</th></tr>
<tr><td>滚珠丝杠的扭转角/rad</td><td>$\theta=\frac{32ML}{\pi d_1^4 G}$</td><td rowspan="10">$d_1$—滚珠丝杠内径，m
E—弹性模量($E=2.1\times10^{11}$ Pa)，Pa
F—滚珠丝杠承受的拉压力，N
G—剪切弹性模量（$G=8.5\times10^{10}$ Pa)，Pa
J_{tot}—驱动装置的总转动惯量，kg · m^2
K_B—轴承刚度，N/m
K_{eq}—滚珠丝杠的轴向综合刚度，N/m
K_N—丝杠螺母的刚度，N/m
K_S—轴承支承的刚度，N/m
L—两端轴承跨距，m
l—滚珠丝杠受载部分长度，m
m—工作台的总质量，kg
P—滚珠丝杠的螺距，m
M—滚珠丝杠传递的转矩，N · m
M_0—工作台起动时滚珠丝杠的最小转矩，N · m</td></tr>
<tr><td>滚珠丝杠的扭转刚度/(N · m/rad)</td><td>$K_t=\frac{M}{\theta}=\frac{\pi d_1^4 G}{32L}$</td></tr>
<tr><td>滚珠丝杠的最小起动扭转角/rad</td><td>$\theta_0=\frac{32M_0L}{\pi d_1^4 G}$</td></tr>
<tr><td>由滚珠丝杠扭转变形引起的工作台移动方向的失动量/m</td><td>$x_0=\frac{P\theta_0}{2\pi}=\frac{16PM_0L}{\pi d_1^4 G}$</td></tr>
<tr><td>滚珠丝杠的轴向变形量/m</td><td>$\Delta l=\frac{4Fl}{\pi d_1^2 E}$</td></tr>
<tr><td>滚珠丝杠的轴向刚度/(N/m)</td><td>$K_x=\frac{\pi d_1^4 E}{4l}$</td></tr>
<tr><td>滚珠丝杠一端止推时的轴向综合刚度/(N/m)</td><td>$\frac{1}{K_{eq}}=\frac{1}{K_x}+\frac{1}{K_B}+\frac{1}{K_N}+\frac{1}{K_S}$</td></tr>
<tr><td>滚珠丝杠两端止推（螺母在中间位置）时的轴向综合刚度/(N/m)</td><td>$\frac{1}{K_{eq}}=\frac{1}{2K_x}+\frac{1}{2K_B}+\frac{1}{K_N}$</td></tr>
<tr><td>驱动装置的扭转固有角频率/(rad/s)</td><td>$\omega_{nt}=\sqrt{\frac{K_t}{J_{tot}}}$</td></tr>
<tr><td>驱动装置的轴向固有角频率/(rad/s)</td><td>$\omega_{nx}=\sqrt{\frac{K_{eq}}{m}}$</td></tr>
</table>

5. 伺服系统误差

由稳态误差分析可知，线性系统中影响系统精度的参数只与系统的误差度和开环放大倍数有关。其他参数只影响系统的动态过程，而不影响系统的稳态误差，即不影响系统的精度。但实际应用的伺服系统包括许多非线性特性，如功率放大装置的不灵敏区、机械传动装置的有限刚度、非线性摩擦及间隙等。这些非线性因素除了影响伺服系统的稳定性外，还影响伺服系统的精度。

（1）伺服刚度和机械刚度引起的失动量

在图 6.32 所示的伺服驱动系统中，假定检测器的误差为零，负载停止在零状态。如果对驱动电动机输出轴（即驱动电动机轴）加载转矩，则停止位置将发生变化；若取消负载，系统则又回到原来的停止点。故伺服系统具有弹簧性质，称这种性质为伺服刚度。

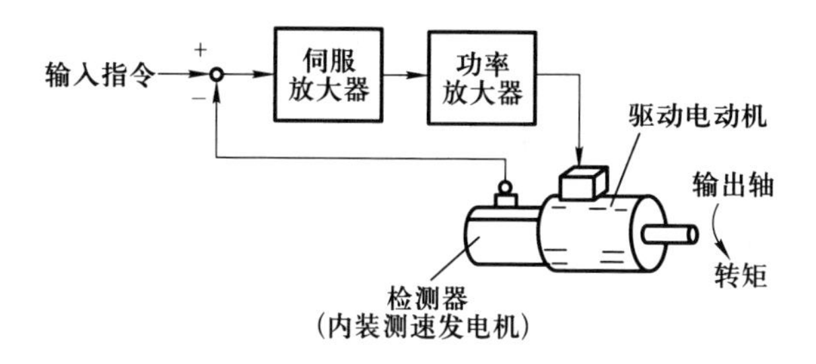

图 6.32　伺服驱动系统原理图

实际控制系统中常用下式将伺服刚度折算成驱动电动机轴上的刚度：

$$K_{m}=\frac{360M_{p}}{2\pi\theta} \tag{6.24}$$

式中：K_m——驱动电动机轴上的伺服刚度，N · m/rad；

M_p——单位脉冲驱动电动机轴上的输出转矩，N · m；

θ——单位脉冲驱动电动机轴的转角，(°)。

将上述驱动电动机通过齿轮机构、滚珠丝杠传动装置与工作台连接起来构成准闭环伺服系统，如图 6.33 所示。

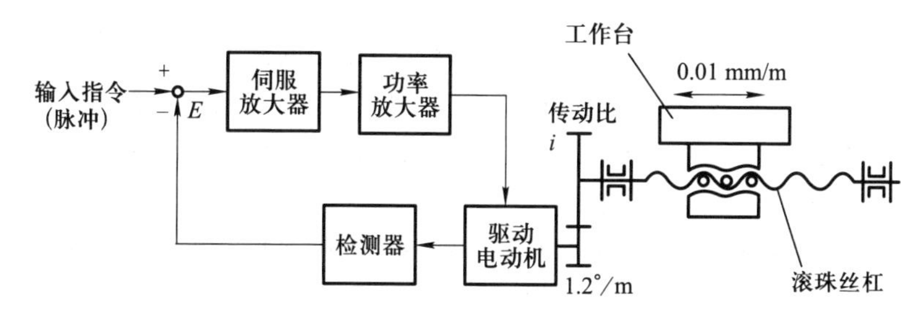

图 6.33　准闭环伺服系统

若不考虑齿侧间隙和其他零件间隙的影响，由于工作台导轨面上存在摩擦阻力，产生驱动电动机在定位停止点上的负载转矩，其将会使驱动电动机停在离指令值稍前的转角位置上，即工作台停止的实际位置与指令位置间会有偏差。这就是由伺服刚度引起的失动，其位置偏差值称为由伺服刚度引起的失动量。

实际上，在负载转矩作用下，所有受载零件（如齿轮、滚珠丝杠等）均会产生某种程度的弹性变形，也都会引起工作台相应的失动量。因此，可视伺服刚度与机械刚度为串联系统，其等效弹簧-质量系统如图 6.34 所示。

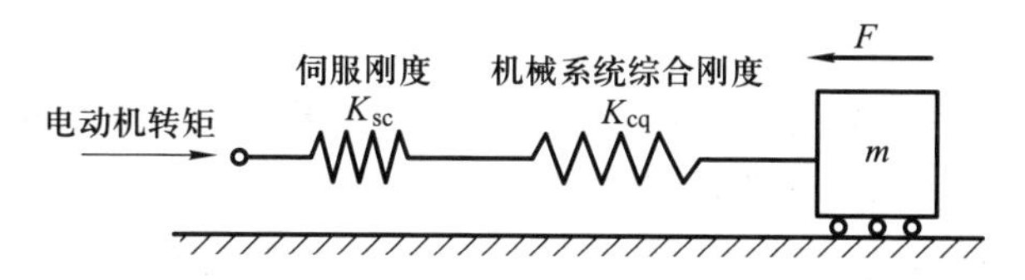

图 6.34　伺服系统的等效弹簧-质量系统

为便于计算，一般将驱动电动机轴上的伺服刚度换算到滚珠丝杠上，有

$$K_{sc}=\left(\frac{2\pi}{P}\right)^{2}i^{2}K_{m}\eta \tag{6.25}$$

式中：K_{sc}——换算到滚珠丝杠上的伺服刚度，N · m/rad；

P——滚珠丝杠的螺距，m；

i——齿轮传动比；

η——传动效率。

因此，图 6.34 所示的系统在力 F 作用下的总失动量为

$$\Delta_{tot}=\frac{F}{K_{tot}}=\frac{F}{K_{sc}}+\frac{F}{K_{eq}}=\Delta_{sc}+\Delta_{eq} \tag{6.26}$$

式中：Δ_{tot}——伺服系统的总刚度，N · m/rad；

K_{eq}——机械系统轴向综合刚度，N · m/rad；

F——滚珠丝杠的轴向载荷，N；

Δ_{sc}——伺服刚度引起的失动量，m；

Δ_{eq}——机械刚度引起的失动量，m。

通常，伺服刚度比机械刚度大得多，为了提高伺服系统的动态性能和精度，减小失动量，应相应提高系统的机械刚度。

(2) 失灵区引起的失动量

在控制系统中，由于功率放大装置、静摩擦、传动副的间隙等影响，使系统出现输入信号在零值附近的某一个小范围内没有相应的输出信号，只有当输入信号大于此范围时才有输出信号。这种有输入信号而无输出信号的区段叫做失灵区或称为死区。失灵区也会引起失动量，使执行构件产生定位误差。

如果失灵区处在闭环内，则可采取对输入信号施加补充信号的办法消除失灵区，但由于失灵区具有纯滞后特性，将对系统的稳定性产生影响。如果失灵区处在闭环外，则由其引起的失动量将无法消除，只有靠提高元件精度、减小摩擦、减小传动副运动方向间隙等措施予以控制。

功率放大装置的失灵区一般在闭环内，而对图 6.33 所示的准闭环伺服系统，机械驱动装置的齿轮副、滚珠丝杠等传动构件间的间隙在闭环外。因此，对传动构件应采取一定的消除失灵区措施。传动构件间的间隙及功率放大装置的失灵区引起的失动量与刚度及系统基本无关，而由静摩擦负载转矩产生的失动量与刚度有关，其值可与前述因负载转矩产生的失动量作相同考虑。

6. 伺服系统的固有频率和失动量计算实例

综上所述，设计伺服系统一般按下列顺序进行：① 仔细分析设计要求和约束条件；② 建立数学模型；③ 对系统的稳定性、响应性、精度等进行分析和计算；④ 对系统进行综合探讨。在设计过程中，对高精度的定位伺服系统，其驱动装置的机械固有频率和失动量必须计算，下面举例说明其计算过程。

例 6.3　图 6.35 所示为直流电动机驱动的半闭环控制系统，检测器装在滚珠丝杠末端。已知参数如下：直流电动机转速 $n_m=3\ 000$ r/min，功率$P_0=1.5$ kW，转动惯量（含测速发电机）$J_m=1.38\times10^{-3}$kg · m^2；齿轮箱的传动比 $i=z_2/z_1=10$，折算到电动机轴的齿轮

系转动惯量 $J_{mG}=1.0\times10^{-3}\text{kg}\cdot\text{m}^2$；滚珠丝杠采用 GQ63×12，内径 $d_1=0.056$ m，螺距 $P=0.012$ m，采用两端止推、内循环双螺母齿差调隙结构，两端轴承跨距 $L=2.16$ m，最高转速 $n_{sc}=300$ r/min；工作台质量 $m=3\ 000$ kg，摩擦阻力 $F_\mu=1\ 500$ N，最大移动速度 $v=6\times10^{-2}$ m/s。试计算该驱动系统的扭转固有频率。

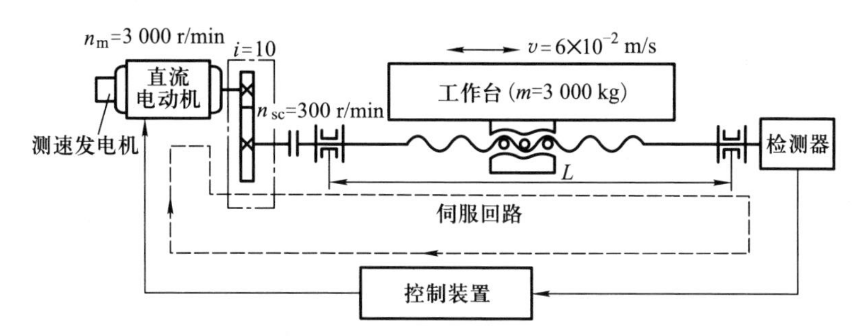

图 6.35　直流电动机驱动的半闭环控制系统

解：（1）折算到电动机轴上的总转动惯量 J_{tot}

折算到电动机轴上的工作台转动惯量

$$J_{mT}=\frac{1}{i^2}\left(\frac{P}{2\pi}\right)^2 m=\frac{1}{10^2}\left(\frac{0.012}{2\pi}\right)^2\times3\ 000\ \text{kg}\cdot\text{m}^2=1.1\times10^{-4}\ \text{kg}\cdot\text{m}^2=0.11\times10^{-3}\ \text{kg}\cdot\text{m}^2$$

滚珠丝杠的转动惯量

$$J_{sc}=0.1\rho d_1^4L=0.1\times7.8\times10^3\times0.056^4\times2.16\ \text{kg}\cdot\text{m}^2=1.6\times10^{-2}\ \text{kg}\cdot\text{m}^2=16\times10^{-3}\ \text{kg}\cdot\text{m}^2$$

折算到电动机轴上的滚珠丝杠转动惯量

$$J_{msc}=\frac{J_{sc}}{i^2}=\frac{16\times10^{-3}}{10^2}\ \text{kg}\cdot\text{m}^2=1.6\times10^{-4}\ \text{kg}\cdot\text{m}^2=0.16\times10^{-3}\ \text{kg}\cdot\text{m}^2$$

所以，折算到电动机轴上的总转动惯量

$$J_{tot}=J_m+J_{mT}+J_{msc}+J_{mG}=(1.38+0.11+0.16+1.0)\times10^{-3}\ \text{kg}\cdot\text{m}^2=2.65\times10^{-3}\ \text{kg}\cdot\text{m}^2$$

（2）滚珠丝杠的扭转刚度 K_t

由于检测器安装在滚珠丝杠的末端，故不考虑滚珠丝杠的轴向振动，只计算其扭转振动。滚珠丝杠的扭转刚度（表 6.3）

$$K_t=\frac{\pi d_1^4G}{32L}=\frac{\pi\times0.056^4\times8.5\times10^{10}}{32\times2.16}\ \text{N}\cdot\text{m/rad}=3.79\times10^4\ \text{N}\cdot\text{m/rad}$$

（3）驱动装置的扭转固有角频率 ω_{nt}

$$\omega_{nt}=\sqrt{\frac{K_t}{J_{tot}}}=\sqrt{\frac{3.79\times10^4}{2.56\times10^{-3}}}\ \text{rad/s}=3\ 848\ \text{rad/s}$$

上式仅考虑了扭转刚度的影响，由于驱动系统还受到轴、轴承、箱体及联轴器等零件的影响，实际的扭转刚度与固有频率将比上述值略低。

（4）滚珠丝杠的扭转刚度和工作台质量系统的扭转固有角频率 ω_{nT}

折算到滚珠丝杠上的工作台转动惯量为

$$J_{sT}=\left(\frac{P}{2\pi}\right)^2 m=\left(\frac{0.012}{2\pi}\right)^2\times3\ 000\ \text{kg}\cdot\text{m}^2=1.1\times10^{-2}\ \text{kg}\cdot\text{m}^2=11\times10^{-3}\ \text{kg}\cdot\text{m}^2$$

由于滚珠丝杠的转动惯量是分布在丝杠全长上的，如以集中在丝杠轴端的转动惯量代替，则可取$\frac{1}{3}J_{sc}=\frac{1}{3}\times16\times10^{-3}\ \mathrm{kg\cdot m^2}=5.3\times10^{-3}\ \mathrm{kg\cdot m^2}$，所以滚珠丝杠的当量转动惯量为

$$J_{seq}=J_{sT}+\frac{1}{3}J_{sc}=(11+5.3)\times10^{-3}\ \mathrm{kg\cdot m^2}=16.3\times10^{-3}\ \mathrm{kg\cdot m^2}=1.63\times10^{-2}\ \mathrm{kg\cdot m^2}$$

因此，滚珠丝杠扭转刚度和工作台质量系统的扭转固有频率为

$$\omega_{nT}=\sqrt{\frac{K_t}{J_{seq}}}=\sqrt{\frac{3.79\times10^4}{1.63\times10^{-2}}}\ \mathrm{rad/s}=1\ 525\ \mathrm{rad/s}$$

电动机的频率为

$$\omega=\frac{2\pi n_m}{60}=\frac{2\pi\times3\ 000}{60}\ \mathrm{rad/s}=314\ \mathrm{rad/s}$$

可见，工作台质量系统的扭转固有角频率和滚珠丝杠扭转刚度是足够的。

例 6.4　图 6.36 所示为直流电动机驱动的闭环伺服系统，检测器装在可动工作台上。已知参数如下：直流电动机转速 $n_m=900$ r/min，功率 $P_0=1.5$ kW，转动惯量（含测速发电机）$J_m=2\times10^{-2}\ \mathrm{kg\cdot m^2}$；齿轮箱的高速链传动比 $i_H=i_1=3$，低速链传动比 $i_L=i_1i_2i_3=15$，折算到电动机轴的齿轮系转动惯量：高速链 $J_{mGH}=0.5\times10^2\ \mathrm{kg\cdot m^2}$，低速链 $J_{mGL}=0.1\times10^{-2}\ \mathrm{kg\cdot m^2}$；滚珠丝杠采用 GQ63×12，内径 $d_1=0.056$ m，螺距 $P=0.12$ m，采用两端止推、内循环双螺母齿差调隙结构，两端轴承跨距 $L=2.16$ m；最高转速的高速级 $n_{scH}=300$ r/min，低速级 $n_{scL}=60$ r/min；工作台的质量 $m=3\ 000$ kg，摩擦阻力 $F_\mu=1\ 500$ N；最大移动速度的高速级 $v_H=6\times10^{-2}$ m/s。试计算该驱动系统的固有频率和失动量。

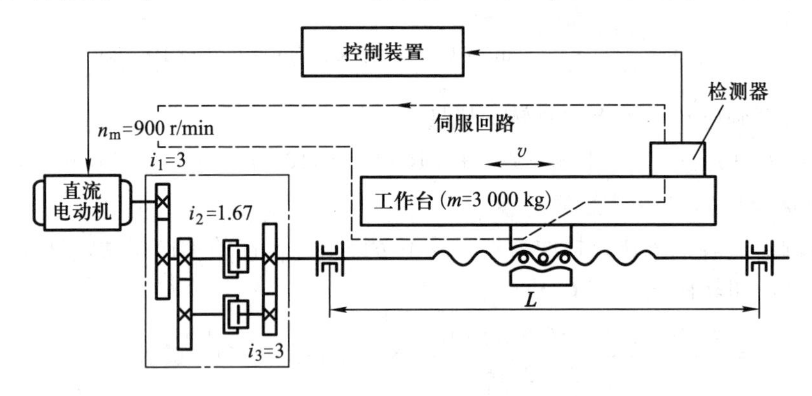

图 6.36　直流电动机驱动的闭环控制系统

解：驱动系统扭转固有角频率的计算方法同上例。注意计算时由于低速传动链的转动惯量小，应以高速传动链的转动惯量进行计算。

（1）驱动系统轴向固有角频率的计算

1）滚珠丝杠的轴向刚度 K_x

由于采用了两端止推结构，滚珠丝杠轴向刚度的计算长度按丝杠螺母处于中间位置时进行计算，因此

$$K_x=\frac{\pi d_1^4E}{4l}=\frac{\pi d_1^4E}{4\times L/2}=\frac{\pi\times0.056^4\times2.1\times10^{11}}{4\times2.16/2}\ \mathrm{N/m}=1.5\times10^6\ \mathrm{N/m}$$

2）轴承刚度 K_B、丝杠螺母的刚度 K_N、轴承支承的刚度 K_S

轴承刚度 K_B 应按驱动系统所用轴承型号和预紧方法进行计算，丝杠螺母的刚度 K_N 也应按预紧要求计算。为了提高驱动系统的综合刚度，应使 K_N 与 K_B 均不低于 K_x。本例中假定 $K_B=2.25\times10^6\ \text{N/m}$、$K_N=4.5\times10^6\ \text{N/m}$。由于轴承支承的刚度通常都比较高，此处忽略不计。

3）滚珠丝杠的轴向综合刚度

$$K_{eq}=\frac{1}{\dfrac{1}{2K_x}+\dfrac{1}{2K_B}+\dfrac{1}{K_N}}=\frac{10^6}{\dfrac{1}{2\times1.5}+\dfrac{1}{2\times2.25}+\dfrac{1}{4.5}}\ \text{N/m}=1.3\times10^6\ \text{N/m}$$

4）驱动系统的轴向固有角频率

$$\omega_{nx}=\sqrt{\frac{K_{eq}}{m}}=\sqrt{\frac{1.3\times10^6}{3\ 000}}\ \text{rad/s}=20.8\ \text{rad/s}$$

（2）失动量的计算

1）机械系统刚度引起的失动量 Δ_{eq}

工作台向某一方向移动时，由摩擦力引起的轴向弹性变形量为

$$\Delta'_{eq}=\frac{F_\mu}{K_{eq}}=\frac{1\ 500}{1.3\times10^6}\ \text{m}=1.15\times10^{-3}\ \text{m}$$

考虑到工作台反向移动时丝杠也存在相同的轴向弹性变形量，所以由丝杠轴向弹性变形引起的总失动量为

$$\Delta_{eq}=2\Delta'_{eq}=2.3\times10^{-3}\ \text{m}$$

2）伺服刚度引起的失动量 Δ_{sc}

根据伺服系统要求，若取单位脉冲电动机轴的转角 $\theta=3°$，单位脉冲电动机轴上的输出转矩 $M_p=8\ \text{N}\cdot\text{m}$，则电动机轴上的伺服刚度为

$$K_m=\frac{360M_p}{2\pi\theta}=\frac{360\times8}{2\pi\times3}\ \text{N}\cdot\text{m/rad}=153\ \text{N}\cdot\text{m/rad}$$

当取传动效率 $\eta=0.93$ 时，折算到滚珠丝杠上的伺服刚度为

$$K_{sc}=\left(\frac{2\pi}{P}\right)^2 i^2K_m\eta=\left(\frac{2\pi}{0.012}\right)^2\times3^2\times153\times0.93\ \text{N/m}=3.5\times10^8\ \text{N/m}$$

所以，伺服刚度引起的失动量为

$$\Delta_{sc}=\frac{F_\mu}{K_{sc}}=\frac{1\ 500}{3.5\times10^8}\ \text{m}=4.3\times10^{-6}\ \text{m}$$

3）齿轮副周向侧隙引起的失动量 Δ_G

设该齿轮副的模数 $m=1\times10^{-3}\ \text{m}$，齿数 $z_1=50$、$z_2=150$，周向侧隙 $j_t=0.93\times10^{-4}\ \text{m}$，则换算成工作台移动方向的失动量为

$$\Delta_G=j_t\frac{P}{\pi mz_2}=0.93\times10^{-4}\times\frac{0.012}{\pi\times1\times10^{-3}\times150}\ \text{m}=2.4\times10^{-6}\ \text{m}$$

4）总失动量为

$$\Delta_{tot}=\Delta_{eq}+\Delta_{sc}+\Delta_{G}=2.3\times10^{-3}+(4.3+2.4)\times10^{-6}\ \text{m}\approx2.3\times10^{-3}\ \text{m}$$

6.4.3　数字伺服控制系统设计

1. 数字伺服控制系统结构组成

数字伺服控制系统是一种数字微处理器或计算机为控制器，控制被控对象的某种工作状态，使其能自动、连续、精确地复现输入信号的变化规律，它通常都是闭环控制系统。其结构组成如图 6.37 所示。

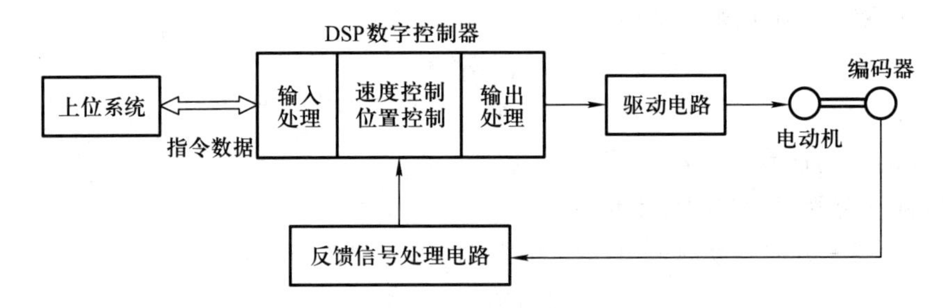

图 6.37　数字伺服控制系统的结构组成

从图 6.37 中可知：数字伺服控制系统中驱动负载运动的执行构件可以是直流电动机，也可以是步进电动机或伺服电动机，它只有输出轴而没有输入轴。它是在模拟伺服系统的基础上，将模拟校正装置（模拟控制器）用数字计算机或 DSP 数字信号处理器（也称数字控制器）替换构成。这一替换使得无论是稳态精度还是动态响应，数字伺服控制系统的品质指标都比模拟伺服控制系统高得多。随着最优控制、自适应控制和智能控制等的使用，它的性能与效率得到了极大提高。由于数字伺服控制系统具有高精度、高抗干扰性、适应性强和自动识别差错等优点，所以在工业工程控制和军事、航天航空领域得到日益广泛的应用。

2. 数字伺服控制系统设计内容与步骤

数字伺服控制系统的服务对象和用途多种多样，如何设计性能优良的数字伺服控制系统来应用于航空、军事、工程控制等领域，不仅对研制者的硬件、软件知识和技能提出了更高的要求，也要求研制者具有较高的严谨性，对每一个基本环节反复推敲和验证，以保证设计系统的高精度、稳定性和实用性。

下面给出数字伺服控制系统设计的主要内容和步骤：

（1）系统设计指标的确定

设计数字伺服控制系统时必须围绕用户提出的目标与性能要求，并结合控制对象工作的性能和特点，明确数字伺服控制系统设计的基本性能要求。数字伺服控制系统的设计指标主要是指性能方面的基本指标，包括稳态性能指标和动态性能指标。

稳态性能指标一般包括系统静误差 e_s、系统速度误差 e_v、系统最大跟踪误差 e_m、系统最低平稳跟踪角速度 ω_{min}、系统最大跟踪角速度 ω_{max}、最大跟踪角加速度 α_{max} 等。通常数字伺服控制系统有一定的稳定裕量，所以系统的时域特性通常用最大超调量 σ_p、过渡时

间 t_s 和振荡次数 μ 等特征量来评价；频域特性通常用伯德图或最大振荡指标 M_r、系统的频带宽度 ω_b 等特征量来衡量。在系统稳态运行时，若输出轴承受负载力矩作阶跃变化或脉冲扰动变化，通常用最大误差 e_t、过渡过程时间 t_{fs}来衡量。同时还要考虑环境温度和湿度、抗振动、防辐射，以及设计的标准化与工艺性、制造与运行的经济性、系统可靠性与寿命等方面的要求。

（2）系统总体方案的初步制定

根据控制系统的技术要求设计总体的初步方案。确定方案前对于系统中所有零部件的供应品种规格、性能、价格与售后服务等状况都要有清楚的了解，掌握相关的新技术、新方法、新工艺、新元件的发展与应用动态。

此阶段是设计的初期，往往要对系统中的每个环节都要提出多种可行方案，在多种可行方案的基础上再进行分析比较，从而选出满足技术要求、符合用户意见、制造成本较低的最佳方案。比如在选择驱动元件时，要确定是采用电气，还是采用电气-液压或电气-气动。在确定采用电气方案后应考虑是采用步进电动机，还是交流电动机或直流电动机；系统的控制方式是采用基于误差反馈的闭环控制还是采用基于误差和扰动的复合控制；控制系统的输入信号是采用脉冲列输入还是采用数值指令输入等；整个系统可分成哪几大部分，各部分功能如何分配等。

（3）系统的稳态设计

在总体方案确定的基础上，还要对系统设计进一步具体化，即根据系统稳态性能方面的要求，确定系统中各元件的具体型号和具体参数值。

首先根据被控对象的运动特点，选择电动机型号和相应的传动机构，然后选择或设计驱动电动机的功率放大装置，接着根据系统工作精度的要求确定检测装置的具体型号和设计具体的硬件参数，最后根据已确定的内容设计前置放大器和信号转换线路等。设计中要保证信号不失真且不失精度地有效传递，要设计好耦合方式，同时采取必要的屏蔽、去耦、滤波与保护等抗干扰措施。

（4）建立动态数学模型，并进行动态设计

至此，控制系统的主回路各部分已确定，但根据稳态性能指标设计的控制系统不一定满足动态性能要求。一个性能优良、质量可靠的数字伺服控制系统还要建立系统的动态数学模型，并进行系统的动态设计。

数学模型是进行动态设计的基础，因此要通过上述分析和已确定的内容，在适当假设和简化下推导系统的开环传递函数、闭环传递函数或建立系统的状态过程。综合得到的动态数学模型对数字伺服系统进行动态设计。必要时还需对有关元器件的特性进行试验测试获得必要的数据。系统的动态设计要确定采用什么校正（补偿）方式，确定校正（补偿）装置的具体线路和参数，确定校正（补偿）装置在控制系统中的连接部位和连接方式，以使校正（补偿）后的系统能满足动态性能的要求，必要时还要进行仿真试验。

（5）系统的仿真试验

经过上述稳态设计和动态设计后，若技术指标均能满足要求便可以确定下来，否则还必须作局部修改、调整与完善，甚至需要重新制订方案。鉴于设计和计算总是近似的，其结果可能与实际情况出入较大。为了在样机试制之前能初步检验设计计算的正确与否，以便及时发现问题进行调整，可先在计算机上进行模拟仿真。

思　考　题

6.1　简述操纵系统的组成。

6.2　简述操纵机构的主要作用和基本要求。

6.3　如何合理确定操纵系统的传动比?

6.4　为什么操纵系统结构设计时必须考虑操纵机构的定位、互锁和安全保护?

6.5　互锁的含义是什么?互锁装置是如何保证运动互锁的?

6.6　操纵系统设计时应注意哪些事项?

6.7　机械设备中控制系统的作用有哪些方面?

6.8　典型闭环控制系统由哪些环节组成?简述各环节的作用。

6.9　分析说明控制系统的特性包括哪些方面，各有什么样的要求。

6.10　写出几种典型环节的数学表达式及其传递函数。

6.11　为什么伺服系统一般采用Ⅱ型系统?Ⅱ型系统有何特点?

6.12　如何合理设计伺服系统的减速器及滚珠丝杠驱动装置?设计时应考虑哪些要求?

6.13　什么是伺服系统失动量?影响失动量的主要因素有哪些?如何减小失动量?

6.14　什么是伺服刚度?伺服刚度的大小对系统性能有何影响?

6.15　怎样正确处理伺服系统的精度、稳定性、快速响应性和经济性之间的矛盾?

6.16　数字伺服控制系统具有什么特点?

第7章　润滑、密封与冷却系统设计

7.1　润滑设计

7.1.1　润滑及润滑剂

润滑是指在摩擦表面间人为加入润滑剂，以减少工作表面的摩擦以及由此造成的能量损失，还可以减少工作表面的磨损及发热，提高其寿命，保持机器的工作精度并提高机器的工作效率；此外，润滑还能起到防止表面腐蚀、清洁冲洗、减振和密封等作用。在工程中使用的润滑剂有液体（如油、水及液态金属等）、气体（如空气、蒸汽、氮气及一些惰性气体等）、半固体（如润滑脂等）及固体（如石墨、二硫化钼、聚四氟乙烯等）四种基本类型。其中，润滑油和润滑脂是机械设备的常用润滑剂。

随着生产设备的机械化、自动化程度不断提高，尤其是重、大、精尖设备的大量涌现，必然对润滑材料的性能提出更高的要求。虽然新的润滑材料在不断地大量出现，但到目前为止，尚没有哪种润滑油能满足各方面的润滑要求。因此，存在合理选择和掺配油品种的问题，要求机械设计者必须了解润滑材料的一些基本性能。

1. 润滑油的主要性能指标

（1）黏度

黏度是润滑油最主要的性能指标，是选择润滑油的主要依据。它表示液体润滑油流动时内部摩擦阻力的大小。黏度越大，内摩擦阻力越大，液体流动性越差。

黏度的大小可用动力黏度、运动黏度、条件黏度（恩氏黏度）等表示。

1）动力黏度

牛顿流动定律表明：在黏性液体中任何一点的切应力 τ 与剪切率 $\mathrm{d}u/\mathrm{d}y$（即速度梯度）成正比，即

$$\tau=\eta\frac{\mathrm{d}u}{\mathrm{d}y} \tag{7.1}$$

式中：u 是流层中任一点的速度；y 是流层间的距离；η 是比例系数，称为液体的动力黏度（或绝对黏度），常简称黏度。

2）运动黏度

动力黏度 η 与同温度下该液体密度 ρ 的比值称为运动黏度，用符号 v 表示，单位为 m^2/s。在国际单位制中，运动黏度单位为斯（St），即平方厘米每秒（cm^2/s），实际测定中常用厘斯（cSt），即平方毫米每秒（mm^2/s）。运动黏度广泛用于测定喷气燃料油、柴油、润滑油等液体石油产品的黏度，运动黏度的测定采用逆流法。

3）条件黏度

条件黏度是用条件数值表示的黏度，是采用特定黏度计测定的。常用的条件黏度（恩氏黏度）是用恩氏黏度计测定的。在规定温度下，从恩氏黏度计流出 200 mL 样品油，所需秒数与同体积蒸馏水在 20 ℃时流出所需秒数的比值。

黏度一般随温度的升高而下降。所以表示黏度时，必须注明是在什么温度下测定的。比较黏度时，也必须在同一温度下进行。高黏度的润滑油能承受较大载荷，因为它形成的油膜厚度大，强度高。但由于高黏度润滑油，在高速运转的情况下，温度易升高，功率损失也大。所以，黏度选择要适中：一般在低转速的部位用高黏度油；反之，用低黏度油。

（2）凝点

润滑油冷却到不能自由流动时的最高温度，称为油的凝点。它是润滑油在低温下工作的一个重要指标，直接影响机器在低温下的起动性能和磨损情况。低温润滑时，应选用凝点低的油。在冬季，特别是寒冷地区，在无取暖设备的条件下工作机械无论是集中循环润滑还是分散润滑，它都是一项重要的技术指标。

（3）闪点和燃点

闪点是润滑油在火焰下闪烁时的最低温度。火焰下闪烁持续 5 s 以上时的最低温度称为燃点。对在高温下工作的机器，应用闪点较高的润滑油，通常润滑油的闪点比设备工作温度高 30~40 ℃。如空压机气缸润滑油的闪点不能低于 240 ℃。

（4）油性

油性是指润滑油中的极性分子与金属表面吸附形成边界油膜，减少摩擦和磨损的能力。动植物油的油性一般好于矿物油。在低速、重载的情况下，一般都是边界润滑，油性就有特别重要的意义。

（5）极压性

润滑油的极压性是指加入含硫、磷、氯的有机极性化合物（极压添加剂）后，在表面生成抗腐、耐高压化学反应边界膜（简称反应油膜）的性能。良好的极压性可保证在重载、高速、高温条件下在表面形成可靠的反应油膜，减少摩擦和磨损。

（6）氧化稳定性

氧化稳定性是指防止高温下润滑油氧化生成酸性物质，从而影响润滑油的性能并腐蚀金属的性能。

常用润滑油的牌号、性能及应用如表 7.1 所示。

表 7.1 常用润滑油的牌号、性能及应用

名称与牌号	黏度等级(按GB/T 3141—1994)	运动黏度(40 ℃)/($mm^2 \cdot s^{-1}$)	闪点/℃不低于	倾点/℃不高于	主要用途
L-AN 全损耗系统用油(GB/T 443—1989)	5	4.14~5.06	80	-5	L-AN 全损耗系统用油适用于机床纺织机械、中小型电机、风机、水泵等各种机械的变速箱、手动加油转动部位、轴承等一般润滑点或润滑系统及对润滑油无特殊要求的全损耗润滑系统，不适用于循环润滑系统
	7	6.12~7.48	110	-5	
	10	9.00~11.00	130	-5	
	15	13.5~16.5	150	-5	
	22	19.8~24.2	150	-5	
	32	28.8~35.2	150	-5	
	46	41.4~50.6	160	-5	
	68	61.2~74.8	160	-5	
	100	90~110	180	-5	
	150	135~165	180	-5	
L-CKC 工业闭式齿轮油(GB 5903—2011)	68	61.2~74.8	180	-12	保证在正常或中等恒温和重载荷下运转的齿轮
	100	90.0~110	200	-12	
	150	135~165	200	-9	
	220	198~242	200	-9	
	320	288~352	200	-9	
	460	414~506	200	-9	
	680	612~748	200	-5	
轻载荷蜗轮蜗杆油(SH/T 0094—1991)	220	198~242	200	-6	用于铜-钢配对的圆柱形和双包络等类型的承受轻载荷、传动中平稳无冲击的蜗杆副，包括该设备的齿轮及滑动轴承等的润滑，在使用过程中应防止局部过热和油温在 100 ℃以上长期运转
	320	288~352	200	-6	
	460	414~506	220	-6	
	680	612~748	220	-6	
	1000	900~1 100	220	-6	
导轨油(SH/T 0361—1998)	32	28.8~35.2	150	-9	适用于各种精密机床导轨的润滑，以及冲击振动载荷的润滑摩擦点的润滑，特别适应于工作台导轨，在低速滑动时能减少其“爬行”滑动现象
	46	41.4~50.6	160	-9	
	68	61.2~74.8	180	-9	
	100	90.0~110	180	-9	
	150	135~165	180	-9	

续表

名称与牌号	黏度等级(按GB/T 3141—1994)	运动黏度(40 ℃)/($mm^2 \cdot s^{-1}$)	闪点/℃不低于	倾点/℃不高于	主要用途
L-FD轴承油(SH 0017—1990)	2	1.98~2.42	(60)	—	适用于锭子、轴承、液压系统、齿轮和汽轮机等工业设备； 括号内的闪点值为闭口闪点值
	3	2.88~3.52	(70)	—	
	5	4.14~5.06	(80)	—	
	7	6.12~7.48	(90)	—	
	10	9.00~11.00	(100)	—	
	15	13.5~16.5	(110)	—	
	22	19.8~24.2	(120)	—	

2. 润滑脂的主要性能指标

润滑脂（俗称干油）简单地说就是稠化了的润滑油，它是由稠化剂分散在润滑油中得到的半流体（或半固体）状的膏状物质。润滑脂是一种胶体分散体系。润滑脂在使用上有很多为润滑油所无法相比的优点：如附着力强，密封性能好，可以抗水冲淋、防锈，不易泄漏，加入特殊添加剂可赋予特殊性质，补给周期可以很长，甚至可以一次性终身润滑。

润滑脂常按其中所用的稠化剂种类划分，如钙基润滑脂、钠基润滑脂和锂基润滑脂等。钙基润滑脂耐水不耐高温，钠基润滑脂耐高温不耐水，锂基润滑脂既耐水又耐高温，用途广泛。滚动轴承润滑使用润滑脂较多。

润滑脂的主要性能指标主要体现在以下几点。

（1）锥入度

锥入度是表示润滑脂稀稠度的指标。标准锥体在规定质量［(150±0.25)g］、时间（5 s）和温度（25 ℃）的条件下针入标准杯内的润滑脂的深度，即为其锥入度，以每1/10 mm的深度作为锥入度的单位。它表明润滑脂内阻力的大小和流动性的强弱。锥入度越小，表示润滑脂越稠，承载能力越强，密封性好，但摩擦阻力大，流动性差，不易填充较小摩擦间隙。

（2）滴点

在规定条件下加热，润滑脂在特制的杯中滴下第一滴润滑脂时的温度称为润滑脂的滴点，它反映润滑脂的耐高温性能，润滑脂的工作温度应低于滴点20~30 ℃。钙基润滑脂的滴点为75~95 ℃，钠基润滑脂滴点为130~200 ℃。润滑脂的资料可以查阅有关手册或生产厂家的有关资料。

（3）安定性

润滑脂的安定性包括机械安定性、化学安定性和胶体安定性。润滑脂的机械安定性，是指润滑脂在受到机械剪切时，润滑脂阻止稠度变化的能力，稠度变化值越小，机械安定性越好，其使用寿命越长。当机械剪切作用停止后，其稠度又可恢复，但不能恢复到原来的程度。润滑脂的化学安定性（又称氧化安定性），是指润滑脂在储存和使用中抵抗氧化变质的能力，是衡量润滑脂耐老化能力的主要指标。润滑脂的胶体安定性，是指润滑脂在一定温度和压力下保持胶体结构稳定或抑制析油的能力。胶体安定性差的润滑脂，在受热、压力、离心力等作用下易发生严重析油，导致寿命迅速下降。

（4）蒸发性

润滑脂的蒸发性，表示润滑脂在规定温度条件下润滑脂油分挥发的程度，蒸发损失越小越好。润滑脂的蒸发性主要取决于润滑油的性质和组成。

（5）保护性

润滑脂的保护性，是指润滑脂保护金属表面不发生锈蚀和耐水的性能。防锈性好的润滑脂，其本身的稠化剂和基础油不会腐蚀金属，并且能有效地黏附于金属表面，在金属表面保持足够的油膜来阻止水蒸气、空气、酸和腐蚀性气体或液体对金属表面的腐蚀。润滑脂的耐水性表示润滑脂抗水冲洗、不吸水、不乳化的能力或抵抗因吸收水分而使润滑脂结构破坏的能力。

常用润滑脂的牌号、性能及应用见表 7.2。

表 7.2 常用润滑脂的牌号、性能及应用

名称	产品分类	外观	滴点/℃不低于	工作锥入度/(1/10 mm)	水分/%不大于	特性及主要用途
钙基润滑脂（GB/T 491—2008）	1号	淡黄色至暗褐色均匀油膏	80	310~340	1.5	温度<55 ℃、轻载荷和有自动给脂的轴承，以及汽车底盘和气温较低地区的小型机械
	2号		85	265~295	2.0	中小型滚动轴承，以及冶金、运输、采矿设备中温度不高于 55 ℃ 的轻载荷、高速机械的摩擦部位
	3号		90	220~250	2.5	中型电动机的滚动轴承，发电机及其他温度在 60 ℃ 以下中等载荷中转速的机械摩擦部位
	4号		95	175~205	3.0	汽车、水泵的轴承、重载荷自动机械的轴承，发电机、纺织机及其他 60 ℃ 以下重载荷、低速的机械
石墨钙基润滑脂（SH/T 0369—1992）	—	黑色均匀油膏	80	—	2	压延机人字齿轮，汽车弹簧，起重机齿轮转盘，矿山机械，绞车和钢丝绳等高载荷、低转速的粗糙机械

续表

名称	产品分类	外观	滴点/℃不低于	工作锥入度/(1/10 mm)			水分/%不大于	特性及主要用途
合成钙基润滑脂	2 号	深黄色到暗褐色均匀油膏	80	50 ℃不大于	25 ℃	0 ℃不小于	3	具有良好的润滑性能和耐水性，适用于工业、农业、交通运输等机械设备的润滑，使用温度不高于 60 ℃
				350	265~310	230		
	3 号		90	50 ℃不大于	25 ℃	0 ℃不小于	3	
				300	220~265	200		
复合钙基润滑脂（SH/T 0370—1995）	1 号	—	200	310~340			—	具有良好的耐水性、机械安定性和胶体安定性。适用于工作温度在-10~150 ℃范围及潮湿条件下机械设备的润滑
	2 号		210	265~295			—	
	3 号		230	220~250			—	
合成复合钙基润滑脂	1 号	深褐色均匀软膏	180	310~340			痕迹	具有较好的机械安定性和胶体安定性，用于较高温度条件摩擦部位的润滑
	2 号		200	265~295			痕迹	
	3 号		220	220~250			痕迹	
	4 号		240	175~205			痕迹	
钠基润滑脂（GB/T 492—1989）	2 号	—	160	265~295			—	适用于-10~110 ℃温度范围内一般中等载荷机械设备的润滑，不适用于与水相接触的润滑部位
	3 号		160	220~250			—	
4 号高温润滑脂（50 号高温润滑脂）[SH/T 0376—1992（2003 年确认）]	—	黑绿色均匀油性软膏	200	170~225			0.3	适用于在高温条件下工作的发动机摩擦部位，着陆轮轴承以及其他高温工作部位的润滑
钙钠基润滑脂[SH/T 0368—1992（2003 年确认）]	2 号	由黄色到深棕色的均匀软膏	120	250~290			0.7	耐溶、耐水，温度为 80~100 ℃（低温下不适用）。铁路机车和列车，小型电动机和发电机以及其他高温轴承
	3 号		135	200~240			0.7	

续表

名称	产品分类	外观	滴点/℃不低于	工作锥入度/(1/10 mm)	水分/%不大于	特性及主要用途
压延机用润滑脂［SH/T 0113—1992(2003年确认)］	1号	由黄色至棕褐色的均匀软膏	80	310~355	0.5~2.0	适用于在集中输送润滑剂的压延机轴上使用
	2号		85	250~295	0.5~2.0	

7.1.2 润滑剂的选择原则

润滑剂的选择必须合适，一般按设备的工作条件进行选择，包括工作载荷、工作速度、工作温度和工作环境等。润滑剂选择的基本原则：重载、低速、高温、间隙大时应选黏度较大的润滑油；轻载、高速、低温、间隙小时应选黏度较小的润滑油。润滑脂主要用于速度低、载荷大、不经常加油、使用要求不高或灰尘较多的场合。气体、固体润滑剂主要用于高温、高压、需防止污染等一般润滑剂不能适应的场合。目前各类设备中常用的润滑剂类型为稀油和干油两大类。具体说来，两种类型的润滑剂的选用如下：

1. 稀油润滑

稀油润滑一般用于下列情况：

1）除完成润滑任务外，还必须要带走摩擦平面间产生的热量。

2）须能够保证滑动平面间为液体摩擦的情况，如液体摩擦轴承、高速移动的滑动平面之间、止推滑动轴承等。

3）能够用简易的手段向啮合传动机构本身及其轴承同时提供一种润滑剂的情况。

4）除润滑外，还需要清洗摩擦平面并保持清洁状态。

5）相同情况下，易于对轴承进行密封并能很好防止润滑油外溢。

2. 干油润滑

干油润滑一般用于下列情况：

1）黏性很好，并能附着在摩擦平面上，不易流失及飞溅，多用于作往复转动及短期工作制的重载荷低转速的滑动轴承上。

2）密封性好，并给油方便。

3）很适用于低速的滚动轴承润滑，可长时间不用加油，维护方便。

4）防护性能较好，能保护裸露的摩擦表面免受机械杂质及水等的污损。

7.1.3 润滑方式和润滑装置

保证机械设备或装置运转时润滑油或润滑脂的供应是十分重要的。

1. 润滑油的供应方法

对于轻载、低速、不连续运转等需油量不大的机械，一般采用定期加油、滴油润滑。对速度较高、载荷较大的机械，一般要采用油浴、油环、飞溅润滑或压力供油润滑。高速、轻载机械零件（如滚动轴承），采用喷雾润滑。对高速重载的重要零件，要采用压力供油润滑。

（1）人工加油润滑

人工加油润滑的最简单方法是用油壶、油枪直接向通向需要润滑零件的油孔中注油，也可以在油孔处装设油杯，油杯的作用是储油和防止外界灰尘等进入。图 7.1 所示为压配式注油杯，图 7.2 所示为旋套式注油杯。

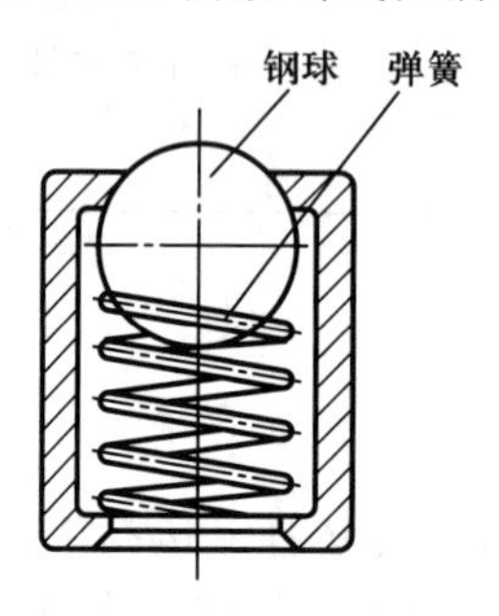

图 7.1　压配式注油杯

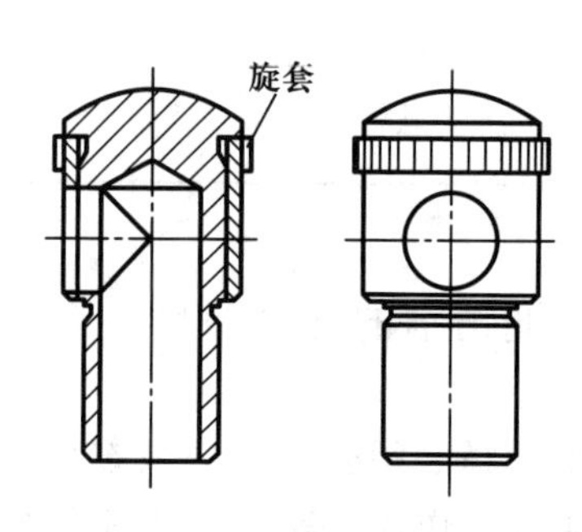

图 7.2　旋套式注油杯

（2）滴油润滑和油绳润滑

图 7.3 所示为针阀式注油杯，这种注油杯的滴油量受针阀的控制，注油杯中油位的高低可直接影响通过针阀间隙的滴油量，停车时可以扳倒手柄以关闭针阀，从而停止供油。

油绳润滑主要使用油绳，应用虹吸管和毛细管作用吸油，图 7.4 所示为油绳注油杯。所使用油的黏度较低，油绳有一定过滤作用，不能和所润滑的表面接触。

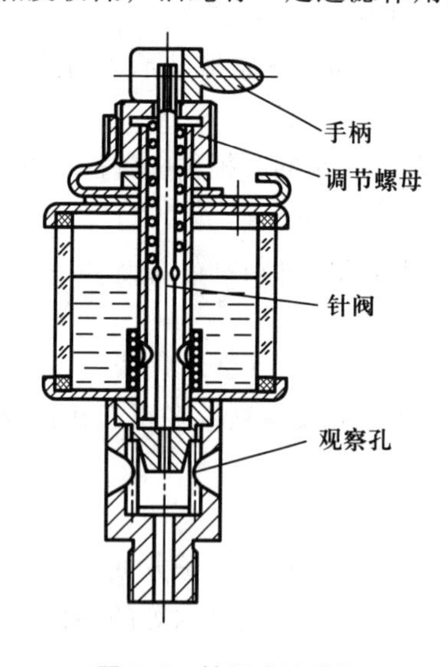

图 7.3　针阀式注油杯

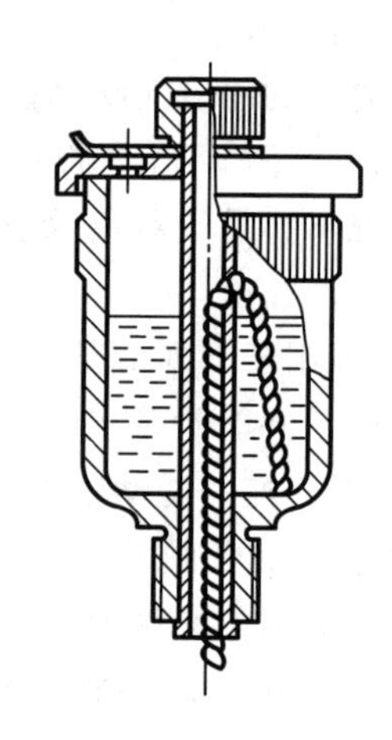

图 7.4　油绳注油杯

（3）油环、油链润滑

图 7.5a 所示为油环润滑，在轴上挂一油环，环的下部浸在油池内，利用轴转动时的摩擦力，把油环也带着旋转，将浸在油池中的润滑油带到轴颈上润滑摩擦表面。采用油环润滑时，轴应无冲击振动，转速不易过高。图 7.5b 所示为油链润滑，油链的带油量较大。

油环或油链润滑只能用于水平安装的轴。

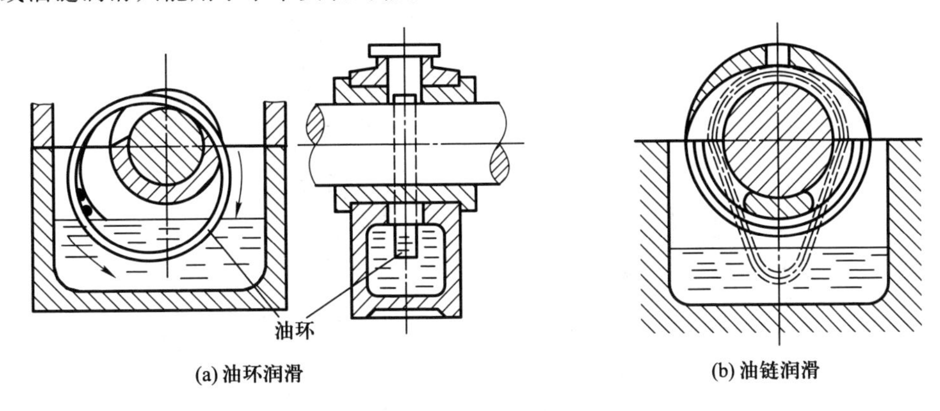

图 7.5 油环润滑和油链润滑

（4）浸油润滑和飞溅润滑

浸油润滑和飞溅润滑主要用于闭式齿轮箱、链条和内燃机等。它是将需要润滑的零件（如齿轮、凸轮、滚动轴承等）一部分直接浸入专门设计的油池中，零件转动时将润滑油带到润滑部位，旋转零件的线速度不高于 12.5 m/s，如图 7.6 所示。

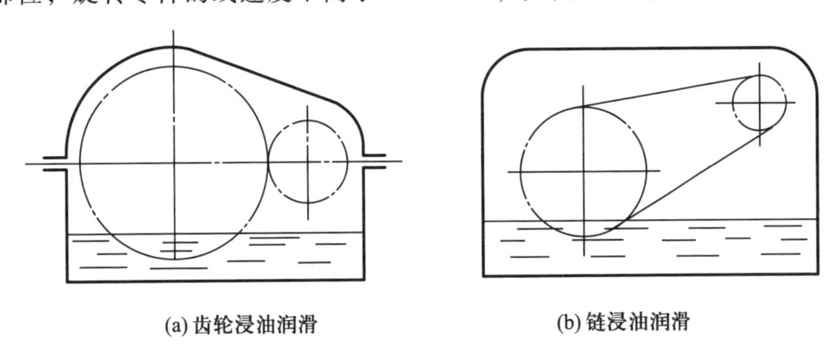

图 7.6 浸油润滑

（5）油雾润滑

油雾润滑的原理是利用压缩空气通过喷嘴把润滑油喷出，雾化后再送入摩擦表面，并让其在饱和状态下析出，使摩擦表面上附着一层油膜以达到润滑的目的，如图 7.7 所示。

（6）压力循环润滑

压力循环润滑是利用油泵使循环系统的润滑油达到一定压力后输送到润滑部位的润滑方式，如图 7.8 所示。这种方法可以供应充足的油量来润滑和冷却机械零件，可以个别润滑，也可以集中装置多点供油，但设备复杂、成本高是其缺点。常用于高速、重载和重要的设备。

2. 润滑脂的供油方法

润滑脂的供油方法基本上分为手工给油、手动（电动）供油站、中央手动或自动供油站等。采用何种供油方法，主要取决于机械设备的类别、工作情况、工作制度以及工作地点等具体情况和经济效益。除了手工涂抹，润滑脂的供油装置有连续压注油脂杯、润滑脂集中润滑系统等。

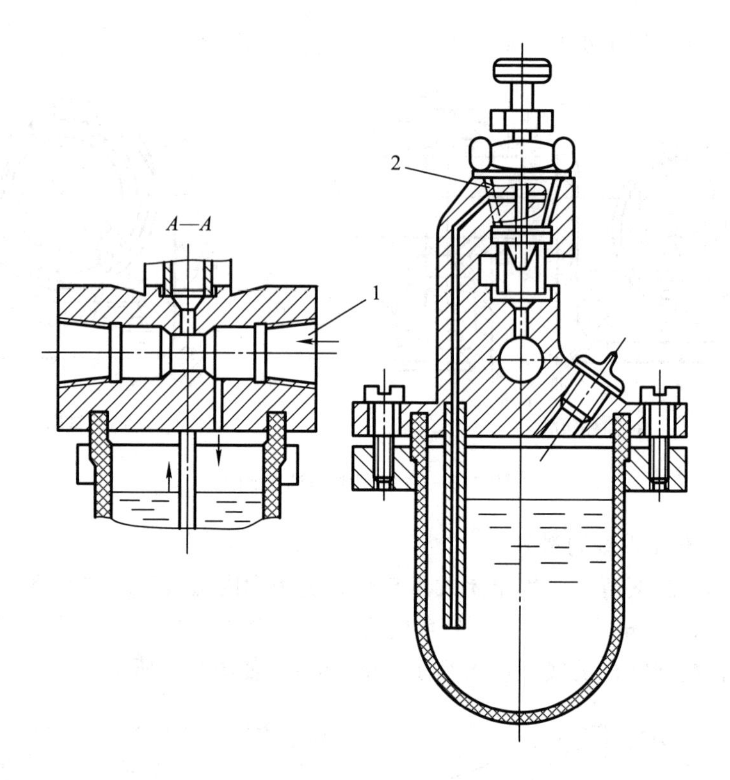

1—压缩空气；2—调整阀

图 7.7　油雾润滑装置

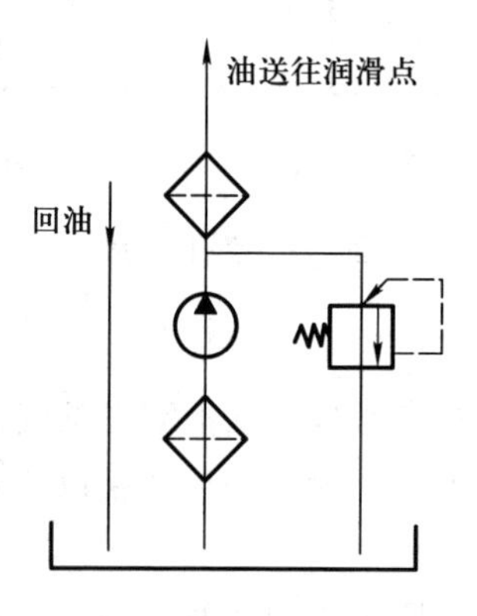

图 7.8　压力循环润滑系统

（1）手工涂抹和装配时添加油脂

这种方法最简单，但不可靠，只能用于不重要的场合。

（2）连续压注油脂杯润滑

靠压在装有皮碗的活塞上的弹簧将油脂压出供给。这种方法适用于摩擦面滑动速度 $v<4.5$ m/s 的场合。

（3）润滑脂集中润滑系统

依靠润滑脂泵、油管、电磁换向阀、压力操纵阀，按规定的要求和程序将油脂供应到各润滑点。采用这种系统供油，供给可靠，适用于多点润滑，但设备较复杂。

7.1.4　稀油集中润滑系统的设计计算

稀油集中润滑系统采用压力供油，因此有足够的供油量，可保证数量众多、分布较广的润滑点及时得到润滑，同时将摩擦副产生的摩擦热带走；随着油的流动和循环，摩擦表面被冲洗干净，其上的金属磨粒等机械杂质也被带走，达到润滑良好，减少摩擦、磨损和易损件的消耗、功率消耗，延长设备使用寿命的目的。典型的稀油集中润滑系统可以有回转活塞泵供油的集中循环润滑系统或齿轮油泵供油的循环润滑系统，其系统图分别如图 7.9 和图 7.10 所示。

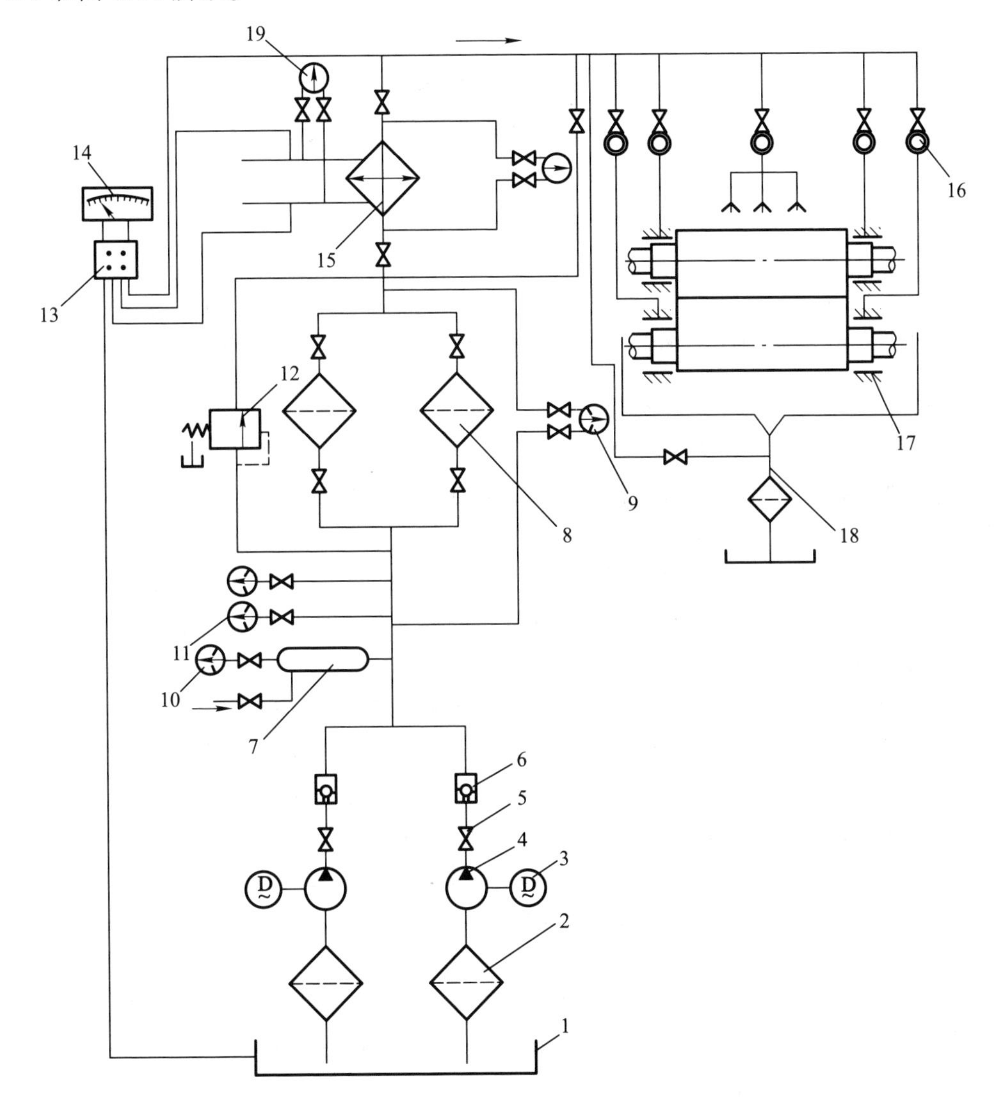

1—油箱；2—吸油过滤器；3—电动机；4—回转活塞泵；5—截止阀；6—单向（逆止）阀；7—空气筒；8—过滤器；9—接触差式压力计；10—压力计；11—电接触压力计；12—安全旁通阀；13—转换开关（测温度用）；14—电桥温度计；15—冷却器；16—给油指示器；17—轧钢机齿轮座各摩擦部位的供油润滑点；18—回油管；19—压差式压力计

图 7.9　回转活塞泵供油的集中循环润滑系统的系统图

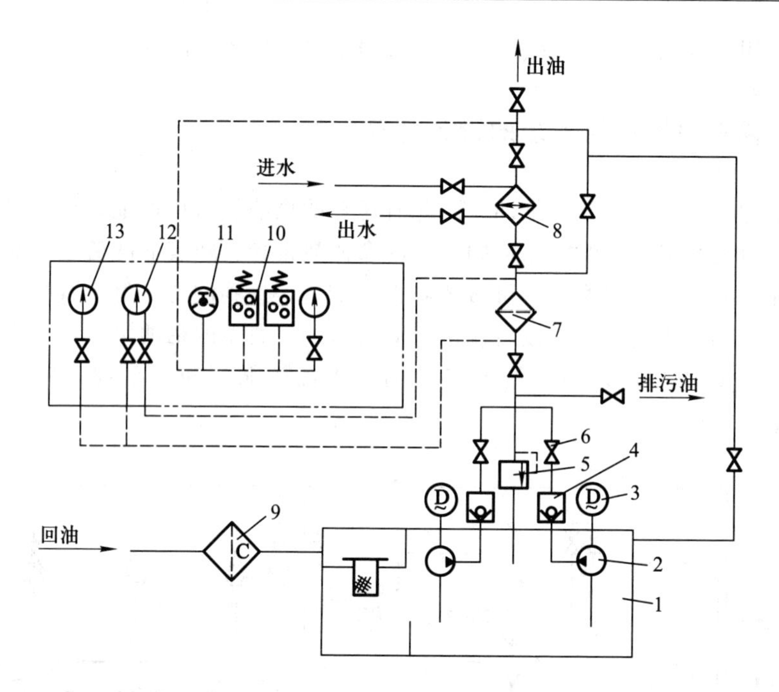

1—油箱；2、3—齿轮油泵装置；4—单向阀；5—安全阀；6—截断阀；7—网式过滤器；8—板式冷却器；9—磁性过滤器；10—压力调节器；11—接触式温度计；12—差式压力计；13—压力计

图 7.10　齿轮油泵供油的循环润滑系统（XYZ16~XYZ-15 型稀油站）的系统图

1. 稀油集中润滑系统设计的任务

根据机械设备总体设计中各机械及其摩擦副的润滑要求、工况和环境条件，进行集中润滑系统的技术设计并确定合理的润滑系统，包括润滑系统的类型确定、计算及选定组成系统的各种润滑元件及装置的性能、规格、数量，以及系统中各管路的尺寸及布局等。

2. 稀油集中润滑系统设计的步骤

为满足机械系统的生产工艺要求，设计合理的集中润滑系统以保证它们的正常运行是非常必要的，设计时一般按以下步骤进行：

（1）围绕润滑系统设计要求，了解需要润滑机组的概况

首先，应了解生产工艺对机械设备提出的要求，并应注意生产中各机组、机构运动副的特点，如有多少润滑点（即所需润滑的部位）、运动性质、受载情况、工作速度、环境及温度等，确定采用哪些方法供油较为合适。对采用同一品种润滑油，工作性质相似的润滑点，应尽量地放在一个系统中。另外，目前尚存在的薄弱环节也要有所了解，做到全面分析。

（2）收集润滑系统设计计算的必要参数，确定润滑系统方案

设计时所必需的参数有几何参数（如润滑点最高、最低、最远的位置，范围，各摩擦副有关的尺寸等）、速度参数（最高速度、最高转速等）、运动性质（变速运动、匀速运动、间歇运动、连续运动、摆动、可逆运动等）、力能参数（传递功率、最大受载及负荷特性等）、工作温度范围（最高、最低工作温度）、系统的流量和压力等要求。在实际调查研究的基础上，应考虑选用几个什么样的供油站，这些供油站是放在同一个地下油库内，还是分别放在不同的几个地下油库内，也可以按具体情况装在所润滑机组附近的地下油库内。根据所用润滑油种类不同，可以分别采用不同的供油站及系统。例如电动机轴承

比较精密、重要并处于高转速下，采用高质量的汽轮机油，并设专门的供油站；根据机组布置不同、距离远近不同、工况性质不同，应将距离近、工况相似的设备尽量纳入同一个润滑系统。在全面考虑、反复比较的基础上（有时可以同时考虑几种可行的方案进行分析、比较），最后才能确定润滑系统的较好或最佳方案。

（3）计算润滑机组消耗的功率

在集中润滑系统中，为满足形成润滑油膜所需要的油量，要比冷却这些摩擦副在运动中所产生的热量所需要的油量少得多。计算各运动副工作时克服摩擦所消耗的功率，这些被消耗的功率都变成了热量，所以计算润滑油消耗量的依据应是以热平衡为原则，即求出各运动副的效率，并换算成热量，再算出为吸收这些热量所需要的油量。

计算公式如下：

$$\eta=\eta_1\eta_2\eta_3 \tag{7.2}$$

式中：η——总传动效率；

η_1——传动副的传动效率；

η_2——传动副轴承的效率；

η_3——由于搅动润滑油损耗的效率。

关于传动效率计算的公式和方法，可参阅有关工程手册。为便于计算，本书表 7.3 中给出齿轮传动的效率供参考。

求出 η 后，可换算出为克服全部摩擦而消耗功率时所产生的热量（单位为 W）为

$$T=(1-\eta)N \tag{7.3}$$

式中：N——机械传动输入的功率，W。

与此同时，传动机构的壳体表面及零件本身向周围空气散发的热量（单位为 W）为

$$T_0=k(t_1-t_2)S \tag{7.4}$$

式中：k——热传导系数，随具体条件不同而各异。一般情况下 $k=8.15\sim17.45$ W/(m^2·℃)。

t_1——润滑油的工作温度，一般限制为 60~70 ℃，最高不应超过 80 ℃。

t_2——周围空气温度，一般取 $t_2=20\sim30$ ℃。

S——传动机构散热表面积，m^2。

在传动时产生的全部热量，除箱体散发的热量外，其余部分认为都由循环油带去，所以润滑油的消耗量 Q（单位为 L/s）应该是

$$Q=\frac{T-T_0}{C\rho\Delta tK} \tag{7.5}$$

式中：C——润滑油的比热容，$C=(1.4\sim0.5)\times4\ 184$ J/(kg·℃)；

ρ——润滑油的密度，$r=0.9$ kg/L；

Δt——油的温升，$\Delta t=t_1-t_2=10\sim12$ ℃，不超过 15 ℃；

t_1——循环润滑油吸收了热量后的回油温度，℃；

t_2——循环润滑油进入润滑部位时的温度，℃；

K——循环润滑油在啮合处不能全部利用的系数，取 $K=0.6\sim0.8$。

若机构由多套传动副组成，则应分别求出各个 Q 后相加，最后求出润滑油的总消耗量，所以总耗油量（单位为 L/s）公式如下：

$$Q_t = \sum \frac{T-T_0}{C\rho \Delta t K} \tag{7.6}$$

闭式齿轮传动和闭式蜗杆传动的功率损耗一般包括三部分，即啮合摩擦损耗、轴承中的摩擦损耗、搅动润滑油的损耗。当齿轮传动的速度不高且采用滚动轴承时，计入上述三部分损耗后的总传动效率 η 见表 7.3。当蜗杆传动时，

$$\eta_1 = \frac{\tan \lambda_0}{\tan(\lambda_0 + e)} \tag{7.7}$$

式中：λ_0——普通圆柱蜗杆分度圆柱上的导程角（对于圆弧面蜗杆，为喉圆上的导程角）；

e——当量摩擦角，$e = \arctan f$，其中，f 为滑动摩擦系数，f 或 e 值可根据蜗杆副材料和滑动速度 v_n 的大小，由表 7.4 和表 7.5 选取。

滑动速度 v_n（单位 m/s）由下式计算：

$$v_n = \frac{\pi d_1 n_1}{60 \times 1\,000 \cos \lambda_0} \tag{7.8}$$

式中：d_1——蜗杆分度圆直径，mm；

n_1——蜗杆的转速，r/min。

因轴承摩擦及搅动润滑油这两项功率损耗不大，一般取 $\eta_2 \eta_3 = 0.95 \sim 0.96$，则总效率 η 为

$$\eta = \eta_1 \eta_2 \eta_3 = (0.95 \sim 0.96) \frac{\tan \lambda_0}{\tan(\lambda_0 + e)}$$

表 7.3　采用滚动轴承时齿轮传动的总效率

传动类型	闭式传动（油润滑）		开式传动（脂润滑）
	6 级或 7 级精度	8 级精度	
圆柱齿轮传动	0.98	0.97	0.95
锥齿轮传动	0.97	0.96	0.94

表 7.4　普通圆柱蜗杆传动的 v_n、f、e 值

蜗轮齿圈材料	锡青铜				无锡青铜		灰铸铁			
蜗杆齿面硬度	≥45HRC		其他		≥45HRC		≥45HRC		其他	
滑动速度 v_n①/($m \cdot s^{-1}$)	f②	e②	f	e	f②	e②	f②	e②	f	e
0.01	0.110	6°17′	0.120	6°51′	0.180	10°12′	0.180	10°12′	0.190	10°45′
0.05	0.090	5°09′	0.100	5°43′	0.140	7°58′	0.140	7°58′	0.160	9°05′
0.1	0.080	4°34′	0.090	5°09′	0.130	7°24′	0.130	7°24′	0.140	7°58′
0.25	0.065	3°43′	0.075	4°17′	0.100	5°43′	0.100	5°43′	0.120	6°51′
0.5	0.055	3°09′	0.065	3°43′	0.090	5°09′	0.090	5°09′	0.100	5°43′
1	0.045	2°35′	0.055	3°09′	0.070	4°00′	0.070	4°00′	0.090	5°09′

续表

蜗轮齿圈材料	锡青铜				无锡青铜		灰铸铁			
蜗杆齿面硬度	≥45HRC		其他		≥45HRC		≥45HRC		其他	
滑动速度 v_n①/(m·s^{-1})	f②	e②	f	e	f②	e②	f②	e②	f	e
1.5	0.040	2°17′	0.050	2°52′	0.065	3°43′	0.065	3°43′	0.080	4°34′
2	0.035	2°00′	0.045	2°35′	0.055	3°09′	0.055	3°09′	0.070	4°00′
2.5	0.030	1°43′	0.040	2°17′	0.050	2°52′	—	—	—	—
3	0.028	1°36′	0.035	2°00′	0.045	2°35′	—	—	—	—
4	0.024	1°22′	0.031	1°47′	0.040	2°17′	—	—	—	—
5	0.022	1°16′	0.029	1°40′	0.035	2°00′	—	—	—	—
8	0.018	1°02′	0.026	1°29′	0.030	1°43′	—	—	—	—
10	0.016	0°55′	0.024	1°22′	—	—	—	—	—	—
15	0.014	0°48′	0.020	1°09′	—	—	—	—	—	—
24	0.013	0°45′	—	—	—	—	—	—	—	—

注：① 如滑动速度与表中数值不一致时，可用插入法求得 f 和 e 值；

② 适用于蜗杆齿面经磨削或抛光并仔细磨合、正确安装、采用黏度合适的润滑油进行充分润滑的场合。

表 7.5 圆弧圆柱蜗杆传动的 v_n、f、e 值

蜗轮齿圈材料	锡青铜				无锡青铜		灰铸铁			
蜗杆齿面硬度	≥45HRC		其他		≥45HRC		≥45HRC		其他	
滑动速度 v_n①/(m·s^{-1})	f②	e②	f	e	f②	e②	f②	e②	f	e
0.01	0.093	5°19′	0.10	5°47′	0.156	8°53′	0.156	8°53′	0.165	9°22′
0.05	0.075	4°17′	0.083	4°45′	0.12	6°51′	0.12	6°51′	0.138	7°12′
0.1	0.065	3°43′	0.075	4°17′	0.111	6°20′	0.111	6°20′	0.119	6°47′
0.25	0.052	2°59′	0.060	3°26′	0.083	4°45′	0.083	4°45′	0.107	5°50′
0.50	0.042	2°25′	0.052	2°59′	0.075	4°17′	0.075	4°17′	0.083	4°45′
1	0.033	1°54′	0.042	2°25′	0.056	3°12′	0.056	3°12′	0.075	4°17′
1.5	0.029	1°40′	0.038	2°11′	0.052	2°59′	0.052	2°59′	0.065	3°43′
2	0.023	1°21′	0.033	1°54′	0.042	2°25′	0.042	2°25′	0.056	3°12′
2.5	0.022	1°16′	0.031	1°47′	0.041	2°21′	0.041	2°21′	—	—
3	0.019	1°05′	0.027	1°33′	0.037	2°07′	0.037	2°07′	—	—
4	0.018	1°02′	0.024	1°23′	0.033	1°54′	0.033	1°54′	—	—
5	0.017	0°59′	0.023	1°20′	0.029	1°40′	0.029	1°40′	—	—
8	0.014	0°48′	0.022	1°16′	0.025	1°26′	0.025	1°26′	—	—
10	0.012	0°41′	0.020	1°09′	—	—	—	—	—	—

续表

蜗轮齿圈材料	锡青铜				无锡青铜		灰铸铁			
蜗杆齿面硬度	≥45HRC		其他		≥45HRC		≥45HRC		其他	
滑动速度 v_n①/ (m·s^{-1})	f②	e②	f	e	f②	e②	f②	e②	f	e
15	0.011	0°38′	0.017	0°59′	—	—	—	—	—	—
20	0.010	0°35′	—	—	—	—	—	—	—	—
25	0.009	0°31′	—	—	—	—	—	—	—	—

注：① 如滑动速度与表中数值不一致时，可用插入法求得 f 和 e 值；

② 适用于蜗杆齿面经磨削或抛光并仔细磨合、正确安装、采用黏度合适的润滑油进行充分润滑的场合。

（4）选定润滑系统的形式和数量

在确定机器和机构运动副所需的润滑油消耗量之后，即可开始选择润滑系统。一般按下列原则考虑：

1）一般润滑油的消耗量大于 400 L/min，或者消耗量虽小于 400 L/min，但对于重要的机器（如主电动机轴承），应采用自动循环式润滑系统。

2）被润滑机组中近似的机械（如减速器、齿轮座等），应尽量采用同一品种的润滑油。摩擦副既类似而又比较靠近者，如轧钢机主传动减速器、齿轮座、接轴轴承等，可共同使用一个油站供油。如果在被润滑的机组中有某几个或个别的高转速（要求低黏度油）的摩擦副，可以考虑放在同一个已确定的高黏度油的润滑系统中进行润滑，不必为个别高转速摩擦副再增加一套低黏度油的供油装置，但是反之则不行。这样可以做到投资少，管理方便，节约人力。

3）根据机组生产工艺确定各机械的工作制度。如有的是同时运转，有的是按先后次序运转，有的是间歇运转，有的是连续运转，因此应按不同的工作制度，安排在相适应的润滑系统中。

4）根据机械设备的布置，相邻并连在一起的设备，尽量采用一个供油站，这样便于管路安装。如剪切机组、酸洗机组，应根据相隔距离设一个或两个供油站，既方便又经济。一般相隔 30~40 m，尽量采用一个供油站供油润滑；若距离相隔较远（在 70 m 以上），可考虑设两个供油站。

若机器各部位所要求的润滑油牌号不同，则即便相近也不能放在一个供油站。若油品的牌号相同，但工作要求不同，也不能合在一个供油站，如齿轮机座要求用轧钢机油润滑，而轧辊液体摩擦轴承也要求用轧钢机油，但由于液体摩擦轴承要求油有更好的过滤精度，以及控制信号等，所以也需要采用两个供油站润滑。

容易污染的摩擦部件，应单独设一个供油站。如易进水的辊道减速器，可以用一个供油站，以便定期地将混入水分的润滑油进行沉淀、分离或更换，不致影响其他工作条件较好的供油站工作。轧钢机的压下装置由于润滑油易被磨损脱落的金属屑、灰尘等污染，也需要单独设立供油站。

不是一个机组的机器，由于工作制度不同，尽量不要合在一个供油站。例如，两个剪切机机组相隔很近，用油牌号也一样，但其工作制不同，所以最好不要合用一个供油站，

以免管理、使用不便。可以采用两个小一些的供油站，放在一个油库中。

供油站不宜太大，每个供油站的油量尽可能相同或倍数相同，便于润滑元件及设备能互换、通用。

（5）润滑系统中设备及元件的选择

1）油泵

它是润滑系统的关键部件，油泵选择的恰当与否至关重要，同时也关系到初投资及运行中的经济指标，需确定其型号、工作压力和最大流量。

① 回转活塞泵　采用这种泵供油系统是因为它工作轻快、噪声小，且具有压力调节机构，能自动调节稀油管内的油压力，并有给油调节机构等优点。ZPB 型回转活塞泵的工作原理如图 7.11 所示。应当指出的是，为避免回转活塞泵吸油及排油过程中产生忽大忽小的脉动油流，使供油均匀，应在输油主管道靠近油泵处设置一个补偿器。

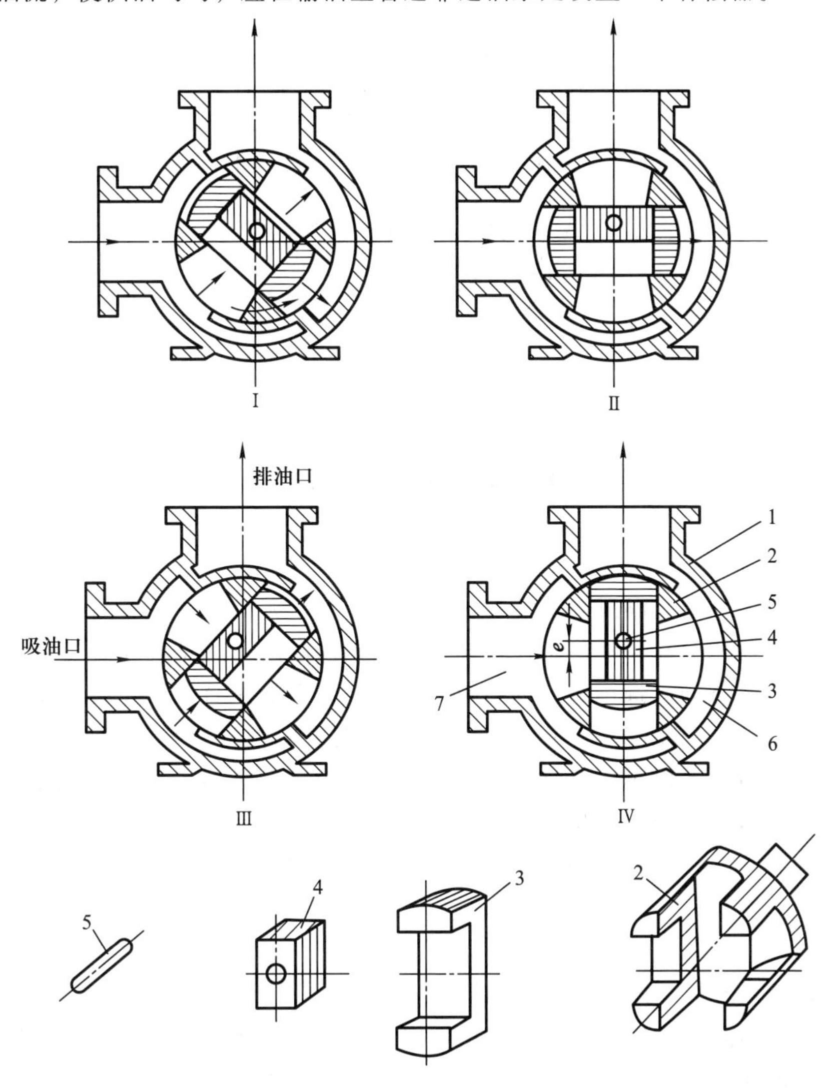

Ⅰ、Ⅱ、Ⅲ、Ⅳ—四种不同的工作位置；

1—泵体；2—转子；3—外活塞；4—内活塞；5—销轴；6—排油腔；7—吸油腔

图 7.11　ZPB 型回转活塞泵的工作原理

② 齿轮泵　它的工作原理是借助齿轮齿顶和泵体内腔表面是精密配合，而齿轮的两个端面与泵体的两个端盖也是精密配合，从而形成密封的空间容积，当齿轮泵运转时，由于密封容积不断变化，进而达到吸油、排油的目的，如图 7.12 所示。它的优点是结构简单、体积小、重量轻、寿命长、造价低，而缺点是工作中噪声大、流量不能改变。

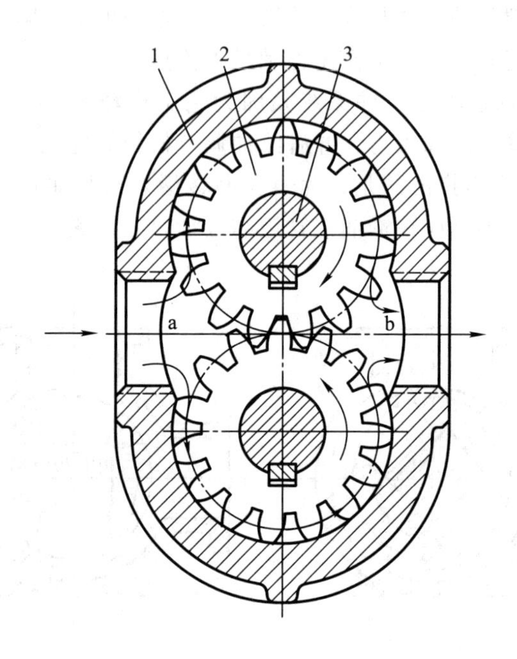

1—泵壳体；2—齿轮；3—齿轮轴

图 7.12　齿轮泵的工作原理

2）油箱

油箱的功能是储油。润滑油从油箱中被吸取出来，完成循环任务后又流回油箱，在箱内经过沉淀、油水分离、油与杂质分离、消除油内泡沫、散发气体等处理后，以备使用。油箱根据容积不同，选用适合的钢板焊成。循环系统油箱容积一般取油泵的每分钟供油量的 25~30 倍。如图 7.13 所示，油箱上面应设回油连接管法兰、安全阀连接法兰、液位信号器等，正面设置吸油口、闸阀、油箱清洗孔、各种管道及元器件接口等，侧面设置分油器放回润滑油接口、辅助油箱连接法兰等。箱内设置电加热或蒸汽加热装置、油位控制器等，当油面达到最高位或最低位时，发出电信号及时反映液面的极限状况。

3）过滤器

在循环润滑系统中，润滑油必须清洁干净，所以要不断地用过滤器清除掉其中的各种杂质（一类为机械杂质，另一类为油在使用中自己产生的杂质）以保证润滑与清洗的效果。过滤器根据滤芯结构和材料的不同，有很多类型。一般在连续性工作行业中，且过滤精度要求又不高的情况下，多采用片状圆盘过滤器。GLQ 型片状圆盘过滤器的工作原理如图 7.14 所示。

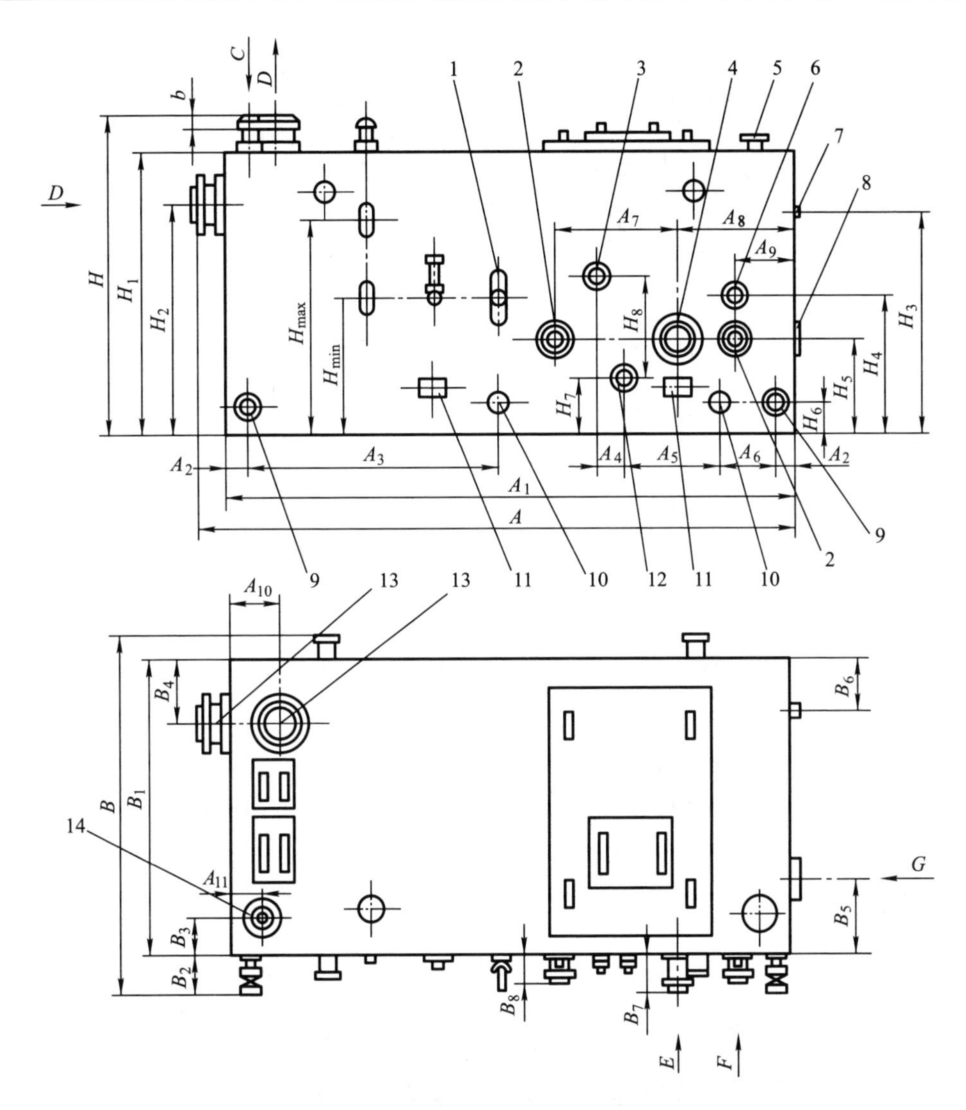

1—弯嘴式旋塞；2—深入吸油孔，两个；3—蒸汽入口接管 G1″；4—吸油口；5—液位信号器；6—铜热电阻预留接口 G1/2″；7—分油器放回润滑油接口 G1″；8—辅助油箱连接法兰；9—内螺纹暗杆楔式闸阀，两个，$DN=40$ mm；10—接分油器用管路接口 G1″；11—油箱清洗孔；12—排冷凝水用接口 G1″；13—回油连接管法兰；14—安全阀连接法兰

图 7.13 YX-1~YX-40 油箱外形图

润滑油按箭头指示方向穿过过滤器的片隙，大的杂质就被留在垫片周围，净油则沿滤筒和垫片中间孔道向上经出油口送走。过滤器正常工作时，压差为 0.02 MPa。当压差增大到 0.05 MPa 时，说明它已堵塞严重，需要清洗。这时要起动电动机使过滤筒旋转，固定刮刀把滤筒四周的杂质刮掉，压差降下，过滤器继续有效地进行工作。其过滤精度为 0.12~0.18 mm。过滤器在我国已成系列产品，请详查有关资料。应当指出的是，过滤器不能清除油液中的水分和某些它不能滤掉的微小杂质，所以有些润滑系统中还须配置净油机。

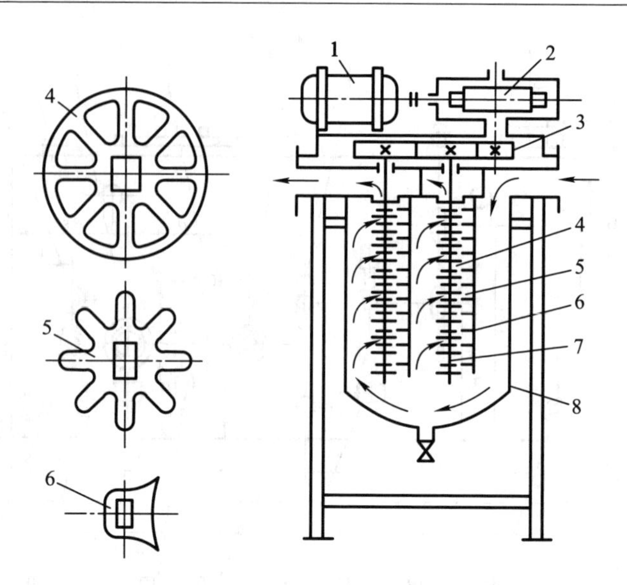

1—电动机；2—蜗杆蜗轮副；3—齿轮；4—圆盘；
5—垫片；6—刀片；7—轴；8—筒体

图 7.14　GLQ 型片状圆盘过滤器的工作原理

4）冷却器

冷却器的用途是冷却稀油润滑系统中的油温，使油温处于较佳范围，一般此温度为35~40 ℃。管式冷却器是利用热的油液与冷却水进行强制对流的原理达到油温下降的目的。如图 7.15 所示，冷却水从进水口进入冷却铜管内，从出水口流出。油由隔板组成的流道流出时，与冷却水进行热交换，冷却铜管材质为黄铜。

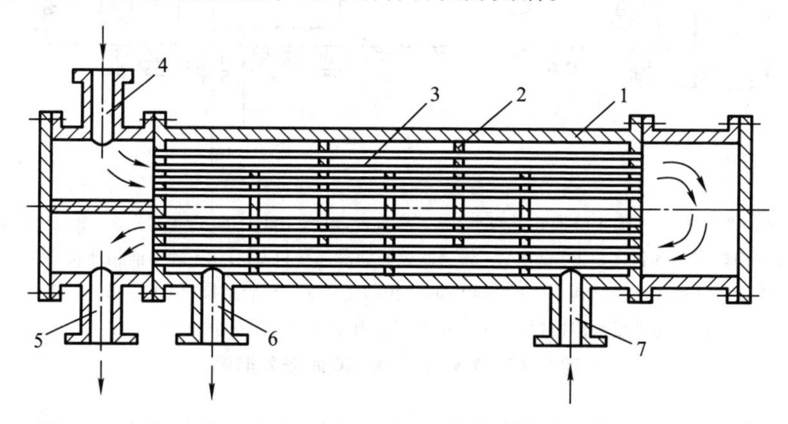

1—外壳；2—隔板；3—冷却铜管；4—进水口；5—出水口；6—出油口；7—进油口

图 7.15　列管式冷却器的工作原理

7.2　密封设计

防止工作介质或润滑剂从机器（或设备）中泄漏或外界杂质侵入其内部的措施称为

密封。被密封的介质通常是液体、气体，也可以是粉末状固体。密封不良会降低机器效率、造成浪费和污染环境。气、水或粉尘进入机器设备会污染工作介质，影响产品质量，增加零件磨损，缩短机器寿命。按被密封表面间是否有相对运动，密封分为静密封和动密封。

7.2.1 静密封

静密封是指机器（或设备）中相对静止件间的密封。常用的形式是在凸缘之间放置密封垫片，这种密封称为凸缘垫片式强制密封（垫密封）。垫片的材料和形式根据设备操作温度、压力和介质的腐蚀性等条件选用。如常温、中低压设备可用橡胶垫片，在低温下或腐蚀性工作介质中工作的设备可用聚四氟乙烯垫片，温度较高的设备可用石棉橡胶垫片，高温高压设备可用金属垫片。工作压力较高时可以采用自紧密封。静密封还包括填料密封、密封胶密封和研磨密封等。

常见静密封的分类、特点和应用如表 7.6 所示。

表 7.6 常见静密封的分类、特点和应用

名称	原理、特点及简图	应用
法兰连接垫片密封	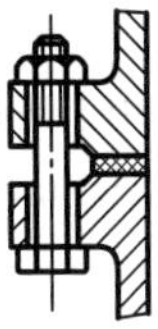 在两连接件（如法兰）的密封面之间垫上不同形式的密封垫片，如非金属垫片、非金属与金属的复合垫片或金属垫片。然后将螺纹或螺栓拧紧，拧紧力使垫片产生弹性和塑性变形，填塞密封面的不平处，达到密封的目的。 密封垫片的形式有平垫片、齿形垫片、透镜垫、金属丝垫等	密封压力和温度与连接件的形式、垫片的形式和材料有关。通常，法兰连接密封可用于温度范围为-70~600 ℃，压力大于 1.333 kPa（绝压）、小于或等于 35 MPa。若采用特殊垫片，可用于更高的压力。广泛应用于设备法兰、管法兰
自紧密封	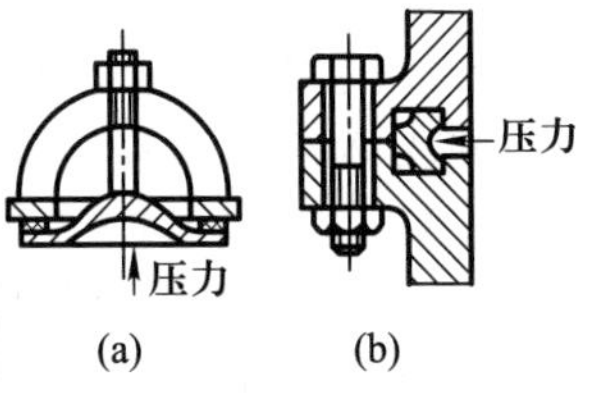 压力 (a)　压力 (b) 密封元件不仅受外部连接件施加的力进行密封，而且还依靠介质的压力压紧密封元件进行密封，介质压力越高，对密封元件施加的压紧力就越大	图 a 为平垫自紧密封，介质压力作用在盖上并通过盖压紧垫片，用于介质压力为 100 MPa 以下，温度为 350 ℃的高压容器、气包的手孔密封。 图 b 为自紧密封环，介质压力直接作用在密封环上，利用密封环的弹性变形压紧在法兰的端面上，用于化工高压容器法兰的密封

续表

名称		原理、特点及简图	应用
研合面密封		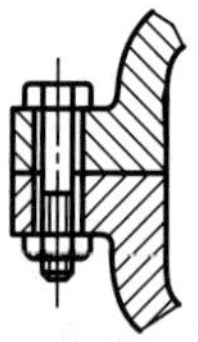 靠两密封面的精密研配消除间隙，用外力压紧（如螺栓）来保证密封。实际使用中，密封面往往涂敷密封胶，以提高严密性	密封面表面粗糙度 $Ra=2\sim5\ \mu m$。自由状态下，两密封面之间的间隙不大于 0.05 mm。通常密封 100 MPa 以下的压力及 550 ℃ 的介质，螺栓受力较大。多用于汽轮机、燃气轮机等气缸接合面
O 形环密封	非金属 O 形环	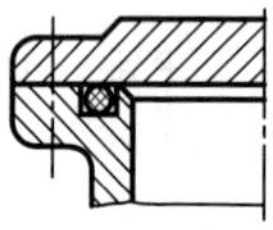 O 形环装入密封沟槽后，其截面一般受到 15%~30% 的压缩变形。在介质压力作用下，移至沟槽的一边，封闭需密封的间隙，达到密封目的	密封性能好，寿命长，结构紧凑，装拆方便。根据选择不同的密封圈材料，可在-100~260 ℃的温度范围使用，密封压力可达 100 MPa。主要用于气缸、液压缸的缸体密封
	金属空心 O 形环	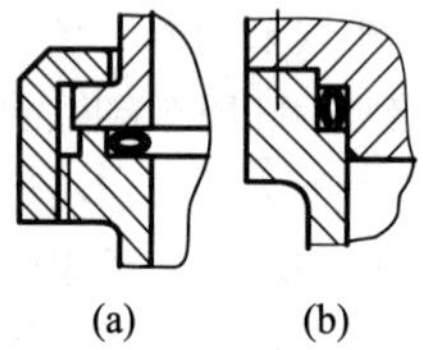 (a)　(b) O 形环的断面形状为长圆形。当环被压紧时，利用环的弹性变形进行密封。O 形环用管材焊接而成，常用材料为不锈钢管，也可用低碳钢管、铝管和铜管等。为提高密封性能，O 形环表面需镀覆或涂以金、银、铂、铜、氟塑料等。管子壁厚一般选取 0.25~0.5 mm，最大为 1 mm。用于密封气体或易挥发的液体，应选用较厚的管子；用于密封黏性液体，应选用较薄的管子	O 形环分为充气式和自紧式两种。充气式是在封闭的 O 形环内充惰性气体，可增加环的回弹力，用于高温场合。自紧式是在环的内侧圆周上钻有若干小孔，因管内压力随同介质压力增高而增高，使环有自紧性能，用于高压场合。 金属空心 O 形环密封适用于高温、高压、高真空、低温等工作场合，可用于直径达 6 000 mm，压力为 280 MPa，温度-250~600 ℃的场合，如核电站容器封口。 图 a、b 表示 O 形环设置在不同的位置上
橡胶圈密封		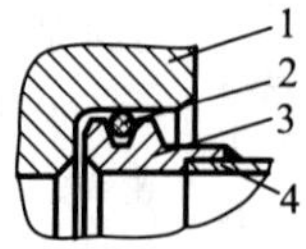 1—壳体；2—橡胶圈；3—V 形槽；4—管子	结构简单，重量轻，密封可靠，适用于快速装拆的场合。O 形环材料一般为橡胶，最高使用温度为 200 ℃，工作压力为 0.4 MPa，若压力较高或者为了密封更加可靠，可用两个 O 形环

续表

名称	原理、特点及简图	应用
密封胶密封	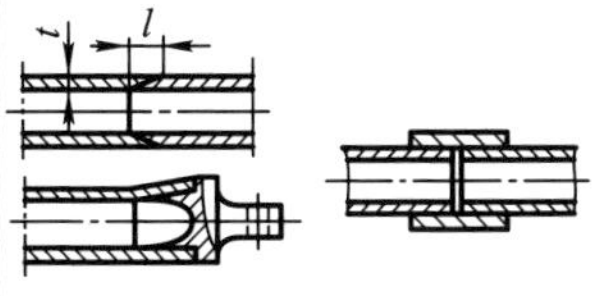 (a) (b) 用刮涂、压注等方法将密封胶涂在要紧压的两个面上，靠胶的浸润性填满密封面凹凸不平处，形成一层薄膜，能有效地起到密封作用。 图 a 所示为斜对接封口。由于斜面连接大大增加了密封面积，比对接封口承载能力大，受力情况好，但要求被密封件有一定厚度，封口锥度尺寸一般取 $l/t \geqslant 10$。图 b 为双搭接，承载能力大	密封胶密封主要用于管道密封。密封胶密封适用于非金属材料，如塑料、玻璃、皮革、橡胶，以及金属材料制成的管道或其他零件的密封。 密封牢固，结构简单，密封效果好，但耐温性能差，通常用于 150 ℃以下，用于汽车、船舶、机车、压缩机、油泵、管道以及电动机、发动机等的平面法兰、螺纹连接、承插连接的胶封
填料密封	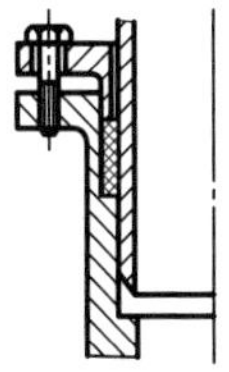 在钢管与壳体之间充以填料（俗称盘根），用压盖和螺钉压紧，以堵塞间隙，达到密封的目的	多用于化学、石油、制药等工业设备可拆式内伸接管的密封。根据充填材料不同，可用于不同的温度和压力
螺纹连接垫片密封	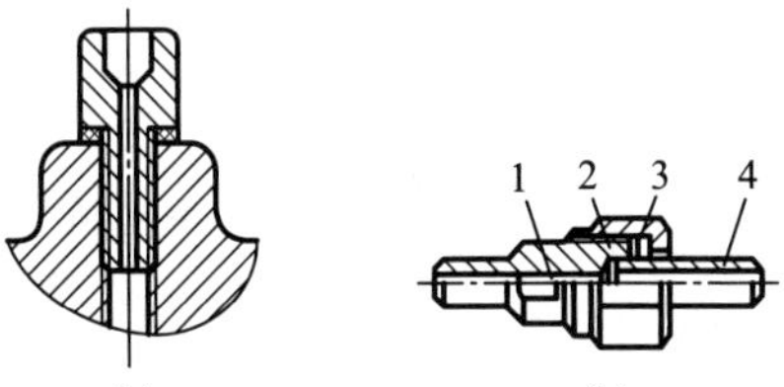 (a) (b) 1—接头体；2—螺母；3—金属平垫；4—接管	适用于小直径螺纹连接或管道连接的密封。 图 a 中的垫片为非金属软垫片。在拧紧螺纹时，垫片不仅承受压紧力，而且还承受扭矩，使垫片产生扭转变形，常用于介质压力不高的场合。 图 b 所示为金属平垫密封，又称“活接头”，结构紧凑，使用方便。垫片为金属垫，适用压力为 32 MPa，管道公称直径 $DN \leqslant 32$ mm
螺纹连接密封	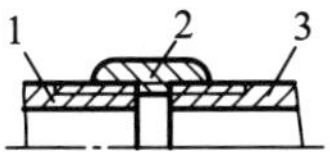 1、3—管子；2—接管套 螺纹连接密封结构简单、加工方便	用于管道公称直径 $DN \leqslant 50$ mm的密封。 由于螺纹间配合间隙较大，需在螺纹处放置密封材料，如麻、密封胶或聚四氟乙烯带等，最高使用压力为 1.6 MPa

续表

名称	原理、特点及简图	应用
承插连接密封	1 2 3 1、3—管子；2—填充物密封	用于管子连接的密封。在管子连接处充填矿物纤维或植物纤维进行堵封，且需要耐介质的腐蚀，适用于常压、铸铁管材、陶瓷管材等不重要的管道连接密封

7.2.2　动密封

动密封是指机器（或设备）中相对运动件间的密封。根据相对运动的形式，动密封分为往复式动密封和旋转式动密封两类。按密封处运动件与静止件是否直接接触，密封分为接触式密封和非接触式密封。接触式动密封有毛毡密封、油封密封、挤压型密封、胀圈密封和机械密封等。非接触式密封有迷宫密封、浮动环密封、螺旋密封和离心密封等。有的机器和设备必须绝对密封，有的允许少量泄漏，所以应根据工作介质的性质、温度、压力和相对速度等操作条件以及对密封性能的要求选用密封的结构形式。

常见动密封的分类、特点和应用如表 7.7 所示。

表 7.7　常见动密封的分类、特点和应用

名称			原理、特点及简图	应用
接触式密封	填料密封	毛毡密封	毛毡 在壳体槽内填以毛毡圈，以堵塞泄漏间隙，达到密封的目的。毛毡具有天然弹性，呈松孔海绵状，可储存润滑油和防尘。轴旋转时，毛毡又将润滑油从轴上刮下反复自行润滑	一般用于低速、常温、常压的电动机、齿轮箱等机械中，用以密封润滑脂、润滑油、黏度大的液体及防尘，但不宜用于气体密封。粗毛毡适用于 $v_c \leqslant 3$ m/s 的场合；优质细毛毡适用于轴经过抛光，$v_c \leqslant 10$ m/s 的场合。温度不超过 90 ℃；压力一般为常压
		软填料密封	在轴与壳体之间充填软填料（俗称盘根），然后用压盖和螺钉压紧，以达到密封的目的。填料压紧力沿轴向分布不均匀，轴在靠近压盖处磨损最快。压力低时，轴转速可高，反之，转速要低	用于液体或气体介质、作往复运动和旋转运动的密封，广泛用于各种阀门、泵类，如水泵、真空泵等，泄漏率为 10~1 000 mL/h。 选择适当填料材料及结构，可用于压力 ≤ 35 MPa、温度 ≤ 600 ℃和速度 ≤ 20 m/s 的场合

续表

名称			原理、特点及简图	应用
接触式密封	填料密封	硬填料密封	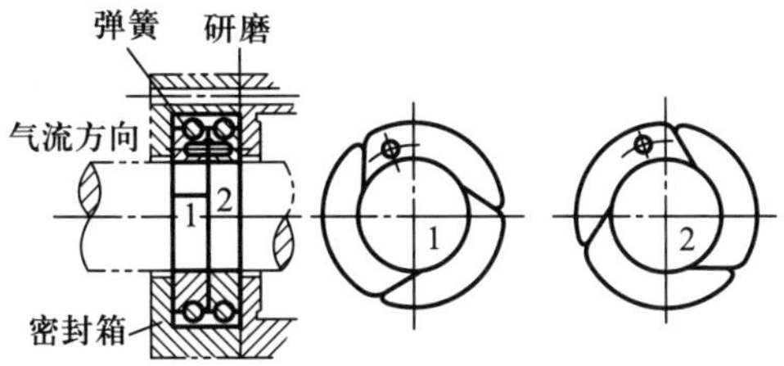 密封箱内装有若干密封盒，盒内装有一组密封环，如图所示。分瓣密封环靠圈弹簧和介质压力差贴附于轴上。密封环在密封盒内有适当的轴向和径向间隙，使其能随轴自由浮动。密封箱上的锁紧螺钉的作用只压紧各级密封盒，而不作用在各级密封环上。密封环材料通常为青铜、巴氏合金、石墨等	适用于作往复运动的轴的密封，如往复式压缩机的活塞杆密封。为了能补偿密封环的磨损和追随轴的跳动，可采用分瓣环、开口环等。 选择适当的密封结构和密封环形式，硬填料密封也适用于旋转轴的密封，如高压搅拌轴的密封。 硬填料密封适用于介质压力为 350 MPa、线速度为 12 m/s、温度为-45~400 ℃，但需要对填料进行冷却或加热
		挤压型密封	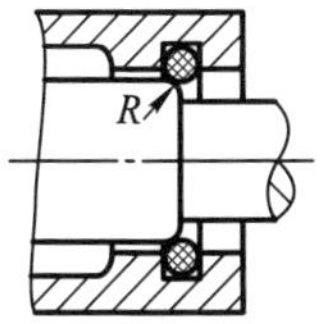 挤压型密封按密封圈截面形状分有 O 形、方形等，以 O 形应用最广。 挤压型密封靠密封圈安装在槽内预先被挤压，产生压紧力，工作时，又靠介质压力挤压密封环，产生压紧力以封闭密封间隙，达到密封的目的。 结构紧凑，所占空间小，动摩擦阻力小，拆卸方便，成本低	用于作往复及旋转运动的密封。密封压力从 1.33×10^{-5} Pa 的真空到 40 MPa 的高压，温度达 -60~200 ℃，线速度≤3 m/s
		唇型密封	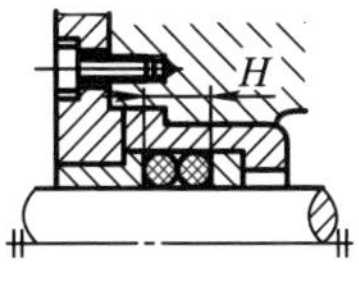 依靠密封唇的过盈量和工作介质压力所产生的径向压力即自紧作用，使密封件产生弹性变形，堵住泄漏间隙，达到密封的目的。比挤压型密封有更显著的自紧作用。 结构形式有 Y、V、U、L、J 形。与 O 形环密封相比，结构较复杂，体积大，摩擦阻力大，装填方便，更换迅速	在许多场合下，已被 O 形环密封所代替，因此应用较少。现主要用于作往复运动的密封，选用适当材料的油封，可用于压力达 100 MPa 的场合。 常用材料有橡胶、皮革、聚四氟乙烯等

续表

名称		原理、特点及简图	应用
接触式密封	油封密封	1—轴；2—壳体；3—卡圈；4—骨架；5—橡胶碗；6—弹簧 在自由状态下，油封内径比轴径小，即有一定的过盈量。油封装到轴上后，其刃口的压力和自紧弹簧的收缩力对密封轴产生一定的径向抱紧力，阻断泄漏间隙，达到密封的目的。 油封分有骨架与无骨架、有弹簧与无弹簧型。油封安装位置小，轴向尺寸小，使机器紧凑；密封性能好，使用寿命较长。对机器的振动和主轴的偏心都有一定的适应性。拆卸容易，检修方便，便宜，但不能承受高压	常用于液体密封，尤其广泛用于尺寸不大的旋转传动装置中润滑油密封，也用于封气或防尘。 不同材料的油封适用情况： 合成橡胶转轴线速度 $v_c \leq$ 20 m/s，常用于 12 m/s 以下，温度≤150 ℃。此时，轴的表面粗糙度：$v_c \leq 3$ m/s 时，$Ra = 3.2$ μm；$v_c = 3 \sim 5$ m/s 时，$Ra = 0.8$ μm；$v_c >$ 5 m/s 时，$Ra = 0.2$ μm； 皮革 $v_c \leq 10$ m/s，温度≤110 ℃。 聚四氟乙烯用于磨损严重的场合，寿命约比橡胶高 10 倍，但成本高。 以上各材料可使用压差 $\Delta p =$ 0.1~0.2 MPa，特殊可用于 $\Delta p =$ 0.5 MPa，但寿命为 500~2 000 h
	胀圈密封	将带切口的弹性环放入槽中，由于胀圈本身的弹力，而使其外圆紧贴在壳体上，胀圈外径与壳体间无相对转动。 由于介质压力的作用，胀圈一端面贴合在胀圈槽的一侧产生相对运动，用液体进行润滑和堵漏，从而达到密封的目的	一般用于液体介质的密封，广泛用于密封油的装置。用于气体密封时，要用油润滑摩擦面。工作温度≤200 ℃，$v_c \leq 10$ m/s，往复运动的压力≤70 MPa，旋转运动≤1.5 MPa

7.3　冷却系统设计

机械系统在能量传递过程中伴随着能量的损失。能量损失使机械系统温度升高，产生热变形，从而影响机械系统的工作精度，严重时使机械系统不能正常工作。因此，为保证机械系统具有一定的工作精度，必须设置冷却系统，特别对高精度的机械系统和热加工的机械系统设置冷却系统尤为重要。

7.3.1 冷却剂

1. 冷却剂的作用

在机械系统工作过程中，冷却剂不仅能带走大量的热量，降低工作区的温度，如金属切削过程中切削区的温度，而且由于它的润滑作用，还能减少摩擦，从而降低摩擦热和动力消耗；冷却剂在流动过程中能将摩擦面上的生成污染物（如金属切削过程中产生的细小切屑、金属粉末或磨料的粉粒等）清洗干净，提高机械系统的工作精度和质量；冷却剂中加入适当的添加剂可提高防锈的作用。总之，通常冷却剂有冷却、润滑、清洗及防锈等作用。

2. 冷却剂的种类和选用

（1）冷却剂的种类

冷却剂主要有液体冷却剂和气体冷却剂两大类。液体冷却剂主要有水剂和油剂两类，气体冷却剂有压缩气体、二氧化碳、氮气等。为了改善液体冷却剂的使用性能，常添加不同性质的化学添加剂，如油性添加剂、极压添加剂及防锈添加剂等。

（2）冷却剂的选用

根据机械系统工作的对象、方法、要求及类型等具体情况的不同，选用不同的冷却剂。如金属切削机床采用高速钢刀具粗车碳钢，可选用普通乳化液或硫化切削油；磨削齿轮，碳钢齿面选用矿物油或硫化切削油；加工铸铁、有色金属等脆性材料的金属切削机床，可选用气体冷却剂，如压缩空气。

（3）液体冷却剂的加注方法

在机械系统总体设计时，要根据机械系统的功能、工作对象、工作方法及工作条件等因素，选择液体冷却剂的加注方法，并以此为依据设计相应的冷却系统。对于金属切削机床，常用的液体冷却剂的加注方法如下：

1）浇注法。由冷却泵经输液管道及喷嘴等供应液体冷却剂到切削区。浇注法广泛用于各种机床。

2）高压喷射法。液体冷却剂在较高压力下经小孔或缝隙或喷嘴喷射到切削区。适用于深孔加工、拉削内表面、高速磨削及强力切削。

3）喷雾冷却法。用压缩空气使液体冷却剂雾化或成为混合流体喷入切削区。数控机床、加工中心常采用喷雾冷却法。

4）低温（恒温）冷却法。使进入切削区的液体冷却剂的温度低于室温或保持恒温，从而增加冷却速率。该方法常用于精密机床，以保证加工精度。

5）砂轮内冷却法。液体冷却剂输入砂轮夹盘与砂轮之间的空隙，在离心力的作用下，通过砂轮内部砂粒间的孔隙甩出，直接进入磨削区。该法适用于高速磨削。

6）刀具内冷却法。低温液体冷却剂在刀具体内循环，将切削热传出。因液体冷却剂不接触切削区，仅有冷却作用，无润滑、清洗作用。此种方法常用于加工铸铁、青铜等材料。

7.3.2　冷却系统的要求和组成

1. 冷却系统的要求

冷却系统的要求有以下几个方面：

1）冷却系统应满足冷却剂加注方法的要求，使冷却剂发挥应有的作用。

2）送往冷却区的冷却剂应保持清洁，必要时应该配置净化装置，使机械杂质的粒度和含量符合容许的要求。

3）应有防护装置，以免液体冷却剂飞溅、污染环境和进入机械系统部件内。

4）冷却系统不工作时，全部液体冷却液应流回冷却剂箱。应能方便地更换全部液体冷却剂，液体冷却箱应便于清理。

5）冷却系统的工作情况应便于观察。

6）喷嘴位置应能方便地调整。

7）液体冷却剂箱的形状及整个冷却系统应满足机械系统总体布局的要求。

2. 冷却系统的组成

如图 7.16 所示，通常冷却系统由下列几部分组成：

1）冷却剂泵。以一定的流量和压力向工作区供应冷却剂。

2）冷却剂箱。对使用液体冷却剂的冷却系统，用于沉淀用过的、并储存待用的液体冷却剂。

3）输送装置。包括管道、喷嘴等，可把冷却剂送到工作区。

4）净化装置。清除冷却剂中的机械杂质，使供应到工作区的冷却剂保持清洁。

5）防护装置。包括防护罩、挡板等，防止液体冷却剂飞溅或者保护冷却系统各组件不受冲击和破坏。

6）其他附属装置。冷却系统除了上述基本的组件外，还有其他辅助装置，如汽车发动机冷却系统的节温器、冷却风扇、温度感应器和储存液罐等。

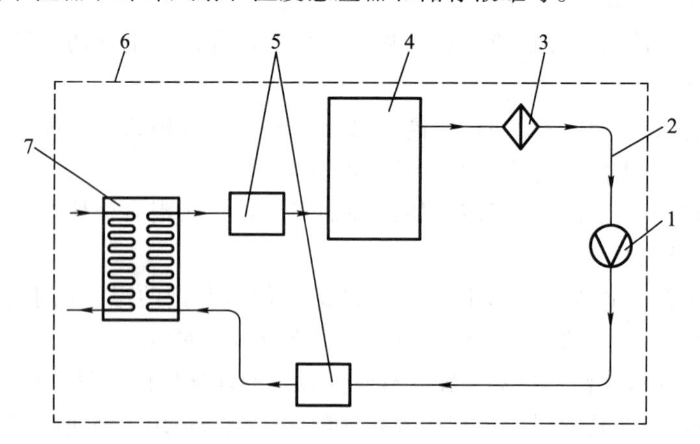

1—冷却剂泵；2—输送装置（管道）；3—净化装置（过滤器）；4—冷却剂箱；5—其他附属装置；6—防护装置；7—工作区（热交换器）

图 7.16　冷却系统的组成示意图

7.3.3 冷却系统的设计要点

1. 冷却泵

（1）确定液体冷却剂的流量

液体冷却剂的流量，即需要由冷却泵向工作区输送液体冷却剂的流量，是选用冷却泵的主要依据，它与工作方式及液体冷却剂加注方法等因素有关。

对于金属切削机床，假定全部切削功率都转化为热量，而全部热量都由液体冷却剂传出，则根据热功平衡方程式可得液体冷却剂的流量为

$$q=3.3438\frac{N}{\rho c\Delta t}\times10^{-3} \tag{7.9}$$

式中：N——切削功率，kW；

ρ——液体冷却剂的密度，kg/L；

c——液体冷却剂的比热容，J/(kg·K)；

Δt——液体冷却剂的允许温升，K，一般取 $\Delta t=5\sim15$ K。

实际上液体冷却剂并非全部被有效利用，其中一部分没有进入工作区而飞溅，只带走很少的热量，液体冷却剂带走的热量有时也不能很快散发掉。此外，考虑清洗作用还需要增加的液体冷却剂的流量。因此，对金属切削机床一般可按以下公式计算：

$$q=KN+q_1 \tag{7.10}$$

式中：N——切削功率，kW；

K——与加工方法、机床类型、液体冷却剂种类有关的系数，L/(min·kW)，可查手册，一般取 $K=2\sim6$；

q_1——清洗作用所需增加液体冷却剂的流量，L/min，一般取 $q_1=5\sim30$ L/min。

（2）冷却泵的种类和选用

根据冷却系统输送冷却剂的流量、压力的要求和冷却剂的净化程度（机械杂质的含量和颗粒度）选择供应冷却剂的泵。冷却泵有叶轮式泵（离心泵、旋涡泵）和容积式泵（齿轮泵、叶片泵、螺杆泵、柱塞泵）两大类。叶轮式泵的叶轮与泵壳之间有一定的间隙，从而允许机械杂质通过；过载时允许冷却剂在泵内自循环，不需设置溢流阀等安全保护装置；可用阀门方便地调节流量。容积式泵要求冷却剂净化程度高，否则很容易磨损；在冷却系统中需设置溢流阀，使多余的冷却剂返回冷却剂箱。

2. 冷却剂箱

（1）冷却剂箱容积的确定

冷却剂箱应有足够的有效容积，使已用过的冷却剂能自然冷却，将由工作区带来的热量散发掉。冷却剂箱的容积一般可取冷却泵每分钟输出的冷却剂容积的4~10倍。

（2）冷却剂箱的结构形式

冷却剂箱通常有两种结构形式：

1）利用床身或底座等铸件内的一个够大的空腔作冷却剂箱。精密机械系统不宜采用这种结构形式，因为产生的热变形可能会影响工作精度。此外，此类冷却剂箱的清洗也不方便。

2）用钢板焊接（或铸件）单独做成冷却剂箱。这种结构通常与主机分离，对于精密机床，应使冷却剂从切削区以最短途径迅速从机床上排到冷却剂箱。

3. 输送装置

（1）管道

管道的内径 d(mm) 可按如下公式确定：

$$d=4.6\sqrt{\frac{q}{v}} \tag{7.11}$$

式中：q——通过管道的流量，L/min；

v——管道中冷却剂的流速，m/s。

对于油剂冷却剂，供油管道 $v=0.5\sim1.5$ m/s，回油管道 $v=0.2\sim0.5$ m/s；对于水剂冷却剂，$v=1.2\sim1.4$ m/s。

（2）喷嘴

喷嘴应满足以下要求：

1）向工作区浇注的液流（或喷雾）形状和流速要满足工作需要，据此设计喷嘴开口形状和截面积。

2）喷嘴的位置、方向应能调节。可采用一段金属胶管、各种旋转接头或可调支架。

4. 净化装置

带隔板的冷却剂箱靠重力沉淀法净化冷却剂，对于高精度的机械系统除了靠沉淀法清除冷却剂中的机械杂质外，还必须设置冷却剂净化装置。净化装置分过滤式和动力式两种类型。过滤式靠过滤介质清除渣屑，动力式靠某种动力（如离心力、磁力、重力）分离出渣屑。过滤式净化装置有滤网式过滤器、线隙式过滤器、片式过滤器、纸质过滤器等几种。动力式净化装置有离心分离器、磁性分离器、涡旋分离器等几种。净化装置的选用根据机械系统的工作要求、工作环境及要求的净化指标确定。

思　考　题

7.1　润滑剂的作用是什么？常用润滑剂有哪几种？

7.2　润滑油的主要性能指标有哪些？润滑脂的主要性能指标有哪些？

7.3　什么是密封？为什么要设计密封？

7.4　冷却系统由哪几部分组成？

第8章　人机工程学与机械系统设计

8.1　人机工程学概述

8.1.1　机械系统与人机工程学

机械系统是人-机-环境共同组成的系统，系统中的人、机、环境这三大要素相互作用、相互依赖，“人”是指作为工作主体的人，“机”是指人所控制的一切对象的总称，“环境”是指人、机共处的特定工作条件。机械系统设计的目的就是使整个系统工作性能最优、工作效果最佳。早期的机械系统设计多从原理的角度考虑，对人的因素考虑较少，因此会出现设备、工具不适合人使用和操作的情况，不仅工作效率不高，更重要的是增加了事故发生率。随着社会的发展，所有产品的设计都开始围绕人的需求来展开，产品及其环境的设计要更好地适应和满足人类的生理和心理特点。因此，设计师开始将人机工程学融入机械系统设计，根据人的特性，将人与机有机地组合，设计出大量的、适合于人操作的机具产品，使机械产品由人适机转向了机宜人的设计主流，从而为极其复杂的现代化机械系统设计提供了新思想。

人机工程学是研究人、机和环境之间的相互关系和相互作用的一门多学科交叉的新兴学科。其显著特点是，在认真研究人、机、环境三个要素本身特性的基础上，不单纯着眼于个别要素的优良与否，而是将使用“机”的人和所设计的“机”以及人与“机”所共处的环境作为一个系统来研究，从而科学地利用三个要素间的有机联系来寻求系统的最佳参数，提高系统的效能。其系统设计的一般方法，通常是在明确系统总体要求的前提下，着重分析和研究人、机、环境三个要素对系统总体性能的影响，如系统中人和机的职能如何分工，如何配合，环境如何适应人，机对环境又有何影响等问题，经过不断修正和完善三要素的结构方式，最终确保系统最优组合方案的实现。

8.1.2　人-机-环境系统

1. 机械系统模型

机械系统在正常工作的时候，人、机器（机）以及周围的环境就组成了一个协同工作、完成任务的整体。系统在工作时，操作者与机器之间不断地进行信息交换（图 8.1），操作者通过手、脚控制操纵装置，机器按操作者的指令运行的同时，将其当时的运行状态在显示器上显示出来，操作者通过感觉器官眼、耳、体等接收机器的信息并传递给大脑，由大脑经过分析判断，再通过手脚控制机器。如此循环下去，形成人机系统的工作流程。

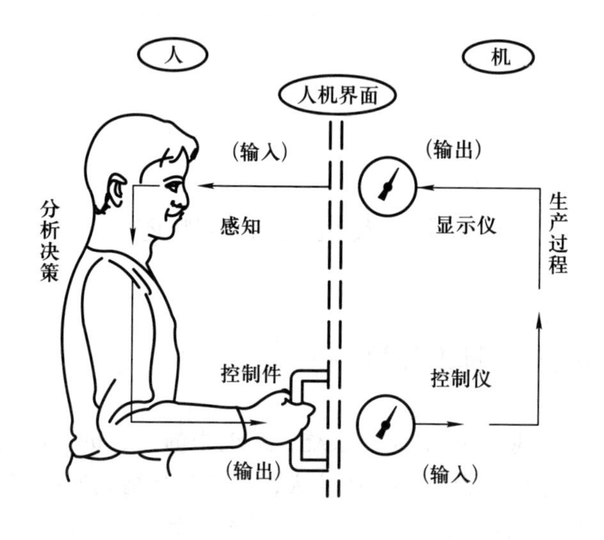

图 8.1　人机系统模型

2. 人机工程学研究范畴

在人机系统模型中，人与机之间存在一个相互作用的“面”，称为人机界面。它是人机系统中人与机之间传递和交换信息的媒介，是人与机之间能相互施加影响的区域。其中，向人表达机械运转状态的界面称为显示性界面，供人操控机械运转的界面称为操控性界面，感受作业环境信息的界面称为环境性界面。而这些即为人机工程学的基本研究范畴。

（1）显示装置设计

显示装置是将设备的信息传递给操作者，使之能做出正确的判断决策，进行合理操作的装置。人们根据显示信息了解和掌握设备的运行状况，从而控制和操纵设备正常运行。它的特征是能够把设备的有关信息以人能接收的形式显示出来。过去的机械产品显示装置只要能显示设备信息就行，没有根据人的感觉器官的生理特征来确定其结构，难以使人与显示装置之间充分协调。随着时代的进步，人们已不能满足于单纯追求产品的使用目的，产品也应具有良好的舒适性和宜人性。也就是说，显示装置的设计必须从系统整体出发，既要考虑人的生理、心理特征，又要考虑系统整体的需要和美观，使人能迅速且可靠地接收显示信息。

（2）操纵装置与作业空间设计

操纵装置是人用以将信息传递给机器，或运用人的力量开动机器使之执行控制功能，实现调整、改变机器状态的装置。操纵装置是人机系统的重要组成部分，其设计是否得当，直接关系整个系统的工作效率、安全运行以及操作者操作的舒适性。操纵装置的设计必须符合人机工程的要求，也就是说，必须考虑人的心理、生理、人体解剖和人体机能等方面的特性。另外，人在各种情况下劳动都需要有一个足够安全、舒适、操作方便的空间，即作业空间，其大小、形状与工作方式、操作姿势等因素有关。设计作业空间时，要按照操作者的操作范围、视觉范围以及操作姿势等一系列生理、心理因素对作业对象进行合理的布置，并找出人体最佳操作姿势及操作范围，以便为操作者创造一个最佳的操作条件。一个设计优良的作业空间，不仅可以使操作者作业舒适、安全、操作简便，而且有助于提高人机系统的操作效率。

（3）作业环境设计

环境是人与机器共处场所的工作条件，是指系统中一切影响人的生活质量、身体健康、生命安全和工作效率，以及影响机器性能、运行状况和安全可靠性的所有自然的、人工的或其他因素的集合。任何作业都面临不同的作业环境，这些环境都直接或间接地影响着人们的作业，轻则降低工作效率，重则影响整个系统的运行和危害人体安全。设计作业环境时，既要考虑人-环境关系，又要考虑机器-环境关系，将整个机械系统作为一个整体进行研究，只有这样才能实现“安全-高效-经济”这一目标。

8.2 显示装置设计

在机械系统中，机器的各种显示都作用于人，实现机到人的信息传递，使人能做出正确的判断和决策，人与机器之间是通过感觉器官来进行信息传递的。因此，显示装置的设计和选择也必须符合人的感觉器官获取信息的特点，使人能很好地接收来自机器的信息。人的感觉包括视觉、听觉、嗅觉、触觉等，而人大约有80%以上的信息是由视觉得到的。因此，视觉显示装置是人机系统显示装置中最主要的部分，人机系统的工作效率和可靠性很大程度上取决于视觉显示装置的设计。接下来将讨论人的视觉特征与显示仪表设计的有关问题。

8.2.1 人的视觉功能与特性

1. 视觉功能

（1）视野

“视野”又称“视场”，是指人的头部和眼球固定不动的情况下，眼睛固定注视一点时所能看见的空间范围。视野常以角度值来表示，正常人两眼的视野如图8.2a所示。当人的头部和眼球固定不动时，在水平方向和垂直方向观看范围是有限的，但如果借助头部和眼球转动，人便可以清晰地观察对象。视网膜除能辨别光的明暗外，还有很强的辨色能力，而各种颜色的色觉视野也不同，绿色视野最小，蓝色较大，黄色更大，白色最大，如图8.2b所示。

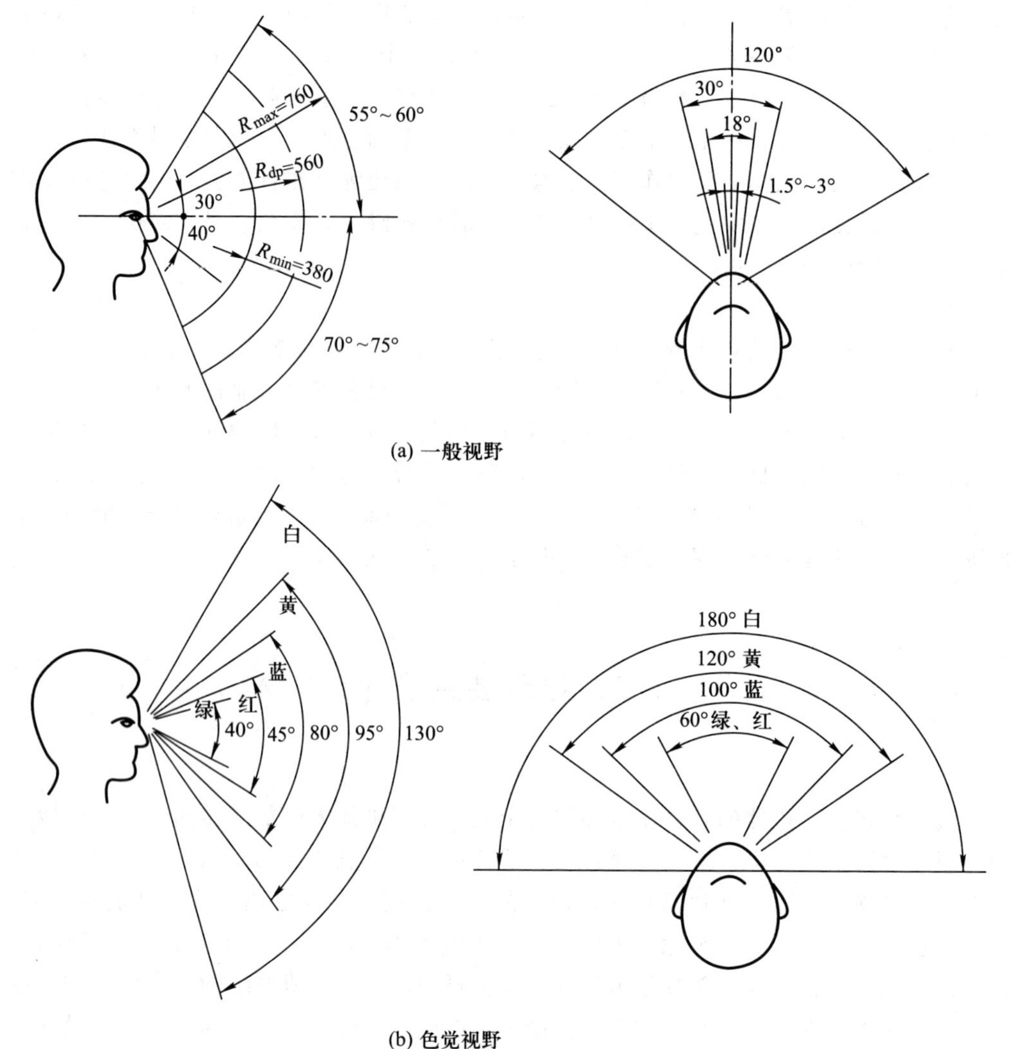

(a) 一般视野

(b) 色觉视野

图 8.2　正常人两眼的视野

（2）视角及视力

视角是目标物的两端点光线投入眼球时的交角。如图 8.3 所示，视角与观察距离及观察对象两端点直线距离有关

$$\alpha = 2\arctan \frac{D}{2L} \tag{8.1}$$

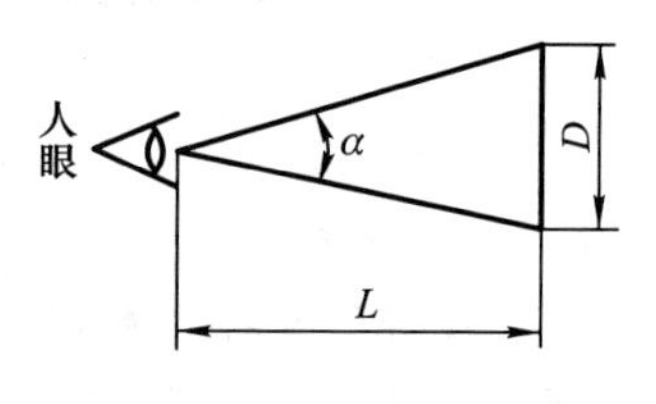

图 8.3　视角

式中：α——视角；

D——观察对象两端点间的直线距离；

L——人眼到观察对象之间的水平距离。

视角是设计时需考虑的重要参数，设计中往往将视角作为确定设计对象尺寸大小的根据。

视力是眼睛分辨物体细微结构能力的一个生理尺度，以临界视角的倒数来表示。临界视角是眼睛能看到的最大视角。

$$视力=\frac{1}{临界视角} \tag{8.2}$$

视力是评价眼睛分辨细小物体的标准，其与年龄有关，年龄越大，看运动物体的视力下降越大。视力的大小还随观察对象的亮度、背景的亮度以及两者之间亮度对比度等条件的变化而变化。因此，对产品尺寸大小进行设计时需考虑照度、背景光亮和使用者的年龄情况，从而最大限度地提高视力，减少眼部疲劳。

（3）视距

视距是指人在操作系统中正常的观察距离。图 8.3 中 L 即为视距，一般操作时，人眼的最佳视距半径约为 560 mm，最大视距半径约为 760 mm，最小视距半径约为 380 mm。若视距半径过大或过小，则对认读速度和准确性均不利，因此在实际应用中应该根据工作的精确程度来选择最佳视距（参看表 8.1）。

表 8.1 几种工作任务的视距推荐值

任务要求	举例	视距离（眼至视觉对象）/cm	固定视野直径/cm	备注
最精细的工作	安装最小部件（表、电子元件）	12~25	20~40	完全坐着，部分地依靠视觉辅助手段（小型放大镜、显微镜）
精细工作	安装收音机、电视机	25~35（多为 30~32）	40~60	坐或站
中等粗活	在印刷机、钻井机、机床旁工作	50 以下	至 80	坐或站
粗活	包装、粗磨	50~150	30~250	多为站着
远看	黑板、开汽车	150 以上	250 以上	坐或站

2. 视觉特性

（1）运动特性

人眼的可视范围有限，人们观察事物多依赖视觉运动，因此设计中必须考虑视觉运动的特性：

① 眼睛沿水平方向运动比沿竖直方向运动快而且不易疲劳；一般先看到水平方向的物体，后看到竖直方向的物体。因此，很多仪表外形都设计成横向长方体。

② 眼睛竖直运动比水平运动更容易疲劳；对水平方向尺寸和比例的估计比竖直方向尺寸和比例估计要准确得多，在设计仪表时要考虑这一因素。

③ 视觉运动的习惯是从上到下、从左到右、顺时针方向运动，在设计仪表时要遵循这一规律。

④ 当眼睛偏离视中心时，在偏离距离相等的情况下，人眼对左上限的观察最优，其次为右上限、左下限，而右下限最差。视区内的仪表布置必须考虑这一特点。

⑤ 两眼总是协调地同时注视同一位置，很难两眼分别注视两处。因此，设计中常采用双眼视野作为设计依据。

（2）适应性

人眼对光亮变化和颜色变化均有适应性，前者为明或暗适应，后者称为颜色适应。

从明亮处突然进入黑暗处时，眼睛开始什么也看不清，经过 5~7 min 才渐渐看见物体，大约经过 30 min，眼睛才能完全适应，这种适应过程称为暗适应。与暗适应情况相反的过程是明适应，即由暗处进入明亮处时，人眼感受性迅速降低，30 s 后感受性变化缓慢，大约 1 min 后适应过程就趋于完成。明暗适应见图 8.4。明暗适应要求工作面的光亮要均匀，避免工作面上产生阴影，以防止眼睛频繁适应各种不同亮度造成疲劳。

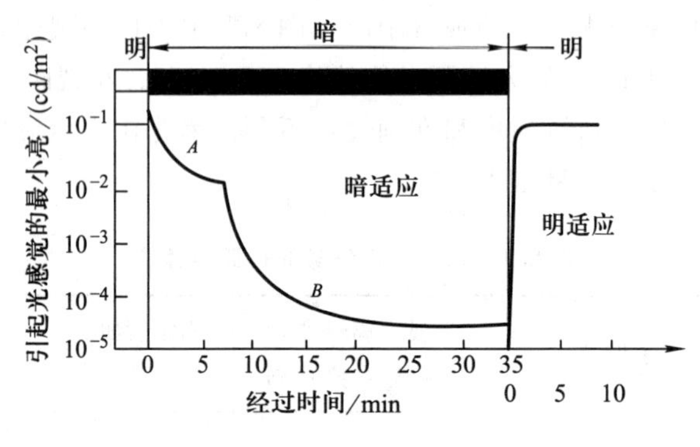

图 8.4 明暗适应

颜色适应是指人眼在颜色的刺激作用下，所造成的颜色视觉变化现象。当人第一眼观察到鲜艳的色彩时，感觉它艳丽夺目。但经过一段时间后，鲜艳感会逐渐减弱，说明已对这种色彩开始适应，这时如果再观察另一颜色，其发生的颜色变化带有适应光的补色成分。颜色适应要求环境设计中须考虑两种或两种以上光源作用下的颜色效果，若先后在两种不同光源下观察颜色，应想到前一光源对视觉的颜色适应性的影响。

如果眼睛需要频繁地适应各种不同亮度或颜色，不但容易产生视觉疲劳，影响工作效率，而且容易引起事故。

（3）视错觉

视错觉是指人观察外界物体形象或图形所得的印象与实际形状或图形不一致的现象。人们观察物体或图形时，由于物体或图形受到形、光、色的干扰，加上人的生理、心理原因，会产生与实际不符的判断性视觉误差。视错觉可以分为长度错觉、光渗错觉、方位错觉、透视错觉、变形错觉、翻转错觉等。光渗错觉如图 8.5 所示，图中两圆直径相等，因光渗作用引起颜色上浅色大深色小的错觉，感觉到左圆大右圆小。

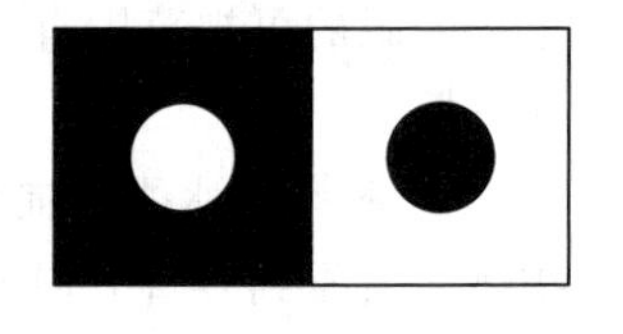

图 8.5 光渗错觉

在系统设计中，视错觉有可能造成观察、监测、判断和操作的失误，因此应尽可能地避免。

8.2.2 显示仪表设计

视觉显示器是最强大、使用最广泛的显示装置。视觉显示器类型很多，就机械产品而言，目前应用最广的仍是显示仪表，其最主要的功能就是使操作者观察认读准确、迅速且不易疲劳。显示仪表包括刻度指针式显示仪表和数字式显示仪表，二者的特性如表 8.2 所示。

表 8.2 刻度指针式显示仪表和数字式显示仪表的特性

对比内容	刻度指针式显示仪表	数字式显示仪表
特点	1. 读数不够快捷准确； 2. 显示形象化、直观，能反映显示值在全量程范围内所处的位置； 3. 形象化地显示动态信息的变化趋势	1. 认读简单、迅速、准确； 2. 不能反映显示值在全量程范围内所处的位置； 3. 反映动态信息的变化趋势不直观

显示仪表设计的人机工程学问题包括以下两方面：

1）确定操作者与显示装置间的观察距离，根据操作者所处的位置，确定显示装置相对于操作者的最优布置区域。

2）选择有利于传递和显示信息、易于准确快速认读的显示器及其相关的匹配条件。

接下来以刻度指针式显示仪表的设计为例来阐述其设计过程：

1. 显示仪表的总体布置

机械系统的控制室内往往有许多块显示仪表（简称仪表），为了使仪表显示的信息能最有效地传达给人，仪表的布局必须合理，这关系到认读效果、巡检时间和工作效率。因此，仪表的布局以及最佳认读区域的选择等问题，必须适合人的生理和心理特征，以保证操作效率和减少疲劳。

（1）仪表板位置确定

仪表板的设计应尽可能使仪表表面处于最佳观察范围内，做到视距相等且与人的正常视线尽量接近于垂直。布置一般仪表时，视距最好在 560~750 mm 范围内，这样的视距下，眼睛能较长时间地工作而不会疲劳。图 8.6 所示为立姿、适宜视距情况下的仪表板位置。

（2）仪表排列

针对不同数量的仪表和不同容量的控制室，可采用不同形式的仪表板。一般在仪表数量较少时，可采用结构简单的平面形仪表板；在显示装置较多、仪表板的总面积较大时，宜将仪表板由平面形改为弧形或折弯形，如图 8.7 所示。这样既可以减小观察边缘位置仪表时视线偏转的角度，减小眼球的转动范围，又可以使观察中心位置的仪表和边缘位置的仪表的视距相近，以减轻眼睛晶状体调节焦距的负担。这都有利于加快正确认读，缓解眼睛的疲劳。

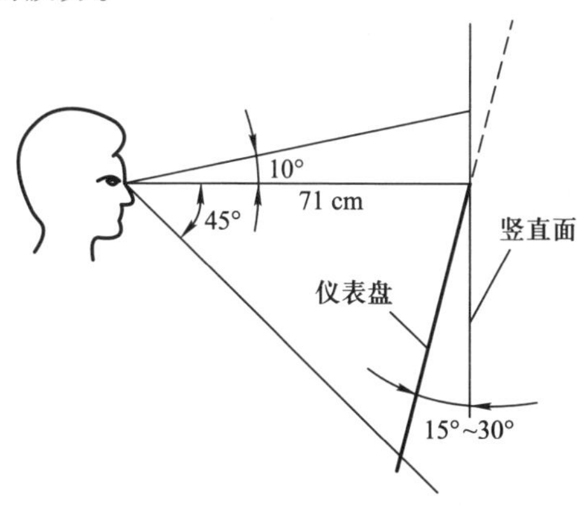

图 8.6 立姿、适宜视距下仪表板位置

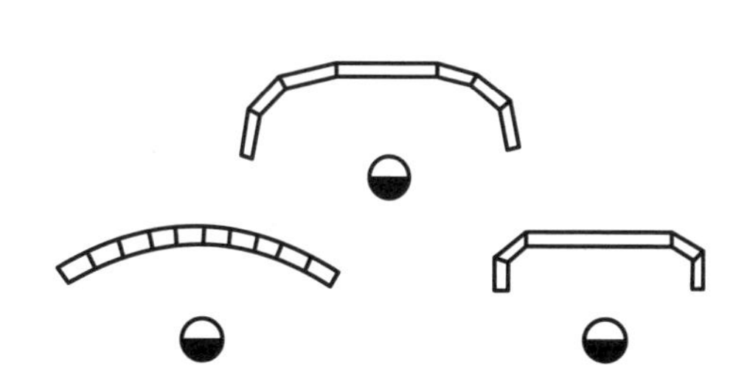

图 8.7 仪表板在水平面内的形式

当多个仪表排列在同一仪表板上时，应用不同线条或不同颜色、不同图案加以分隔，以利于辨认和操作。各仪表之间的排列应遵循以下原则：

1）根据操作的流程，有些仪表板上的仪表有固定的观察顺序，这些仪表就应按前述视觉运动特性来布置。

2）仪表的排列顺序应与它在实际操作中的使用顺序相一致；功能上有联系的仪表应划分区域排列或靠近排列。

3）仪表的排列应与操作和控制它们的开关和按钮保持对应的关系，以利于控制与显示的协调，如图 8.8 所示。

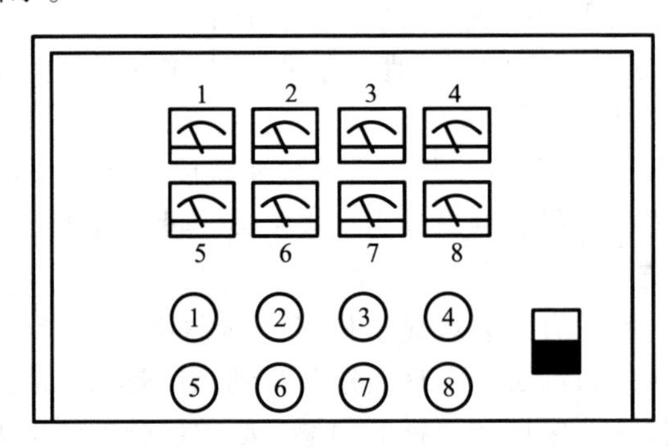

图 8.8　显示仪表与控制钮的对应关系

2. 仪表结构设计

（1）刻度盘

刻度盘的设计包括刻度盘的形状和大小两个方面。常用的刻度盘的形状有圆形、半圆形、直线形、开窗形等（图 8.9）。研究表明，开窗形仪表显露的刻度少，认读范围小，视线集中，认读时眼睛移动的距离短，因而认读起来迅速准确，效果很好。圆形和半圆形刻度盘的认读效果优于直线形刻度盘，水平直线形优于竖直直线形。按刻度盘与指针相对运动的情况，可将仪表分为指针运动而刻度盘固定、刻度盘运动而指针固定，以及二者都运动的三类，但最后一类用得极少。

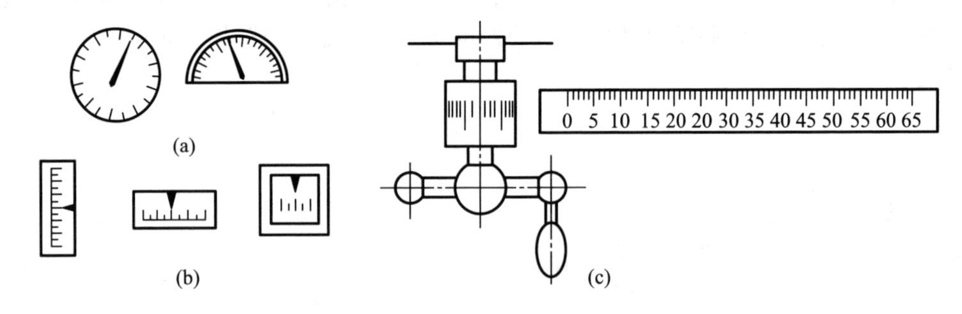

图 8.9　模拟式仪表刻度盘形式

仪表刻度盘的大小对仪表的认读速度和精度有很大影响。一般人认为仪表的直径越大，其认读速度和准确性就越高，但事实并非如此。研究表明，35 ~ 70 mm 的刻度盘在认读准确性上没有本质差别，但直径减少到 17.5 mm 以下时，无错认读的速度大大降低。这是因为仪表盘直径过小时，刻度标记、数码等细小而密集，认读时难于辨认，从而影响认读速度和准确性。同样，过大的刻度盘使人眼的中心视力分散，扫描路线变长，视敏度降低，也影响认读的速度和准确性。由此可见，仪表刻度盘的大小应设计得适中，不宜过大或过小。

从人认读仪表的视觉灵敏度来分析，决定认读效率的不是仪表直径本身，而是仪表直径与观察距离的比值，即视角大小。因此，仪表刻度盘的最佳直径应根据操作者观察的最佳视角来确定。根据有关试验结果，仪表的最优视角是2.5°~5°。

在选择刻度盘的最小直径时，要考虑刻度盘上必需的刻度标记数量和观察的视距。研究在两个最常见的视距（500 mm 和 900 mm）下标记数量不同时的仪表最小直径，结果见表8.3。从表中看到，随着标记数量的增加，最小直径也增大。这种依存关系在不同的视距下略有不同。

表8.3 刻度盘的最小直径与标记数量和视距的关系

刻度标记的数量	在两种视距下刻度盘的最小直径/mm	
	500	900
38	25.4	25.4
50	25.4	32.5
70	25.4	45.5
100	36.4	64.3
150	54.4	98.0
200	72.8	129.6
300	109.0	196.0

（2）刻度

刻度盘上两最小刻度标记间的距离和刻度标记统称为刻度。刻度设计时要考虑以下两个问题：

1）刻度值

刻度值的标注中数字应取整数，避免小数或分数。每一刻度最好对应1个单位值，必要时也可以对应2个或5个单位值。刻度值的递增方向应与人的视线运动的适宜方向一致，即从左到右，从上到下，或顺时针旋转方向。刻度值宜只标注在长刻度线上，一般不在中刻度线上标注，尤其不标注在短刻度线上。

2）刻度间距

刻度盘上两个最小刻度标记（如刻度线）之间的距离称为刻度间距。刻度间距太小，视觉分辨困难，固然不行；但刻度间距过大，也使认读效率下降。试验测定，在一般的照明条件下，刻度间距 D 与视距 L 间应有如下关系：

$$D=(L/700)\sim(L/300) \tag{8.3}$$

（3）指针

指针是刻度指针式仪表的重要组成部分，它指示仪表所要显示的信息。因此，指针的设计是否符合人的视觉特性将直接影响仪表的认读速度和准确度。指针可分为运动指针和固定指针，两者的设计要求是相同的。

1）指针的形状

指针的形状应力求简洁、明快，不加任何装饰，具有明显的指示性形状。指针由针尖、针体和针尾构成。一般以针尖尖、尾部平、中间等宽或狭长的三角形为好。

2）指针的宽度与长度

指针的宽度设计，最重要的是确定针尖宽度。一般来说，针尖宽度应与刻度标记的宽度相对应，可与短刻度标记等宽，也可为刻度间距的 10^{-n} 倍（n 为整数）。应注意，针尖宽度不得小于短刻度标记的宽度，否则不易看清。针体的宽度一般不受限制，视结构因素而定。针尾主要起平衡重量的作用，其宽度由平衡要求而定。指针的长度应以与刻度标记间留有 1～2 mm 的间隙为好，不可覆盖刻度标记。此外，指针设计应充分考虑造型美观的要求。

3）指针与刻度盘面的关系

由于刻度盘面和指针间有相对运动，它们之间的间隙要尽可能小，其指针表面应与刻度盘面处于相互靠近的平行面内，以避免因观察视线不垂直于表盘而产生视差。

4）指针的零点位置

仪表指针的零点位置大都置于时钟 12 点的位置上，追踪仪表的指针零点位置有时置于 9 点位置。

（4）颜色

仪表结构设计中还有刻度盘面，刻度标记和数字、字符以及指针之间的颜色匹配问题。它对仪表的造型设计、仪表的认读有很大影响，是仪表设计中不可忽视的问题。表 8.4 列出清晰配色与模糊配色。其中，最清晰的搭配是黑与黄，最模糊的搭配是黑与蓝，其余的搭配都介于两者之间，使用时应认真选择。

表 8.4　清晰配色与模糊配色

清晰配色										
序号	1	2	3	4	5	6	7	8	9	10
背景色	黑	黄	黑	紫	紫	蓝	绿	白	黑	黄
主体色	黄	黑	白	黄	白	白	白	黑	绿	蓝
模糊配色										
序号	1	2	3	4	5	6	7	8	9	10
背景色	黄	白	红	红	黑	紫	灰	红	绿	黑
主体色	白	黄	绿	蓝	紫	黑	绿	紫	红	蓝

此外，仪表的用色还应注意醒目色的使用，因为醒目色是与周围色调特别不同的颜色，它能突出醒目色代表的含义，适于作仪表警戒部分或危险信号部分的颜色，但醒目色不能大面积使用，否则，会过分刺激人眼，从而引起视觉疲劳。

在实际工作中，由于黑白两种颜色的明度对比最高，较符合仪表的习惯用色，因此常用这种搭配作为仪表盘和数字的颜色。一般，白天使用以白底黑字较好，夜间则以黑底白字较好，尤其是荧光字符和数字。

8.3 操纵装置与作业空间设计

操纵装置是人机系统的重要组成部分，其设计是否得当，直接关系整个系统的工作效率、安全运行以及操作者操作的舒适性。操纵装置的设计必须符合人机工程的要求，也就是说，必须考虑人的心理、生理、人体解剖和人体机能等方面的特性。

作业空间的设计是指按操作者的操作范围、视觉范围以及操作姿势等一系列生理、心理因素对作业对象、机器、设备、工具进行合理的布置、安排，并找出最适合本作业的人体最佳操作姿势、操作范围，以便为操作者创造一个最佳的操作条件。

8.3.1 常用人体特征参数及动作特性

人体特征参数测量包括的内容很多，但与机械系统操纵装置设计有关的主要有人体静态参数和人体动态参数两方面。

1. 人体静态参数

静止的人体可采取不同的姿势，统称为静态姿势。主要分为立姿、坐姿、跪姿和卧姿四种基本形态，每种基本形态又可细分为若干种姿势。如立姿可分为跷足立、正立、前俯、躬腰、半蹲前俯等五种。静态测量的人体尺寸用以设计工作区间的大小。

国家标准《中国成年人人体尺寸》（GB/T 10000—1988）为我国各种设备的人机工程学设计提供了中国成年人人体尺寸的基础数据。主要数据可参考表 8.5～表 8.10，其中有关尺寸的单位为 mm。

表 8.5 我国男性成年人（18～60 岁）人体主要尺寸 mm

测量项目	百分位数						
	1	5	10	50	90	95	99
身高	1 543	1 583	1 604	1 678	1 754	1 775	1 814
体重/kg	44	48	50	59	71	75	83
上臂长	279	289	294	313	333	338	349
前臂长	206	216	220	237	253	258	268
大腿长	413	428	436	465	496	505	523
小腿长	324	338	344	369	396	403	419

表 8.6　我国女性成年人（18~55 岁）人体主要尺寸　mm

测量项目	百分位数						
	1	5	10	50	90	95	99
身高	1 449	1 484	1 503	1 570	1 640	1 659	1 697
体重/kg	39	42	44	52	63	66	74
上臂长	252	262	267	284	303	308	319
前臂长	185	193	198	213	229	234	242
大腿长	387	402	410	438	467	476	494
小腿长	300	313	319	344	370	376	390

表 8.7　我国男性成年人（18~60 岁）立姿人体尺寸　mm

测量项目	百分位数						
	1	5	10	50	90	95	99
眼高	1 436	1 474	1 495	1 568	1 643	1 664	1 705
肩高	1 244	1 281	1 299	1 367	1 435	1 455	1 494
肘高	925	954	968	1 024	1 079	1 096	1 128
手功能高	656	680	693	741	787	801	828
会阴高	701	728	741	790	840	856	887
胫骨点高	394	409	417	444	472	481	498

表 8.8　我国女性成年人（18~55 岁）立姿人体尺寸　mm

测量项目	百分位数						
	1	5	10	50	90	95	99
眼高	1 337	1 371	1 388	1 454	1 522	1 541	1 579
肩高	1 166	1 195	1 211	1 271	1 333	1 350	1 385
肘高	873	899	913	960	1 009	1 023	1 050
手功能高	630	650	662	704	746	757	778
会阴高	648	673	686	732	779	792	819
胫骨点高	363	377	384	410	437	444	459

表 8.9 我国男性成年人（18~60 岁）坐姿人体尺寸 mm

测量项目	百分位数						
	1	5	10	50	90	95	99
坐高	836	858	870	908	947	958	979
坐姿颈椎高点	599	615	624	657	691	701	719
坐姿眼高	729	749	761	798	836	847	868
坐姿肩高	539	557	566	598	631	641	659
坐姿肘高	214	228	235	263	291	298	312
坐姿大腿厚	103	112	116	130	146	151	160
坐姿膝高	441	456	464	493	523	532	549
小腿加足高	372	383	389	413	439	448	463
坐深	407	421	429	457	486	494	510
臂膝距	499	515	524	554	585	595	613
坐姿下肢长	892	921	937	992	1 046	1 063	1 096

表 8.10 我国女性成年人（18~55 岁）坐姿人体尺寸 mm

测量项目	百分位数						
	1	5	10	50	90	95	99
坐高	789	809	819	855	891	901	920
坐姿颈椎高点	563	579	587	617	648	657	675
坐姿眼高	678	695	704	739	773	783	803
坐姿肩高	504	518	526	556	585	594	609
坐姿肘高	201	215	223	251	277	284	299
坐姿大腿厚	107	113	117	130	146	151	160
坐姿膝高	410	424	431	458	485	493	507
小腿加足高	331	342	350	382	399	405	417
坐深	388	401	408	433	461	469	485
臂膝距	481	495	502	529	561	570	587
坐姿下肢长	826	851	865	912	960	975	1 005

2. 人体动态参数

人体动态参数是指在被测者活动状态下测取的各种活动范围，主要是测成年男、女在坐姿或立姿时，上、下肢体的活动角度和伸展长度。人体动态参数可为设计合理的操作活动范围和舒适的操作姿势提供数据参考。

(1) 人的上肢及手的活动范围

人的上肢活动范围的测定，是以人的站点固定不动，以肩关节为圆心，手臂长为半径所划出的球面形空间。若两臂同时活动，则其空间范围即为一个近似的椭球体（图 8.10)，图中阴影区表示最佳操作范围，粗实线大圆弧为手臂操作的最大范围，细实线短圆弧为手可达到的最大范围，虚线小圆弧为手臂操作适宜的范围。

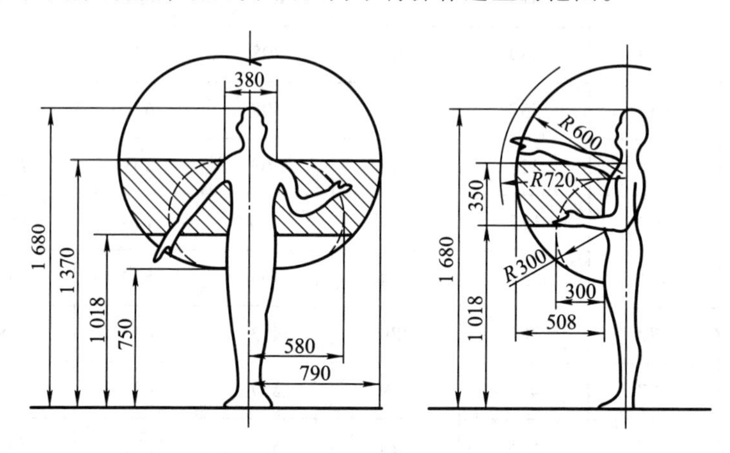

图 8.10　立姿手臂的操作范围（mm）

图 8.11 为手臂在水平台面上的操作范围。粗实线表示正常操作范围，虚线表示最大操作范围，细实线表示平均操作范围。

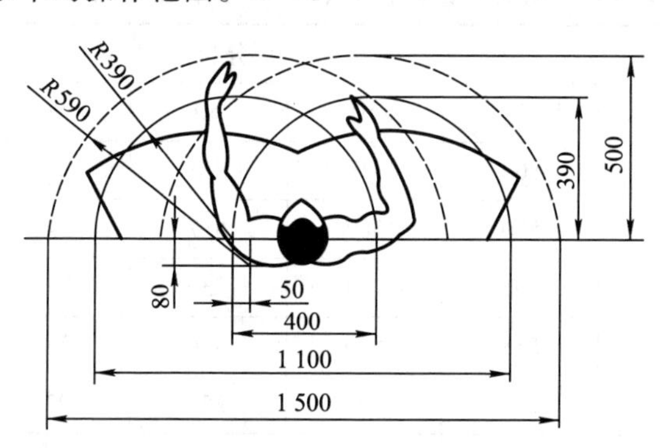

图 8.11　手臂在水平台面上的操作范围（mm）

图 8.12a 为坐姿时右手臂伸直在竖直面内不同高度活动时手的可及范围。8.12b 为坐姿时右手臂伸直在水平面内不同角度活动时手的可及范围。8.12c 为不同身材人的上肢水平活动范围。

手在空间的最大操作范围一般定为以整个手臂长度减去手掌长度后的尺寸为半径所画的圆弧范围。凡在这个范围内布置作业，一般均可保证操作者能很好地抓握操纵控制器和进行其他工作。图 8.13 所示为手掌活动范围，图 8.14 是正常人的手部结构。

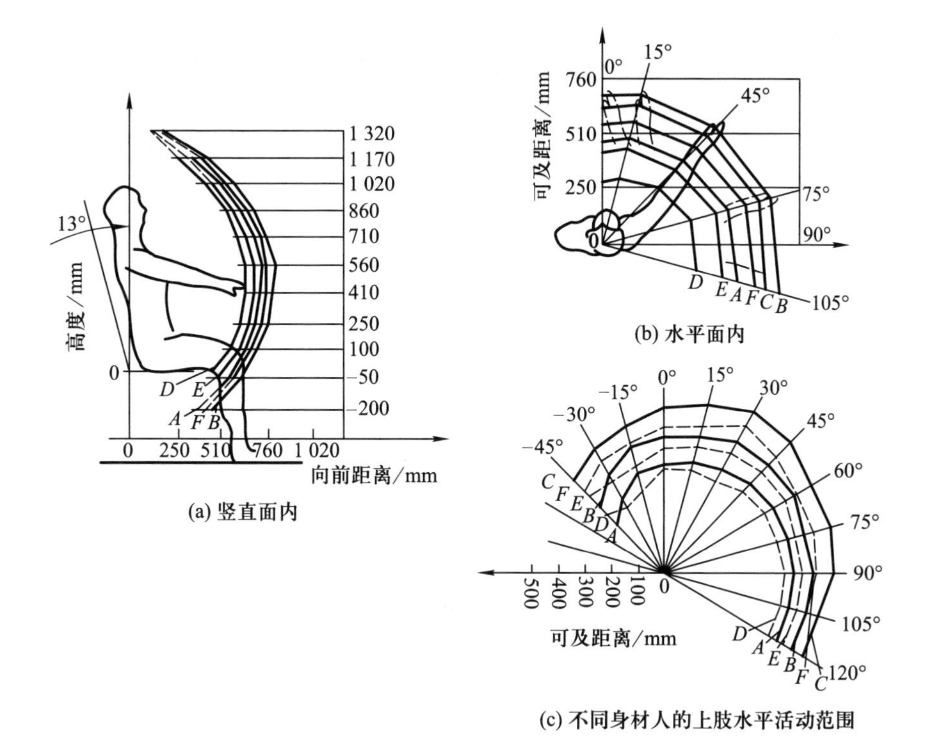

(a) 竖直面内

(b) 水平面内

(c) 不同身材人的上肢水平活动范围

图 8.12 坐姿时右手臂伸直活动时手的可及范围

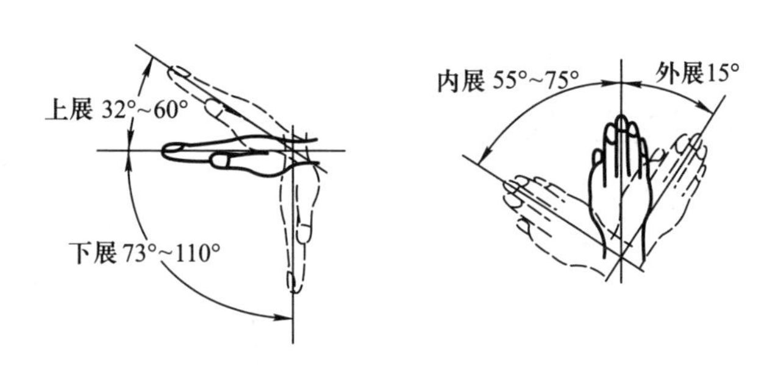

图 8.13 手掌活动范围

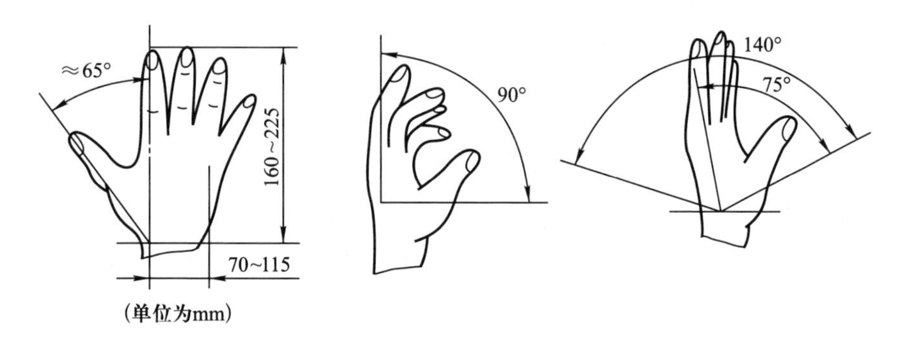

图 8.14 手部结构

(2) 人的下肢及脚的活动范围

人的下肢活动范围分立姿和坐姿两种情况。由于人在立姿状态下操作时，下肢要承受全身的重量，并要保持人体的平衡和稳定，所以只能用一只脚操作。相比之下，坐姿显然要优于立姿。图 8.15 和图 8.16 分别为立姿和坐姿状态下下肢和脚的适宜活动范围，可供设计时参考。

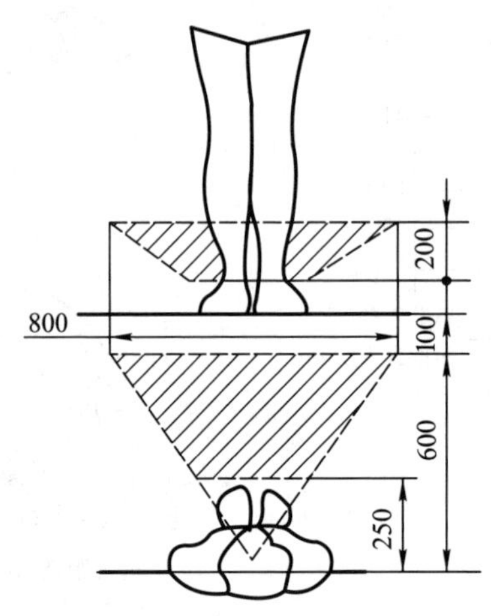

图 8.15　立姿状态下脚的适宜活动范围(mm)

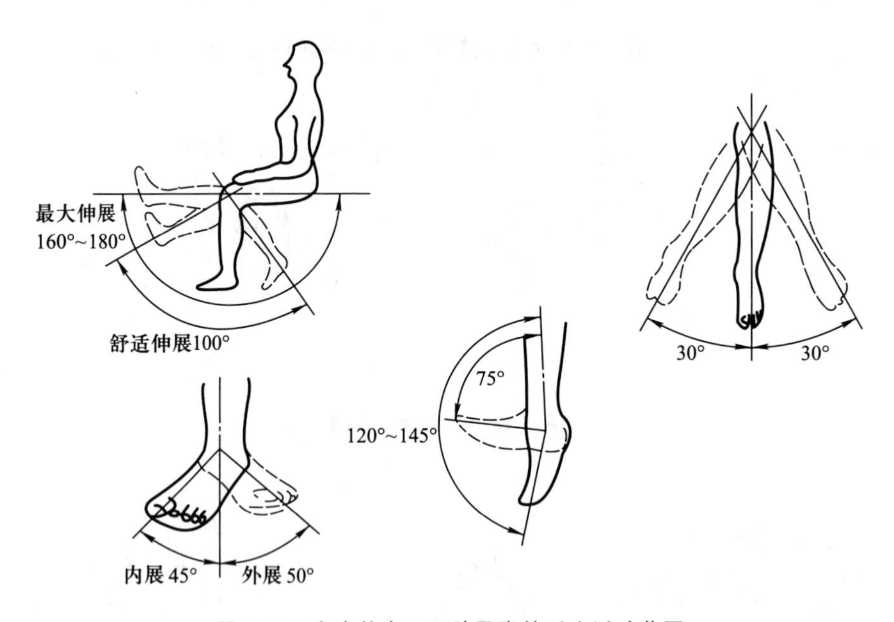

图 8.16　坐姿状态下下肢及脚的适宜活动范围

在设计中为了保证系统高效，一般要求各种操控器都处于人体躯干不活动时手足所能及的范围之内；为了保证操作者的舒适和不易疲劳，必须保证人的操作活动处于人体各部分活动舒适姿势的调节范围内。

3. 人体动作特征

各类操作需由人施加适当动作才能实现。操纵动作的效果及特征与操纵装置的性质、功能、结构特征等密切相关。操作动作的合理性如何，将直接影响操作者的舒适性和工作效率。因此，在操纵系统设计中须考虑人体的动作特征。

1）人的四肢力量不一，下肢力量大，但是只能完成简单动作；手指力量不大，但却能完成精细的工作。因此，除必须使用手的工作外，应尽量采用脚踏操纵装置。

2）人的手在竖直面内的运动速度比在水平面内快，且准确度也高；手从上往下运动比从下往上运动快；在水平面内手的前后运动比左右运动快；作旋转运动比作直线运动快；顺时针方向运动比逆时针方向运动快。

3）操作者的作业姿势不同，其所能施加的操纵力也会有较大的区别。一般而言，坐姿比立姿更能施力，立姿时的拉力比推力大，坐姿时推力稍大于拉力。

4）在设计操纵装置时，要避免持续性的静态下肌肉用力（静态肌肉施力）。即使操作姿势是舒适的，如果持续保持一定时间，也会很快导致肌肉疲劳。长时间保持肌肉静态施力，可能会造成严重后果。

8.3.2 操纵装置设计

1. 操纵装置选择原则

操纵装置种类繁多，按人体操作部位的不同可分为手部操纵装置（如按键、开关、旋钮、手柄及转轮等）及脚部操纵装置（如脚踏板、脚踏钮等）。按操作时的运动形式不同，可分为旋转式操纵器、摆动式操纵器、按压式操纵器、滑动操纵器及牵拉操纵器等。各类操纵装置的特点各不相同，主要根据功能、操作要求和人的操作能力来进行选择，正确选择操纵装置的类型对于安全生产，提高工作效率极为重要。一般说来，选择的原则有以下几个方面：

1）快速而精细的操作主要采用手部操纵装置，当操纵力较大时可采用手臂或下肢控制。

2）手部操纵装置应安排在肘、肩高度之间容易接触到的范围内，并要易于看到。

3）按钮、扳动开关或旋钮适用于费力小、移动幅度不大及高精度的阶梯式或连续式调节。

4）操纵杆、曲柄、手轮及脚部操纵装置适用于费力、低精度和幅度大的操作。

5）操纵装置的操作运动与显示装置的显示运动在位置和方向上有关联的场合，适合采用直线运动或旋转运动。

常用操纵装置的使用情况见表 8.11。

表 8.11　常用操纵装置的使用情况

使用情况	按钮	旋钮	踏钮	旋转选择开关	扳动选择开关	手摇把	操纵杆	手轮	踏板
需要的空间	小	小—中	较小	中	小	中—大	中—大	大	大
编码	好	好	差	好	较好	较好	好	较好	差
视觉辨别位置	可	好	差	好	好	可	好	较好	差
触觉辨别位置	差	可	可	好	好	可	较好	较好	较好

续表

使用情况	按钮	旋钮	踏钮	旋转选择开关	扳动选择开关	手摇把	操纵杆	手轮	踏板
一排类似控制器的检查	差	好	差	好	好	差	好	差	差
一排控制器的操作	好	差	差	差	好	差	好	差	差
合并控制	好	好	差	较好	好	差	好	好	差

2. 操纵装置的布置

（1）选择最佳位置

一切机械的操纵装置都应布置在人的肢体活动最有利的区域内，应有利于发挥人的体能和灵敏反应，并使人感到舒适。最常用的或最重要的操纵装置应布置在手（脚）活动最灵活、反应最灵敏、用力最适宜的空间范围内和合适的方位上；紧急操纵装置应与其他操纵装置分开布置，标识明显醒目，尺寸不得太小，并安置在无障碍区域，能很快触及。另外，操纵装置一般应尽量布置在视线内，但在视觉条件较差，或不需要视觉查看的条件下，也可布置在通过人体的触觉功能和操作习惯就能进行有效操作的地方。

（2）合理排列顺序

操纵装置的排列，应适应人的操作习惯，按照操作顺序和逻辑关系进行安排。当操纵装置沿竖直方向排列时，操作顺序应从上而下；当操纵装置为一字形横向排列时，操作顺序应从左至右；环状排列时按顺时针的顺序，联系较多的操纵装置，应尽量安排在一起或在邻近位置。当操纵装置数量较多时，应成组或成排布置，并按它们的功能分区，各区之间应用简单的线条、颜色或图案进行区分；同一台机器的操纵装置，其操纵运动方向要一致。凡直线运动的操纵装置，如扳动开关、按钮、滑杆等均以前后（或左右，或上下）表示接通关闭（或增大减小）；凡旋转运动的操纵装置，则以顺时针方向表示增大，逆时针方向表示减小。

（3）避免误操作与操作干扰

为了避免互相干扰，避免操作中连带误触动，同一平面上相邻布置的操纵装置间应保持足够距离。

3. 常用操纵装置的设计

（1）手部操纵装置的设计

手部操纵装置包括旋转式操纵装置、移动式操纵装置、按压式操纵装置等。

1）旋转式操纵装置

旋转式操纵装置包括手轮、旋钮、曲柄等，它们可用来改变机器的工作状态，调节或追踪操控，也可将系统的工作状态保持在规定的工作参数上。

旋钮是用手指的扭转来进行控制的，根据功能要求，旋钮可以旋转一圈（360°），一圈以上或不满一圈，可以连续多次旋转，也可以定位旋转。其外形特征由功能决定，在保证功能的前提下，其外形应简洁、美观。旋钮的大小应使手指和手与其边缘有足够的接触面积，便于手捏紧和施力以及保证操作的速度和准确性。旋钮的颜色以素雅为宜（除特殊规定外），多用黑色、金属灰色和乳白色。需要突出标记的旋钮宜涂饱和度高、明亮度大的颜色，如白、浅黄、浅蓝、朱红、黑色等。旋钮的直径不宜太小，但也不宜太大。为了使手操纵旋钮时不打滑，常在手操作部分的钮帽上做有各种齿纹，以增强手的握持力。图8.17为旋钮的尺寸与操控力的设计关系。

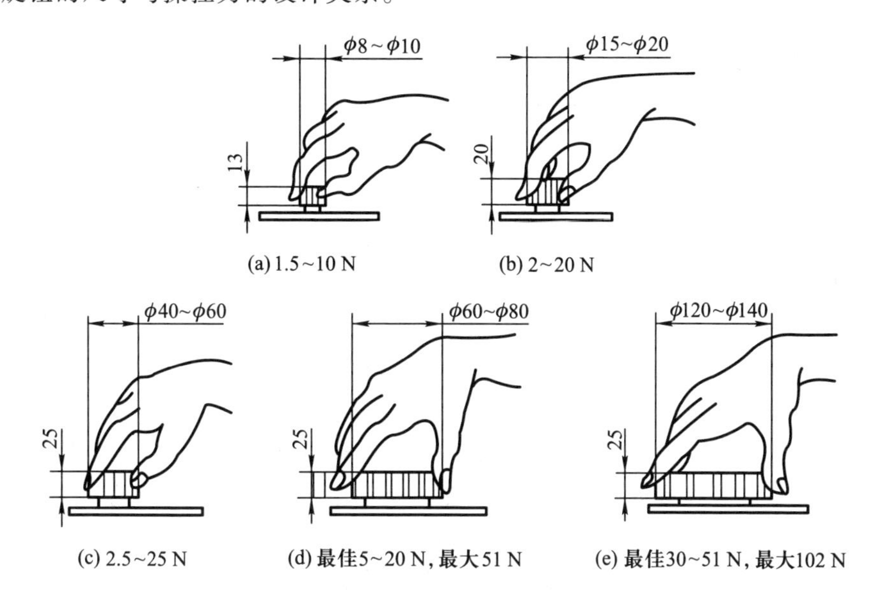

图8.17 旋钮的尺寸与操纵力的设计关系

手轮和曲柄均可自由作连续旋转，曲柄即为带柄手轮。根据用途不同，其造型不同，大小差别很大。曲柄的直径一般为25~75 mm，曲柄的长度越大，则旋转半径越大，即占据的操作空间也大。手轮的转轮直径宜取为150~250 mm，握把的直径宜取为20~50 mm。单手的操纵阻力为20~130 N，双手操纵阻力可适当加大，但最大不宜超过250 N。

手轮和曲柄的断面形状和线条应简单大方，有特殊操纵要求或起点缀作用的手轮内壁可涂上鲜明醒目的颜色。在设计曲柄的手柄外形时，要做到手握舒适、施力方便且不产生滑动，同时还需易于控制动作，手柄的设计应使操作者握住手柄时掌心处略有空隙，以减少压力和摩擦力的作用。表8.12给出了手轮及曲柄的有关尺寸及使用特点，可供设计时参考。

表8.12 手轮及曲柄的有关尺寸及使用特点

手轮及曲柄	应用特点	R/mm
R R	一般转动多圈	20~51
	快速转动	28~32
	调节指针到指定刻度	60~65
	追踪调节用	51~76

续表

操纵杆	形式	建议采用的尺寸/mm
	一般	22～32（不小于 7.5）
	球形	30～32
	扁平形	S 不小于 5

2）移动式操纵装置

常用的移动式操纵装置有操纵杆、扳钮开关等。它们可用来把系统从一个工作状态转换到另一个工作状态，或作为紧急制动之用，具有灵活可靠等特点。

操纵杆是一种需要用较大力操纵的装置，其一端与机器的受控部件连接，另一端手执操作。操纵杆常用于几个工作位置的转换操纵，其运动多为前后推拉、左右推拉或作圆锥运动（如汽车变速杆），因而其需占用较大的操作空间。其优点是可取得较大的杠杆比，用于需要克服大阻力的操纵。

操纵杆的人机学因素较多，合理的操纵杆设计必须考虑手幅长度、手握尺度、握持状态。通常，手把长度必须接近或超过手幅长度，使手在握柄上有一个活动和选择范围。手把的径向尺寸必须和正常的手握尺度相符或小于手握尺度。如果手把太粗，手就握不住手把；太细，手部肌肉会因过度紧张而疲劳。另外，手把结构必须能够保持手的自然握持状态，以使操作灵活自如。

扳动开关一般用于快速接通、断开和快速就位的场合（图 8.18），扳动开关的操纵力推荐为 2～5 N，用手指操作时最大用力为 12 N 左右，用全手操作时的最大用力为 21 N 左右。为了迅速可靠地识别扳动开关的动作位置，可把它的一半涂上颜色，或用特殊的记号或字母来表示各种动作的位置。

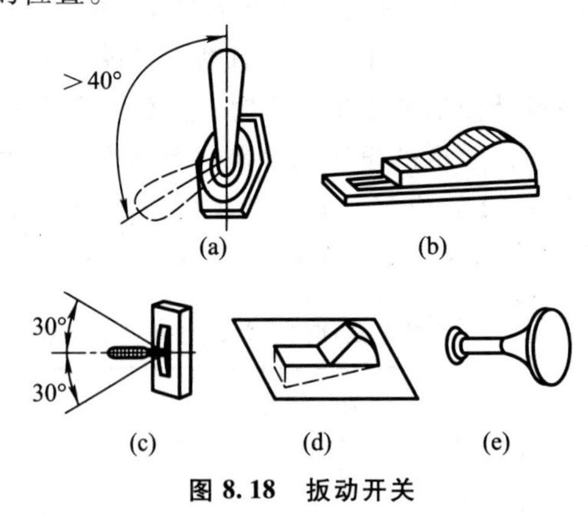

图 8.18　扳动开关

3）按压式操纵装置

按压式操纵装置主要指按钮等，其具有占地小、排列紧凑等特点。按压式操纵装置常用在机床的开停、制动控制上。

按钮也称按键，是用手指或工具按压进行操作。它们一般只有两种工作状态，如“接通”与“切断”“开”与“关”“起动”与“停止”等。按钮的尺寸主要根据人的手指端尺寸确定。用拇指操作的按钮的最小直径建议采用 19 mm；用其他手指尖操作的按钮的最小直径建议采用 10 mm。按钮的尺寸应按手指的尺寸和指端弧形设计，方能操作舒适。按钮设计一般应避免如图 8.19 所示的几种情况。

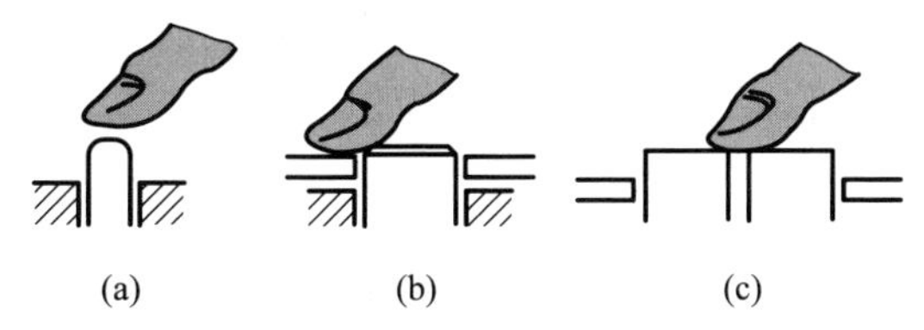

图 8.19 按钮设计应避免的情况

按钮的颜色主要根据使用功能选定。例如，红色按钮表示“停止”“切断”或发生事故时警示，“起动”“接通”首先选用绿色按钮，也允许使用白色、灰色或黑色按钮。对于连续按压后改动功能的按钮，忌用绿色、红色，应采用黑色、白色或灰色。按下为开、抬起为停的或级进的按钮，宜采用黑色，忌用红色。单一功能的复位，可用蓝色、黑色、白色或灰色按钮。另外，可在按钮上标上文字或图形，便于识别和记忆。

（2）脚部操纵装置设计

脚部操纵装置不如手部操控装置的用途广泛。但在用手不方便的场合或是操纵力要求较大的场合，也常常采用脚部操纵装置。脚部操纵装置主要有脚踏板、脚踏钮等。当操纵力较小且不需要连续控制时，宜选择脚踏钮。如需要较大操纵力，要求提供相当的速度时，多采用脚踏板。除非不得已，一般立姿作业不宜使用脚部操纵装置。在坐姿作业场合，使用两个以上脚部操纵器也是不合适的，因为易产生疲劳而造成控制失误。

1）脚踏板

脚踏板分为调节脚踏板和踏板开关两类。汽车上的制动踏板、油门踏板都属于调节脚踏板，操纵中的阻力一般随着脚踏板移动距离的加大而增加。冲压机、剪床或车床上的脚踏板只有把电路接通和断开两个工位，属于踏板开关。

脚踏板与座位保持适宜的位置关系，有利于人向脚踏板施力。图 8.20 为脚处于不同位置上所产生的最大蹬力，图中的数值因人的情况不同会有所不同，只表示脚的位置与最大蹬力的大致关系。由此可见，为了方便施力，必须提供一个牢固合理的座椅支撑。座椅的高度应低于普通座椅的高度，当需要大的操纵力时，踏板的安装高度应与座椅面同高或略低于座椅面。

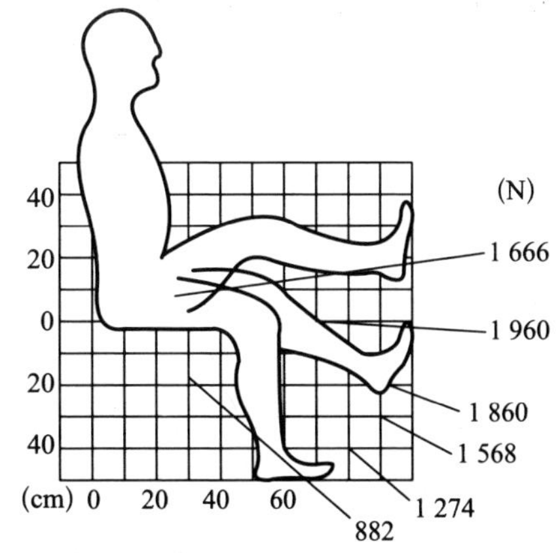

图 8.20 脚处于不同位置上所产生的最大蹬力

脚踏板角度的大小也是影响脚施力的重要因素。试验结果表明，当踏板与竖直面成15°~35°角时，无论腿处于自然位置还是处于伸直位置，脚均可使出最大的力。脚踏板的外形尺寸主要取决于工作空间和脚踏板间距，但必须保证脚与脚踏板有足够的接触面积。保证操纵的可靠性，脚踏板的操纵位移应适量。位移量过小，不足以提供操作反馈信息；位移量过大，则易于引起操作者的疲劳或影响操作活动。表 8.13 为脚踏板设计参数推荐值，可供实际设计时参考。

表 8.13　脚踏板设计参数推荐值

名称		最小	最大
脚踏板大小/mm	长度	75	300
	宽度	25	90
脚踏板行程/mm	一般操作	13	65
	穿靴操作	25	65
	踝关节操作	25	65
	整腿运动	25	180
阻力/N	脚不停在脚踏板上	18	90
	脚停在脚踏板上	45	90
	踝关节弯曲	—	45
	整腿运动	45	800
脚踏板间距/mm	单脚任意操作	100	150
	单脚顺序操作	50	100

此外，在操纵过程中，操作者往往会将脚放在脚踏板上，为了防止脚踏板被无意碰移而发生误操作，脚踏板应有一定的起动阻力，该起动阻力至少应当超过脚休息时脚踏板的承受力。

2）脚踏钮

脚踏钮的基本形式与手动按钮类似，但尺寸、行程、操纵力均应大于手动按钮，脚踏钮可设计成矩形，也有圆形。在手不方便操作的情况下，脚踏钮可取代手按钮进行操作。它可以迅速操作，但一般只限于开或关的简单操作。为避免踩踏时滑脱，脚踏钮的表面宜加垫一层防滑材料，或在表面做有能防踩滑的齿纹。脚踏钮设计参数推荐值见表 8.14。

表 8.14　脚踏钮设计参数推荐值

名称		最小	最大
直径尺寸/mm		12.5	无特殊界限
操纵位移/mm		12.5~25	65（正常操作、穿靴操作） 100（转动胫部而进行控制时）
阻力 F/N	脚不停在脚踏钮上	9.8	88（正常操作时）
	脚停在脚踏钮上	44	

8.3.3 作业空间设计

1. 作业空间设计原则

人操纵机器时所需要的活动空间，加上机器、设备、工具及操作对象所占据的空间范围称为作业空间。通常作业空间设计的基本原则如下：

(1) 满足最大操作者的间隙需求

间隙是作业空间设计中最重要的问题。作业空间设计中，间隙设计的问题很多。例如，设备与设备之间的间隙，设备周围的间隙，过道的高度和宽度，为膝部、腿部、肘部、肩部、头和足部留出的尺寸等，都是间隙设计问题。确定间隙尺寸时，应取下限数值，并以最大（或较大）身材的相关操作者为依据。

(2) 满足较小操作者的伸及需要

作业空间中，操作者经常需要伸出手操纵手控设施或伸出脚去踩脚踏板，与间隙问题相似的是，不恰当的伸及尺寸会降低操作者的舒适性和生产效率；不同于间隙要求的是，伸及尺寸通常以相关操作者群体中最小（或较小）身材者的伸及尺寸为设计依据。

(3) 满足维修人员的特殊需要

好的作业空间设计不仅要考虑工位的正常功效和日常操作者，而且不能忽视维修人员的特殊需求。这些特殊的需求往往与日常操作者的差别较大，因此在作业空间设计中应加以考虑。

(4) 满足可调节性需要

即使对于同一个操作者，由于一些条件发生变化，如季节的变化引起操作者的着装加厚或减薄，其着装的人体尺寸都会发生差异，更不用说由于工作变动造成的不同操作者之间的身材差异。因此，需要在满足其他设计需要的同时，尽最大可能地使工位具有可调节性。

(5) 满足能见度和正常视线的要求

主要包括关键信号显示是否位于正常视野内，是否被物件遮挡等问题。

(6) 满足各要素的排列要求

这些要素包括显示装置、操纵装置、装备和工具、零件和备料，以及操作者用以完成作业任务的其他任何设备。排列这些要素的原则有使用频率原则、重要性原则、使用次序原则、一致性原则、显示装置-操纵装置相合性原则、避免混乱以及功能分组原则等。

以上原则在作业空间设计的实际应用中会存在矛盾的地方。因此，每一条原则都不是绝对的，而应按实际空间的具体情况，统一考虑，全面权衡，以其中某一原则为主，适当考虑其他原则。一个好的作业空间应使操作者观察、操作都非常方便，且在长时间的工作过程中不会感到单调、疲劳。

2. 常见作业空间的设计

作业范围也称工作区域，是构成作业空间的主要部分，是操作者采用立姿或坐姿时能够有效地进行操作的范围。它应以上肢或下肢的可达距离为依据，分为平面操作范围和立体（空间）操作范围。

（1）工作面高度设计

作业任务的特性是正确确定作业状态下工作面高度的根本依据。一般而言，人站立工作时较舒适的工作面高度比立姿时肘关节高度低 5~10 cm。我国男性站立时的平均肘高为 102 cm，女性为 96 cm，所以对男性较适合的站立时的工作面高度应为 92~97 cm，女性为 86~91 cm。而坐姿作业时，一般把工作面高度设计成略低于肘部 50~100 mm。不同作业性质的工作面高度也各不相同，比如精密的工作要求良好的观察，应适当提高工作面的高度，而重体力劳动则要求较低的工作面以使手部便于施力。表 8.15 列出了我国成人的工作面高度推荐值。

表 8.15　我国成人的工作面高度推荐值　　cm

作业类型	坐姿		立姿	
	男	女	男	女
精密作业	75~80	70~75	100~115	90~105
轻体力作业	60~65	55~60	90~105	80~95
较重体力作业	40~55	35~50	80~90	70~85

在实际设计中，应尽量设计成可调节高度的工作台。如设计为固定高度的工作台，把工作面的高度设计得高一些比低一些要好。因为如果工作面高了，可以通过在操作者脚下放置垫高设施来解决；而如果工作面过低，则只能通过操作者弯腰操作来解决，很容易造成疲劳，这不符合人机工程学的原则。

（2）平面操作范围

操作者采用立姿或坐姿操作时，上肢（或脚）在水平面上移动所形成的运动轨迹范围称为平面操作范围。根据手臂的活动范围，可以确定作业空间的平面尺寸。在设计平面操作范围时，应将那些需要频繁操作的操纵器、工具、加工件放在正常操作范围之内，并尽可能地靠近操作者的身体；将不常用的控制器和工具等放在最大操作范围之内、正常操作范围之外；实际操作中，偶尔也允许将特殊的、易引起危害的装置，布置在最大范围之外，操作者稍向前倾身就可伸及。

（3）空间操作范围

与平面操作范围相对应的是空间操作范围，也称立体操作范围，是指上肢或脚在三维空间运动所包含的范围，是水平方向和竖直方向动作的复合。在设计空间操作范围时，应根据人的操作需求，先考虑总体，再考虑局部。总体与局部的关系是相互依存和制约的，必须正确处理好它们的相互协调关系。空间操作范围设计要着眼于人，落实于机具。首先要考虑人的需要，为操作者创造舒适的操作条件，再把有关的作业对象即机具进行合理的排列布置。要从实际出发，努力遵循事物本身的规律，具体问题具体对待。

空间操作范围设计的好坏，固然与设计人员的设计能力分不开，但主要的还是决定于能否依据机器设备本身的特点和空间环境状况。设计不能脱离这些客观条件，更不能违背它们本身对空间的要求。

8.4 机械振动与噪声

机械系统的运动不可避免地带来振动和噪声问题，这不仅影响机械本身的使用性能和使用年限，同时也会影响人的身体健康。因此，机械系统的减振降噪问题必须予以高度重视。

8.4.1 振动

1. 振动的基础知识

机械在平衡位置附近的往复运动称为机械振动。引起机械系统振动的原因主要有以下几方面：

（1）运转机械的不平衡

机械运动一般分为往复式机械运动和回转式机械运动。往复式机械运动中部件运动方向改变所产生的惯性冲击导致振动。回转式运动中由于机器不能完全保持平衡，引起周期性变化的干扰力，所产生的振动一般都具有规律性。

（2）作用在机械上的外载荷的变化

作用在机械的某些构件上的外力或转矩的不均匀会引起横向振动或扭转振动。

（3）高副机构形状误差引起的振动

齿轮的齿形误差会引起动力变化和扭转振动。凸轮表面的误差也会引起附加动力变化和振动。

（4）机器周围的冲压设备引起的冲击力振动

由于冲压设备（如冲床、锻床）产生的冲击力会引起振动。

2. 振动对人的影响

（1）对健康的影响

大量的调查资料表明，长期使用振动着的工具进行操作，会引起振动病。振动病的产生主要受振动频率的影响，而振动加速度则促使振动病加速形成。振动病严重损害手指的血管和神经，表现为一指或多指指端麻木、僵硬、疼痛，对寒冷敏感、遇冷时手指因缺血而发白（白指病）等。此外，振动病也表现为中枢神经系统机能发生障碍、骨关节变形等。试验条件下人体对全身振动的主观不良感觉见表 8.16。

表 8.16 试验条件下人体对全身振动的主观不良感觉

主观感觉	频率/Hz	振幅/mm
腹痛	6~12	0.094~0.163
	40	0.063~0.126
	70	0.032

续表

主观感觉	频率/Hz	振幅/mm
胸痛	5~7 6~12	0.6~1.5 0.094~0.163
背痛	40 70	0.63 0.032
尿急感	10~20	0.024~0.008
粪迫感	9~20	0.024~0.12
头部症状	3~10 40 70	0.4~2.18 0.126 0.032
呼吸困难	1~3 4~9	1~9.3 2.45~19.6

（2）对操作的影响

振动对操作的影响主要表现为视觉作业效率的下降和操作动作精确性变差。当振动频率较小（<2 Hz）时，由于眼肌的调节补偿作用，使视网膜上的映像相对稳定，因此对视觉的干扰作用不大；但当振动频率大于 4 Hz 时，视觉作业效率将受到严重的影响；振动频率为 10~30 Hz 时，对视觉的干扰最大，振动频率为 50 Hz、加速度为 2 m/s^2时，视力下降约 50%。振动对操作动作精确性的影响，主要是由于振动降低了手（或脚）的稳定性，从而使操作动作精确性变差，而且振幅越大，影响越大。

3. 隔振与减振

在设计机械系统时，应周密地考虑所设计的对象会出现何种振动及振动的程度，要把振动量控制在允许范围内，这些是确定设计方案时需要解决的问题。为了减小机械设备本身的振动，可配置各类减振器；为减小机械设备振动对周围环境的影响，或减小周围环境的振动对机械设备的影响，可采取隔振措施。隔振与减振是防止振动危害的主要手段。一般在进行系统设计时须考虑以下三方面：

（1）减小扰动

这是一项积极的治本措施，包括改善机器内部平衡，修改或重新设计机器结构以减小振动，改进和提高制造质量，减小外力的变化幅值，对薄壁结构采取必要的阻尼措施等。

（2）防止共振

根据实际情况尽可能改变系统的固有频率或改变机器的工作转速，使机器不在共振区内工作。

（3）采取隔振措施

用具有弹性的隔振器，将振源与地基隔离，以便减少振源通过地基影响周围的设备；或将需要保护的设备与振动的地基隔离，使之不受周围振源的影响。

8.4.2 噪声

噪声是一种令人烦恼的、影响工作的、有害于人体健康的声音。它是不同频率和声强的声波的无规律组合。

1. 噪声的物理量度

噪声强弱的客观量度用声压、声强和声功率等物理量表示。声压和声强反映声场中声的强弱，声功率反映声源辐射噪声本领的大小。

（1）声压与声压级

声压分为瞬时声压和有效声压。瞬时声压是指声波通过媒质中某一点时，在该点的压力产生起伏变化。与该点的静压力相比较，因声波存在的某一瞬时所产生的压力增量，称为在该点的瞬时声压。有效声压是指在一定的时间间隔内，某点的瞬时声压的均方根值称为该点的有效声压。在一般情况下，声压就是有效声压。声压的单位是 N/m^2，也称为帕（Pa）。正常人耳能听到的最小声压是 2×10^{-5} Pa。普通人们谈话声的声压为 $2\times10^{-2}\sim7\times10^{-2}$ Pa。人耳产生疼痛的声音的声压是 20 Pa。

声压级以分贝（dB）为单位，它的数学表达式为

$$L_p=20\lg(p/p_0) \tag{8.4}$$

式中，L_p为对应于声压 p 的声压级，p_0是基准声压，在计算声压级时应加以说明。在噪声测量中，基准声压通常采用

$$p_0=2\times10^{-5}\ \text{Pa} \tag{8.5}$$

（2）声强与声强级

1）声强

在声场中某一点，通过垂直于声波传播方向的单位面积在单位时间内的声能，称为在该点声传播方向上的声强。声强的常用单位是 W/m^2。声强与声压有密切的关系。在流体中，声强 I 可用下式表达：

$$I=pv\cos\phi \tag{8.6}$$

式中，p 为声压，v 为质点振动速度，ϕ 为两者间的相位差。

2）声强级

一个声音的声强级等于这个声音的声强与基准声强的比值的常用对数乘以 10。它的数学表达式为

$$L_I=10\lg(I/I_0) \tag{8.7}$$

式中，L_I为对应于声强为 I 的声强级，I_0为基准声强，在噪声测量中，通常采用 $I_0=10^{-12}\ W/m^2$。

（3）声功率与声功率级

1）声功率

声功率是指声源在单位时间内发射出的总声能，常用单位是 W。声功率是反映声源辐射声能本领大小的物理量，与声强或声压等物理量有密切的关系。

2）声功率级

一个声源的声功率级等于这个声源的声功率与基准声功率的比值的常用对数乘以 10。

它的数学表达式为

$$L_W = 10\lg(W/W_0) \tag{8.8}$$

式中：L_W为对应于声功率 W 的声功率级，dB；W_0为基准声功率。

2. 噪声的危害

（1）噪声对听力的损伤

噪声可以造成人暂时性和持久性听力损伤。一般来说，85 dB 以下的噪声不致危害听觉，而超过 100 dB 时，可致近一半的人耳聋。

（2）噪声能诱发多种疾病

一些试验表明，噪声对人的神经系统、心血管系统都有一定影响。长期的噪声污染可引起头痛、惊慌、神经过敏等，甚至引起神经官能症。噪声也能导致心跳加速、血管痉挛、高血压、冠心病等。极强的噪声（如 170 dB）还会导致人死亡。

（3）噪声对正常生活和工作的干扰

噪声会影响人的睡眠质量，当睡眠受干扰而不能入睡时，就会出现呼吸急促、神经兴奋等现象。长期下去，就会引起失眠、耳鸣、多梦、疲劳无力、记忆力衰退等。噪声会干扰人的正常工作和学习。当噪声低于 60 dB 时，对人的交谈和思维几乎不产生影响。当噪声高于 90 dB 时，交谈和思维几乎不能进行，它将严重影响人们的工作和学习。据统计，噪声会使工作效率降低 10%~50%，随着噪声的增加，差错率上升。由此可见，噪声会分散人的注意力，导致反应迟钝，容易疲劳，工作效率下降，差错率上升。噪声还会掩盖安全信号，如报警信号和车辆行驶信号等，以致造成事故。

（4）特强噪声对仪器设备和建筑结构的危害

一般的噪声对建筑物几乎没有什么影响，但是噪声级超过 140 dB 时，对轻型建筑开始有破坏作用。研究表明，特强噪声会损伤仪器设备，甚至使仪器设备失效。噪声对仪器设备的影响与噪声强度、频率以及仪器设备本身的结构和安装方式等因素有关。

3. 噪声标准

噪声普遍存在，要想把噪声完全消除或隔绝是做不到的，也是没有必要的，但对噪声一定要进行控制，不能任其泛滥。根据标准的出发点和使用范围不同，可将噪声标准分为两大类：听力保护噪声标准和环境噪声标准。

（1）听力保护噪声标准

表 8.17 是为了保护长期在噪声环境中工作的人的听力而制定的我国工业企业的噪声允许标准。

表 8.17　我国工业企业的噪声允许标准

每个工作日接触噪声的时间/h	新建、改建企业的噪声允许标准/dB（A）	现有企业暂时达不到标准时，允许放宽的噪声标准/dB（A）
8	85	90
4	88	93
2	91	96
1	94	99
最高不得超过	115	

（2）环境噪声标准

为了控制环境污染，保证人们的正常工作和休息不受噪声干扰，可参考表 8.18 中环境噪声标准。

表 8.18 环境噪声标准

噪声/dB（A）	干扰情况		
	主观感觉	能进行交谈的距离/m	电话通话质量
45	安静	10	很好
55	稍吵	3.5	好
65	吵	1.2	稍困难
75	很吵	0.3	困难
85	太吵	0.1	不可能

4. 噪声控制方法

噪声控制方法很多，但基本原理都是围绕形成噪声干扰过程的三要素进行的，即声源、传播途径和接受者。

（1）控制噪声声源

设法在发生噪声的声源处控制噪声是最重要和最有效的方法。可以将产生噪声的装置或操作，更换为能降低或消除噪声的装置或操作；也可以采取减少机械间的摩擦；减少气流噪声；减少固体中的传声；加强维修保养，及时更换受损零件等措施。

（2）控制噪声传播

控制噪声传播的主要措施如下：

1）声音在传播中的能量是随着距离的增加而衰减的，因此使噪声源远离需要安静的地方，可以达到降噪的目的。

2）声音的辐射一般具有指向性，处在与声源距离相同而方向不同的地方，接收到的声强度也不同。不过多数声源以低频辐射噪声时，指向性很差；随着频率的增加，指向性就增强。因此，控制噪声的传播方向（包括改变声源的发射方向）是降低噪声尤其是高频噪声的有效措施。

3）建立隔声屏障，或利用天然屏障（土坡、山丘等），以及利用其他隔声材料和隔声结构来阻挡噪声的传播。

4）应用吸声材料和吸声结构，将传播中的噪声声能转变为热能等。此外，对于固体振动产生的噪声可采取隔振措施，以减弱噪声的传播。

（3）个人防护

使用个人防护用具是减少噪声对接受者产生不良影响的有效方法。防护用具常用的有橡胶或塑料制的耳塞、耳罩、防噪声帽以及塞入耳孔内的防声棉（加上蜡或凡士林）等。不同材料的防护用具对不同频率噪声的衰减作用不同，因此应根据噪声的频率特性选择适宜的防护用具。

此外，还可以从劳动组织上采取措施，如采用轮换作业等，尽可能地减少工人在噪声环境中的暴露时间。

以上噪声控制方法，各有特点和用途，但要真正取得较好的防噪效果，最有效的方法还是根据实际情况，采取综合措施，从而达到降噪效果。

思　考　题

8.1　了解人机工程学学科体系有什么意义？
8.2　如何布置显示仪表？
8.3　试从人机工程学观点分析汽车驾驶室的布置设计。
8.4　作业面高度设计的原则是什么？
8.5　作业空间布置如何考虑顺序？
8.6　简述振动控制的技术途径。
8.7　引起机械系统噪声的原因是什么？
8.8　简述机械系统噪声控制的途径、程序及一般原则。

第9章 机械感知系统设计

9.1 感知系统概述

随着科技发展，机械系统正由自动化向智能化演变。感知系统相当于智能机械神经系统的角色，它将机械系统各种内部状态信息和环境信息从信号转变为机械自身或者机械之间能够理解和应用的数据、信息甚至知识，它与机器人控制系统和决策系统组成机器人的核心。机械系统的任何行动都要从感知环境开始，如果这个过程遇到障碍，那么它以后的所有行动都没有依托。没有传感器组成的感知系统的支持，就相当于人失去了眼睛、鼻子等感觉器官。一个机械系统的智能在很大程度上取决于它的感知系统。

从词义的理解，感知应该包含两个部分——感和知。“感”即传感，传感器就是能感知规定的物理量，并按照一定的规律将其转换成可用信号的器件或者装置。“规定的物理量”一般指的就是被测物理量；“规律”指的就是传感器的工作原理；“可用信号”指的就是电信号，或便于转换成电信号的参数与信号，或数字化信号。例如全光纤电流传感器，其规定的物理量是电流，规律是磁光效应，可用信号是光信号，通过光电转换，可将其转换成电信号。“知”即知道，是由某些技术手段所达到的一种拟人化的行为模式，具体是指智能传感器系统中的智能化达到的性能，除了提高可靠性等传统传感器性能外，还能由测得信号通过逻辑推理等直接给出结论。由前述可知，感知系统是获取所研究对象信息的“窗口”；如果对象也视为系统，从广义上讲，感知系统是系统之间实现信息交流的“接口”，它为系统提供进行处理和决策所必需的对象信息，是高度自动化系统乃至现代尖端技术必不可少的关键组成部分。

因此，本章主要从传感器特性、多传感器融合感知系统设计、设计案例三个方面展开。通过本章的学习使同学们具备机械感知系统设计思路及方法。

9.2 机械感知系统的组成

感知系统主要分为数据采集与数据处理两部分。其中，数据采集子系统依靠各类传感器检测自身状态信息及“感觉”外部环境信息，并通过调理电路传递给模数转换器进行模拟量到数字量的转换，实现机器自身状态和环境的数字化表达。数据处理子系统依靠智能方法对获取的多源数据进行分析、推理，从而建立判断及评价综合算法，并嵌入智能处理终端，从而对机器自身状态及环境信息进行综合感知（图9.1）。

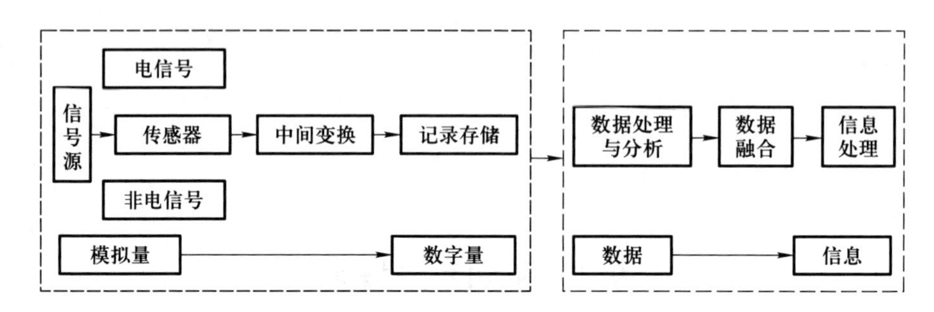

图9.1　感知系统流程图

9.3　传感器特性、类型及选用原则

传感器一般由敏感元件、转换元件、信号调理转换电路三部分组成，有时还需外加辅助电源提供转换能量。敏感元件直接感受或响应被测量的动态信息；转换元件将敏感元件感受或响应的被测量转换成适合于传输或测量的电信号（图9.2）。

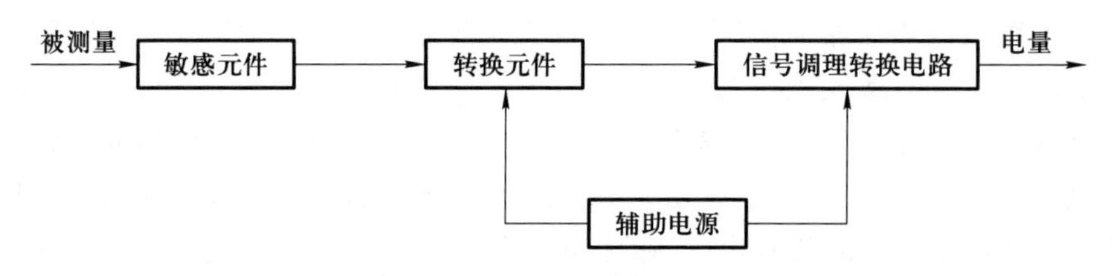

图9.2　传感器组成

9.3.1　传感器特性

机械系统的工作环境相对复杂，传感器的特性影响信号获取的稳定性及可靠性。传感器的特性主要分为静态特性和动态特性。

(1) 传感器的静态特性

传感器的静态特性，是指传感器转换的被测量（输入信号）数值是常量（处于稳定状态）或变化极为缓慢时传感器的输出与输入之间的关系，如图9.3所示。衡量传感器的静态特性的主要指标有灵敏度、线性度、测量范围、精度、重复性、分辨率、响应时间、测量范围。

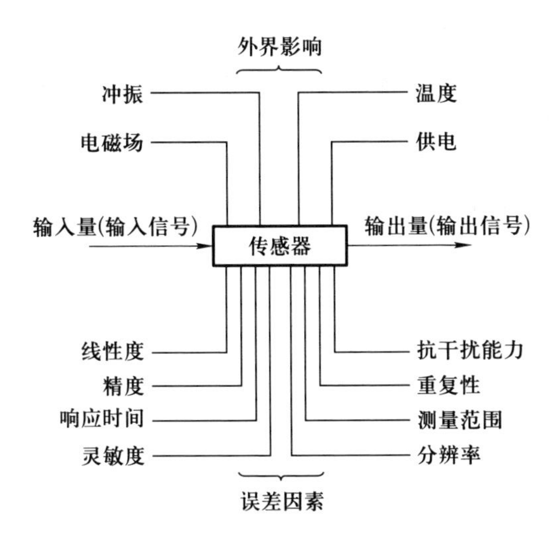

图 9.3　传感器的静态特性

灵敏度是指传感器的输出信号达到稳定时输出信号变化与输入信号变化的比值。假如传感器的输出信号与输入信号成线性关系，其灵敏度可表示为

$$s=\frac{\Delta y}{\Delta x} \tag{9.1}$$

式中：s 为传感器的灵敏度；Δy 为传感器输出信号的增量；Δx 为传感器输入信号的增量。

假如传感器的输出信号与输入信号成非线性关系，其灵敏度就是输入信号-输出信号曲线的导数。传感器输出量（输出信号）的量纲和输入量（输入信号）的量纲不一定相同。若输出量和输入量具有相同的量纲，则传感器的灵敏度也称为放大倍数。一般来说，传感器的灵敏度越大越好，这样可以使传感器的输出信号精确度更高、线性程度更好。但是过高的灵敏度有时会导致传感器的输出稳定性下降，所以应根据机械系统的要求选择大小适中的传感器灵敏度。

线性度反映传感器输出信号与输入信号之间的线性程度。假设传感器的输出信号为 y，输入信号为 x，则输出信号与输入信号之间的线性关系可表示为

$$y=kx \tag{9.2}$$

若 k 为常数，或者近似为常数，则传感器的线性度很好；如果 k 是一个变化较大的量，则传感器的线性度较差。机械系统的控制系统应该选用线性度较高的传感器。实际上，只有在少数情况下，传感器的输出量和输入量才成线性关系。在大多数情况下，k 为 x 的函数，即

$$k=f(x)=a_0+a_1x_1+a_2x_2+\cdots+a_nx_n \tag{9.3}$$

如果传感器的输入量变化不太大，且 a_0、a_1、…、a_n 都远小于 a_0，那么可以取 $k=a_0$，把传感器的输出量和输入量近似为线性关系。常用的线性化方法有割线法、最小二乘法、最小误差法等。

测量范围是指被测量的最大允许值和最小允许值之差。一般要求传感器的测量范围必须覆盖机械系统有关被测量的工作范围。如果无法达到这一要求，可以设法选用某种转换装置，但这样会引入某种误差，使传感器的测量精度受到一定的影响。

精度是指传感器的测量值与实际被测量值之间的误差。在机械系统设计中，应该根据系统的工作精度要求选择合适的传感器精度。应该注意传感器精度的使用条件和测量方法。使用条件应包括机械系统所有可能的工作条件，如不同的温度、湿度、运动速度、加速度，以及在可能范围内的各种负载作用等。用于检测传感器精度的测量仪器必须具有比传感器高一级的精度，进行精度测试时也需要考虑最坏的工作条件。

重复性是在相同测量条件下，对同一被测量进行连续多次测量所得结果之间的一致性。若一致性好，传感器的测量误差就小，重复性好。对于多数传感器来说，重复性指标都优于精度指标，这些传感器的精度不一定很高，但只要温度、湿度、受力条件和其他参数不变，传感器的测量结果也不会有较大变化。同样，对于传感器的重复性也应考虑使用条件和测试方法的问题。

分辨率是指传感器在整个测量范围内所能识别的被测量的最小变化量，或者所能辨别的不同被测量的个数。如果它辨别的被测量最小变化量越小，或者被测量个数越多，则分辨率越高；反之，则分辨率越低。传感器的分辨率直接影响机械系统的可控程度和控制品质。一般需要根据机械系统的工作任务规定传感器分辨率的最低限度要求。

抗干扰能力是由于机械系统的工作环境是复杂多变的，在有些情况下可能相当恶劣，因此对于机械系统传感器必须考虑其抗干扰能力。由于传感器输出信号的稳定是控制系统稳定工作的前提，为防止机械系统的意外动作或发生故障，设计传感器系统时必须采用可靠性设计技术。通常抗干扰能力是通过单位时间内发生故障的概率来定义的，因此它是一个统计指标。

（2）传感器的动态特性

实际测量中，许多被测量是随时间变化的动态信号，这就要求传感器的输出不仅能精确地反映被测量的大小，还要能正确地再现被测量随时间变化的规律。传感器的动态性能指标有时域性能指标和频域性能指标。

时域性能指标是标定传感器动态性能的重要指标。确定这些性能指标的分析表达式以及技术指标的计算方法，因不同阶次（如一阶、二阶或者高阶次）传感器的动态数学模型而异。通常用下面四个指标来表示传感器的时域性能。

1）时间常数：输出值上升到稳态值的63%所需的时间；

2）上升时间：输出值从稳态值的10%上升到90%所需的时间；

3）响应时间：输出值达到稳态值的95%或98%所需的时间；

4）超调量：稳态状态下，传感器输出值与实际值之间的偏差。

频域性能指标如下：

1）通频带：对数幅频特性曲线上幅值衰减3 dB所对应的频率范围；

2）工作频带：幅值误差为±5%或±10%时所对应的频率范围；

3）相位误差：在工作频带范围内相角应小于5°或10°，即为相位误差的大小。

时域性能指标和频域性能指标具体计算方法这里不再介绍。可以查看自动控制原理方面的有关书籍。

9.3.2 感知传感器类型

根据机械系统工作对象的不同，传感器一般分为内部传感器和外部传感器两大类（图9.4）。

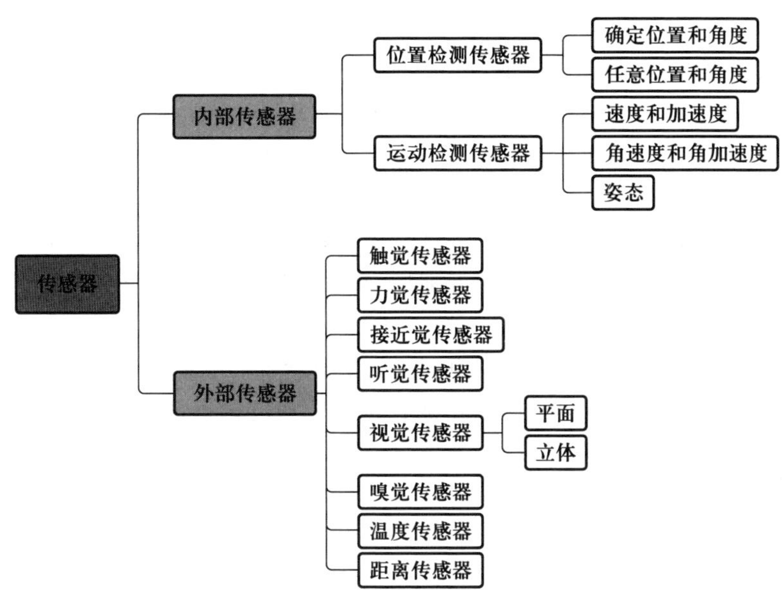

图 9.4 传感器的类型

（1）内部传感器

内部传感器用于确定机械系统在其自身坐标系内的姿态位置，完成机械系统运动控制（驱动系统及执行机构）所必需的传感器，多数是用于测量位置（位移）、角度、速度、加速度的通用型传感器，其中测量位置和位移、角度等的传感器为位置检测传感器，测量速度、加速度、角速度和角加速度的传感器为运动检测传感器。下面介绍几个常用内部传感器。

电位计式传感器是典型的位置（位移）传感器，又称为电位差计。它由一个线绕电阻（或薄膜电阻）和一个滑动触头组成。工作原理如图 9.5 所示。在载有物体的工作台或机械系统的另外一个关节下有相同的电阻接触点，当工作台或关节左右移动时，接触点随之左右移动，从而改变与电阻接触的位置。电位计式传感器通过输出电压值的变化量检测机械系统的位置和位移量。

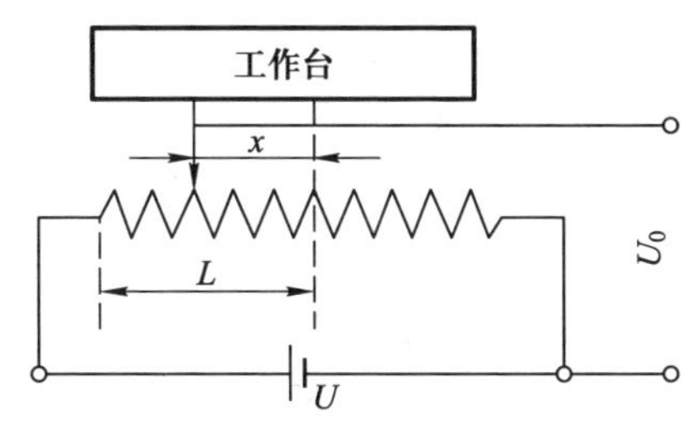

图 9.5 电位计式传感器的工作原理

输入电压为 U，从电阻中心到一端的长度为最大移动距离 L，在可动触点从中心向左端只移动 x 的状态，假定电阻右侧的输出电压为 U_0。当电路中流过一定的电流，由于电压与电阻的长度成比例，因此左、右的电压比等于电阻长度比，电位计式传感器位移和电压关系为

$$x=\frac{L(2U_0-U)}{U} \tag{9.4}$$

式中：U—输入电压；L—触头向左的最大移动距离；x—工作台向左端移动的距离。

电位计式传感器中的电阻采用直线型螺线管或直线型碳膜电阻，滑动触点只能沿电阻的轴线方向作直线运动，检测精度准确。但点接触易磨损，电位差计的可靠性和寿命受到一定程度地影响。

旋转型电位计式角度传感器是把电位计式传感器的电阻元件弯成圆弧形，滑动触头的一端固定在该圆弧的圆心，另一端像时针那样旋转时，由于电阻值随相应的转角变化而变化，就构成一个简易的角度传感器。

旋转型电位计式角度传感器由环状电阻和一个可旋转的电刷共同组成。当电流流过电阻时，形成电压分布。当电压分布与角度成比例时，从电刷上测量出电压值 u，与角度 θ 成比例，如图 9.6 所示。

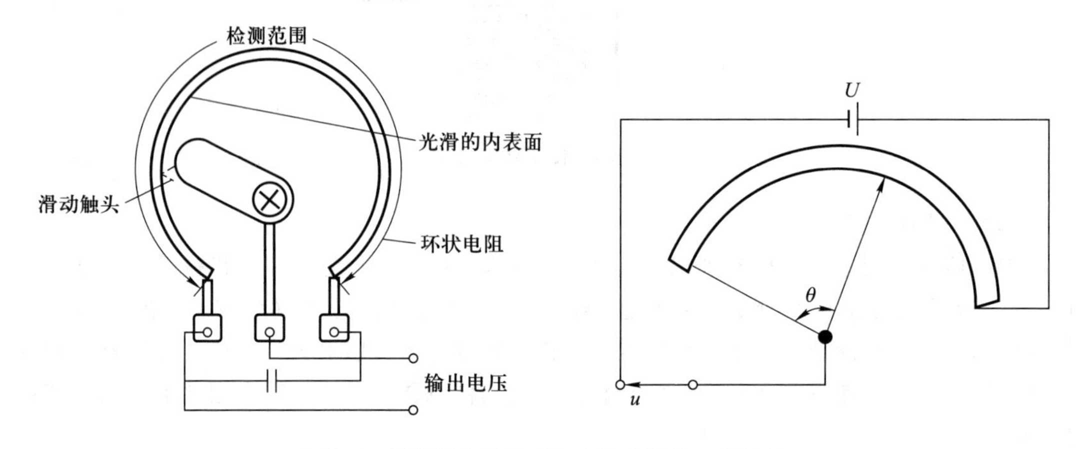

图 9.6　旋转型电位计式角度传感器的工作原理

光学式增量型旋转编码器是目前应用较为广泛的角度传感器。它能够以数字形式测量出转轴相对于某一基准位置的瞬间角位置，此外还能测出转轴的转速和转向。光学式增量型旋转编码器主要由光源、编码盘（旋转缝隙圆盘）、检测光栅（缝隙板）、光电传感器和转换电路组成，如图 9.7 所示。

在旋转缝隙圆盘上设置一条环带，将环带沿圆周方向分割成均匀等份，把圆盘置于光线的照射下，透过去的光线用一个光传感器进行判读。圆盘每转过一定角度，光传感器的输出电压在 H（高）与 L（低）之间就会交替转换，当把这个转换次数用计数器进行统计时，就能知道旋转的角度。角度的分辨率由环带上缝隙条纹的个数决定。例如，在一圈 360°内能形成 600 个缝隙条纹，就称其为 600 脉冲/转。

光学式增量型旋转编码器工作时有相应的脉冲输出，其旋转方向的判别和脉冲数量的增减需要借助判相电路和计数器来实现。其计数点可任意设定，并可实现多圈的无限累加

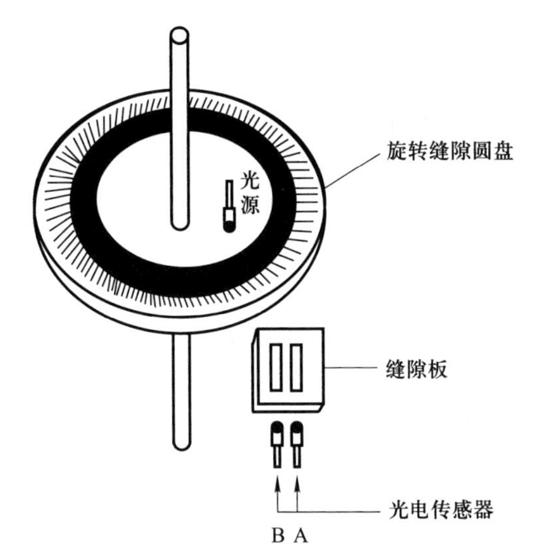

图 9.7 光学式增量型旋转编码器的工作原理

和测量还可以把每转发出一个脉冲的 Z 信号作为参考机械零位。当脉冲数已固定，需要提高分辨率时，可利用 90°相位差 A、B 两路信号对原脉冲进行倍频。

光学式增量型旋转编码器具有原理和构造简单，易于实现，平均寿命可达到几万小时以上，分辨率高，抗干扰能力较强，可靠性较高及信号传输距离长等优点，被广泛应用于各种角度相关信息的测量。

测速发电机是应用最广泛的，能直接得到代表转速的电压且具有良好实时性的一种速度传感器，它主要用于检测机械转速，能把机械转速变换为电压信号。

测速发电机的输出电压与转速成比例，改变旋转方向时输出电压的极性相应改变。被测机械与测速发电机同轴连接时，只要检测出输出电压，就能获得被测机械的转速，故又称速度传感器。

测速发电机属于模拟速度传感器，它的工作原理类似于小型永磁式直流发电机。它们的工作原理都是基于法拉第电磁感应定律，当通过线圈的磁通量恒定时，位于磁场中的线圈旋转使线圈两端产生的感应电动势与转子线圈的转速成正比。

$$u = kn \tag{9.5}$$

式中：u——测速发电机的输出电压，V；

n——测速发电机的转速，r/min；

k——比例系数。

测速发电机的输出电压与转子转速成线性关系，为了减少误差，测速发电机应保持负载尽可能小以及性质不变。利用测速发电机与驱动电动机相连就能测出机械系统内部构件运动过程中的转速，并能在自动系统中作为速度闭环系统的反馈元件。测速发电机具有线性度好、灵敏度高等特点，目前转速的检测范围一般为 20~40 r/min，精度为 0.2%~0.5%。

加速度传感器常用的有应变片加速度传感器、伺服加速度传感器、压电加速度传感器。其中，压电加速度传感器应用较为广泛。其利用具有压电效应的物质，将产生加速度的力转换为电压，这种具有压电效应的物质受到外力作用发生形变时能产生电压；反之，外加电压时，也能产生形变。压电元件多由具有高介电系数的酸铅材料制成。

设压电常数为 d，则加在元件上的应力 δ 和产生的电荷 Q 的关系式为

$$Q=d\delta \tag{9.6}$$

设压电元件的电容为 C，输出电压为 U，则

$$U=\frac{Q}{C}=\frac{d\delta}{C} \tag{9.7}$$

其中，U 和 δ 在很大动态范围内保持线性关系。

（2）外部传感器

外部传感器主要用来检测机械系统所处环境状况，从而使机械系统能够与环境发生交互作用，并对环境具有自我矫正和适应能力。广义来看，机械系统外部传感器就是具有人类五官感知能力的传感器，具有多种外部传感器是先进机械系统的重要标志。

常用的机械系统外部传感器包括视觉传感器、听觉传感器、接近觉传感器和距离传感器（超声波传感器、毫米波雷达、激光雷达）等。

1）视觉传感器

视觉传感器是利用光学元件和成像装置获取外部环境图像信息的仪器。视觉传感器主要由光源、镜头、图像传感器、模数转换器、图像处理器、图像存储器等组成，如图 9.8 所示，其主要功能是获取足够的原始图像。

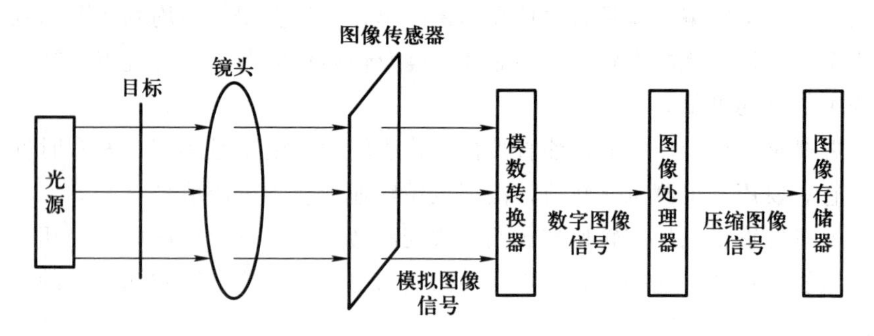

图 9.8 视觉传感器的组成

① 视觉传感器的特点

信息量丰富：不仅包含视野内物体的距离信息，同时还包括该物体的颜色、纹理、深度和形状等信息。

多任务检测：在视野内可同时实现多个物体检测和识别。

视觉传感器还具有数据获取简单、适用范围大、应用广泛等特点，因此它可与机器学习、深度学习等人工智能进行深度融合。

② 视觉传感器的主要指标

像素：像素数多代表能够感测到更多物体细节，从而图像更清晰。

帧率：帧率代表单位时间所记录或播放的图片的数量。

靶面尺寸：就是图像传感器感光部分的大小，一般用英寸来表示。如常见的有 1/3 英寸，靶面越大，意味着通光量越好，而靶面越小则比较容易获得更大的景深。

感光度：代表入射光线的强弱。感光度越高，感光面对光的敏感度就越强，快门速度就越高。

信噪比：是信号电压与噪声电压的比值，典型值为 45～55 dB，信噪比越大说明对噪

声的控制越好。

电子快门：用来控制图像传感器的感光时间，电子快门越快，感光度越低，适合在强光下拍摄。

③ 视觉传感器的主要类型及其差异

目前，视觉传感器主要有电荷耦合器件（charge-coupled device，CCD）传感器和互补金属氧化物半导体（complementary metal oxide semiconductor，CMOS）传感器两种。其中，CCD 集光电转换及电荷存储、电荷转移、信号读取于一体，是固体成像器件。CMOS 将光敏元件、放大器、模数转换器、存储器、数字信号处理器和计算机接口电路集成在一块硅片上。

CCD 是一种半导体器件，能够把光学影像转化为数字信号，CCD 上植入的微小光敏物质称作像素（pixel），一块 CCD 上包含的像素数越多，其提供的画面分辨率也就越高。CCD 的作用就像胶片一样，但它把图像像素转换成数字信号，CCD 上有许多排列整齐的电容，能感应光线，并将影像转变成数字信号。CMOS 制造工艺被应用于制作数码影像器材的感光元件，将纯粹逻辑运算的功能转变成接收外界光线后转化为电能，再通过芯片上的模数转换器（ADC）将获得的影像信号转变为数字信号输出。两者主要存在以下几点差异。

灵敏度差异：由于 CMOS 传感器的每个像素由四个晶体管与一个感光二极管构成（含放大器与模数转换器），使得每个像素的感光区域远小于像素本身的表面积，因此在像素尺寸相同的情况下，CMOS 传感器的灵敏度要低于 CCD 传感器。

成本差异：由于 CMOS 传感器采用一般半导体电路最常用的 CMOS 制造工艺，可以轻易地将周边电路集成到传感器芯片中，因此可以节省外围芯片的成本；除此之外，由于 CCD 传感器采用电荷传递的方式传送数据，只要其中有一个像素不能运行，就会导致一整排的数据不能传送，因此控制 CCD 传感器的成品率比 CMOS 传感器困难许多，CCD 传感器的成本会高于 CMOS 传感器。

分辨率差异：CMOS 传感器的每个像素都比 CCD 传感器复杂，其像素尺寸很难达到 CCD 传感器的水平，因此当我们比较相同尺寸的 CCD 传感器与 CMOS 传感器时，CCD 传感器的分辨率通常会优于 CMOS 传感器。例如，目前市面上 CMOS 传感器最高可达到 210 万像素的水平，但尺寸相同的 CCD 传感器（1/1.8 英寸）分辨率却能高达 513 万像素。

噪声差异：由于 CMOS 传感器的每个感光二极管都需搭配一个放大器，而放大器属于模拟电路，很难让每个放大器所得到的结果保持一致，因此与只有一个放大器放在芯片边缘的 CCD 传感器相比，CMOS 传感器的噪声就会增加很多，影响图像品质。

功耗差异：CMOS 传感器的图像采集方式为主动式，感光二极管所产生的电荷会直接由晶体管放大输出，但 CCD 传感器为被动式采集，需外加电压让每个像素中的电荷移动，而此外加电压通常需要达到 12~18 V。因此，CCD 传感器除了在电源管理电路设计上的难度更高之外（需外加功率集成电路），高驱动电压更使其功耗远高于 CMOS 传感器。

由于视觉传感器具有灵活性更高、检验范围更大、体积小和重量轻等特点，因此视觉传感器在工业中的应用越来越广泛。

2）超声波传感器

当有脉冲电信号输入时，通过激励换能器处理后，将其转换成机械振动的能量，由此形成超声波。当发射出去的超声波信号遇到障碍物以后，立即被反射回来。超声波传感器中的接收器接收到反射回来的超声波信号后，通过其内部转换，将超声波变成微弱的电振荡，并将信号进行放大，从而得到所要的控制信号。利用该信号，可以控制各种报警、测量、自控电路。

超声波传感器常见的基本应用方式有透射型、分离式反射型、反射型 3 类。

透射型：适用于遥控器、防盗报警器、接近开关等。

分离式反射型：适用于测距、液位或料位的检测。

反射型：适用于材料的探伤、测厚等，也可用于医学扫描成像。

① 超声波传感器的特点

超声波传感器具有频率高、波长短、绕射现象少、方向性好、抗干扰能力强、能够成为射线而定向传播等特点。

测量范围：15~500 cm。

测量精度：测量值与真实值的偏差。

波束角：能量强度减小一半处的角度。

② 超声波传感器的优点

灵敏度高，穿透性强：超声波传感器所具有的高灵敏度和穿透性，使其更易用于从外部检测深层物体。

可在黑暗环境中应用：与依赖光源或照相机的接近觉传感器不同，超声波传感器在没有光亮的黑暗环境中，检测精度仍可得到保障。

测量精度较高：超声波传感器在测量传感器与平行表面的距离时精度较高。

环境适应性较好：超声波传感器不易受恶劣工况的影响，能够实现对参数的可靠测量。

3）毫米波雷达

毫米波雷达是指工作在毫米波频段的雷达，其波长为 1~10 mm，对应的频率为 30~300 GHz；毫米波的波长介于厘米波和光波之间，因此毫米波兼有微波制导和光电制导的优点。目前主要应用于检测目标物与其他物体之间的距离，如自动导航、路径规划等方面。

① 毫米波雷达的特点

探测距离远：可达 200 m 以上。

探测性能好：金属电磁反射强，其探测不受颜色与温度的影响。

响应速度快：传播速度与光速一样，可以快速地测量出目标的距离、速度和角度等信息。

适应能力强：毫米波具有很强的穿透能力，在雨、雪、大雾等恶劣天气依然可以正常工作。

抗干扰能力强：一般工作在高频段，而周围噪声和干扰处于中低频区，基本上不会影响毫米波雷达的正常运行。

② 毫米波雷达的类型

按工作原理毫米波雷达分为脉冲式毫米波雷达和调频式连续毫米波雷达。

脉冲式毫米波雷达发射的波形为矩形脉冲，按一定的或交错的重复周期工作，是目前应用最广泛的雷达信号形式。通常脉冲式毫米波雷达间歇发射脉冲周期信号，并且在发射的间隙接收反射的回波信号，即收发间隔进行。在近距离段存在探测盲区。

调频式连续毫米波雷达发射连续的正弦波，同时接收回波信号，即收发同时进行。主要用来测量目标的速度。如果同时还要测量目标的距离，则需对发射的波形进行调制，如经过频率调制的调频连续波等。但其存在信号泄漏（发射信号及其噪声直接漏入接收机）和背景干扰（近距离背景的反射）。

按探测距离毫米波雷达分为短程（<60 m）毫米波雷达、中程（60~200 m）毫米波雷达和远程（>200 m）毫米波雷达三种。

4）激光雷达

激光雷达是工作在光波频段的雷达，它利用光波频段的电磁波先向目标发射探测信号，然后将其接收到的同波信号与发射信号相比较，从而获得目标的位置、结构、运动状态（速度、姿态）等信息，实现对目标的探测、跟踪和识别。

① 激光雷达的类型

激光雷达种类繁多，按照不同的方式有以下分类方法。

按运载平台分，有手持式激光雷达、地面固定式激光雷达、车载移动式激光雷达、机载激光雷达、船载激光雷达、星载激光雷达等。

按发射波形分，有脉冲激光雷达、连续波激光雷达和混合型激光雷达等。

按激光介质分，有固体激光雷达、气体激光雷达、半导体激光雷达等。

按激光波段分，有紫外激光雷达、可见光激光雷达和红外激光雷达等。

按工作方式分，有脉冲激光雷达和连续波激光雷达。

② 激光雷达的特点

探测范围广：300 m 以上。

分辨率高：距离分辨率可达 0.1 m，速度分辨率能达到 10 m/s 以内，角度分辨率不低于 0.1 mrad。

信息量丰富：探测目标的距离、角度、反射强度、速度等信息；同时，可用来获取被测物体点云信息，从而进行物体三维重构。

可全天候工作：不依赖于外界条件或目标本身的辐射特性。

与毫米波雷达相比，产品体积大，成本高。

5）听觉传感器

听觉传感器主要用于感受在气体（非接触式感受）、液体或固体（接触式感受）介质中的声波。听觉传感器的复杂程度取决于应用场景，可从简单的声波检测到声波频率分析，再到自然语言中目标语音及词汇的辨别。

声波传感器的工作原理是将接收到的声音信号转换成特征矩阵，并与标准模式进行比较及匹配，从而对声波信号进行识别，并确定其含义。

9.3.3 传感器的选用原则

（1）机械系统传感器的一般要求

机械系统用于执行各种加工任务，不同的任务对机械系统提出不同的要求。例如，搬运任务和装配任务对传感器的要求主要是力觉、触觉和视觉；焊接任务、喷涂任务和检测任务对传感器的要求主要是接近觉和视觉。不论哪类工作任务，它们对机械系统传感器的一般要求如下：

1）精度高、重复性好。

2）稳定性好，可靠性高。

3）抗干扰能力强。

4）重量轻、体积小、安装方便可靠。

5）价格低，安全性能好。

（2）根据加工任务的要求选择

不同的加工任务对机械系统传感器提出不同的要求。比如：选择机械系统力觉传感器主要参考五个方面的因素。

1）负荷重量。即传感器所能接受的应用程序需要的负荷重量。

2）作用力的强度。即在受到较大冲击的情况下，传感器仍然能够准确地测量应力的变化情况。

3）整合能力，即传感器与机械集成能力。将机械、电子和软件整合在一个简单的传感器中，同时易于操作。

4）噪声水平。噪声水平代表了可以由传感器检测到的最小的力。

5）滞后问题。如果系统不能回到中立位置，系统则具有滞后性。

（3）根据机械系统控制的要求选择

机械系统控制需要采用传感器检测机械系统的运动位置、速度、加速度等。除了较简单的开环控制机械系统外，多数机械系统都采用了位置传感器作为闭环控制的反馈元件。

（4）从辅助工作的要求选择

机械系统在从事某些辅助工作时，也要求具有一定的感觉能力。辅助工作包括产品的检验和工件的准备等。机械系统在外观检验中的应用日益增多，机械系统在此方面的主要用途有检查毛刺、裂缝或孔洞的存在，确定表面粗糙度和装饰质量，检查装配体的完成情况等。总而言之，根据辅助工作要求和工件的准备来选择传感器。

（5）从安全方面要求选择

从安全方面考虑，机械系统对传感器的要求包括以下两个方面：第一，为了使机械系统安全工作而不受损坏，机械系统的各个构件都不能超过其受力极限。第二，从保护机械系统使用者的安全出发，根据使用工况选用相应的传感器。

9.4　多传感器融合感知系统设计

多源数据融合是人类和其他生物系统中普遍存在的一种基本功能。人类本能地具有将身体上各种功能器官所探测的信息与先验知识进行综合的能力，以便对周围的环境和正在发生的事件做出估计。由于人类的感官具有不同度量特征，因而可测出不同空间范围内发生的各种物理现象，并通过对不同特征的融合处理转化成对环境有价值的解释。

多源数据融合实际上是对人脑综合处理复杂问题的一种功能模拟。在多传感器（或多源）系统中，各信息源提供的信息可能具有不同的特征：时变的或者非时变的，实时的或者非实时的，快变的或者缓变的，模糊的或者确定的，精确的或者不完整的，可靠的或者非可靠的，相互支持的或者互补的，也可能是相互矛盾或冲突的。多源数据融合的基本原理就像人脑综合处理信息的过程一样，充分利用多个信息源，通过对多种信息源及其观测信息的合理支配与使用，将各种信息源在空间和时间上的互补与冗余信息依据某种优化准则组合起来，产生对观测环境的一致性解释和描述。信息融合的目标是基于各信息源分离观测信息，通过对信息的优化组合导出更多的有效信息。这是最佳协同作用的结果，它的最终目的是利用多个信息源协同工作的优势，来提高整个系统的有效性。

多传感器融合系统主要特点：① 提供了冗余、互补信息。② 信息分层的结构特性。③ 实时性。④ 低代价性。

9.4.1 多传感器管理方式

在传感器资源有限的情况下，为了实现信息融合系统性能的最优化，需要对传感器资源进行合理分配、协调，于是传感器管理成为信息融合系统的一部分，并起着重要作用。

传感器管理的首要问题在于按照一定的优化原则，选择系统中哪些传感器在什么时候以何种工作模式完成什么工作。这是一个非常宽泛的概念，涉及很多复杂的问题，如传感器布置、传感器任务分配和传感器之间的协调问题等。由于近几年无线传感器网络的兴起，现在的传感器管理还需要对网络通信进行管理。因此，根据任务的要求不同，传感器管理的范围大致可以概括为时间管理、空间管理、模式管理和网络管理。具体介绍如下。

（1）时间管理

在多传感器系统中，经常会遇到由于传感器分布或具体任务的不同，而只需要一部分传感器工作，或经常要完成一些需要多传感器间严格时间同步工作（如轨迹检测、运动目标检测、对抗活动等），此时就需要对该系统进行时间管理操作。

（2）空间管理

空间管理的主要任务是决定各个传感器的空间位置，并给出非全向传感器的检测方向，以确保对整个区域的覆盖和对目标的检测、定位与跟踪。这直接涉及对传感器资源的合理利用。

（3）模式管理

模式管理主要完成对传感器的工作模式或可变参数的调节。例如，由于大多数传感器能量有限，有时为了保证自身的隐蔽性，就适当降低传感器的主动发送次数，或使它进入静默状态或空闲状态。另外，传感器处于不同的工作模式可以完成不同的任务，或可以根据特定的环境改变传感器的一些参数，通常包括传感器的孔径、信号波形、功率和处理技术的选择等。例如，目前先进的雷达就有数十种工作模式和参数供选择。

（4）网络管理

网络管理是针对传感器网络而言的，尤其是无线传感器的发展，使传感器网络管理日益重要。传感器网络是由许多能量和处理能力有限的传感器节点组成。网络管理在确保网络寿命最大化的基础上，完成多个传感器或传感器平台间通信的管理和信息共享控制，使传感器网络更好地协作完成任务。针对不同的传感器网络管理类型，从简单单个传感器到复杂多平台多传感器网络，网络管理的优化目标、约束条件、管理策略和常见方法各不相同（表 9.1）。

表9.1　三类传感器网络管理的对比

类型	优化目标	约束条件	管理策略	常见方法
单传感器管理	最小化目标状态误差	能量、工作模式的局限	参数控制、模式切换	滤波技术、数学规划、信息论方法、智能优化技术等
单平台多传感器管理	最大化传感器资源效能	监控能力、数量限制等	多目标排序、分配、模式确定	
多平台多传感器管理	最大化网络寿命、传感器资源效能	能量、带宽、通信范围等	通信控制、协同控制等	

9.4.2　多传感器管理结构

（1）集中式管理结构

在系统中有一个数据融合中心，通过反馈作用对所有传感器资源进行统一的分配和管理，如图9.9所示。集中式管理结构的优点在于结构简单，中心节点的决策精确合理，且各个传感器有较好的独立工作环境，可以自主完成对自身物理资源的管理。缺点在于当传感器数量很多时计算量太大，不灵活，且容易造成个别传感器过载的问题。该结构主要应用在简单的单传感器和单平台多传感器系统中。

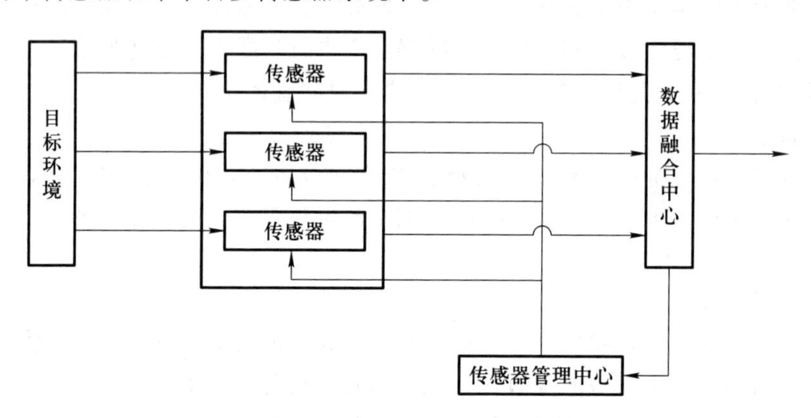

图9.9　单平台多传感器集中式管理结构

（2）分布式管理结构

当传感器数量增加、任务变得复杂时，集中式管理结构的缺点也逐渐明显，因此当系统规模很大并要完成很多不同任务时，通常采用分布式管理结构。如图9.10所示，分布式管理结构中没有传感器管理中心，且每个平台的地位都是一样的。每个平台有自己的传感器管理系统，且在独立地完成自身任务的同时通过平台间的通信来共享信息。该结构的优点是可以将管理操作分配到几个不同传感器平台，进而增强系统的可扩展性、可靠性和抗打击能力，同时避免了集中式管理结构中的带宽限制和个别传感器负荷过重的情况。其不足之处在于系统的整体协调能力减弱，且易产生任务冲突而使管理更加复杂。该结构多

适用于复杂的多平台多传感器系统中，如无线传感器网络。

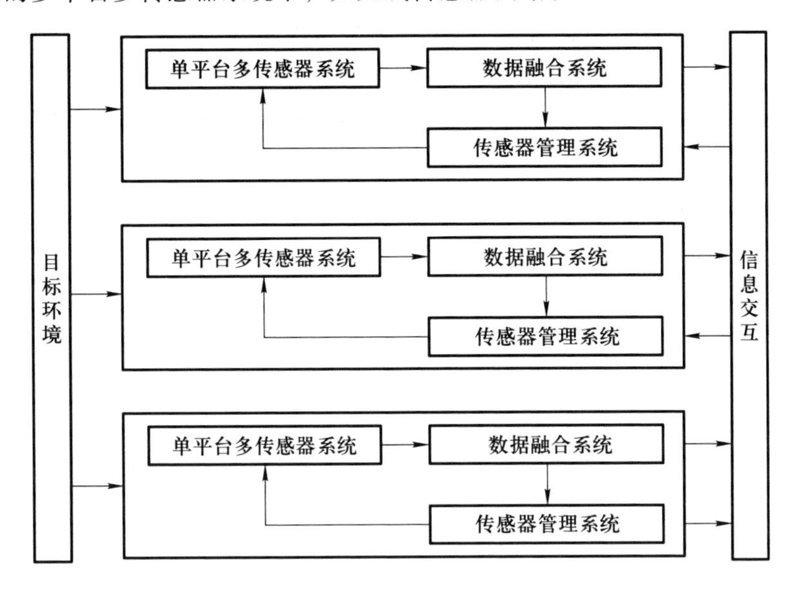

图 9.10 单平台多传感器系统的分布式管理结构

(3) 混合式管理结构

由前面可知，集中式管理结构和分布式管理结构都有各自的优点和缺点，有时候同一个传感器管理环境中两种结构都适用。而通常在传感器数量较多时会结合两种结构使用，即混合式管理结构。下面介绍两种常见的混合式管理结构。

为了增强系统的总体性能，可以将它建立在分级基础上（将管理操作分配到不同位置或不同传感器上），即将系统分为多个层次，为了系统的模块化，引入了宏观/微观式管理结构的概念。如图 9.11 所示，在该单平台多传感器系统中，将传感器管理分为宏观传感

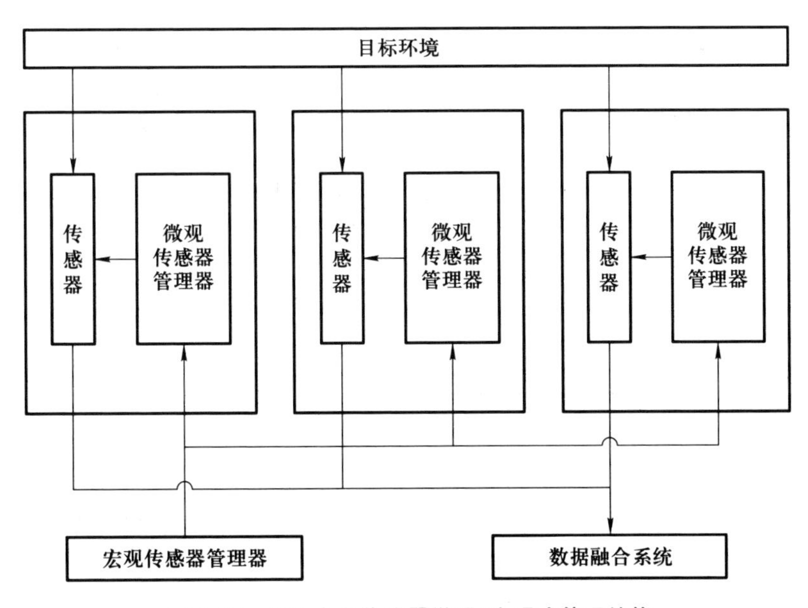

图 9.11 单平台多传感器微观/宏观式管理结构

器管理器和微观传感器管理器。宏观传感器管理器主要完成多个传感器任务的分配和协调，对所有传感器资源进行动态配置，同时控制传感器间的信息交互。微观传感器管理器负责决定各个传感器如何执行给定的任务，对它们的可变参数和可切换模式进行选择。

多平台多传感器系统也可采用宏观/微观式管理结构，即将多个宏观与微观结构的传感器平台通过信息交互和协同的方式联系起来，从而形成一个更大的系统，如图 9.12 所示。

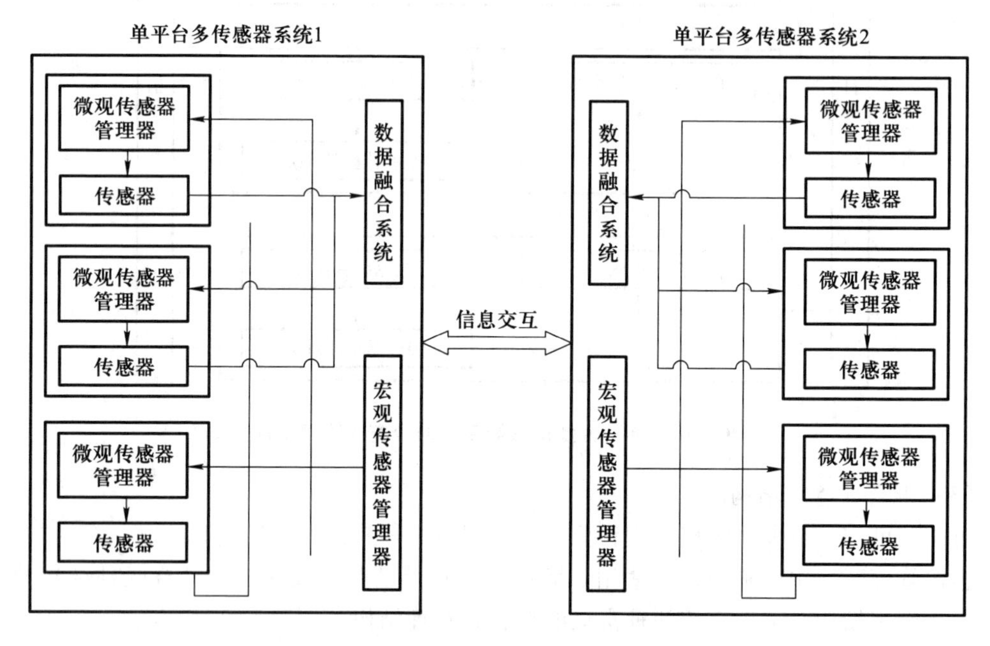

图 9.12　多平台多传感器微观/宏观式管理结构

另一种是基于计算机网络中服务器和客户机概念的多代理混合式管理结构。此处的代理指软件代理，每个代理具有自主的推断能力并可以对周围的环境变化做出反应，即传感器管理操作。代理之间还可以进行通信交互，形成一个网络结构。通常有两类代理：传感器代理和融合中心代理，融合中心代理又可分为下一级——本地融合中心，如图 9.13 所示。该结构将管理系统分为三层：传感器代理层、本地融合中心代理层和融合中心代理

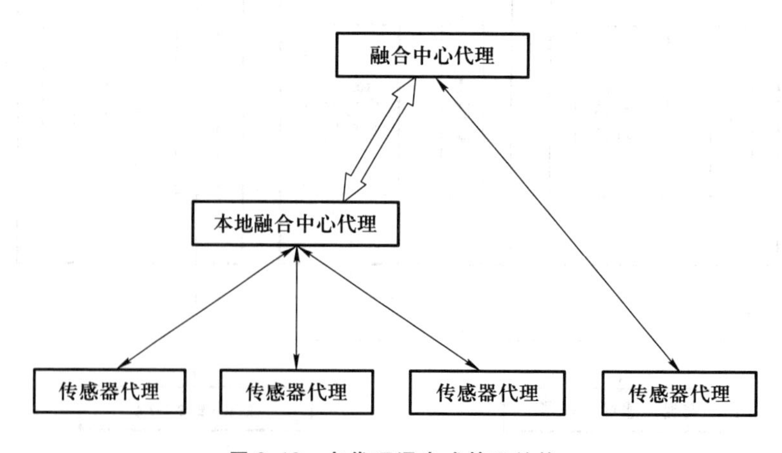

图 9.13　多代理混合式管理结构

层。在管理过程中，融合中心代理的作用是确定性能指标和传达传感器代理需完成的任务，并对实际性能是否达标进行监控，同时还担任着建立本地传感器群组的作用。而本地融合中心代理的功能包括管理所在群组的传感器代理，并将本地融合结构传递给上一级；传感器代理的任务则是监控目标和获取其他传感器的数据，通过相互协商后将任务分配到各个传感器。实际应用中，多代理混合式管理结构综合了集中式管理结构和分布式管理结构的优点，因此通常采用多代理混合式管理结构，根据不同的情况来设计适合当前环境的传感器管理系统结构。

9.4.3 多传感器数据融合结构

（1）数据级融合

根据对输入信息的抽象或融合输出结果的不同，人们先后提出了多种信息融合的功能模型，将信息融合分为不同的级别。

数据级融合是指直接分析处理传感器获取的原始数据，也称为像素级融合，只适用于同类型的数据源。该方式保留了最多的原始信息，具有良好的融合性能，但因数据量巨大而导致模型分析计算大，从而使系统的实时性差，是最低层次的融合。数据级融合的框架如图 9.14 所示。

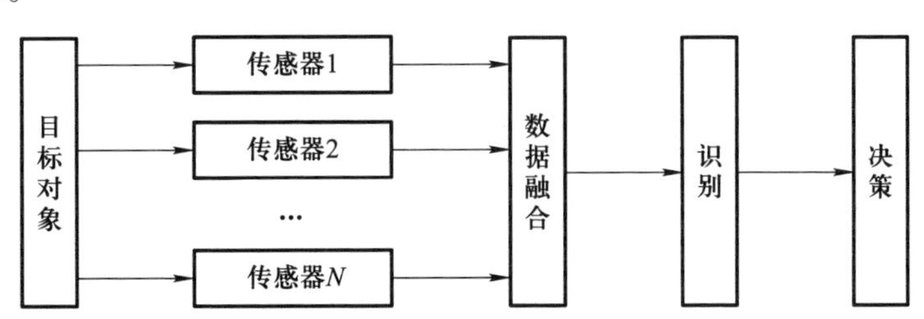

图 9.14　数据级融合的框架

（2）特征级融合

特征级融合是指通过提取传感器测量值的特征获得相应的特征向量，然后对特征向量进行综合分析和处理。该方式保留了信息的主要特征，实现了一定程度的信息压缩，但确保了实时性，属于中间层次的融合。特征级融合的框架如图 9.15 所示。

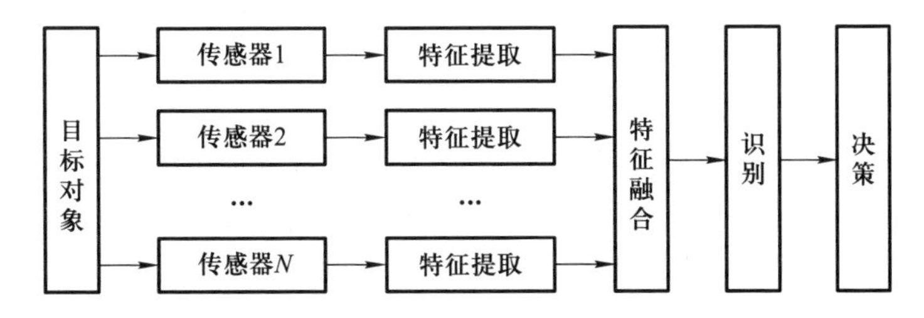

图 9.15　特征级融合的框架

（3）决策级融合

决策级融合是指从具体决策问题出发，对各个传感器特征向量进行初步决策，再根据一定的规则和可信度将初级结果重新组合评价，针对具体决策目标获得一个最优决策。该方式的容错性和实时性都很好，当某传感器的测量值出现误差时，系统还可能进行正确决策，属于最高层次的融合。决策级融合的框架如图 9.16 所示。

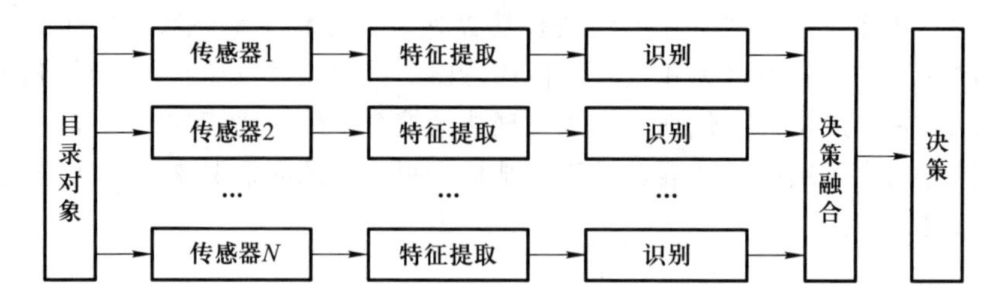

图 9.16　决策级融合的框架

数据融合的层次结构性能对比见表 9.2。

表 9.2　数据融合的层次结构性能对比

融合模型	计算量	容错性	信息损失量	精度	抗干扰性	传感器同质性	通信数据量	实时性	融合水平
数据级	大	差	小	高	差	大	大	差	低
特征级	中	中	中	中	中	中	中	中	中
决策级	小	好	大	低	好	小	小	好	高

9.4.4　多传感器数据融合算法

（1）加权平均法

数据级融合方法最简单、最直观的算法是加权平均法。加权平均法将一组传感器提供的冗余信息进行加权平均，结果作为融合值。该方法是一种直接对数据源进行操作的方法。

（2）卡尔曼滤波法

卡尔曼滤波法主要用于融合低层次实时动态多传感器冗余数据。该方法用测量模型的统计特性递推，决定统计意义下的最优融合和数据估计。如果系统具有线性动力学模型，且系统与传感器的误差符合高斯白噪声模型，则卡尔曼滤波将为融合数据提供唯一统计意义下的最优估计。

（3）贝叶斯估计法

贝叶斯估计法为数据融合提供了一种手段，是融合静环境中多传感器高层信息的常用方法。它使传感器信息依据概率原则进行组合，测量不确定性以条件概率表示，当传感器组的观测坐标一致时，可以直接对传感器的数据进行融合，但大多数情况下，传感器测量数据要以间接方式采用贝叶斯估计法进行数据融合。

（4）D-S 证据推理法

D-S 证据推理法是贝叶斯估计法的扩充，其 3 个基本要点是基本概率赋值函数、信任函数和似然函数。D-S 方法的推理结构是自上而下的，分为三级：第一级为目标合成，其作用是把来自独立传感器的观测结果合成为一个总的输出结果。第二级为推断，其作用是获得传感器的观测结果并进行推理，将传感器观测结果扩展成目标报告。这种推理的基础：一定的传感器报告以某种可信度在逻辑上会产生可信的某些目标报告。第三级为更新，各传感器一般都存在随机误差。

（5）模糊逻辑推理法

模糊逻辑是一种多值逻辑，通过指定一个 0 到 1 之间的实数表示真实度，允许将多个传感器信息融合过程中的不确定性直接表示在推理过程中。如果采用某种系统化的方法对融合过程中的不确定性进行推理建模，则可以产生一致性模糊推理。

与概率统计方法相比，模糊逻辑推理法存在诸多优点，它在一定程度上克服了概率论所面临的问题，对信息的表示和处理更加接近人类的思维方式。模糊逻辑推理法一般适合于高层次的应用（如决策）。但由于模糊逻辑推理对信息的描述存在很多的主观因素，所以信息的表示和处理缺乏客观性。

（6）神经网络法

神经网络具有很强的容错性以及自学习、自组织及自适应能力，能够模拟复杂的非线性映射。神经网络的这些特性和强大的非线性处理能力，恰好满足多传感器数据融合技术处理的要求。在多传感器系统中，各信息源所提供的环境信息都具有一定程度的不确定性，对这些不确定信息的融合过程实际上是一个不确定性推理过程。神经网络法根据当前系统所接受的样本相似性确定分类标准，这种确定方法主要表现在网络的权值分布上，同时可以采用学习算法来获取知识，得到不确定性推理机制。利用神经网络的信号处理能力和自动推理功能，即可实现多传感器数据融合。

9.5 机械感知系统设计实例

随着智能化机械系统的发展，机械手因其多自由度、操作灵活被广泛应用。机械手是智能机械系统执行精巧和复杂任务的重要组成部分。机械手为了能够在存在着不确定性的环境中进行灵巧的操作，其手爪必须具有很强的感知能力，手爪通过传感器来获得环境的信息，以实现快速、准确、柔顺地触摸、抓取、操作工件或装配件等。本节以常用机械手系统为例，分析其感知系统如何设计及应用。

9.5.1 机械手系统的组成及工作原理

常用的多关节机械手系统由手部、运动机构、外部视觉系统（视觉传感器、图像处理终端）、非视觉内部传感系统（角度传感器、距离传感器、速度传感器、加速度传感器、多传感器处理终端等）、控制系统、计算机和监视系统组成，如图 9.17 所示。

图 9.17 中，手部是用来抓持工件（或工具）的机构。手部具有触觉传感系统用于获取目标特征信息。运动机构使手部完成各种转动（摆动）、移动或复合运动来实现规定的动作，如改变被抓持物件的位置和姿势。外部视觉系统由视觉传感器获取目标物体图像，图像处理终端负责对图像进行解析，获取目标物体的状态信息。非视觉内部传感系统中各

类传感器检测运动机构处于的位置、姿态信息。视觉及非视觉传感系统获取的信息通过计算机进行多数据融合分析并生成决策信息下发至控制系统，从而控制运动机构（下位机）通过电动机调整大臂、小臂和手部（末端执行器）的相对位置关系，使末端执行器动作，对目标对象进行操作。

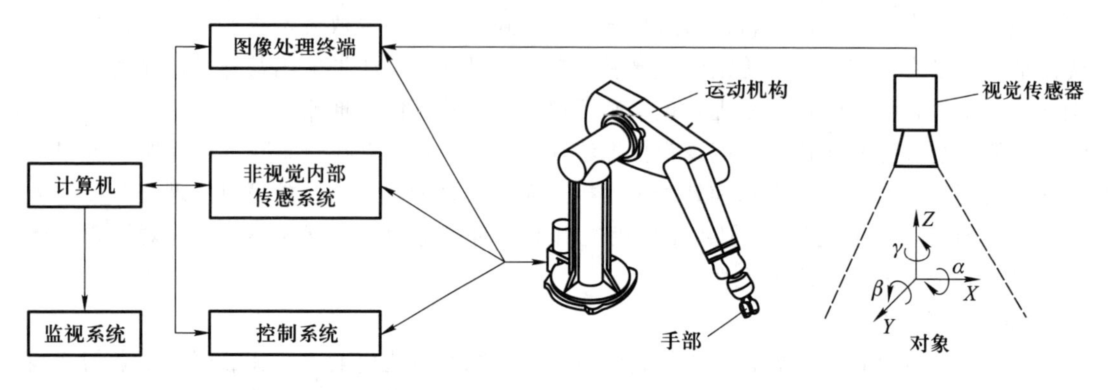

图 9.17 多传感器集成机械手系统

9.5.2 机械手感知系统设计

机械手感知系统是机械手系统与外界进行信息交换的主要窗口。根据布置在机械手系统上的不同传感器对目标物体、自身状态及周围环境状态进行测量。下面以焊接机械手为例子，探讨机械手感知系统设计。根据焊接机械手的工作要求，可将机械手传感器分为以下几种类型：

（1）外部视觉传感系统

焊接机械手的外部视觉传感系统的作用是进行焊缝跟踪。与手工焊接相比，自动焊接更能保证焊接质量的一致性。但自动焊的关键问题是要保证被焊工件位置的精确性。利用传感器反馈可以使自动焊接具有更大的灵活性，但各种机械式或电磁式传感器需要接触或接近金属表面，因此工作速度慢、调整困难。机器视觉作为非接触式传感器技术用于焊接机械手的反馈控制具有极大的优点。它可以直接用于动态测量和跟踪焊缝的位置和方向，因为在焊接过程中工件可能发生热变形，引起焊缝位置变化。它还可以检测焊缝的宽度和深度，监视熔池的各种特性，通过计算机分析这些参数以后，可以调整焊枪沿焊缝的移动速度、焊枪离工件的距离和倾角，以及焊丝的供给速度。通过调整这些参数，带有视觉导引功能的焊接可以使焊接的熔深、截面以及表面粗糙度等指标达到最佳。

焊接机械手外部视觉传感系统由三个功能部件组成：激光扫描器/摄像机、摄像机控制单元、信号处理计算机。焊接机械手外部视觉传感系统如图 9.18 所示，将激光扫描器/摄像机装在机械手上。激光聚焦到由伺服控制的反射镜上，形成一个垂直于焊缝的扇面激光束，CCD 摄像机检出该光束在工件上形成的图像，利用三角法由扫描的角度和成像位置就可以计算出激光点的坐标位置，即得到了工件的剖面轮廓图像，从而确定焊缝位置。焊接机械手外部视觉传感系统还可获取物体色彩、纹理、形状、尺寸、位置、辐射及温度等特征信息（图 9.19）。

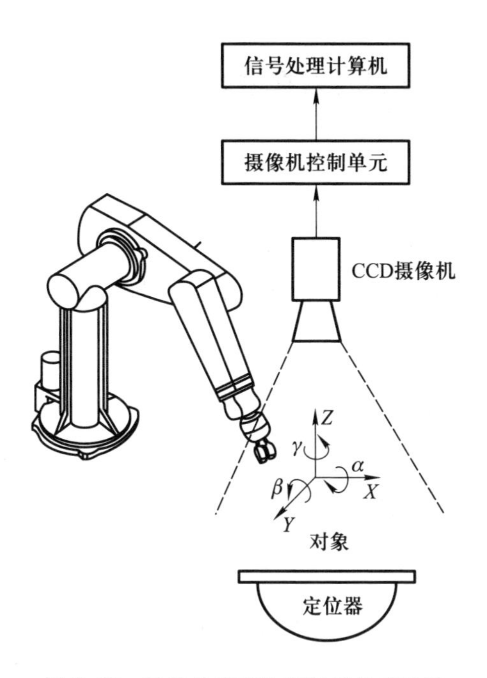

图 9.18 焊接机械手外部视觉传感系统

(2) 非视觉内部传感系统

非视觉内部传感系统用于检测焊接机械手的位置及姿态，需要位置及速度传感器。焊机机械手多应用于汽车及科技含量较高的智能化生产线，因此对于精度、响应时间、可靠性有较高要求，成本作为次要考虑。非视觉内部传感系统主要获取位置、位移、力矩、线速度和角速度等特征信息（图 9.19）。

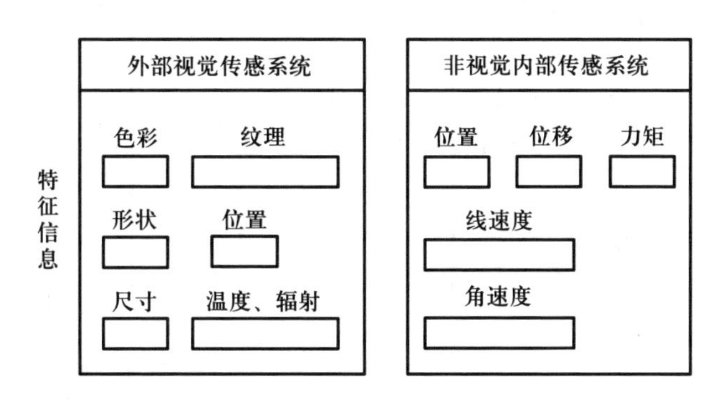

图 9.19 传感器系统获取的特征信息

光电式增量码盘（位置传感器）具有高转速、高频率响应、稳定可靠、坚固耐用、精度高等优点，因此选用光电式增量码盘作为位置传感器。根据不同的作用要求也可选择其他高精密位置传感器。

测速发电机被用于测量速度。其中，交流测速发电机的线性度比较高，且正向与反向输出特性比较对称，比直流测速发电机更适合于焊接机械手。

非视觉内部传感系统可获取机械臂的位置、线速度、角速度、位移、力矩等特征信息。

9.5.3　焊接机械手多传感器数据融合

（1）多传感器管理结构

通过焊接机械手感知系统可以发现，其具有两个平台且传感器数量不多，但是获取的特征信息较为复杂。因此，采用分布式管理结构，每个平台都有自己的传感器管理系统，且在独立地完成自身任务的同时通过平台间的通信来共享信息，并将管理操作分配到几个不同传感器平台进而增强系统的可扩展性、可靠性和抗打击能力，同时避免了集中式结构中带宽限制和个别传感器过载的情况。

（2）多传感器数据融合结构

根据分布式管理结构及数据特征，采用特征级融合。通过提取传感器测量值的特征获得相应的特征向量，然后对特征向量进行综合分析和处理，该方式保留了信息的主要特征，实现了一定程度的信息压缩，并确保了实时性。焊接机械手多传感器数据融合过程分为3步，如图9.20所示。

1）采集多传感器的原始数据，进行特征数据提取；

2）对统一格式的传感器数据进行比较，发现可能存在误差的传感器进行置信距离测试，建立距离矩阵等相关矩阵，最后得到最接近、一致的传感器数据，并用图形表示；

3）运用贝叶斯估计法进行局部估计（最佳估计），融合多传感器的优化设计，同时对其他不确定的传感器数据进行误差检测，修正传感器的误差。

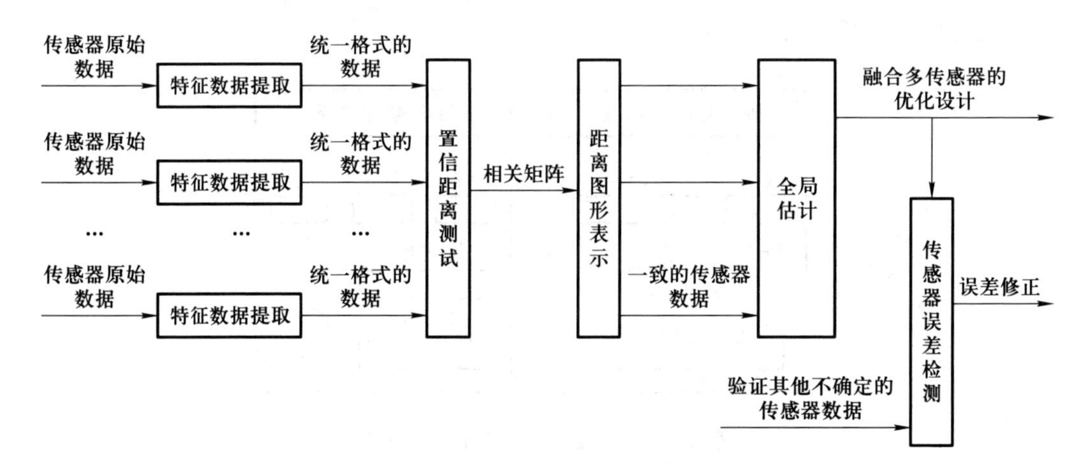

图9.20　焊接机械手多传感器数据融合方式

思　考　题

9.1　试述感知系统的特点。

9.2　传感器的动态特性取决于什么因素?

9.3　多传感器数据融合结构有哪些?

9.4　试进行草莓采摘机器人传感器的选择及感知系统设计。

第10章　机械系统设计过程管理

10.1　过程和过程管理

10.1.1　过程

过程是基于活动定义的一系列严格的步骤，通过这些步骤可以将输入（任何形式）转变或转换为输出（产品、信息或服务）。每一个过程包括四个基本元素：输入、输出、控制和机制（资源），如图10.1所示。过程与过程之间的关系包括上下游关系、控制关系、任务关系、资源关系和组织关系等。

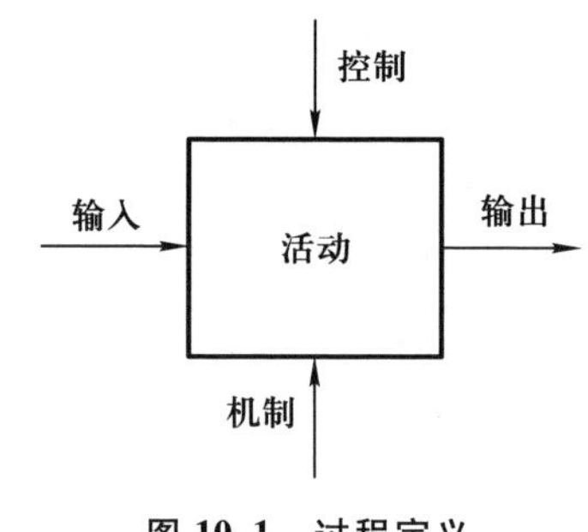

图10.1　过程定义

其中，输入是活动要消耗掉或转换成输出的事物；输出是活动的结果；控制是活动所受的约束、进行变换的条件或活动的依据；机制（资源）则是活动赖以进行的基础、手段或支撑条件，可以是开展活动的人或硬、软件设备等。不论事情的规模是大是小，大多数组织都要基于各种各样的过程开展工作的。事实上，人们所做的每一件事情，无论是否明确地将过程写出来，或者是否完全按照过程去做，都会受到过程的影响。因为过程隐含在人们所做的任何一件事情中。显然，一项工作的业绩水平，不管它是与产品及服务质量有关，还是与用人有关，都将和所用的过程密切相关。对于不同的任务目标，不同过程的重要性也有很大区别。例如，在某一行业中，不断地推出新产品对于其保持市场份额是至关重要的，那么新产品的设计开发这一过程就是最重要的；而在另一行业中，客户的满意程度很重要，那么产品的制造过程则最重要。

10.1.2　过程管理

过程管理，是指为了达到某种目的，对企业或组织所涉及的过程（生产过程、设计过程、商业过程、办公过程、后勤和分发过程等）进行设计、改进、监控、评估、控制和维护等各方面的工作。其基本内容和步骤包括：① 过程描述，② 过程设计，③ 过程执行，④ 过程维护。它们构成了一个周期循环，体现了过程管理循序渐进的观点。过程管理的每

一个步骤又可以细分为更小的步骤，如图10.2所示。

过程描述是对过程目标以及过程本身进行具体的描述定义，并在描述的过程中挖掘出开展过程管理活动的动力，也叫过程建模。

过程设计活动主要有应用过程科学建立过程设计策略（过程诊断）；提出若干个候选的过程改进方案（改进方案）；通过计算机仿真，对候选的过程设计方案进行评估（仿真运行）；运用决策分析方法解决复杂的利弊权衡问题，选出一个最合适的实施方案（方案确定）。其中，过程诊断是过程管理中过程设计的一个重要步骤，它通过分析过程所暴露出来的一些"症状"（失效模式），找到造成过程失效的各种因素，并对这些因素进行定性、定量的分析和评价，以便为改进过程提供途径和依据。鉴于过程的复杂性以及造成其失效的原因有时是非常微妙而难以发现的，因此调查人员需要有耐性和恒心对过程的失效原因进行调查分析。由此可以看出，过程诊断是新过程和旧过程的分水岭，起到承前启后的作用，它找到原有过程的缺陷和失误，并且为新过程提供改进的依据。

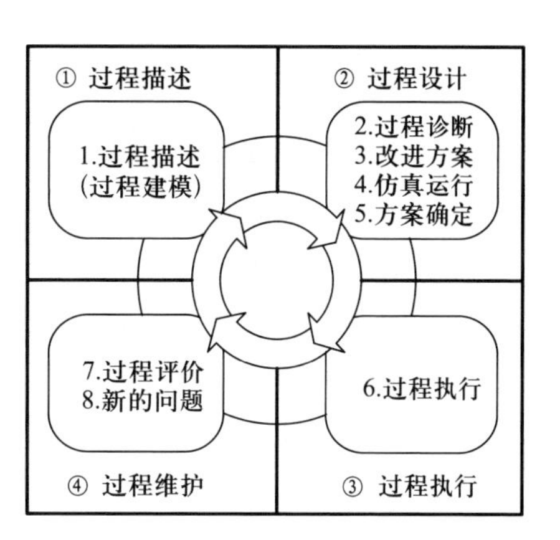

图10.2 过程管理的基本步骤

过程执行是在整个企业或组织中对过程进行最终确认，并进行受控分发传播。具体包括获得和安装过程中需要的工具和设备，为正确应用新的过程进行预备培训等活动。

过程维护则是对过程进行动态监控和定期改进完善，以保证过程在内部和外部条件经常发生变化的情况之下仍能保持原来的优良性能。

常见的过程管理研究方法以静态的过程描述及部分的过程仿真为主。具有代表性的方法有工作流（workflow）、流程图（flowchart）、活动网络图、角色行为图（role activity diagram，RAD）和统一建模语言（unified modeling language，UML）等。

过程管理的目标是追求过程卓越，过程卓越在某种程度上意味着要做到浪费最小。浪费最小则意味着资源、原材料和时间得到了最高效率的利用。要做到有效地利用时间和其他所有可利用的资源，就必须不断地改进组织的工作过程。这种设计和持续改进过程的方法就是过程管理。

10.1.3 机械系统设计过程管理

机械系统是机电一体化系统当中最基本的要素，主要由动力系统、执行系统、支承与导轨系统以及传动系统等组成，以实现传递功率、运动和信息的目的。若干机械装置组成一个特定系统。机械零件是组成机械系统的基本要素，此外，机械系统通常是微型计算机控制伺服系统的有机组成部分，因此在机械系统设计时，除考虑一般机械设计要求外，还必须考虑机械结构因素与整个伺服系统的性能参数、电气参数的匹配，以获得良好的伺服性能。

为了提高机械设计的质量，任何一类机械系统设计都必须对设计过程实施严格的科学管理。首先要对整个设计过程的任务进行分解，机械系统设计的主要过程如下。

1. 产品规划

对产品开发中的重大问题要对技术、经济、社会、客户需求、环保要求等方面条件进行详细分析，对开发可能性进行综合研究，提出可行性报告。其主要内容如下：

1）产品开发的必要性，市场需求预测；

2）有关产品的国内外水平和发展趋势；

3）对市场需求及客户最新要求进行调研，并确定同类产品的优、缺点；

4）预期达到的最低目标和最高目标，包括设计水平、技术、经济、社会效益；

5）提出设计、工艺等方面需要解决的关键问题；

6）现有条件下开发的可能性及准备采取的措施；

7）预算投资费用及项目的进度及期限；

8）对各部门要负责的工作进行详尽规划；

9）对产品研发过程中给自然环境带来的影响进行评估，产品生产要符合绿色发展理念。

2. 原理方案设计

产品各种各样的功能是客户们的要求，功能与产品设计关系属于因果关系，但并不是说具有某种功能的产品只能对应一种设计方案，体现同一功能的产品可以有不同的设计方案，可以有多种多样的工作原理，所以原理方案设计尤为重要。原理方案设计就是在功能分析的基础上，对产品或市场的问题进行分类、筛选，通过创新构思、搜索探求、优化筛选，获得较理想的工作原理方案。

对于机械产品来说，机械系统原理方案设计的主要内容有以下几方面：

1）根据产品的要求，在功能分析和工作原理确定的基础上进行工艺动作的构思和分解，确定执行构件所要完成的运动；

2）采用机构选型、组合的方法，初步拟定各执行构件动作相互协调配合的运动循环示意图，进行机械运动方案的设计；

3）对将要采用的方法进行全面分类，包括物理特性、功能、成本、质量及操作性能等；

4）分析及综合设计过程中的相关信息并对设计过程进行优化改善，保证原理方案设计最优。

3. 结构方案设计

同样，原理方案的功能载体可以有不同的组合，所得到的产品可能有不同的形状和尺寸，而且不同的组合甚至可能影响整体性能。因此，要进一步分解结构方案设计任务。

结构方案设计的主要工作就是确定功能载体的组合方式。因此，结构方案设计的目的是不仅要将原理方案结构化，而且要实现结构的优化与创新。

在进行结构方案设计时，主要考虑以下两个方面的内容。

1）不同产品对功能的要求是不同的，因此要了解所设计产品的具体功能要求。例如，对于小型客车，其发动机较小，工作时发热、振动等因素对产品整体的影响较小，同时为了便于传动部分及操纵部分的布置，可考虑采用发动机前置的方案；而对于较大的豪华型客车，由于其发动机较大，工作时的发热、振动等因素对产品整体的影响较大，若发动机前置则会对驾驶员及乘客产生较大的影响，因此可采用发动机后置的方案。

2）对所选取的功能载体的工作原理要十分明确，这样才能使所设计的结构能可靠地实现物料流、能量流及信息流的传导和转换，这时就必须考虑所依据的工作原理可能出现的各种物理效应，预先设想可能在哪些方面、哪些环节会出现问题，尽可能避免出现意外情况。

4. 总体布局设计

总体布局设计是将机械的构型构思和机械系统运动方案简图具体转化为机器及其零部件的合理结构。其主要内容是要完成机械产品的总体设计、部件和零件设计，并完成全部生产图样并编写设计说明书等相关技术文件。

总体布局设计任务必须要有全局观念，不仅要考虑机械本身的内部因素，还应满足总功能、人机工程、造型美学、包装和运输等各种外部因素，按照简单、合理、经济的原则妥善地确定机械中各零部件之间的相对位置和运动关系。总体布置时一般总是先布置执行系统，然后再布置传动系统、操纵系统及支承形式等。通常都是从粗到细，从简到繁，且需要反复多次设计考虑才能确定。

总体布局设计有如下基本要求。

1）总体布局设计的主要任务是确定系统各主要部件之间相对应的位置关系以及它们之间所需要的相对运动关系，总体布局设计是一个带有全局性的问题，它对产品的制造和使用都有很大的影响。

2）总体布局设计一般从粗到细，有时要经过多次反复设计考虑才能确定。总体布局图可由主视图和左视图组成或用三维图形表达（当然，有时只需一个视图就可表达清楚）。总体布局图应能反映：

① 机械的大致工艺路线。

② 机型特征，外形尺寸。

③ 主要组成部件及其相对位置、尺寸。

④ 机械部件之间的运转运动方式。

3）总体布局的基本形式可按形状、大小、数量、位置、顺序五个基本方面进行综合，得出一般布局的类型有以下几种：

① 按主要工作机构的空间几何位置，可分为平面式、空间式等。

② 按主要工作机构的相对位置，可分为前置式、中置式、后置式等。

③ 按主要工作机构的运动轨迹，可分为回转式、直线式、振动式等。

④ 按机架或机壳的形式，可分为整体式、组合式等。

5. 改进设计

一个产品在生产制造出来后还需要经过评估测试以使产品的质量不断完善，评估测试的内容包括样机性能测试、用户使用后的问题意见反馈等，其中，样机测试通常需要制作和测试样机模型，以更好更严格地对产品进行性能、质量的测试评估。不同的产品合格的标准也不同，要根据各自的标准对产品的质量进行严格把关，因为某些产品可能在使用过程中会有安全隐患，严格把控质量检测以避免在将来客户使用过程中因质量的不合格而造成事故。改进设计是一个不可忽视的阶段，小到关乎产品的性能、质量、使用寿命、经济性，大到关乎客户的生命安全问题，因此改进设计必不可少。

以上设计过程的各个主要阶段是相互联系、依赖和影响的，有时各阶段还要反复进行调试，经过不断修改与完善后，才能获得较好的设计。因此，各个设计过程的任务分解也必须根据不同的任务设置进行具体分析。图 10.3 所示为机械系统总体设计过程管理任务流程图。

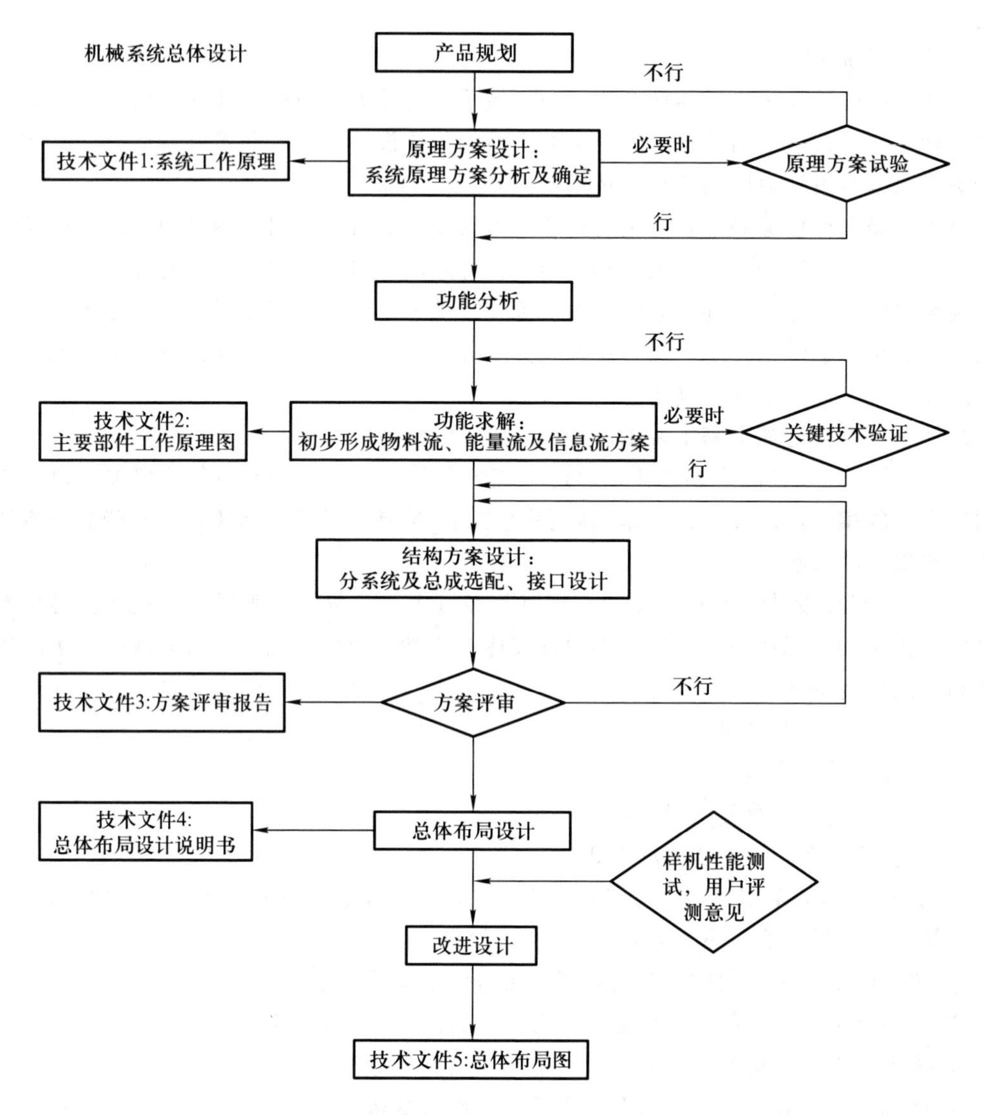

图 10.3　机械系统总体设计过程管理任务流程图

6. 技术经济评价

技术经济评价是评价机械设备性能优劣的主要依据，是对过程管理进行评价的主要标准也是设计应达到的基本要求。技术经济评价主要包括生产率、加工质量及成本等。

生产率是指机械在单位时间内生产产品的数量。根据所选用的计量和计时单位不同，可表示为每小时多少件或每分钟多少米等。生产率是机械的基本指标之一，设计者要根据这个参数结合产品的生产要求（如形状、尺寸等）来确定机械的结构形式、工作机构的运动速度、各工序的步进速度及其衔接机械之间的关系。

加工质量是指被加工产品的质量。加工质量主要由机械设备的精度等技术指标来保

证，其中最重要的是精度指标。现代机械系统尤其是数字控制系统都具有较高的精度，为了保证输出量（加工好的零件或测量好的信号）的精度，在进行总体设计时，必须以保证输出量的精度作为主要技术参数和指标的依据。

机械制造成本应该将生产管理整个过程的支出都纳入其中，管理人员应全面了解掌握各款项的支出情况，强化对成本投入环节的把控，以实现成本控制的目标。

10.2　机械系统设计过程管理中的三流分析

在机械行业中，对整个系统的研究一直是科学技术和工业发展的重要基础。现代科学的世界观认为，世界由物质组成，能量是一切物质运动的动力，信息是人类了解自然及人类社会的凭据，它们共同构成现实世界的三大要素。与此相对应，任何工程系统的功能，从本质上讲，都是接收物质、能量及信息，经过加工转换，输出新形态的物质、能量及信息。在机械系统设计的发展过程中，从功能分析到功能求解，初步形成了物料流、能量流及信息流方案。因此，可将机械系统划分为物料流系统、能量流系统和信息流系统三大部分（图 10.4）。

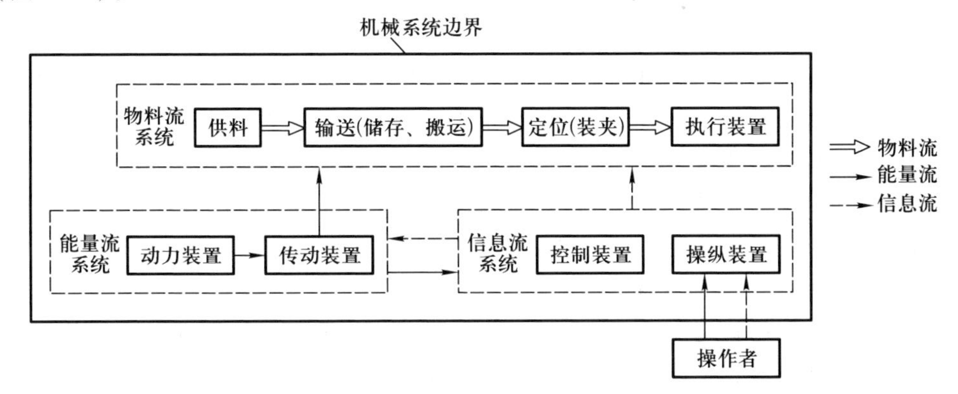

图 10.4　机械系统的三流构成

10.2.1　物料流系统

物料是机械系统工作的对象，机械系统的任务就是改变物料（如毛坯、成品、半成品、废料、液体等）的形状和状态，并且将物料转化成产品。机械系统中直接与物料接触且使物料发生形状和状态变化的部分就是物料流系统。

1. 物料流的基本概念

所谓流，是指在组元之间发生，并把组元连接起来，构成具有一定功能、目的和结构的，并具有流动和传递特性的客体。物料是生产过程中重要的输入因素，在一个生产过程中物料流指的是物料在各个生产过程中流动及运动变化的情况，在整个过程中由于物料状态不断改变，不同的物料系统对应不同的作业条件，其物料流通方式也依照工件或成品而改变。因为不同的成品或工件的特性不同，从而发展出不同的物料流系统。良好的工厂布置可提供高效率的物料流通流程，使生产计划得以顺利进行，从而实现预期的生产目标。

物料流指的是机械系统工作过程中一切物料的运动变化过程。各种物料的流动构成了机械工作的整个过程，即原材料、零部件在运动中不断地经历变形、组装、分解、重组后，最终形成产品。在物料流中，最主要的物料是机械的工作对象，其他的物料都是根据所选定的工艺过程为其服务的。例如，在数控加工中心中，最主要的物料是待加工的工件，其他的物料如刀具、切削液等都为加工工件这一任务服务。因此，工作对象的转化流程也称主物料流程，简称主流程，其他的物料流称为辅助物料流程。需注意的是，机械系统中是否需要辅助物料流要根据具体条件分析确定。

在机械系统设计过程中，物料流系统的设计非常重要，物料流的管理包括原料和成品的运输与储存，其始于供应商装运物料或零部件，终于将制成品或加工产品交付给顾客。机械系统设计的过程实际上就是围绕物料流尤其是主流程展开的。

(1) 物料流系统决定了机械系统的总体结构设计

机械系统周围的环境往往决定了物料的输入或输出部分在机械系统中的布局情况。例如，注塑模具的原料输入口必须要设定在对模具质量不会造成重要影响的位置；输入输出的位置决定后，其他诸如动力驱动部分、能量或机械传输部分则可以此为参考，也可根据实际情况进行调整，进行合理的布局设置。因此，物料流系统决定了机械系统的总体结构设计。

(2) 物料流系统决定了能量流系统的主要参数

能量流所提供的能量主要用于物料的运动及变形等。因此，能量流中动力机的容量主要取决于物料的量与性质。例如，推土机所推土的种类及铲斗大小将直接决定其发动机所需的功率。而物料流动的速度决定了相应的传动部分的速比。又例如，传动带输送机中物料所需的输送速度决定了传动带的速度，也就决定了原动机与传动带间的速比关系。因此，物料流系统决定了能量流系统的主要参数。

(3) 物料流系统是信息流系统的主要控制对象

信息流的主要作用就是根据机械系统工作进程的具体情况对工作进程进行必要的操控和调整，如对设计要求、设计工具、设计人员、设计材料等静态资源和产品模型、设计数据等动态资源进行调整。机械系统的工作进程实际上也就是物料流运动与转换进程。例如，轴加工中的起动、停止、运动方向和速度的变换等实际上也就是加工机床的工作进程，无论这些动作是由人工完成还是由控制系统自动完成的，都是根据被加工轴所需而定的。另外，机械的工作节奏也决定了物料流输入、输出的节奏。因此，物料流系统对信息流系统的设计带来很大影响。

2. 物料流系统的组成

物料流一般由加工、输送、储存及检验等几部分组成，并且加工、输送和检验过程是交叉反复进行的，如图 10.5 所示。

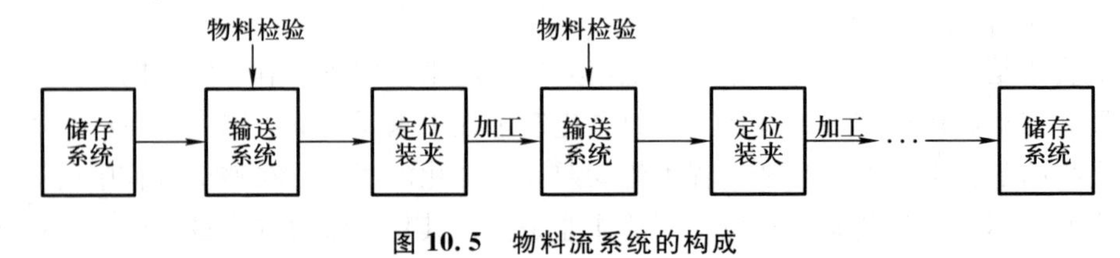

图 10.5　物料流系统的构成

(1) 加工

机械系统用以完成改变工作对象的形态、结构、性质、外观等的动作或运动统称为加工。如联合收割机的切割、脱粒等工作，激光打印机打印指定文档的过程，车床完成工件车削的过程等都可以称为“加工”。它通过机械系统及辅助设施或操作者的共同合作而完成。

(2) 输送

输送是指在各工作位置之间传输物料，以改变其空间位置的行为，一般也称为物料输送。它是机械系统完成整个预期功能所不可缺少的一项工作。物料输送工作的高效化、系统化可以提高机械系统的工作效率。

(3) 储存

储存又称为停滞，是指在一个时间段内使工件处于无任何形状和空间位置改变的状态。在机械制造业中，制造过程中工序之间的停滞，称为制品储存。适量的储存对平滑的和具有柔性的物料流起一定的缓冲作用，对于保证用户的需求和机械系统稳定运行起着重要作用。

(4) 检验

在制造系统中，检验的含义是广义的，主要是指对物料的质量监测。检验是一个与加工相互对立而又相互统一的物料流作业环节，特别是在现代制造系统中，广义的检验功能已越来越受到重视，上述物流过程的四种基本形态一般是交错和重复出现的，有时其中的两个过程或多个过程是一体的。例如，图 10.6 示意出塑料在普通螺杆挤出机的挤出过程，其中，物料（塑料颗粒）在挤出机中经过螺旋输送的过程就完成了加工的过程，因而输送与加工两个过程是一体的。

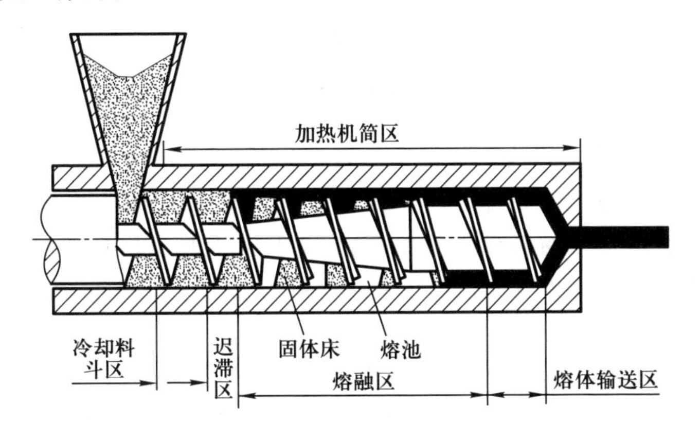

图 10.6 塑料螺杆挤出过程

3. 柔性制造系统的物料流系统

随着科学技术的发展，人类对产品的功能与质量的要求也越来越高，产品更新换代的速度也越来越快，产品的复杂程度也随之增加，传统的大批量生产方式受到了严峻挑战。这种挑战不仅给中小企业带来威胁，同时也困扰着国有大中型企业。因为在大批量生产方式中，生产柔性和生产率是相互矛盾的。众所周知，只有产品品种单一、生产批量大、设备专用性高、工艺稳定、效率高，才能提高经济效益；相反，多品种、小批量生产，设备的专用性低，在加工形式相似的情况下，会造成加工夹具的频繁调整从而使工艺稳定难度增大，生产率势必受到影响。为了同时提高制造工业的生产柔性和生产率，使之在保证产品质量的前提下，缩短产品生产周期，降低产品成本，最终使中小批量生产能与大批量生产抗衡，柔性自动化系统便应运而生。柔性制造系统（flexible manufacturing system，FMS）是由计算机系统控制的物料输送系统（自动小车、机器人等）连接起来的一组机床。具体来说，柔性制造系统是通过将计算机控制模块、计算机通信模块、加工工艺流程和一些相关的设备合理连接而形成能快速有效适应生产需求和生产环境变化的集成系统，通常由工艺设备系统（如加工中心、装配工作站等）、物料输送系统（如机器人、传送带、自动小车等）、计算机通信系统和复杂的计算机控制系统组成。

FMS组成结构示意图如图10.7所示。

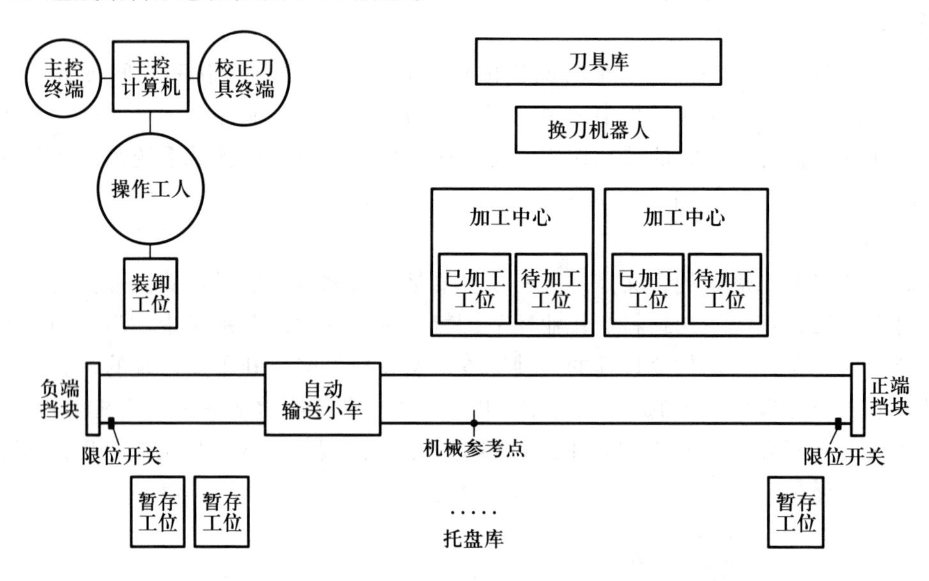

图10.7 FMS组成结构示意图

物料流系统用以实现工件及工装夹具的自动供给和装卸，以及完成工序间的自动传送、调运和储存工作，包括各种传送带、自动导引小车、工业机器人及专用起吊运送机等。储存和搬运系统搬运的物料有毛坯、工件、刀具、夹具、检具和切屑等；储存物料的方法有平面布置的托盘库，也有储存量较大的巷道式立体仓库。自动输送小车的机械运动有3种：

1）小车沿轨道的纵向运动，以对准某工位位置，达到运输目的；

2）小车托盘架伸缩的横向运动，以与该工位实现对接，以利于交换；

3）小车链条的旋转拉送运动，以实现装/卸某托盘的功能。

10.2.2 能量流系统

任何机器的工作都需要能量，要使物料的形状和状态发生变化，所需的能量则更大。机械系统中用于提供能量、转换能量和传递能量的部分构成了能量流系统。

1. 能量流概述

任何机械的正常工作都必须要有一定的能量才可维持。能量是由能量流系统中的驱动装置提供的，故能量流系统的设计非常重要。而其中最主要的任务之一就是选择合适的驱动装置（原动机）。

能量流系统首先起源于机械系统内部的驱动装置，将来自机械系统外部的能量（如电能）通过驱动装置流向机械系统的各有关环节或子系统。能量一部分用以维持各环节或子系统的运转；另一部分通过传递、损耗、储存、转化等有关过程，完成机械系统的相关功能，即这一部分的能量最终消耗于机械运动系统中的执行部件，这部分的能量用于带动执行部件做功以实现改变材料或工件的性质、形态、形状或位置等功能，即克服系统所承受的载荷。

驱动装置（原动机）可分为电力驱动（电动机）、液压驱动（液压泵、液压马达）、气压驱动（气压马达）及热机（内燃机、汽轮机）四大类，且每一类也都存在着不同的形式，比如电动机可分为交流电动机和直流电动机。通用机械系统中，一般须用减速器输出需要的转速或利用凸轮等机构来改变运动形态。如果应用变频器、伺服驱动等调控装置，则可以简化这些机械装置。

一般来说，进行能量流系统设计应解决如下四个方面的问题：

1）机械系统中能量流动状况和特征分析；

2）工作机械的载荷计算；

3）驱动装置的选择；

4）系统能量匹配与设计。

2. 机械系统能量流理论

机械系统的能量流理论主要包括以下几个要点。

（1）机械工作状态能量信息论

机械系统的能量流动状态是工作机械运行状态的综合反映，机械工作过程中必然伴随着能量的转换和消耗。由于机械工作过程中工作状态和系统结构的变化一般都会引起部分能量状况发生变化，因此机械系统的能量流中包含丰富的工作状态信息。

利用这个理论可有效地对机械工作过程进行状态监控和故障诊断。例如，当机床的切削状态发生变化、刀具切削性能发生改变或工件发生位移时，均会引起切削功率等相关能量的变化，从而导致输入功率的变化。通过监视输入功率就可监视和识别刀具磨损的状态。

（2）机械工作过程能量损失论

机械工作过程中，由于工作系统自身运转需要很大一部分功率（即空载功率），这部分功率消耗的总能量在系统输入总能量中占的比例较大，而实际为了完成加工任务而产生的能量损耗所占比例较小。能量损耗即载荷损耗，也在系统输入能量中占有一定比例，特别是机械工作过程一般是变负载工作过程。例如，机床加工工件的过程一般要经过粗加工、半精加工及精加工几道工序，后两者的切削功率在总输入功率中占的比例均很小，导致能量效率较低，以致整个加工过程的能量利用率很低。

（3）机械工作过程节能效益论

目前，机械工作过程中的能量损失比人们想象的严重得多。有关研究表明，普通机床直接用于工作（切削）的能量只占总能量损耗的30%左右，这就意味着70%左右的能量被“无效地”损失掉了。另一方面，能量损耗中有部分是对机械工作有害的，这部分为能量损失。能量损失将造成以下恶果：摩擦损失的能量伴随着磨损而导致加工精度、机械寿命和可靠性降低；能量损失会引起噪声和振动；能量损失的绝大部分转化为热能，导致机械产生热变形，严重影响精度，并可能加剧运动副的磨损、胶合甚至卡死，降低可靠性。例如，在机床上有时为减少热变形而不得不降低切削速度，从而降低了生产率。又例如，机械零部件如齿轮等由于工作过程中不断摩擦磨损而使它们的使用寿命下降，带来严重安全隐患。

因此，机械的能量损耗是机械运行状态和多种性能的综合反映。机械在工作过程中的几个关键性能指标（如磨损、噪声、振动、热变形等）都与机械的能量损耗存在着密切的联系。在机械系统设计的过程管理中，增加节能管理的研究，减少机械的能量损耗，有利于优化机械系统设计的管理流程，进而提高机械的其他性能及技术水平。如果采取适当措施，将有利于提高机械的工作效率和产品质量，例如，采用带有冷却液通道的刀具进行加工，提高冷却刀具的效率，增加了刀具的寿命，从而提高生产率。

3. 机械系统的能量交互

机械系统在工作过程中，有的元件产生能量，有的元件消耗能量，有的元件储存能量，有的使能量从一种形式转变为另一种形式，因此机械系统是多能量流（机、电、液等）复合的技术系统。一般机械系统由完成不同能量行为的多个元件组成，能量从一种形式转变为另一种形式，最终实现系统功能。系统功能通常依靠物理事件所包含的物理效应来实现，这些物理效应往往反映在系统的能量行为中，并遵循一定的物理定律。如描述摩擦效应的库仑定律、描述杠杆效应的杠杆定律等。

系统或元件的能量行为可由反映实现工作原理的物理效应的函数形式描述，称作能量函数。一般的机械系统可抽象为如图 10.8 所示的技术系统，该技术系统的任务是将给定的输入能量转换为要求的输出能量，若认为 $E_i(t)$ 为输入能量，$E_o(t)$ 为输出能量，g 为转换关系，则技术系统的能量函数可表示为

$$E_o(t)=g[E_i(t)] \tag{10.1}$$

图 10.8　一般机械系统抽象描述

系统元件通常完成储存、消耗或转换能量的行为，如弹簧储存能量、电阻消耗能量、齿轮副转换能量。对弹簧而言，其能量函数为

$$F=\lambda l$$

式中：F、l 分别为力和位移；λ 为弹簧伸缩率。

上式描述了弹簧工作的具体物理效应，在该效应中，F、l 可视作能量特征参数，λ 可视作能量系数。一般地，能量系数由系统或元件自身的物理结构所决定。因此，弹簧的能量函数与胡克定律是一致的。

系统的能量交互行为主要包括系统与外界的能量交互和系统内部能量交互两种。图 10.9 描述了一般机械系统的能量交互过程，图中 E_{i1} 和 E_{i2} 表示输入能量，E_{o1} 和 E_{o2} 表示输出能量，C_i（$i=1, 2, \cdots, 8$）表示物理元件。系统与外界的交互通过能量的输入和输出

实现；系统内部能量交互则通过能量的流动实现，即能量从一个元件流出，流入另一个元件。

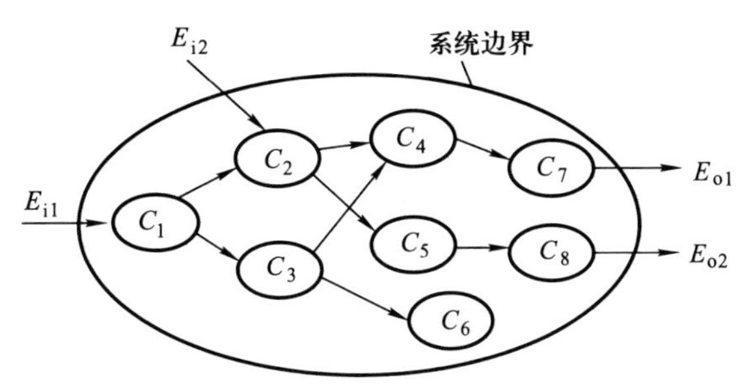

图 10.9　机械系统的能量交互示意图

在能量的交互中，转换效率是不可忽视的。机械工作过程的能量效率 $\eta(t)$：

$$\eta(t)=\frac{P_c(t)}{P_1(t)}$$

机械加工过程中由于能量消耗总量巨大，并且能量效率很低。比如热机工作的目的是把热能转化为机械能，因为热能是低品位能，机械能是高品位能，因此转换效率低。机械工作过程中的能量效率也是一个变量。为了一个参数描述整个工作过程的能量利用状况，引入了机械工作过程能量利用率 U：

$$U=\frac{\int_0^T P_c(t)\,\mathrm{d}t}{\int_0^T P_1(t)\,\mathrm{d}t}$$

4. 机械系统能量流分析与节能方法研究

液压挖掘机由于其用量大、耗油高、排放差，已逐渐成为节能环保领域关注的主要对象之一。高效、节能一直是国内外液压挖掘机生产企业追求的主要目标，而能量的消耗情况是液压挖掘机节能研究的基础。液压挖掘机工作时，其能量流示意图如图 10.10 所示。

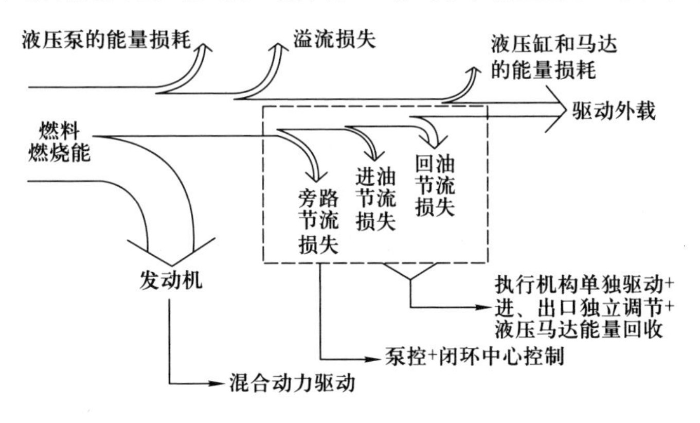

图 10.10　液压挖掘机的能量流示意图

在各部分能量损耗当中，溢流阀的溢流损失主要与工作过程中的实际工况和操作人员的操作方式有关。液压泵、液压缸和液压马达的能量损耗主要与元件的工作性能有关，而元件的工作性能受工作原理、材料性能和加工工艺的限制，由于技术相对比较成熟，提高的幅度也比较有限。因此，发动机和主控阀阀口的节流损失是液压挖掘机节能研究的主要方向。

发动机通常只能在一定的转矩和转速范围内高速工作。为了改善发动机的工作条件，使其稳定地工作在高效区，一个有效方法就是采用混合动力驱动，通过对工作点的控制来改善发动机的工作条件，提高发动机工作效率。

主控阀的能量损耗主要是以节流损失的形式出现的，主要有进油和回油节流损失、旁路节流损失。减少主控阀进油和回油节流损失的有效手段是液压马达能量回收辅以进、出口独立调节和执行机构单独驱动。而消除旁路节流损失的有效措施之一是采用闭环中心控制，执行元件运动速度的控制采用泵控方案。若液压泵输出的流量全部用于驱动执行元件，则可大幅度减少旁路节流损失。

因此，采用混合动力驱动、液压马达能量回收辅以进、出口独立调节和执行机构单独驱动是液压挖掘机较为有效的节能方案。

10.2.3　信息流系统

在物料流和能量流中，各种机构和装置的工作和停止都要满足一定的要求。同时，系统还要随时发现一些故障，并采取相应的处理措施。这些都涉及信息的采集、处理以及指令的发送与接收。因此，机械系统中用于对系统内的信息和指令进行处理的部分被称为信息流系统。

1. 信息流概述

数据和信息是研究信息流的两个基本术语。

数据可以视作一种可以被鉴别的符号，用于对客观事件进行记录，是对客观事物的性质、状态以及相互关系等进行记载的物理符号或这些物理符号的组合。它是可识别的、抽象的符号，数据不是单纯的狭义上的数字，还可以是具有一定意义的文字、字母、数字符号的组合，图形，图像，视频，音频等，也可以是客观事物的属性、数量、位置及其相互关系的抽象表示。数据的主要特点是它经过处理后仍为数据，对数据进行处理是为了其能更好地解释客观事物，数据经过解释后才有意义，进而成为信息。

信息是通信系统传输和处理的对象，泛指人类社会传播的一切内容，是抽象于物质的映射集合。它是客观世界各种事物的特征的反映，是客观事物状态和运动特征的一种普遍形式，是构成事物间联系的基础。信息可以被传送，大量的信息需要通过传输工具获得。信息不同于信号，但二者之间是有联系的。从上述数据和信息的概念角度出发，可以认为信号是数据，而信息是对信号进行解释后的结果。信号反映了对客观机械系统的具体参数的测量、描述和传输，只有经过解释后，信号才成为信息，这样信号才成为能够影响控制策略的因素，才能为机械系统的设计者所利用。信息在机械系统设计过程管理中是主要的知识传递媒介。

所谓信息流，即为信息自其发源地经信息传递渠道到信息的接收地的传递过程，简而言之，信息流是信息的传递过程。信息流的主体是信息，信息流的过程管理结构模型示意图如图 10.11 所示。

在机械系统中，信息的最初形式是各种类型的指令和信号。指令是操作人员根据经验

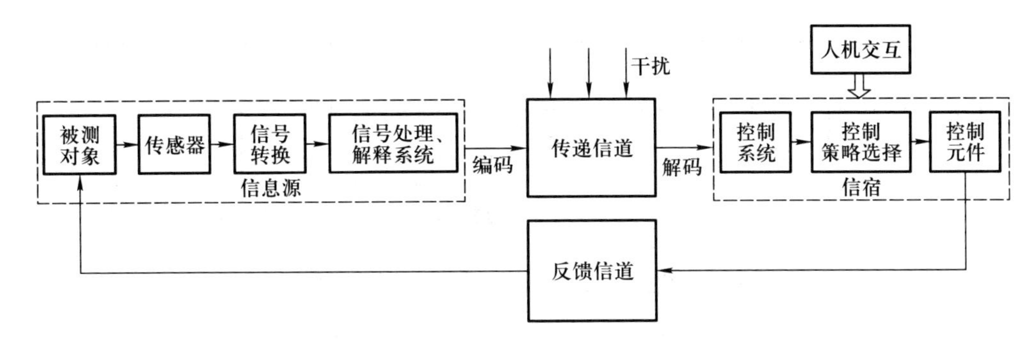

图 10.11 信息流的过程管理结构模型示意图

和机械系统的运行状况而发出的，而信号是从机械系统的各个被测对象经传感器测量获得的，但这些信号不能直接使用，因为初始的信号强度一般较弱，必须对它们进行放大、转换和处理。此时信号才具有一定的强度，才可以被传输和利用，但此时信号还仅仅是反映被测对象（机械系统）的符号（或数字、图形等其他形式），还停留在数据阶段，这些数据需经过信号处理、数据解释后，才能成为可以被利用的信息。这样才完成了从数据（信号）到信息的过程，而信息在机械系统中流动才形成信息流。由于信息在信息传递渠道中传输时会遇到各种形式、各种强度的信号干扰，因此在信息流的流通过程中，必须采取一定的措施减少干扰，以保证信息的接收地获得正确的信息。

因此，数据（信号）到信息的过程可简单理解为是需要按照一定的编码原则对其进行编码，然后，经过信息传递渠道传输到信息的接收地。在机械系统中，通常是控制系统作为机械系统信息流的信息接收地，经过控制系统、控制策略的选择，控制元件的设计或选择后，信息被恰当地处理，处理结果以控制策略的形式体现出来，这个信息再经过信息传递渠道反馈到机械系统中，对机械系统起控制作用，从而实现机械系统的信息驱动。

2. 信息流在机械系统中的应用

由于存在能量驱动和信息驱动，使得现代机械系统大大区别于传统的机械系统。机械系统中的信息流存在于加工任务、加工顺序、加工方法及物料流所要确定的作业计划、调度和管理指令等信息内容之中，它对机械系统中的信息进行有效储存、分析、集成、处理、传输和控制。不同于传统制造系统，在现代机械系统中，信息流的管理对于机械系统设计过程管理起着举足轻重的作用。

在传统机械系统中，物料流子系统和能量流子系统是普遍存在的，一台普通车床的机械系统，通常只存在物料流子系统和能量流子系统，而加工信息的输入和传递必须依靠人工完成。若将普通机床变成数控车床，当考虑数控车床的设计时，就必须考虑如何通过内部的计算机进行零件加工信息的存储、处理和传递，并通过信息流路线，发送加工指令，控制加工过程。同时，还需对加工过程进行监控。通过各种传感器、信号采集系统和信号处理系统实时检测工件的加工质量，通过信息流的信息反馈通道，将加工状态传递给控制系统，控制系统据此判断加工状态，并根据判断结果做出进一步的动作，实施对机械系统（车床）的控制，图 10.12 给出了数控车床加工过程的信息流示意图。因此，在现代机械系统中，考虑到信息流在机械系统设计中的重要作用，较为普遍地增添了信息系统。

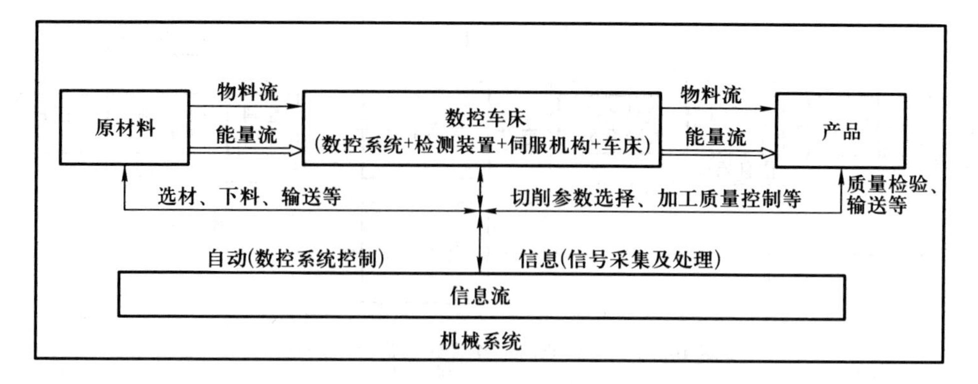

图 10.12　数控车床加工过程的信息流示意图

在机械系统设计过程管理中，涉及机械系统能量流中的原动机、执行系统、传动系统、操纵系统、人机接口和控制系统设计管理等诸多方面，而每个方面的设计管理都要涉及信息的采集、处理和传递，例如，在进行机械系统的原动机设计时，针对不同载荷类型的原动机需要用不同的传感器对信号进行采集，对采集到的不同信号用相应的信号处理技术进行处理分析，然后用合适的信息流通道进行传递。此外，在信息流通道中，对信息流的流向施加适当的控制，如选择适当的控制策略来控制信息流。图 10.13 较为完整地反映了机械系统中的信息流及其相关的内容。

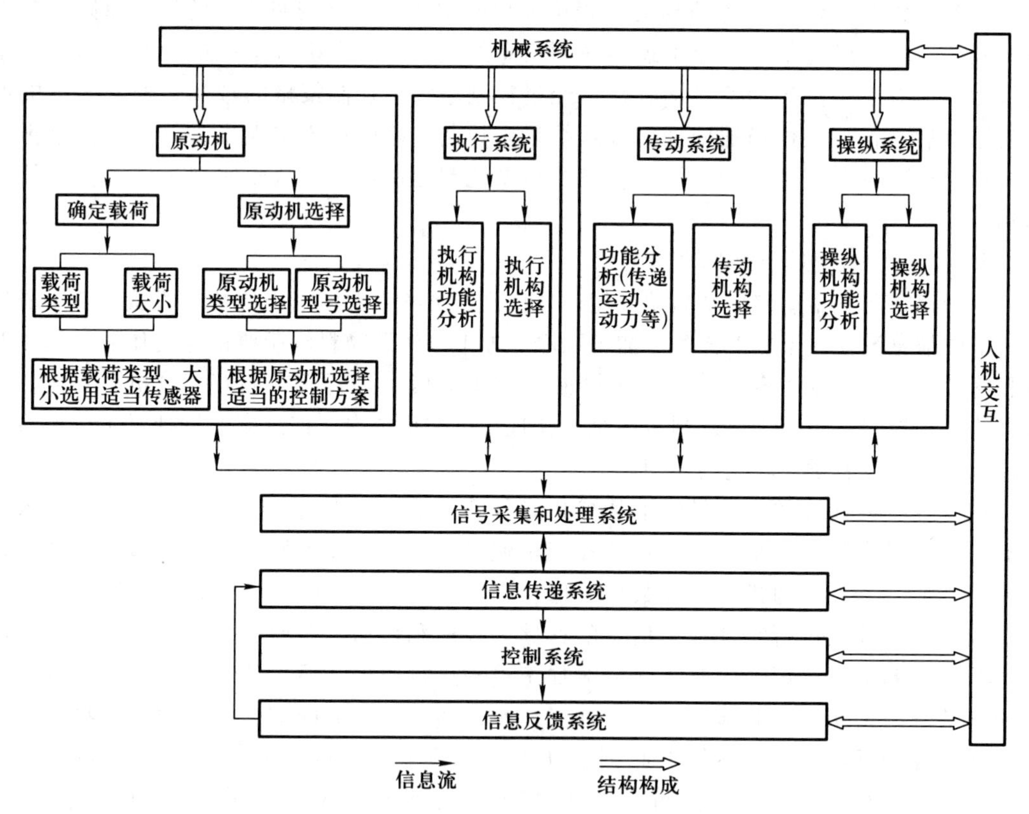

图 10.13　机械系统中的信息流

3. 信息流在机电一体化中的应用

机电一体化又称机械电子学，是机械工程与自动化相结合的结果，一般由五个要素组成，即机械本体、检测传感部分、控制及信息处理部分、执行器和动力源。机电一体化的特征是对信息的控制和利用，信息流是构成机电一体化设计方法的基础。在机电一体化系统中，基于信息流提出一条机电一体化系统的设计途径，不仅适用于机电一体化系统的设计，而且还适用于设计过程的管理。它主要是通过机械参数和环境状况来理解，并构成了机电一体化系统的“模块”。图 10.14 给出了机电一体化系统模块化结构中的信息流示意图。

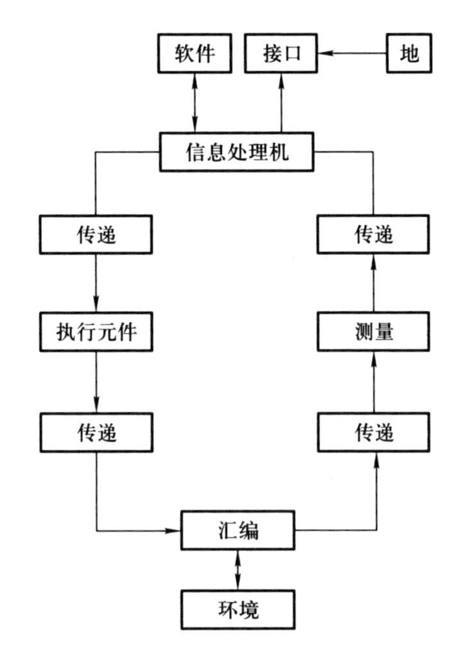

图 10.14 机电一体化系统模块化结构中的信息流示意图

根据结构图对模块的信息流解释如下：

1）环境模块与外部参数有关，通常将有关的环境状况作为信息输入汇编模块。

2）汇编模块代表系统结构的物理实现，其结构和容量与汇编设计和功能设计有直接关系。

3）测量模块负责收集来自元件模块的信息并通过传递模块把信息向前传递。

4）传递模块的任务是进行整个系统内信息的传递，传递模块也可进行信息处理。这一功能与执行模块和测量模块均相同。

5）信息处理模块接收测量模块和接口模块的输出信息以及软件模块的存储信息，并直接输出到执行模块和接口模块。

6）执行模块与任何给定的功能有关，它接收信息并提供输出形式。

7）接口模块接收并传递信息，按照各自的级别控制外部传递要求。

以泰柏板生产为例，泰柏板是一种超轻型墙体材料，其生产线主要由板条成形机、电焊机、校直器、板条截断器以及开卷器等设备组成。板条生产线的工艺过程如下：铁丝开卷校直→弯曲成形（剪断）→点焊成板条骨架→剪断→骨架与发泡塑料排列点焊连接铁丝→成品入库。整体生产线分为机构系统和控制系统两大模块，控制系统又分为软件和硬件两个部分。生产线要求的输入和输出点数比较多，系统除了要求完成规定的顺序动作外，还要具有手动、连续、单步等多种操作方式，并具有自检、故障在线检测、故障定位显示和报警、产品性能系列化控制等功能，整个系统对控制要求较高。控制系统的软件模块又分为主程序模块、显示报警模块和自检模块三大模块，如图10.15所示。

生产线运行前将拨盘开关拨至自检挡，让控制系统自行检测，若有问题，调用显示报警模块定位故障以便迅速排错；系统正常后转入自动挡，进行生产线的连续运转，同时进行故障在线检测。整个过程都在可编程控制器控制下自动进行。

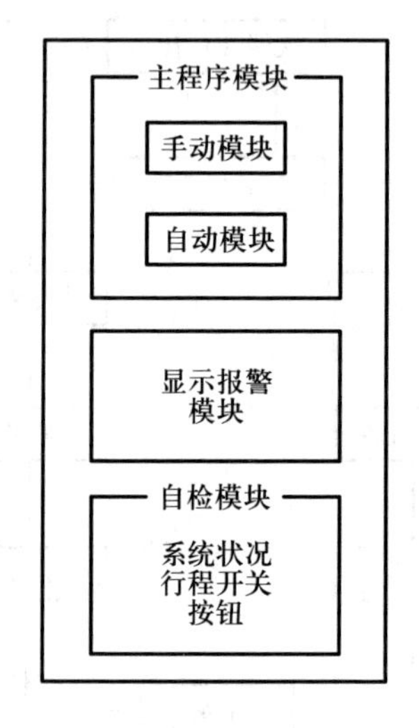

图10.15 控制系统的软件模块

10.3 机械系统设计过程三流转换

机械系统是由具有特定功能和相互间具有有机联系的许多要素构成的，例如动力系统、执行系统和操控系统。动力系统的作用是将能量流转换而来的能量作为机械系统的动力，其通常由电动机、内燃机和发动机等设备组成。电动机的作用是将电能转换成机械能，内燃机的作用是将燃烧的化学能转换成热能，再转换成机械能，发电机的作用则是将机械能转换成电能等。执行系统是机械系统中的一个重要组成部分，是直接完成机械系统预期的部分工作任务，是能量流系统、物料流系统及信息流系统的交汇点。其功能体现了物质流的转换，如机床、汽车、起重机和输送机等，从而完成物质流的转换和传递。物质流在机械系统中存在的主要形式是物料流，通过由毛坯、半成品、零件和工具的转换，完成机械功能的要求。操控系统可使信息流传输、转换和显示的过程得以实现，其功用是实现机械系统工作过程中的操纵、控制以及对信息的传输、检测、转换和显示。物料流与能量流在时间上的路径反映了流动的动态关系，即物料与能量在各环节中流动的时间序列及在各环节中的积存与消耗，代表了机械系统的负荷与生产安排。不同的生产安排具有不同的生产成本，在此过程中，信息的不断产生、传递与处理形成信息流，并起着极为重要的标示、导向、观测、警示和调控的作用。信息流在时间上的路径反映了信息系统的时间结构。

过程系统是由多个涉及物料和能量转换或传递的单元过程和设备及物料、能量、信息三流联结而成的，即物料流、能量流和信息流的相互关系主要通过一定的物料流程和能量流程反映。能量作为核心工艺过程的推动力，在过程系统中被利用的形式和方式、步骤及演变具有共同之处。随着能源问题日益突出以及对能量是过程推动力这一普遍原理的认识不断加深，按能量变化的线索来理解过程系统，揭示其结构关系，便成了过程系统设计和优化的一个重要手段。

机械系统设计是一个包含了物料流设计、能量流设计和信息流设计的系统工程，其覆盖整个产品的生命周期。进行机械系统设计时，首先是对机械系统的总功能进行分析。在系统工程学中常用“黑箱”来研究分析问题。对于复杂的未知系统，犹如一个不知其内部结构的“黑箱”。当此系统以实现某种任务为目标时，分析和比较它的输入和输出之间的关系，分析黑箱与周围环境的联系，了解其功能、特性，从而探求其内部原理和结构。如图 10.16 所示，“黑箱”内部结构是未知的，需要设计者根据输入、输出和外部环境的影响等信息去进行具体构思和设计。

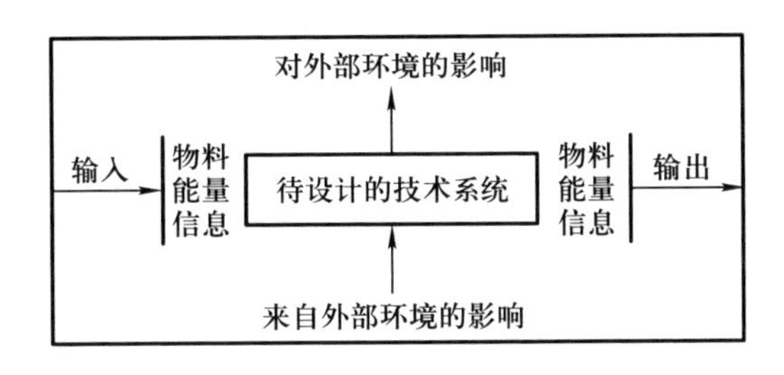

图 10.16 “黑箱”示意图

以机床设计为例，我们将设计任务抽象化，把机床看成是一个系统，则任何机械系统都具有能量流、物料流和信息流的传递和交换。通过表达其基本功能和主要条件，突出设计中的主要矛盾，使设计者视野更为宽广，这样思维不易受到某些框架的束缚。机床设计“黑箱”示意图如图 10.17 所示。

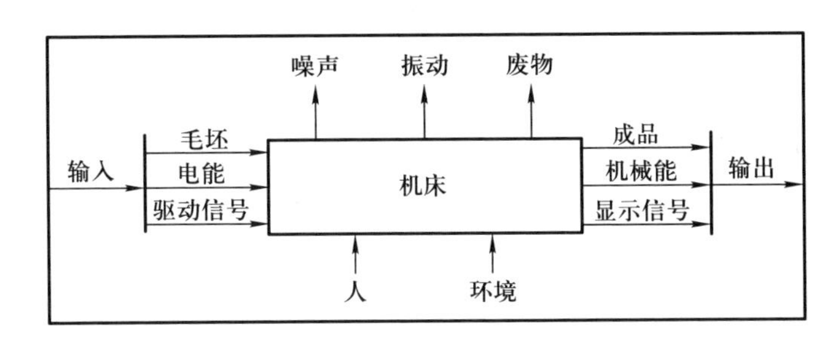

图 10.17 机床设计“黑箱”示意图

根据给定的设计任务，考虑外部环境和输入、输出等信息，主要完成以下工作：

(1) 工艺原理的确定

根据所要求的功能，确定实现工艺原理的各组成部分。主要包括动力系统，如内燃机、电动机等；传动系统，如机械传动、液压传动等；执行系统，如动作型、动力型、动作-动力型等。此外，还有润滑系统、计数系统和冷却系统等。

（2）系统分解

所谓系统分解，是指把复杂的系统分解为若干个子系统，便于模型化及简单化。可根据功能要求分解，直到适宜为止。分解后还可进行再分解形成子功能，但要注意分解的子系统数过多，会增加复杂性，将给总体系统的设计造成困难；分解的子系统数过少，子系统仍很复杂，也不便于设计和分析。

（3）系统分析

由于系统中存在着许多矛盾和不确定因素，因此进行系统分析是必不可少的工作，然而没有一个通用的系统分析方法，分析对象不同，所采取的分析方法也不同。因此从整体出发对系统进行定性、定量分析时，可以将复杂的机械系统归纳为力学模型、数学模型、图像模型和计算机模拟等，从而对系统进行分析，并建立目标函数及约束条件，最终求得最优设计方案或最优值。

任何一台新机器的创新设计，都可以从能量流、物料流和信息流开始。通过对新机器的工作要求进行分析，寻求新的设计思想，从能量流、物料流和信息流各自的特征入手，强调整体需求，注意通用化和标准化，注意外部与内部的相互作用和影响，注意系统内部各组成部分的相互协调和有机结合，从而使整个系统达到最佳状态，以完成具有长远规划和发展前景的构思和设计。

思　考　题

10.1　请根据过程的基本概念，结合生产或生活举例，并叙述例子中哪些方面体现了过程中的四个要素。

10.2　简述什么是过程管理，并简要说明过程管理的意义。

10.3　简述机械系统设计过程，并简要说明机械系统设计各阶段的重要性。

10.4　简述物料流系统的组成，并简要说明其在机械系统设计中的重要地位。

10.5　什么是 FMS 物料流系统？与一般物料流系统有何区别？

10.6　简述能量流系统的基本概念及其要解决的问题。

10.7　简述机械工作过程能量损失论，并举例简要说明节能方法。

10.8　简述什么是信息流，简要说明信息流在机械系统中的应用。

10.9　简述机械系统中信号如何转换成信息。

10.10　简述机电一体化的概念。

10.11　举例说明信息流在机电一体化中的应用。

10.12　什么是机械系统设计过程中的三流转换？三流之间有何联系？

第 11 章　计算机辅助机械系统设计

11.1　概　　述

机械系统设计是对机械系统进行构思、计划并把设想变为现实的技术实践活动，过去的设计多数采用传统设计方法。首先，绘制工程图样，经过长时间的方案论证后，制造并试验物理样机，当发现结构和性能缺陷时，就修改设计方案；然后，改进物理样机并再次进行物理样机试验。通常，在试制出合格产品之前，要经过多次反复的过程。图 11.1 所示为机械系统设计的一般流程。

随着计算机技术的飞速发展，计算机辅助机械系统设计（computer aided mechanical design，CAMD）被用来辅助机械工程师进行机械系统设计。CAMD 的出现和发展改变了机械系统设计的方式和思路，可支持机械设计过程中的各个环节，包括设计、分析、制造等环节，在提高设计效率、提高设计质量、降低制造成本、缩短设计周期等方面发挥了重要作用。其中，专家系统与系统仿真技术在机械系统设计中起到了非常重要的作用。

11.1.1　机械系统设计特点

机械系统设计具有以下特点：一是大都取决于设计者的知识、经验和思考问题的方法。二是将所要求功能的一些现象向实际产品进行综合和高效率转移。如图 11.1 所示，通过分析和发掘市场信息所要求的功能，创造产品的概念，进行产品的构思并将其具体实现，使抽象的概念具体化。三是不必过多整理设计所碰到的细节问题。在分析由市场所要求的功能进行设计时，不必像求解数学问题那样一味地追求唯一解。机械系统设计往往有多个解，需要从中选择某个时期的最优解。

一般来说，机械系统设计应包括三个方面，如图 11.2 所示。这三个方面概括为概念方面、理论方面和经验方面。其中，理论方面和经验方面的范畴可以以计算机为主体来进行信息处理。随着数字计算机技术的进步，计算机在理论方面的应用越来越广泛。目前，随着信息网络的发展，设计经验方面的数据库也迅速达到了可应用的阶段。设计人员是信息处理的主体部分，他们的想象决定了产品开发的方向。因此，概念方面的设计是最有创造性的。

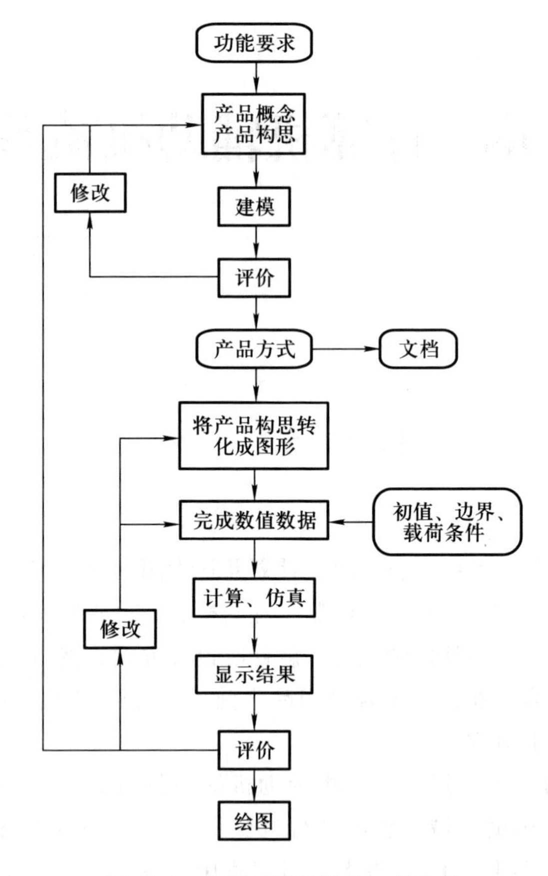

图 11.1　机械系统设计的一般流程

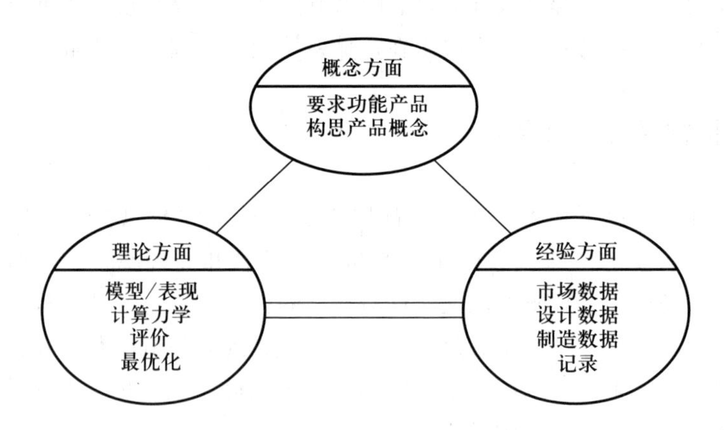

图 11.2　机械系统设计中的三个方面

11.1.2　机械系统设计的技术综合

随着计算机技术的不断发展，现代设计技术在尽可能早的阶段充分地应用计算机，在各种约束条件下，构思满足所要求功能的产品，并使产品形式实体化。其中，应包含设计者创造性的活动。图 11.3 中显示了机械系统设计中的技术综合，也表示了综合应用现代设计技术进行机械系统设计的一般结构。

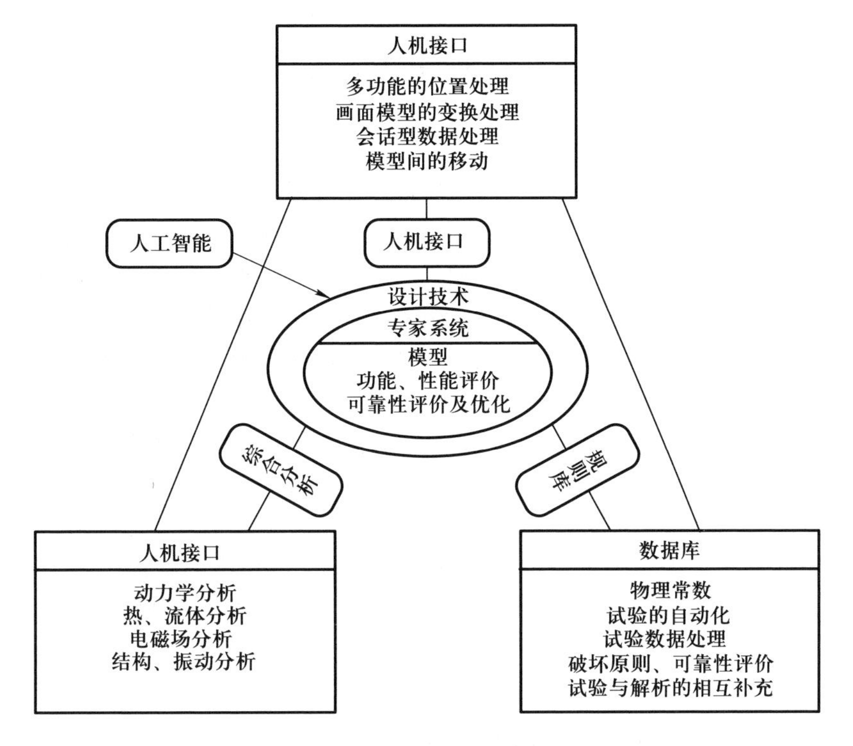

图 11.3　机械系统设计中的技术综合

人机接口是将设计技术引入设计人员的技术。设计人员头脑里描述的产品及修正产品的构思，可在计算机图形表示的窗口内表达，帮助设计者进行创造性活动，这种技术十分重要。如在计算力学中，要处理大量的数据以提高易用性，需以少的输入实现设计人员头脑里的产品概念图形。此外，在计算力学中用到的有限元法、边界元法、差分法、热回路网络、离散元法等各种数值计算方法的力学模型亦各异。近年来，由于数值计算方法的产品趋于复杂，将不同领域的技术进行综合研究和“接力计算”则显得愈加重要。

数值计算和仿真包含数值计算方法的精细化和复合化。数值计算的精细化广泛应用的是有限元法、差分法、边界元法和离散元法等。特别是对于热转移类的现象，随着温度的变化，物性值亦将变化，其物性值影响流体的运动，温度场亦将发生变化。在这一类精细化问题当中，有限元法不能适用于所有的方面。为此，目前有限体积法、边界复合法和各种因素的概率有限元法等相继产生。在数值计算的复合化方面，可以将各领域中的计算力学问题连接起来计算，即组合计算系统，该系统也在开发之中。

数据库集中了规范图纸、统计数据、制造数据、文件数据、文献和记录等设计工作中所必需的数据，可随时自由地灵活应用最新的数据。计算机不单能做技术计算，而且在计算软件和数据的有效灵活应用方面有更广泛的应用。如图 11.2 所示的理论方面和经验方面将成为设计技术的两个“车轮”，数据库领域里特别重要的数据库结构、更新和灵活应用的方法成为大数据处理与人工智能应用的重要方向。让数据库和数值计算、计算机仿真结合起来，评价产品的性能和可靠性，以达到最优化的目的将是十分重要的设计内容。与数据收集并行的构造评价和最优化的规则随着计算力学的不断进步将得到更有效的应用。

11.2　机械系统仿真分析

机械系统设计要求设计师从系统角度出发对产品进行优化。传统的设计流程中，物理样机的制造体现的是零部件设计方法，即首先进行零件设计，再将零件组装成物理样机，并通过试验研究系统的运动，这种方法周期长、成本高。此外，市场还迫切要求制造商不断改变设计方案以适应不同用户的要求，但由于无法在相互作用的零件中确定故障原因等问题，故选用的往往不是最优方案，其经常以牺牲产品功能为代价，采取一些临时性补救措施，以保证产品投放市场的时间。

现代设计强调时效性，希望通过并行设计和并行工程来缩短设计时间和整个开发周期。机械系统仿真分析采用虚拟样机技术，可以在计算机平台上对机械系统进行建模和仿真，确定子系统和零件的技术要求，是实施并行工程的一项非常重要的技术。

例如，零件加工过程仿真可模拟刀具与零件在加工过程中的运动关系，在实际加工之前就可对加工过程一清二楚，这样就避免了诸如碰刀、过切、虚切之类可能发生的问题。

11.2.1　机械系统仿真的目的及意义

机械系统仿真是根据被研究的真实系统的模型，利用计算机进行研究的一种方法。它是建立在系统科学、系统识别、控制理论、计算技术与控制工程基础上，通过计算机模拟机械系统的运动、力学、热力学等行为，是分析、综合各类系统，特别是大系统的一种研究方法和工具。

近年来，仿真技术获得了十分广泛的应用，特别是在复杂机械系统的分析和设计的研究中已成为不可缺少的工具。复杂机械系统往往包含多个部件、子系统和工作条件，其运行过程也具有多个变量和相互影响的因素，因此通过理论计算和试验测试很难全面地了解系统的行为和性能，同时成本也较高。机械系统仿真通过将机械系统的模型转化为计算机程序进行模拟和分析，可以在计算机上重现实际系统的动态行为和工作过程，包括工作条件、负载变化、部件受力、振动等。机械系统仿真能够优化设计、分析系统性能、探索系统潜在问题，还可以提供设计和决策信息，帮助设计者做出更好的设计选择，减少试验成本和时间，提高系统性能和可靠性，同时也有助于减少对环境的影响和资源消耗。

11.2.2　机械系统仿真的工作流程

系统仿真的过程就是建立系统模型并通过模型在计算机上运行来对模型进行检验和修正，使模型不断趋于实际的过程。仿真研究如同计算机应用软件开发，可分为若干阶段。图 11.4 表示了系统仿真过程的基本步骤。

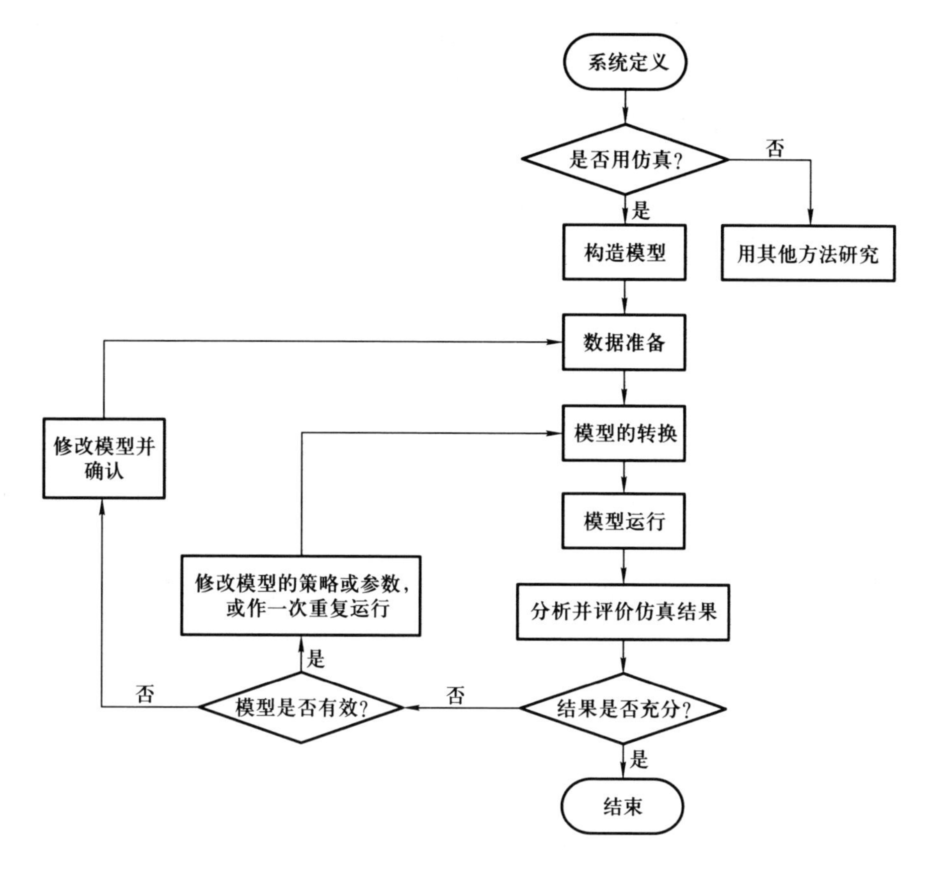

图 11.4　系统仿真过程

1. 系统定义

在试图求解问题之前，要详细地定义系统。定义一个系统首先必须提出明确的准则，描述系统目标及是否达到目标的衡量标准，其次必须描述系统的约束条件，最后要确定研究的范围，即确定哪些实体属于要研究的系统，哪些属于系统的环境。

2. 构造模型

构造模型时要把真实系统缩小抽象，使它规范化，必须确定模型的要素、变量和参数以及它们的关系，在一定的条件下用数学模型描述所研究的系统，包括数学模型、物理模型、控制模型等。模型必须和研究目的紧密联系，要有明确的目标和要求，模型的性质要求和真实系统尽量接近。同时模型尽可能简单明了，容易控制操作和易于为用户所理解，并便于修正和改进。但模型不能过度简化，会导致不能反映系统特征；也不能过分具体，容易导致降低模型的效率和不易处理。

3. 数据准备

数据准备包括收集数据和决定在模型中如何使用这些数据。收集数据是系统研究的一个组成部分，必须收集所研究系统的输入、输出各项数据以及描述系统各部分之间关系的数据。收集仿真数据要花费很多时间和费用，因此必须有效地进行观测，按照收集到的数据确定模型中随机变量的概率分布（或概率密度函数）及各项参数。

4. 模型的转换

模型的转换指用计算机高级语言或专用仿真语言来描述数学模型，以便用计算机运行模型来仿真被研究的系统。为此必须在高级语言和专用仿真语言之间作出选择。专用仿真语言的优点是易学、易用，具有面向进程的仿真结构，仿真能力强，有良好的诊断措施等。而高级语言编程具有编程灵活，解决问题广泛等特点。

5. 模型运行

模型运行的目的是为了得到有关被研究的系统信息，并了解和预测实际系统运行的情况，特别是在输入数据和决策规则有变化时输出响应的变动情况。因此，模型运行是一个动态过程，要进行反复的试验运行，从而得到所需要的试验数据。

6. 分析并评价仿真结果

由于仿真技术中包括某些主观的方法，如抽象化、直观感觉和设想等，因此必须对仿真结果作全面的分析论证。分析和论证仿真结果可以通过以下步骤进行：

（1）检查仿真模型的准确性。确认仿真模型是否准确，包括输入参数和初始条件的准确性。如果输入参数或初始条件有误，将导致仿真结果不准确，因此需要检查并确认这些参数和条件的正确性。

（2）对仿真结果进行统计分析。确认仿真模型的准确性之后，对仿真结果进行统计分析。通过对仿真结果的统计分析可得到各种参数的平均值、方差、标准差等统计数据，从而对仿真结果进行更加深入的分析。

（3）与试验结果对比。如果有条件进行实际试验，那么可用试验数据来验证仿真结果。将仿真结果与试验结果进行对比，如果仿真结果与试验结果相符，则可以进一步确认仿真模型的准确性。

（4）分析参数对结果的影响。对于仿真模型中的各种参数，可以进行参数敏感性分析，以确定哪些参数对仿真结果有重要影响。通过分析可以确定哪些参数需要优化或调整，以达到更好的仿真效果。

（5）探索新的设计方案。通过对仿真结果的分析，可以对模型中的某些参数进行调整，然后再次运行仿真，以确定调整参数对仿真结果的影响，从而探索新的设计方案。

（6）提供决策依据。仿真结果可以为制定决策提供依据。通过仿真可以得到各种参数的值，以及这些参数对整个系统的影响，从而可以做出更加准确和科学的决策。

11.2.3　系统仿真的基本原理

1. 系统仿真三要素及相互关系

系统仿真技术是以相似原理、控制理论、计算技术、信息技术及其应用领域的专业技术为基础，以计算机和各种物理效应设备为工具，利用系统模型对实际的或设想的系统进行动态试验研究的一门综合性技术。系统是研究的对象；模型是系统的抽象；仿真是对模型进行试验，以达到研究系统的目的。系统仿真包含三个基本的活动，即建立系统模型、构造仿真模型和进行仿真试验。联系这三个活动的是系统仿真的三要素，即系统、模型（或含系统中的某些实物）及计算机（或含某些物理效应设备）。它们的关系如图 11.5 所示。在整个建模/仿真过程中贯穿了对模型及仿真结果的校核（verification）、验证（validation）与确认（accreditation），即 VV&A。

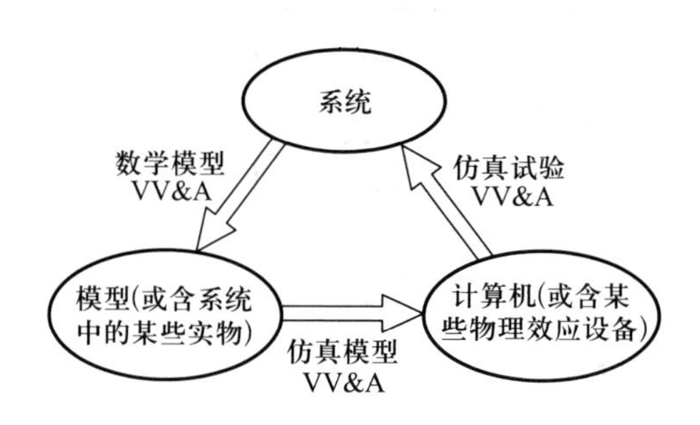

图 11.5 系统仿真三要素及相互关系

2. 仿真的分类

可以从不同的角度对仿真加以分类。比较典型的分类方法：根据仿真系统的结构和实现手段分类，根据仿真所采用的计算机类型分类，根据仿真时钟与实时时钟的比例关系分类，根据系统模型的特性分类。

(1) 根据仿真系统的结构和实现手段分类

根据仿真系统的结构和实现手段不同可将仿真分为以下几大类：物理仿真、数学仿真、半实物仿真、人在回路中仿真及软件在回路中仿真。

(2) 根据仿真所采用的计算机类型分类

根据所使用的仿真计算机类型也可将仿真分为三类：模拟计算机仿真、数字计算机仿真和数字模拟混合仿真。

(3) 根据仿真时钟与实际时钟的比例关系分类

实际动态系统的时间称为实际时钟。而系统仿真时模型所采用的时钟称为仿真时钟。根据仿真时钟与实际时钟的比例关系可将仿真分为实时仿真、亚实时仿真、超实时仿真。

(4) 根据系统模型的特性分类

仿真基于模型，因此模型的特性直接影响仿真的实现。从仿真实现的角度来看，系统模型特性可分为两大类，即连续系统和离散事件系统。由于这两类系统固有运动规律的不同，因而描述其运动规律的模型形式就有很大的差别。相应地，仿真也分为两大类，即连续系统仿真和离散事件系统仿真。

11.2.4 连续系统及离散事件系统的仿真方法

1. 连续系统仿真的一般过程及主要方法

过程控制系统、调速系统、随动系统等系统属于连续系统，它们的共同之处是系统状态变化在时间上是连续的，可以用方程式或结构图来描述系统模型。连续系统仿真的一般过程如图 11.6 所示。

利用系统建模技术可以建立系统的数学模型。如何把建立起来的系统数学模型转换成系统仿真模型，以便为分析解决实际问题服务，这是计算机仿真的一个重要内容，即仿真算法。由仿真算法可以得到连续系统数字仿真方法，其分类如图 11.7 所示。

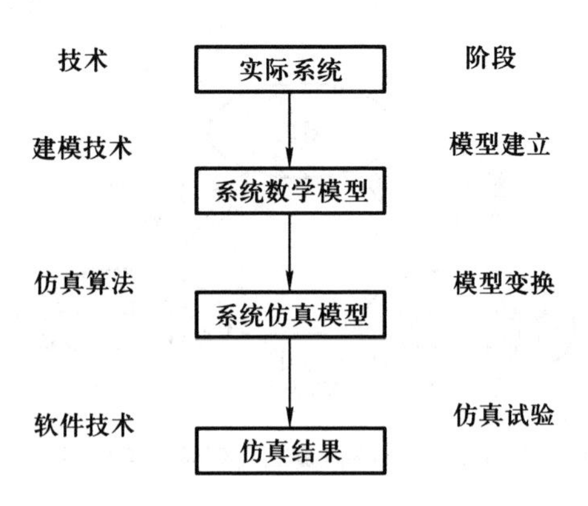

图 11.6　连续系统仿真的一般过程

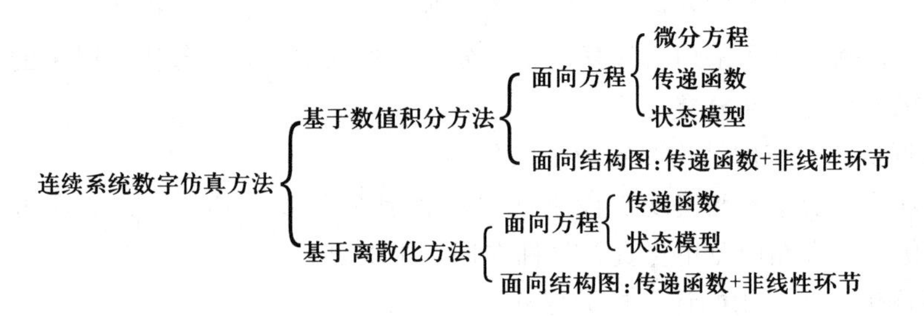

图 11.7　连续系统数字仿真方法分类

2. 离散事件系统仿真的特点及一般步骤

离散事件系统和连续系统在性质上是完全不同的，这类系统中的状态在时间上和空间上都是离散的，像交通管理、计算机网络、各种通信系统和社会经济系统等都属于离散事件系统。此类系统中，各事件以某种顺序或在某种条件下发生，并且大都属于随机性的，或由于随机的输入，或由于系统元素的属性值作随机变化，使得难以用常规的方法去研究它们。

在连续系统的数字仿真中，时间通常被分割成均等的或非均等的间隔，并以一个基本的时间间隔计时；而离散事件系统的仿真则经常是面向事件的，时间指针往往不是按固定的增量向前推进，而是由于事件的推动而随机递进的。

在连续系统仿真中，系统模型是由表征系统变量之间关系的方程来描述的，仿真的结果表现为系统变量随时间变化的时间历程；在离散事件系统仿真中，系统变量是反映系统各部分相互作用的一些事件，系统模型则是反映这些事件的数集，仿真结果是处理这些事件的事件历程。

由于离散事件系统固有的随机性，对这类系统的研究往往十分困难。经典的概率及数理统计理论、随机过程理论虽然为研究这类系统提供了理论基础，并能对一些简单系统提供解析解，但对工程实际中的大量系统，唯有依靠计算机仿真技术才能提供较为完整的结果。

离散事件系统仿真研究的一般过程类似于连续系统仿真，它包括系统建模、确定仿真算法、建立仿真模型、设计仿真程序、输出结果并进行分析等。但离散事件系统仿真中，事件的发生通常是随机的，例如到达事件、服务事件等。这种随机性会对仿真结果产生一定的影响，因此需要进行多次仿真并统计结果。在模拟大规模的离散事件系统，例如仿真车站、机场、工厂等复杂的系统时，需要充分考虑系统的规模和复杂度，以确保仿真结果的准确性和可靠性。

11.2.5 虚拟样机技术应用软件 ADAMS

虚拟样机技术是一种通过数字化的方式来实现产品设计、测试和验证的方法。它可以通过计算机辅助设计（computer aided design，CAD）、计算机辅助工程（computer aided engineering，CAE）和计算机辅助制造（computer aided manufacturing，CAM）等技术，将机械系统的设计、制造和测试过程数字化，并通过仿真分析来验证其性能和可靠性。

虚拟样机技术的核心是计算机仿真分析，它可以模拟机械系统在不同工况下的运动、力学和热学特性。通过虚拟样机技术，可以在设计和制造阶段发现和解决潜在问题，减少试制次数和成本，缩短开发周期，提高产品质量和竞争力。虚拟样机技术包括以下几个方面：

（1）三维建模。通过计算机辅助设计软件创建机械系统的三维模型，包括零部件的形状、尺寸和材料等信息。

（2）仿真分析。使用计算机辅助工程软件对机械系统进行静态和动态仿真分析，模拟机械系统在不同工况下的运动、力学和热学特性，以预测系统的性能和可靠性。

（3）优化设计。通过仿真分析，发现机械系统的潜在问题并进行优化设计，以提高系统的性能和可靠性。

（4）虚拟试验。通过仿真分析，模拟机械系统在不同工况下的实际工作情况，以验证系统的性能和可靠性，降低试制次数和成本。

虚拟样机技术在机械系统设计和制造领域得到广泛应用。它可以有效提高机械系统的设计和制造质量，降低试制成本和时间，加速产品开发周期，提高企业的竞争力。

虚拟样机技术在工程中的应用是通过界面友好、功能强大、性能稳定的商业化虚拟样机软件实现的。国外虚拟样机相关技术软件的商业化过程已经完成，目前有 20 多家公司在这个日益增长的市场上竞争。

比较有影响的虚拟样机技术应用软件有美国 MSC 公司的 ADAMS、比利时 LMS 公司的 DADS 以及德国航天局的 SIMPACK。其中美国 MSC 公司的 ADAMS 占据市场 50%以上的份额，其他软件还有 Working Model、Flow3D、IDEAS、Phoenics、ANSYS 和 PAMCRASH 等。由于机械系统仿真提供的分析技术能够满足真实系统并行工程设计的要求，通过建立机械系统的模拟样机，使得在物理样机建造前便可分析出它们的工作性能，因而其应用日益受到国内外机械领域的重视。

1. ADAMS 软件简介

ADAMS，即机械系统动力学自动分析（automatic dynamic analysis of mechanical systems），是美国 MSC 公司开发的虚拟样机分析软件，广泛应用于汽车、航空、机械等领域的多体动力学仿真分析。ADAMS 可以对复杂的机械系统进行建模、仿真、分析和优化设计，支持多种物理场耦合仿真、动力学仿真、控制仿真、优化设计等。目前，ADAMS 已经被全世界各行各业的数百家主要制造商采用。

ADAMS 软件使用交互式图形环境及零件库、约束库和力库，创建完全参数化的机械系统几何模型，其求解器采用多刚体系统动力学理论中的拉格朗日方程方法，建立系统动力学方程，对虚拟机械系统进行静力学、运动学和动力学分析，输出位移、速度、加速度和反作用力曲线。ADAMS 软件的仿真可用于预测机械系统的性能、运动范围、碰撞检测、峰值载荷以及计算有限元的输入载荷等。

ADAMS 软件一方面是虚拟样机分析的应用软件，用户可以运用该软件非常方便地对虚拟机械系统进行静力学、运动学和动力学分析；另一方面，它又是虚拟样机分析开发工具，其开放性的程序结构和多种接口，可以成为特殊行业用户进行特殊类型虚拟样机分析的二次开发工具平台。目前，ADAMS 软件有两种操作系统的版本：UNIX 版和 Windows 版。

ADAMS 软件由基本模块、扩展模块、接口模块、专业领域模块及工具箱 5 类模块组成，如表 11.1 所列。用户不仅可以采用通用模块对一般机械系统进行仿真，而且可以采用专用模块针对特定工业应用领域的问题进行快速有效地建模与仿真分析。

表 11.1　ADAMS 软件模块

通用模块	基本模块	前处理模块	ADAMS/View
		求解器模块	ADAMS/Solver
		后处理模块	ADAMS/Postprocessor
	扩展模块	液压系统模块	ADAMS/Hydraulics
		振动分析模块	ADAMS/Vibration
		线性化分析模块	ADAMS/Linear
		高速动画模块	ADAMS/Animation
		试验设计与分析模块	ADAMS/Insight
		耐久性分析模块	ADAMS/Durability
		数字化装配回放模块	ADAMS/DMU Replay
	接口模块	柔性分析模块	ADAMS/Flex
		控制模块	ADAMS/Controls
		图形接口模块	ADAMS/Exchange
		CATIA 专业接口模块	CAT/ADAMS
专用模块	专业领域模块（汽车模块）	悬架设计软件包	ADAMS/Car Suspension
		概念化悬架模块	CSM
		驾驶员模块	ADAMS/Smart Driver
		动力传动系统模块	ADAMS/Driverline
		柔性环轮胎模块	ADAMS/Tire FTire
		柔性体生成器模块	ADAMS/FBG
		经验动力学模型	EDM

续表

专用模块	专业领域模块（汽车模块）	发动机设计模块	ADAMS/Engine
		配气机构模块	ADAMS/Engine Valvetrain
		正时链模块	ADAMS/Engine Chain
		附件驱动模块	Accessory Drive Module
		铁路车辆模块	ADAMS/Rail
	工具箱	软件开发工具包	ADAMS/SDK
		虚拟试验工具箱	Virtual Test Lab
		虚拟试验模态分析工具箱	Virtual Experiment Modal Analysis
		钢板弹簧工具箱	Leafspring Toolkit
		飞机起落架工具箱	ADAMS/Landing Gear
		履带式车辆工具箱	ADAMS/ATV Toolkit
		齿轮传动工具箱	ADAMS/Gear Toolkit

2. 应用 ADAMS 软件进行虚拟样机设计的过程

应用 ADAMS 软件进行虚拟样机设计的过程如图 11.8 所示。

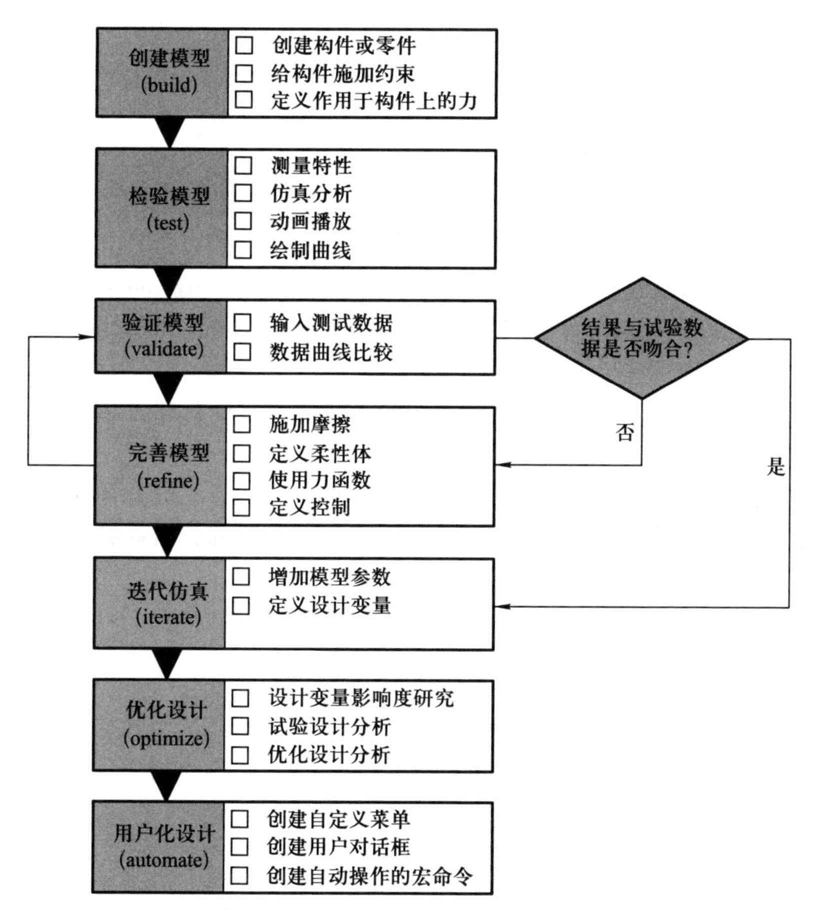

图 11.8 应用 ADAMS 进行虚拟样机设计的流程

（1）创建（build）模型

创建机械系统的模型包括创建构件或零件（create parts）、给构件施加约束（constrain the parts）和定义作用于构件上的力（define forces acting on the parts）等内容。

构件是具有质量、转动惯量等物理特征的几何形体。约束用于确定构件之间的连接关系，明确构件之间的相对运动形式。

（2）检验（test）模型和验证（validate）模型

模型创建完成后或在创建模型过程中，可对其进行仿真，通过测试，验证模型的正确性。

检验模型包括测量特性（measure characteristics）、仿真分析（perform simulations）、动画播放（review animations）和绘制曲线（review results as plots）等内容。

验证模型包括输入测试数据（import test data）和数据曲线比较（superimpose test data on plot）等内容。

（3）完善（refine）模型和迭代（iterate）仿真

在初步验证模型正确的基础上，可以给模型添加更多的因素，以细化和完善模型。例如定义约束中的摩擦和定义柔性体等。

可以将模型参数化，以通过修改参数来自动修改模型。

完善模型包括施加摩擦（add friction）、定义柔性体（define flexible bodies）、使用力函数（implement force functions）和定义控制（define controls）等内容。

迭代仿真包括添加模型参数（add parameters）和定义设计变量（define design variables）等内容。

（4）优化（optimize）设计

ADAMS 软件可以自动进行多次仿真，每次仿真都通过改变模型的设计变量，并按照一定的算法找到机械系统设计的最优方案。

优化设计包括设计变量影响度研究（perform design sensitivity studies）、试验设计分析（perform design of experiments）和优化设计分析（perform optimization studies）等内容。

（5）用户化（customize）设计

为了使用户操作方便及符合设计环境，可以定制用户菜单和对话框，还可以使用宏命令执行复杂和重复的工作，以提高工作效率。

用户化设计包括创建自定义菜单（create custom menus）、创建用户对话框（create custom dialog boxes）和创建自动操作的宏命令（record and replay modeling operation as macros）等内容。

11.3　机械系统设计专家系统

11.3.1　专家系统

专家系统是一种基于人工智能技术的计算机程序，能够模拟人类专家在某个领域内的决策和问题解决能力。它可以通过预设的规则和知识库，自动地对用户提出的问题进行分析和判断，根据已有的经验和知识给出相应的答案、建议或者决策。这种系统可以对复杂的知识和数据进行处理和推理，并将这些知识应用于特定的问题领域，以提供有用的信息和帮助人们做出决策。专家系统可以应用于许多领域，例如工业制造、医学诊断、金融分析、环境监测等。

11.3.2 专家系统和传统程序的区别

专家系统是一类包含知识推理的智能计算机程序。但是，这种“智能程序”与传统的计算机“应用程序”已有本质上的不同。专家系统求解问题的知识已不再隐含在程序和数据结构中，而是单独构成一个知识库。从一定意义上讲，它已使传统的“数据结构+算法=程序”的应用程序模式变化为“知识+推理=系统”的程序模式。专家系统和传统程序的本质区别在于它将解决问题的知识和对知识的处理（推理机）相分离。推理机是对知识的处理程序，它有一定的独立性和通用性，不依赖于具体知识；知识库是领域知识的集合，它通常以知识库文件形式存在，并可方便地进行更新。而传统程序将知识和对知识的处理都编成代码，当知识改变时，对于传统程序只能重新编码与调试，相当于进行系统重建工作；对于专家系统，只需要更新知识库即可增强系统功能。

领域知识与推理机的分离为问题的求解带来了极大的便利和灵活。因此，尽管专家系统也是计算机程序，但知识与推理机的分离却使专家系统的作用远远超出了传统应用程序的功能。实际上，常规应用程序也可解决“专家级水平”的问题，但常规的应用程序是将知识隐含于程序结构之中，由于其结构是固定的且不易修改，适应范围就受到一定限制，对不同类型的问题必须编写不同的程序。专家系统中的知识则用若干知识单元进行描述，存放于知识库中。专家系统提供了一种推理机制，可以根据不同的处理对象从知识库中选取不同的知识单元构成不同的求解序列，或者说生成不同的应用程序，以完成某一特定任务。

传统程序是由程序员编写代码和规则，通过计算机执行完成特定的任务。而专家系统则是模仿专家的思维和推理方式，根据领域知识和经验，利用推理机制和推理引擎等人工智能技术，能够模拟人类专家的决策过程，对复杂问题进行推理和决策。相较于传统程序，专家系统更注重利用知识和经验进行推理，能够适应不同领域的需求，具有较高的灵活性和适应性。

与传统程序相比，专家系统的优点体现于以下几个方面：

1）系统的可维护性好，易于修改和扩充；

2）更加适合处理模糊性的、经验性的问题；

3）能解释得出结论的过程。

与人类专家相比，专家系统的优点体现于以下几个方面：

1）使用费用低；

2）具有快速、准确的特点，不会受外界环境和情绪的影响；

3）可安装在任何地方，尤其是不适于人工作业的恶劣环境；

4）形式化表达人类专家的专门知识，可以帮助人们更系统地总结人类专家的经验知识，也便于对这些知识进行修改、完善和推广。

11.3.3　专家系统的结构

专家系统的结构是指专家系统各组成部分的构造和组织形式。

一般的专家系统结构框图如图 11.9 所示，其组成部分及其主要功能说明如下：

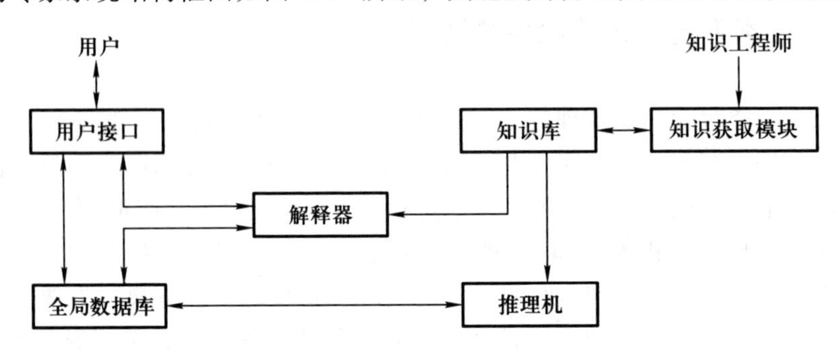

图 11.9　一般的专家系统结构框图

(1) 知识库

知识库（knowledge base）以某种存储结构存储领域专家的知识，例如求解领域问题所需的操作与规则等。为了建立知识库，首先要解决知识表示的问题，即要确定知识表示的外部模式和内部模式。

(2) 全局数据库

全局数据库（global database）亦称为“黑板”，它用于存储求解问题的初始数据和推理过程中得到的中间数据，以及最终的推理结论。

(3) 推理机

推理机（reasoning machine）根据全局数据库的当前内容，从知识库中选择匹配成功的可用规则，并通过执行可用规则来修改数据库中的内容，直至推理出问题的结论。推理机中包含如何从知识库中选择可用规则的策略和当有多个可用规则时如何解决规则冲突的策略。

(4) 解释器

解释器（expositor）用于向用户解释专家系统的行为，包括解释“系统是怎样得出这一结论的”及“系统为什么要提出这样的问题来询问用户”等需要向用户解释的问题。

(5) 用户接口

用户接口（interface）是系统与用户进行交互和沟通的界面。用户输入必要的数据、提出问题、获得推理结果及系统向用户作出的解释；系统通过接口要求用户回答系统的询问及回答用户的问题。

(6) 知识获取模块

知识获取模块把知识工程师提供的知识转换为知识内部表示模式存入知识库中，在知识存储的过程中，对知识进行一致性、完整性检测。

由于每个专家系统所需要完成的任务不同，因此其系统结构也不尽相同。知识库和推理机是专家系统中最基本的模块。知识表示的方法不同，知识库的结构也就不同。推理机是对知识库中的知识进行操作的，推理机程序与知识表示的方法及知识库结构是紧密相关的，不同的知识表示需要不同的推理机。

11.3.4 专家系统的一般特点

各种类型的专家系统都有各自的特点，在总体上，专家系统还具有以下一些共同的特点。

（1）知识表示与推理机制：专家系统的核心是知识库，其表示方式可以是规则、框架、网络、语义网络等形式，而推理机制则是实现专家系统自动推理的重要方法。

（2）知识获取与知识表示：专家系统需要从领域专家中获取知识，并将这些知识以一定的形式进行表示，以便推理机制进行处理。

（3）知识的更新和维护：专家系统中的知识是随着领域的发展和变化而不断更新和维护的，因此专家系统需要具备良好的知识更新和维护机制。

（4）解释和证明：专家系统需要能够向用户提供合理的解释和证明，以增强用户对系统的信任和理解。

（5）系统交互和界面：专家系统需要与用户进行交互，提供友好的用户界面和操作方式，使用户能够方便地使用系统进行问题求解。

（6）应用领域广泛：专家系统可以应用于各种领域，包括医学、法律、金融、工业、农业等，可以解决复杂的问题和实现智能化的决策。

（7）可解释性：与传统机器学习方法不同，专家系统的推理过程是可解释的，可以向用户提供详细的推理过程和结果，方便用户理解和接受。

（8）知识共享：专家系统可以将领域专家的知识进行共享，使得这些知识可以更广泛地传播和应用，有利于知识的创新和进步。

11.3.5 专家系统的开发方法

1. 生命周期法

生命周期法指的是将专家系统开发过程划分为不同的阶段，每个阶段有不同的目标和任务，形成一个完整的开发过程，以确保开发出高质量、可维护的专家系统。一个实用专家系统的开发过程可分为认识、概念化、形式化、实现、测试和维护等阶段。

（1）认识阶段

在此阶段，知识工程师与领域专家合作，对领域问题进行需求分析，包括认识系统需要处理的问题范围、类型和各种重要特征、预期的效益等，并确定系统开发所需的资源、人员、经费和进度等。

（2）概念化阶段

在此阶段，把问题求解所需要的专门知识概念化，确定概念之间的关系，并对任务进行划分，确定求解问题的控制流程和约束条件。

（3）形式化阶段

在此阶段，把已整理的概念、概念之间的关系和领域专门知识用适合于计算机表示和处理的形式化方法进行描述和表示，并选择合适的系统结构，确定数据结构、推理规则和有关控制策略，建立问题求解模型。

（4）实现阶段

在此阶段，选择适当的程序设计语言或专家系统工具建立可执行的原型系统。

（5）测试阶段

在此阶段，通过运行大量的实例，检测原型系统的正确性及系统性能。通过测试原型系统，对反馈信息进行分析，进而进行必要的修改，包括重新认识问题、建立新的概念或修改概念之间的联系、完善知识表示与组织形式、丰富知识库的内容及改进推理方法等。

（6）维护阶段

在此阶段，定期维护和更新系统，保证系统的可用性和可靠性。

专家系统的这一开发过程类似于一般软件系统开发过程的瀑布模型，各阶段目标明确，并逐级深化。专家系统开发过程的瀑布模型如图 11.10 所示。

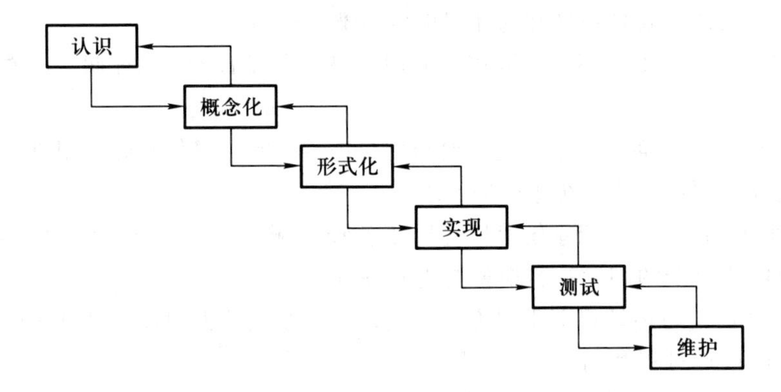

图 11.10　专家系统开发过程的瀑布模型

2. 快速原型法

由于领域专家的知识是长期积累的经验和专门知识，因此知识工程师不可能在短时间内获得所需要的全部专家知识，并把它们按知识表示方式和知识库的结构要求存入知识库中。也就是说，决定专家系统性能的专门知识是逐步增加和不断完善的，这就需要采用增量式开发的快速原型方法，该方法基于原型开发的概念，通过对用户需求的快速理解和把握，建立一个初步的专家系统原型，并与用户不断交流和反馈，进行迭代和修改，最终逐步完善和优化系统。

根据系统的复杂程度和实用性，原型系统一般可分成以下四种：

（1）演示原型

大多数专家系统都开始于一个演示原型，它是一个仅能解决少量问题的演示型系统。演示原型主要有两个作用：一是确信人工智能和专家系统技术能有效地用于所要解决的问题，二是测定问题的定义和范围以及领域知识的表示是否正确。一个典型的基于规则的大型专家系统，其演示原型一般仅有 50~100 条规则，能充分地执行 2~3 个测试实例。

（2）研究原型

研究原型是能运行多个测试实例的原型系统，这些测试实例能显示领域问题的重要特点。大型专家系统的研究原型一般具有 200~500 条规则。

（3）领域原型

领域原型通过改进研究原型而获得。领域原型系统运行可靠，具有比较流畅和友善的用户接口，能基本满足用户的需要。大型专家系统的领域原型一般具有 500～1 000 条规则，能很好地执行许多测试实例。

（4）产品原型

产品原型是已经过广泛的领域问题测试的原型系统，并往往用一种效率更高的语言或专家系统工具来实现，以增加推理的速度和减少存储空间。大型专家系统的产品原型一般具有 500～1 500 条规则，求解领域问题准确快速，工作可靠。

利用专家系统技术和专家系统开发工具尽快地建立专家系统的演示原型，然后进行修改、充实和完善，就是专家系统开发的快速原型法。虽然演示原型比较简单，只能解决少量的领域问题，也不具备许多辅助功能，但是，通过演示原型的运行和测试可以实际验证系统方案的可行性和有效性，检验应用问题的定义范围，从而在系统设计的最初阶段就能避免较大的原则性错误，而且也可以提高领域专家的兴趣和信心，增强同领域专家的合作。

11.3.6 专家系统工具

使用专家系统工具可以极大地简化建立专家系统的工作，减少建造的工作量，提高建造的专家系统的性能，大大缩短专家系统的研制周期。因此，在专家系统的开发中常更多地使用专家系统工具来建造一个专家系统。

专家系统工具按其功能主要分为两类，一类是用于生成专家系统的工具，称为生成工具；另一类是用于改善专家系统性能的工具，称为辅助工具。

1. 系统生成工具

系统生成工具主要帮助知识工程师构造专家系统中的推理机和知识库结构。按照生成工具的本身特征又可分为以下 4 类：

（1）程序设计语言

程序设计语言是开发专家系统的最基本的工具。典型的程序设计语言包括 LISP 语言和 PROLOG 语言，用这两种人工智能语言能方便地表示知识和设计各种推理机。面向对象语言 C++和 Java 等也是构造专家系统的常用语言。

（2）骨架系统

骨架系统是把一个成功的专家系统删去其特定领域知识而留下的系统框架。例如，系统生成工具 EMYCIN 就是删去医疗诊断专家系统 MYCIN 的医疗诊断知识而获得的骨架系统。骨架系统继承了原专家系统中行之有效的知识表示方式、推理机和知识库结构以及全部辅助工具。因此，利用骨架系统建造专家系统时，只要把特定领域的知识按照该骨架系统的知识表示方式输入到知识库中，就构成了一个特定领域的专家系统。

骨架系统之所以能快速方便地构造一个专家系统，是由于专家系统的推理机与知识库是分离的，只要知识库的知识表示方式和知识库的结构确定了，推理机就随之确定了。

由于骨架系统生成的专家系统完全继承了原系统的知识表示方式和知识库结构以及推理机等，因此限制了专家系统设计者的设计选择。另一方面，选择某个骨架系统生成一个特定领域的专家系统时，若生成的专家系统与骨架系统的原系统属于同一类问题领域，那么就更易生成且效果更好。或者说，骨架系统作为生成工具，缺乏通用性和灵活性，一个骨架系统只适合于某一类特定的问题领域。

(3) 知识工程语言

知识工程语言是专门用于构造和调试专家系统的通用程序设计语言，它能够处理不同的问题领域和问题类型，提供各种控制结构。用知识工程语言设计推理机和知识库，比用一般的人工智能程序设计语言（如 LISP 或 PROLOG 等）更为方便。由于知识工程语言并不与特定的结构和方法紧密联系，因此比骨架系统更为灵活和通用。

(4) 专家系统开发环境

专家系统开发环境是以一种或多种工具和方法为核心，加上与之配套的各种辅助工具和界面环境的完整的集成系统。近几年来，专家系统的规模越来越大，出现了知识数量达数千条乃至数万条规则，知识层次包括元知识、经验性知识、原理性知识和常识性知识等几个层次的专家系统。因此，超大规模知识库的组织和管理的作用变得突出起来，不同的知识表示系统之间以及人工智能技术与数据库等传统主流技术之间的系统集成技术引起了人们的高度重视。把数据库、逻辑推理、模块化技术、面向对象程序设计方法、支持智能体通信以及多媒体用户界面等先进技术集成到一个智能系统开发工具中，已成为专家系统和智能系统开发工具的主要发展方向。

目前，有些知识工程语言系统已经发展成这样的集成系统：集成系统中有一组预先定义的称为组件的程序模块，每个组件实现一种人工智能技术。这种环境可提供多种类型的推理机制和多种知识表示方法，帮助专家系统的建造者选择结构、设计规则语言和使用各种组件，使之成为一个完整的专家系统。

2. 系统辅助工具

系统辅助工具主要用于帮助建造高质量的知识库和调试专家系统。

知识获取工具和知识库管理与维护工具是最重要的辅助工具。知识获取工具有自动知识获取工具、知识库编辑工具、面向问题求解方法的知识获取工具、面向特定知识生成技术的知识获取工具、面向特定问题领域的知识获取工具以及基于特定语言的知识获取工具等类型。其中，自动知识获取工具采用机器学方法来进行知识获取，例如，EXPERT-EASY 通过归纳学习能自动生成问题领域的求解规则。知识库编辑工具能把专家领域知识加工、编辑到知识库中，如 TEIRESIAS 编辑器。知识库管理与维护工具能检查输入知识的一些常见错误，自动维护知识库中知识的一致性和完备性。这些工具不仅能帮助知识工程师加快建造专家系统的速度，还能保证和提高知识库的质量，并调试和改进专家系统。

11.3.7　机械系统设计专家系统的建造

1. 机械系统设计专家系统的结构

机械系统设计包含材料质量、力学性能、设计水平、加工工艺等方面的大量知识，这些知识经过归纳整理，基本上可用“事实”“规则”的形式存入知识库中。

动态数据库用于存储该领域内初始证据和推理过程中得到的各种中间信息，即存放已

知的事实、用户回答的事实和推理而得到的事实。

对于机械设计来说，动态数据库也是必不可少的，因为它既要存放有关材料质量、力学性能、加工工艺、计算试验结果等已知的事实、用户回答的事实，又要存放设计计算方面的初始数据和大量的中间计算结果。

除上述部分和任何一个系统都不可缺少的人机接口外，对于机械系统设计来说，其体系结构中还必须至少包括静态数据库和程序库两个部分。

众所周知，机械系统设计是一类面向目标的决策活动，机械系统设计过程是设计人员的经验、知识、推理思维方式和创造性的应用，设计过程中既包括思考、推理、判断、综合和分析，又要进行大量的数值计算，其突出的特点是逻辑推理和数值计算交织在一起，在数值计算过程中必然要用到有关材料、国家标准、计算分工等大量的数据和相应的程序，因此这就需要有一个静态数据库和一个程序库予以支持。

机械系统设计专家系统的体系结构如图 11.11 所示。

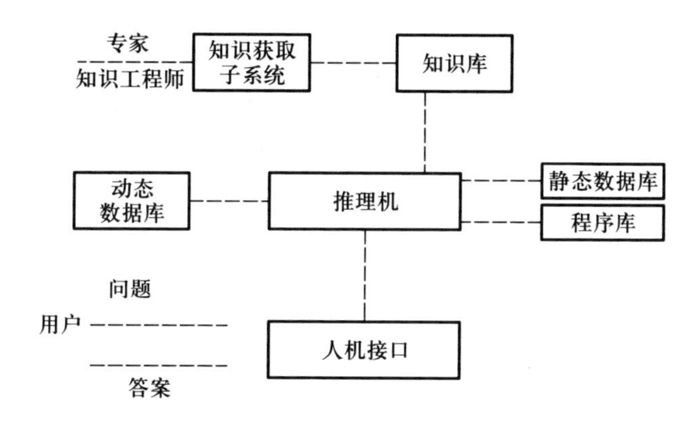

图 11.11 机械系统设计专家系统的体系结构

2. 机械系统设计专家系统的控制策略

目前使用的专家系统推理机构都是在一般问题的求解策略（弱法）的基础上，根据领域的知识性、知识表示方法和专家求解思路加以综合改进，构成完备的问题求解器。下面分析几种适合于机械系统设计专家系统的控制策略：

（1）正向推理和反向推理

这种推理方法是机械系统设计专家系统中应用最为广泛的控制策略，适合于各种具体子任务的求解，但应该和一些过程控制结构联合起来使用。

（2）过程化推理

一般适合于进行子任务排序及执行性推理。

（3）不精确推理

不精确推理适宜于作为诊断、监护性质的专家系统的控制策略，不大适宜作为设计问题的控制策略。因为一般而言，设计的好坏并不取决于某一个结论的正确程度，而需要考虑各设计要素之间的综合效应。

（4）手段与目标分析

这种方法与正、反向推理结合，可作为设计型专家系统的一种控制策略。其前提是设计问题能分解为形式化子问题，有一个特定的追求目标，有一组用检测当前设计状态与目标设计状态差异的函数以及采取有关措施来激活差异的规则。

(5) 问题归纳

可以借助于图来描述一个复杂的设计问题，这对于求解巨大而复杂的设计总是十分必要。但其前提是子问题能分解，并且子问题之间的相互作用尽量小。这对于一个实际问题来说是很难做到的。

(6) 规划—生成—测试

这是生成测试方法的一种改进方法，对于设计问题来说，是较为有效的总体控制策略，它体现在机械系统设计专家系统中，形成“设计—分析—评价—再设计”的控制方法，即首先生成若干个可能解即设计方案，进而对设计方案进行分析、评价和决策；如果分析评价结果不能满足要求，则进行再设计。

(7) 回溯

在上述“生成—测试”过程中，进行再设计时，一般不必从头开始重新设计，而是根据测试信息，回溯到一定的层上去进行再设计，这样可以大大提高设计效率。为了实现回溯，有必要记录以前设计过程中的各种状态。随着设计任务的增大和设计层次的加深，这种记录的信息量相当大。无论使用什么控制策略，回溯都是必须具备的。

(8) 约束满足搜索法

这是一种非常接近于设计问题的求解思路的控制方法。它适用于处理设计中各种规范性数据约束，需要研究专门处理的办法。

(9) 日程表

这种表为过程型设计任务提供了一种有效的控制方法。当设计需要同时处理多个任务时，必须对各任务分配优先等级，以便按照优先等级顺序执行任务，即需要准备一个完成任务的日程表。对于一些复杂且其执行随环境改变的设计任务，日程表要提供一种灵活的控制方法。

应当指出，对于一个设计问题而言，单一地使用某种求解方法一般是不够的，需要根据具体设计问题的特点，将几种问题求解策略有机地结合起来，方可构成特定问题设计专家系统的推理机构，以达到更好的求解效果。

3. 机械系统设计专家系统的推理机设计

(1) 推理和结构

专家系统的最大特点是知识库与推理机的分离。推理机利用知识库中存储的专家知识和经验，巧妙地推理，解决人们难以解决的问题。大多数专家系统的建立往往注重于领域知识的搜集和组织，但对于机械系统设计而言，元知识是起核心作用的。为此，在机械系统设计专家系统中，知识应分为元级知识和领域知识，而与这两种知识的划分相对应，推理机应采用元级控制和目标级控制来完成元级推理和目标级推理，因此推理机分为元推理机和目标推理机。

元级控制是指将元知识从获取的专家知识中分离出来构成元知识库，然后元推理机利用元知识来指导目标推理机对问题求解。

图 11.12 所示为一个典型的两级推理结构，对于用户要求的一个设计目标，首先通过元推理机对元知识进行推理，推理完成后，得到一张由设计目标转换成的问题求解日程

表，然后元级控制把该问题求解日程表交给目标推理机。目标推理机根据日程表依次求解子问题，直到所有子问题求解完为止。若在目标级推理中遇到新问题需要元级推理，这时可以启动元推理机进行求解，再一次对目标推理机作指导。

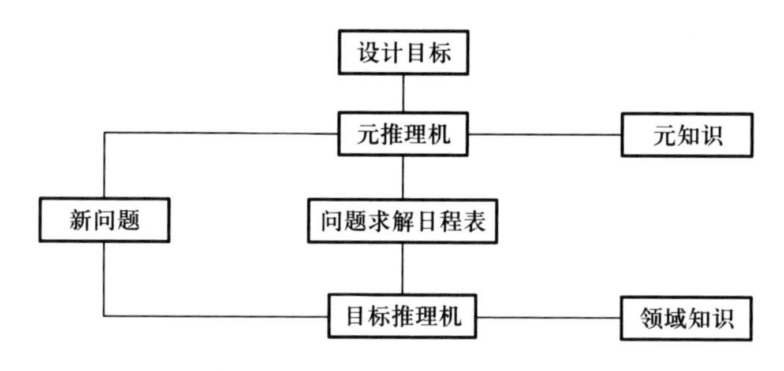

图 11.12　典型的两级推理结构

问题求解日程表描述了需要目标级推理的各个子问题，是元级推理的结果。日程表的作用有两条：一是用于指导目标级推理有条不紊地逐步求解各个子问题；二是将一个复杂的设计目标分解成为若干个子目标，有利于目标推理。由于各个子问题对应于各自的知识源，目标级推理求解各个子问题时只需要搜索有限的相关知识源，从而提高了推理机的搜索效率。

（2）控制策略与算法

推理机中的控制策略主要解决知识的选择与应用顺序。在机械系统设计中通常采用正、反向推理以及混合推理方式。与控制策略相联系的是具体的搜索算法，一般地说，不同的搜索问题需用不同的搜索方法来解决。搜索方法是问题求解中必须研究的重要课题。基本的搜索方法很多，粗略地可分为“盲目搜索法”“启发式搜索法”和“博弈搜索法”几大类，如：深度优先搜索法、广度优先搜索法属于典型的盲目搜索法，爬山搜索法属于典型的启发式搜索法。面向问题的专用搜索方法可由这些方法经适当改造或组合而成。

（3）冲突解除

冲突解除有两层含义：一是把新规则加入知识库时，与原先的规则产生矛盾，需找出它们之间的矛盾并加以解除；二是部分事实同时触发几条规则且得到几个不同的结论时，需从中选择出一条最合适的结论。第一种冲突由知识库维护系统来解决，而解决第二种冲突的推理是研究的重点。

冲突解除的方法是当冲突出现时，推理机就启动冲突解除知识库进行推理，即当冲突解除知识库中存放的多条规则触发时，如何选择其中一条规则。

4. 机械系统设计专家系统的评价与决策

评价子系统在再设计结构中是一个关键环节。它的任务是对初始设计或再设计所产生的设计方案进行测试和评价，评定方案的优劣，为最后决定方案的可接受性提供可靠的依据。这个子系统还有一个重要任务，就是在方案不能被接受的情况下，为再设计提供有益的反馈信息，并提供最优的回溯点。评价子系统工作的好坏直接决定着最终方案的优劣，也直接影响着再设计中启发式搜索的质量。机械设计的特点决定了评价子系统在机械系统设计专家系统中所起到的独特而关键的作用。

机械系统设计专家系统的研制，要考虑设计结果的可行性，在此前提下注意设计方案的有效性和合理性。针对工程设计是复杂的多解问题的特点，解决此类问题的步骤通常是“分析—综合—决策”，亦即在分析所设计产品的要求及约束条件的前提下，综合搜索多种解法，最后通过评价和决策过程筛选出符合目标要求的最佳解法。评价是对各方案的价值进行比较和评定，决策则是根据目标选定最佳方案。

通常采用的评价方法有以下三类：经济评价法、数学分析法和试验评价法。

5. 机械系统设计专家系统的测试与考核

（1）测试与考核的要点

与任何一个软件系统的开发过程一样，测试与考核工作贯穿于整个专家系统的建造过程。考核专家系统主要是检查程序的正确性与适用性，由领域专家作出考核评价，有助于确定装入知识的准确性、全面性，以及系统提供的建议和结论的吻合性。用户的试用和评价则有助于确定系统的适用性、产生有用的结果、功能的扩充、使人机对话更舒适、结论的高知识水准和可信赖程度、高的效率和速度等。

考核的要点如下：

1）系统决策的质量；

2）所用推理技术的正确性；

3）人机交互的质量（包括内容和计算机两个方面）；

4）系统的功能；

5）经济效益。

（2）对机械系统设计专家系统进行评价的方法

考核、评价一个专家系统与考核、评价一位专家一样，都是一件十分艰巨的工作。通常采用试验方法来完成这一过程。由于该方法强调用试验方法来评价系统在处理各种存储事例性能的优劣，因此必须规定某种严格的试验过程，以便把系统产生的解释与独立得到的已确认的对相同事例问题的解决方案进行比较。在具体使用这种方法时，常常会遇到严重的困难。在某些领域内要进行有充分根据的评价，需要收集足够多的、有代表性事例，这一点就很困难。此外，为了分析准确和有用，分析必须有肯定的结束点。这就是说，对每个存放在数据库中的事例，都必须知道正确的结论，然后才能在绝对的尺度上判断系统的性能（正确决定与错误决定的比例）。

常用的评价一般都分为二元决定：正确或不正确。然而，并非所有的问题都可以很容易地分类，尤其是设计问题。在这种情况下，通常的做法是让领域专家来评价与检查设计过程，同时提出评价意见。

机械系统设计是一个综合且复杂的过程，每一步决策都不能简单地用正确与不正确来评价。因此，人们的评价就应该着眼于比较系统的运行过程与专家思路的近似性与优化性。

11.3.8　机械系统设计专家系统实例——标准 V 带传动设计专家系统

标准 V 带传动设计专家系统是用宏 LISP 语言在微型计算机上建立起来的。该专家系统运用产生式规则和框架结构来表达专家的知识，根据带传动设计的特点采取了正向推理的方式。

1. 总体结构的确定

标准 V 带传动设计专家系统由智能接口，数据库，知识库，推理机，解释、分析、评价模块，知识再获取模块和绘图模块组成，如图 11.13 所示。以下介绍各部分相互动态调用的运行过程。

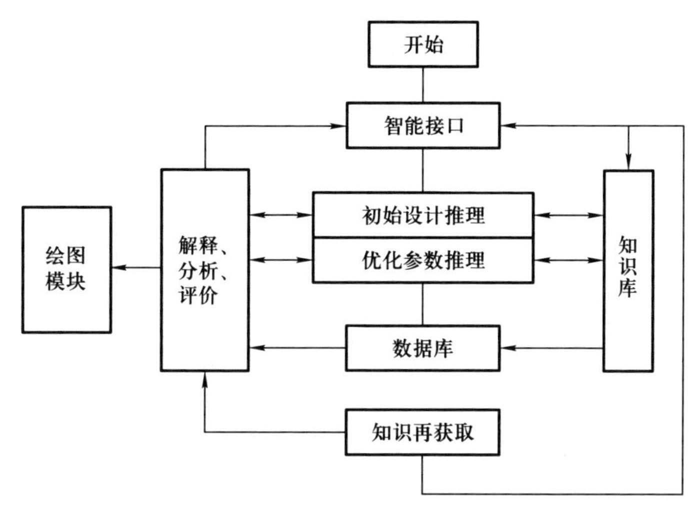

图 11.13 标准 V 带传动设计专家系统的总体结构

2. 智能接口

通过自然形态（即自然语言、图形、图像、声音）进行人机互动。“多媒体”在这种场合效果最佳。标准 V 带传动设计专家系统在机械工程师与计算机之间技术“术语”会话方面做了尝试，即此接口能初步理解工程设计“术语”，并把系统得出的结果用技术“术语”表现给工程师。

3. 数据库

它用于存放 V 带传动设计初始数据和设计推理过程中得到的各种中间信息，即存放用户回答的事实、已知的事实和由设计推理而得的事实。标准 V 带传动设计专家系统采用宏 LISP 语言中一组表和原子来存放该中间信息。由于 LISP 语言是一种符号表处理语言，因此可以很好地完成这一任务。

4. 知识库

它用于存储 V 带传动设计及有关领域的专业知识，所存储的知识有公开知识和个人知识两类。公开知识就是收录在《机械设计手册》和其他参考书中的有关 V 带传动的知识，个人知识是指从机械设计专家头脑中“获取”来的、难于形式化的探试式知识。标准 V 带传动设计专家系统针对 V 带传动设计的这两类知识的特点，采用框架结构来存储手册上的数据、参数、图表、经验曲线、标准尺寸、公差。这种框架结构很容易把知识结构化。系统用宏 LISP 语言构成了三个框架结构和两个表结构来存储 V 带传动设计的 10 个表格和 2 个曲线图。

标准 V 带传动设计专家系统采用 20 条产生式规则（RULE）来存储有关 V 带传动设计的专家探试式知识。系统可用它来提出最佳设想，评价设计方案，调整设计参数。

例如：

（RULE 5（若（带速过大）AND（包角过大））

（则（减小带轮）））

（RULE 6（若（带速过小）AND（包角过小））

（则（增大带轮）））

应当指出，用框架和规则来表示机械设计领域的知识有它的弱点。框架自身具有的推理功能有局限性，难以进行全局性推理控制。规则对于一些知识（如概念）表示形式不自然。此外，规则用来表示普遍规律很有效，但如果例外情况很多，则规则数目的急剧增加将严重地降低整个系统的效率。

5. 推理机

标准 V 带传动设计专家系统采用正向推理方式，即由 V 带传动的原始设计参数，按一定的设计策略，运用知识库中的知识设计，得到初始设计参数；再从初始设计参数开始，按照广度优先搜索策略，运用知识库中的专家知识设计，推断出 V 带传动设计的结果参数。也就是两个阶段的正向推理，标准 V 带传动设计专家系统第一阶段正向推理形成的推理网络如图 11.14 所示，第二阶段正向推理部分网络图如图 11.15 所示。

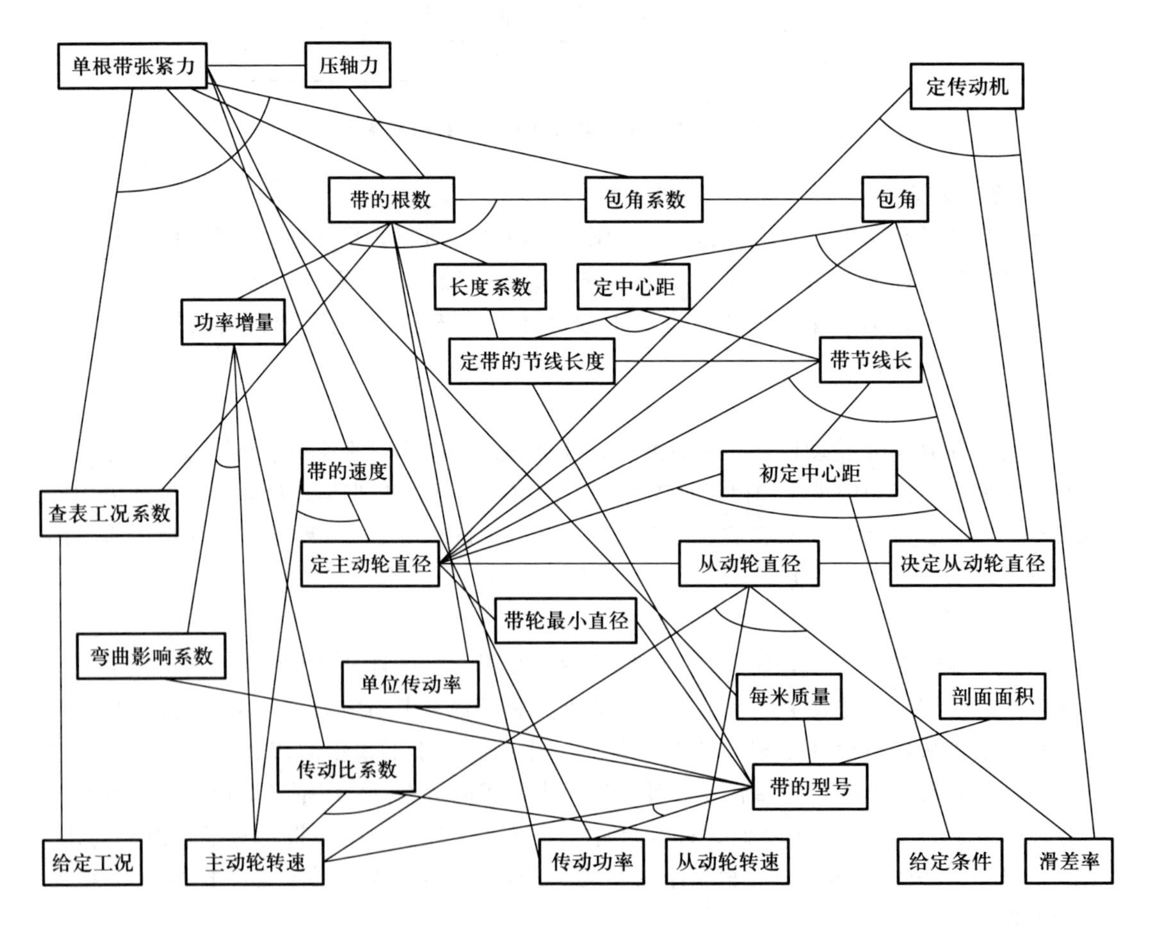

图 11.14　第一阶段正向推理形成的推理网络

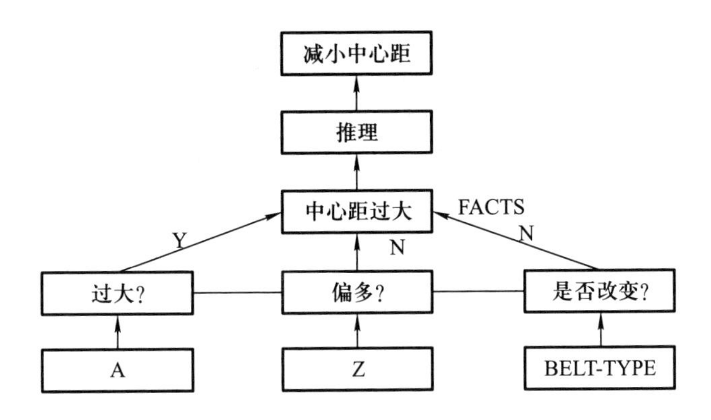

图 11.15 第二阶段正向推理部分网络图

在推理机中定义了一组互相递归调用的函数来完成上述推理过程。例如，从知识库数据框架中取出数据的函数 FGET，记录中间信息并加入到数据库 FACTS 中的函数 REMEMBER，定义递归调用的一组函数 DEDUCE、STEPFORWARD、TRYRULE、TESTIF、USETHEN，从 FACTS 中的基本事实出发推理出结果。此外，还定义了修改函数来一起调整设计参数。

6. 解释、分析、评价模块

在这个模块中包括以下子模块：解释子模块，分析、评价子模块，成本计算子模块及实用决策子模块。这一部分是根据知识库中的知识和数据库中的中间信息以及该模块中所特有的知识来解释、分析、评价系统当前产生的设计结果，从而使标准 V 带传动设计专家系统具有良好的透明性。

（1）解释子模块

标准 V 带传动设计专家系统在运行、调用知识库中的数据、框架知识以及产生式规则进行推理的过程中，成功，则在屏幕上显示所获的规则及结论；失败，则显示知识库中的内容，即解释。告诉用户不可行的评价项目，让用户给出修改某些不合理的规则说明及特殊要求。

（2）分析、评价子模块

该模块定义了一组函数来调用知识库中的知识，分析评价初始设计参数、带的寿命、工作转速、中心距是否适中，根数是否合适，作用在轴上的径向力是否合理等，形成与设计规范协调的结果。

（3）成本计算子模块

鉴于目前缺乏成本数据库，劳动力价格也难以确定，只能用“成本关联值”，即按一定的比例关系确定带型、根数、带轮直径、材料、加工工艺对成本的影响，成本关联值等效于成本，只是衡量的尺度不同而已。其数学评价模型为

$$\cos t=Z\cdot C_1\cdot LP+CK\cdot(D_1+D_2)^m\cdot C_2$$

式中：Z 为胶带根数；LP 为标准胶带计算长度；D_1、D_2 为带轮直径；C_1 为带型系数，对 B、C 型带 C_1 较小（因为 B、C 型带为常用型号）；C_2 为带轮加工工艺影响系数；CK 为与带轮材料相关的系数；m 为幂值，若线性增长，可增加幂 m，一般 $m=\frac{1}{2}$，2。

（4）实用决策子模块

实用决策子模块只判断设计是否可行，即评价项目是否满足约束。如果设计在可行域，则实用决策子模块进一步评价其实用性和可接受性。各评价项目的实用值由实用性因子来评价。图 11.16 为成本关联值的实用性因子曲线，图 11.17 为寿命的实用性因子曲线，图 11.18 为转速、径向力及水平速度的实用性因子曲线。

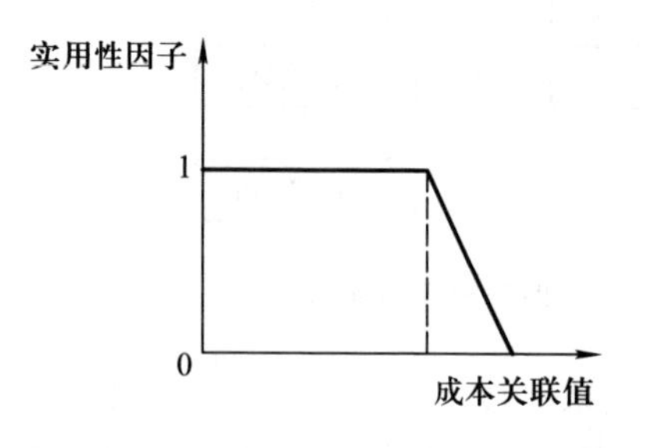

图 11.16　成本关联值的实用性因子曲线

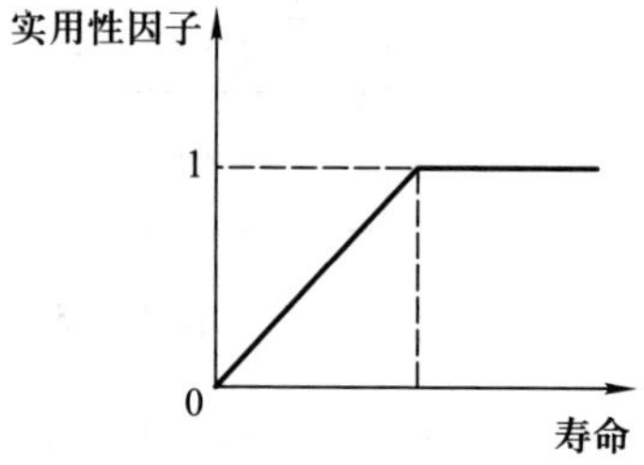

图 11.17　寿命的实用性因子曲线

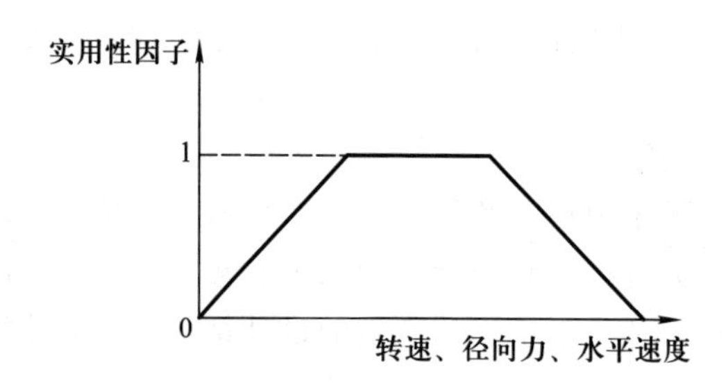

图 11.18　转速、径向力及水平速度的实用性因子曲线

由上述图形曲线可知，若设计有一评价项目实用性因子为零，则该设计肯定不可行。实用性因子曲线还用来在众多可行设计中挑选较好的设计。根据用户对评价项目的特殊要求和不同侧重，对每一评价项目的实用性进行加权，从而全面评价各项设计，即

$$级别=\sum(权因子\times实用性因子)$$

7. 知识再获取模块（学习模块）

此模块可以修改知识库中原有的知识和扩充新知识，扩充新知识的同时并能够对知识库做相容性检查。可以从大量成功的设计方案中归纳出共性“经验”。这些经验可根据本身的知识范围，作为规则或者知识加入知识库中存储起来。同时，还可以在大量失败的设计方案中归纳出不合理的知识，将其重新修改或者从知识库中删去。通过学习模块，标准 V 带传动设计专家系统可在使用中成为不断提高水平的“专家”。

8. 绘图模块

标准 V 带传动设计专家系统运用设计知识库及工艺知识库进行推理，得到被系统所认可的参数与结构形式，接着检索公差，并利用高级语言与绘图软件接口，在屏幕上显示设计的带轮，最终由绘图仪输出图纸。

11.4 机械系统仿真设计实例——汽车操纵稳定性仿真分析

汽车操纵稳定性是汽车的重要性能之一，随着车速的不断提高，汽车操纵稳定性日益受到人们的重视。对操纵稳定性的研究常采用仿真分析方法和试验方法来进行。仿真分析是在计算机上建立简化到一定程度的整车数学模型（控制系统），输入驾驶员对汽车的各种操纵信号，解算出系统的时域响应和频域响应，以此来表征汽车的操纵稳定性能。因为仿真分析花费时间短，可在计算机上重复进行，对各种设计方案进行快速优化对比，并且可实现试验条件下不能进行的严酷工况分析，因此该方法被日益广泛采用。建立整车仿真模型常有多种方法，本节应用 ADAMS 软件来建立某一型号轻卡整车仿真模型，并进行方向盘转角阶跃输入条件下的操纵稳定性分析。

11.4.1 仿真模型的建立

利用 ADAMS 建立汽车模型，可以从 ADAMS 的模型库中选择现有的汽车模型进行修改，也可以从头开始建立自己的汽车模型，但要将复杂的汽车系统作一定程度的简化。对模型作适当的简化，也有利于提高计算速度和抓住问题的本质。ADAMS 软件建立仿真模型的功能非常强大，可以方便地定义复杂机械系统中构件之间的约束关系，施加各种激励（如位移、速度、加速度、力、力矩等）。对于一个汽车系统我们作以下简化。

1. 驾驶室、车架和货厢

作为一个物体即车身来处理，图 11.19 所示为整车模型。

2. 前桥、后桥

可相对于车身上下移动和绕平行于汽车纵轴的轴线转动，前、后桥的左右端需考虑钢板弹簧的弹性和减振器的阻尼。后桥如图 11.20 所示。

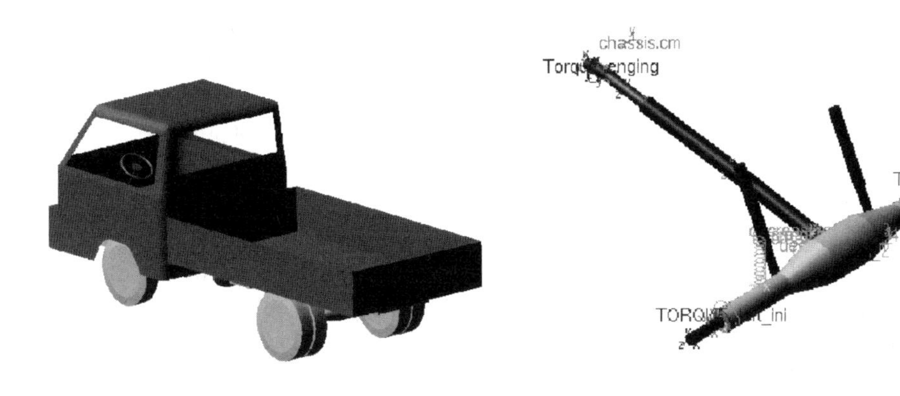

图 11.19 整车模型

图 11.20 后桥部分

3. 转向系简化模型

方向盘和转向柱简化为可绕车身转动的物体，转向机只考虑其轴绕车身的转动，转向柱与转向机的轴之间用万向联轴器连接，左转向节绕主销的转动角度与转向机的轴绕车身转动角度之间用角位移关系约束连接，约束关系如下式：

$$\theta_i = i\theta_l \tag{11.1}$$

式中：θ_i 是转向机的轴绕车身转动的角度，rad；θ_l 是左转向节绕左主销转动的角度，rad；i 是转向机的角传动比。

左、右转向节绕各自主销转动的角度关系由转向梯形机构来保证，如下式：

$$\theta_r = \cot\left(\frac{L\tan\ \theta_l}{L+aW\tan\ \theta_l}\right) \tag{11.2}$$

式中：θ_r 是右转向节绕右主销转动的角度，rad；θ_l 是左转向节绕左主销转动的角度，rad；L 是轴距，m；W 是左、右主销中心线延长线到地面交点之间的距离，m；a 是转向系数，当左转向时，$a=1$，右转向时，$a=-1$。左、右主销考虑了内倾角和后倾角。简化后的转向系与前桥部分，如图 11.21 所示。

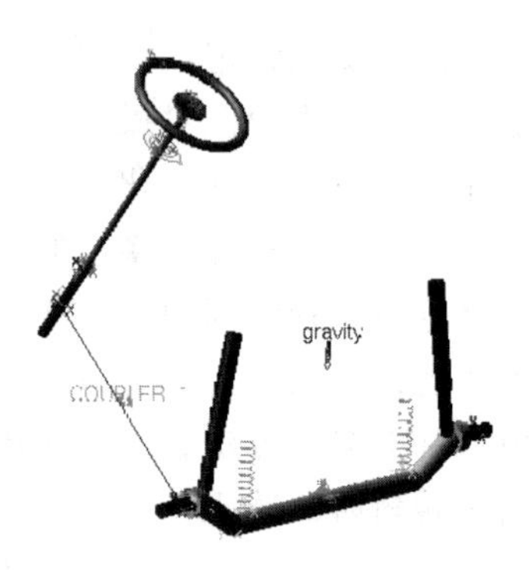

图 11.21　转向系与前桥部分

4. 轮胎

轮胎的影响对汽车的操纵稳定性至关重要，因为前、后轮胎的侧偏刚度是影响汽车操纵稳定性的重要因素，前、后轮胎侧偏刚度的匹配直接决定稳定性因数的大小，即决定汽车是具有不足转向、或中性转向、或过度转向。因此，具有合适的轮胎模型是十分必要的，这里采用被人们普遍认同的 Fiala 轮胎模型。这里分析车型的前、后轮胎均为 6.00-14 LT，胎压为 420 kPa，后轮为双胎。满载时前、后轮胎模型的有关参数如表 11.2 所示。

表 11.2　满载时前、后轮胎模型的有关参数

参数名称	前轮	后轮
车轮自由半径/mm	340	340
胎体半径/mm	81.1	81.1
径向刚度/(N/mm)	352.92	354.78
纵向滑移刚度/N	5.8E4	6.0E4
侧偏刚度/(N/rad)	32 575.6	50 314.4
外倾刚度/(N/rad)	8 143.9	12 578.6
滚动阻力偶臂/mm	6.12	6.12
径向阻尼比	0.04	0.04
车轮无滑动时的摩擦系数	0.95	0.95
车轮纯滑动时的摩擦系数	0.75	0.75

5. 发动机的动力输出

在进行方向盘转角阶跃输入的操纵稳定性分析中，车速需要保持稳定，因此就需要在整个仿真过程中，发动机输出相应的扭矩以维持汽车以稳定的车速行驶。

6. 传动系

传动系作以下简化：传动轴的滑动叉与发动机的动力输出轴通过万向联轴器相连，滑动叉与套管通过滑动约束相连，套管与主减速器转动轴通过万向联轴器相连，主减速器转动轴和左、右半轴绕后桥转动，主减速器转动轴和左、右半轴转动的角速度满足以下关系：

$$2w_0=i_0(w_1+w_r) \tag{11.3}$$

式中：w_0 为主减速器转动轴转动的角速度，rad/s；i_0 为主减速器的传动比；w_1 为左半轴转动的角速度，rad/s；w_r 为右半轴转动的角速度，rad/s。

简化后的底盘部分如图 11.22 所示。

图 11.22 底盘部分

11.4.2 操纵稳定性的评价参数

在实际的工程应用中汽车可能存在直线行驶、匀速转弯、急转弯、紧急制动、通过不同形状障碍等多种运动状态，操纵稳定性的评价参数较多，这里仅用几个最常用的参数来评价该车的操纵稳定性：

横摆角速度的稳态值 r_0，rad/s：汽车到达稳态回转时绕质心垂直轴转动的角速度。

侧向加速度的稳态值 a_{y0}，m/s^2：汽车到达稳态回转时指向汽车横轴方向的加速度。

横摆角速度的峰值 r_{max}，rad/s：汽车在过渡过程中横摆角速度的最大值。

侧向加速度的峰值 a_{ymax}，m/s^2：汽车在过渡过程中侧向加速度的最大值。

横摆角速度的响应时间 τ，s：方向盘阶跃输入后，横摆角速度第一次到达 90%的稳态值时的时间。

横摆角速度的峰值响应时间 ε，s：方向盘阶跃输入后，横摆角速度第一次到达峰值时的时间。

横摆角速度的超调量 σ，%：

$$\sigma=\frac{r_{max}-r_0}{r_0}\times100\% \tag{11.4}$$

汽车质心侧偏角 β，(°)：

$$\beta=\alpha_2+\frac{br}{u}\cdot\frac{180}{\pi} \tag{11.5}$$

式中：α_2 为左右后车轮的平均侧偏角，(°)；b 为汽车质心到后轴的距离，m；r 为横摆角速度，rad/s；u 为车速，m/s。

汽车因数 TB，s(°)：

$$TB=\varepsilon\beta \tag{11.6}$$

稳定性因数 K，s^2/m^2：

$$K=\frac{1}{a_y L}\cdot(|\alpha_1|-|\alpha_2|)\cdot\frac{\pi}{180} \tag{11.7}$$

式中：a_y 为汽车侧向加速度，m/s^2；L 为轴距，m；$|\alpha_1|$为左、右前车轮的平均侧偏角的绝对值，(°)；$|\alpha_2|$为左、右后车轮的平均侧偏角的绝对值，(°)。

转弯半径 R，m：

$$R=(1+Ku^2)R_0 \tag{11.8}$$

式中：K 为稳定性因数，s^2/m^2；u 为车速，m/s；$R_0=\frac{iL}{\theta}$，m；i 为转向机的角传动比；L 为轴距，m；θ 为方向盘的转角，rad。

11.4.3　仿真计算结果

设定仿真模型以某一车速匀速前进，直线行驶一段距离后，方向盘在 0.1 s 内由 0°转动到 60°并固定下来，方向盘的阶跃输入信号如图 11.23 所示。

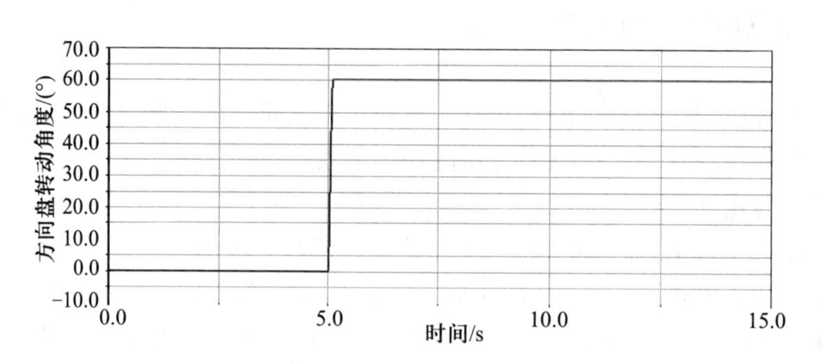

图 11.23　方向盘的阶跃输入信号

在整个仿真计算过程中，发动机的输出扭矩根据车速的波动情况适时地输出相应的扭矩，以维持汽车以规定的车速匀速行驶。在车架结构已确定的情况下，轴距不再变化，经常发生变化的是车速和载荷，有时通过改变前、后轮胎的匹配形式（即换用不同型号的轮胎以改变前、后轮的侧偏刚度）来获得较好的操纵稳定性，因此这里从不同车速，不同载荷，不同前、后轮胎匹配条件三个方面来分析该车的操纵稳定性。

1. 不同车速下的操纵稳定性

使仿真模型在满载条件下，以 20 km/h、40 km/h、60 km/h、80 km/h 和 100 km/h 匀速行驶，汽车的横摆角速度响应曲线和侧向加速度响应曲线分别如图 11.24 及图 11.25 所示。

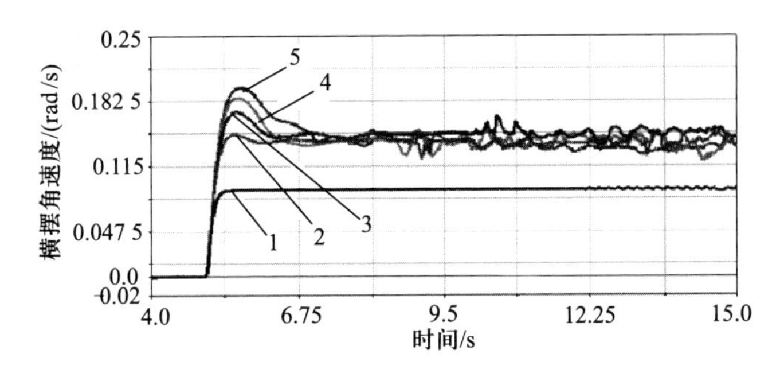

图 11.24 横摆角速度响应曲线

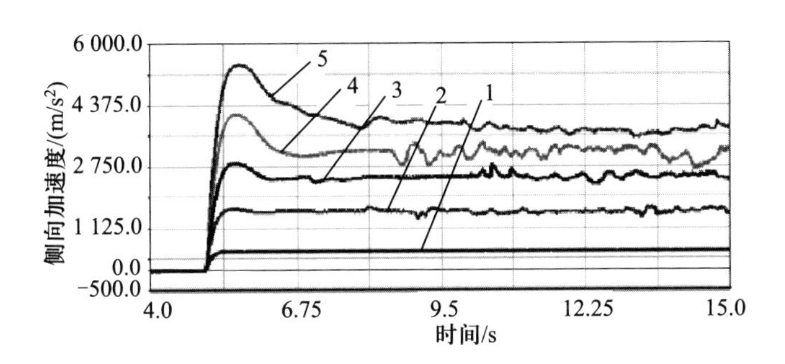

图 11.25 侧向加速度响应曲线

在图 11.24 和图 11.25 中，1、2、3、4、5 曲线分别表示车速为 20 km/h、40 km/h、60 km/h、80 km/h 和 100 km/h 匀速行驶时的情况。从上述两图中可以清楚地看到，随着车速的增加，汽车横摆角速度和侧向加速度的波动越来越大，在 100 km/h 时波动已十分明显。各车速下的汽车响应参数如表 11.3 所示。

表 11.3 各车速下的汽车响应参数

参数名称	车速/（km/h）				
	20	40	60	80	100
横摆角速度的稳态值 r_0/(rad/s)	0.090 5	0.139 7	0.147 81	0.139 44	0.137 71
横摆角速度的峰值 r_{max}/(rad/s)：	—	0.147 5	0.171 25	0.186 41	0.196 09
侧向加速度的稳态值 a_{y0}/(m/s^2)	0.502 8	1.552 8	2.463 8	3.098 7	3.847 4
侧向加速度的峰值 a_{ymax}/(m/s^2)	—	1.639 6	2.854 5	4.142 7	5.447 2
横摆角速度的响应时间 τ/s	—	0.286	0.28	0.243	0.236
横摆角速度的峰值响应时间 ε/s	—	0.57	0.6	0.63	0.69
横摆角速度的超调量 σ/%	—	5.59	15.858	33.685	42.393
左、右前车轮侧偏角平均绝对值/(°)	0.604 2	1.910 4	3.124 2	4.172 9	4.975
左、右后车轮侧偏角平均绝对值/(°)	0.343 5	1.107 6	1.809 8	2.539 6	3.127 1
汽车质心侧偏角 β/(°)	0.544	1.671	2.207	2.821	3.349

续表

参数名称	车速/（km/h）				
	20	40	60	80	100
汽车因数 *TB*/[s·(°)]	—	0.952 4	1.324 2	1.777	2.310 9
稳定性因数 $K/(s^2/m^2)$	0.003 79	0.003 6	0.003 78	0.003 84	0.003 46
转弯半径 *R*/m	61.44	79.52	112.78	159.35	201.73

在车速为 20 km/h 时，汽车的横摆角速度很快达到稳态值后几乎没有波动，因此有些参数没有给出数值。从表 11.3 可以看出，在车速为 60 km/h 时，横摆角速度达到最大；随着车速的提高，横摆角速度的响应时间越来越小，稳定性因数变化较小，而其他参数均越来越大。从上述分析可知，该车具有不足转向特性。如取稳定性因数 $K=0.003\ 8\ s^2/m^2$，则该车的特征车速为

$$u_{ch}=\sqrt{\frac{1}{K}}=16.22\ m/s=58.4\ km/h$$

当车速达到特征车速时，横摆角速度达到极大值，这与上述不同车速下的对比分析结果一致。

2. 不同载荷下的操纵稳定性

在同一车速（60 km/h）下，使汽车分别装载不同的载荷：空载、1/4 最大装载质量、1/2 最大装载质量、3/4 最大装载质量和满载。由于车轮的侧偏刚度与载荷有关，因此不同载荷下的车轮侧偏刚度是不同的。各种载荷下的前、后轮侧偏刚度如表 11.4 所示。

表 11.4　各种载荷下的前、后轮侧偏刚度

名称	空载	$1/4P_{max}$	$1/2P_{max}$	$3/4P_{max}$	满载
前轮侧偏刚度（单位为 N/rad）	25 009.5	26 944.9	28 850.6	30 725.6	32 575.6
后轮侧偏刚度（单位为 N/rad）	16 364.0	25 652.3	34 284.4	42 469.2	50 314.4

注：P_{max}表示为最大装载质量，下表同。

不同载荷下的汽车横摆角速度响应曲线和侧向加速度响应曲线分别如图 11.26、图 11.27 所示。

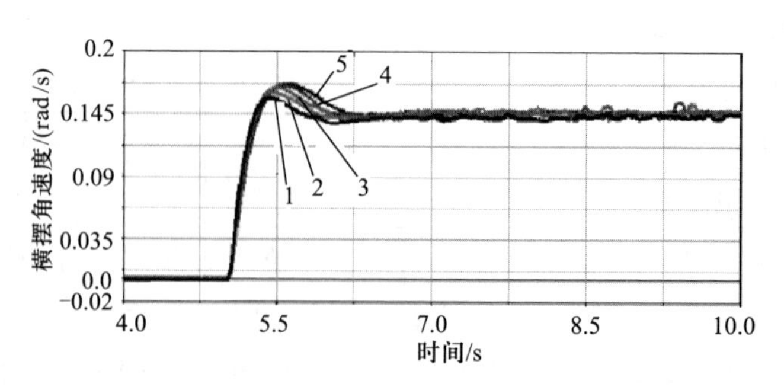

图 11.26　横摆角速度响应曲线

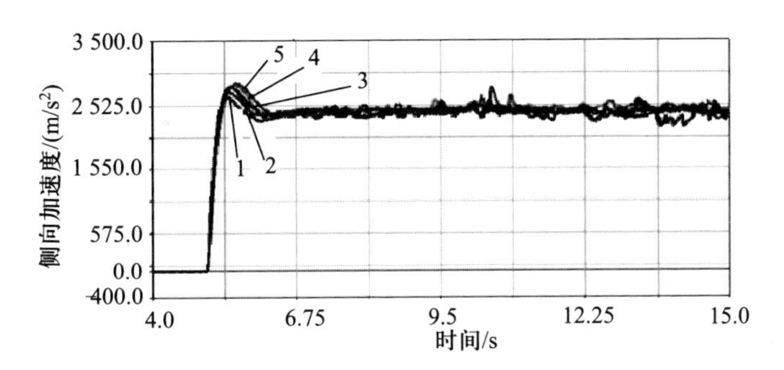

图 11.27 侧向加速度响应曲线

图 11.26、图 11.27 中 1、2、3、4 和 5 曲线分别表示空载、1/4 最大装载质量、1/2 最大装载质量、3/4 最大装载质量和满载时的横摆角速度响应曲线与侧向加速度响应曲线。从两图中可以清楚地看到横摆角速度和侧向加速度的稳态值呈微弱的增加趋势，且峰值随载荷的增加而增加。不同载荷下的汽车横摆角速度的稳态值、峰值、超调量、响应时间、峰值响应时间，稳定性因数，侧向加速度的稳态值及峰值等参数变化如表 11.5 所示。

表 11.5 不同载荷下的汽车参数变化

名称	空载	$1/4P_{max}$	$1/2P_{max}$	$3/4P_{max}$	满载
横摆角速度的稳态值 r_0/(rad/s)	0.142 66	0.146 07	0.146 84	0.147 48	0.147 81
横摆角速度的峰值 r_{max}/(rad/s)	0.159 19	0.163 44	0.168 37	0.170 18	0.171 25
横摆角速度的超调量 σ/%	11.587	11.892	14.662	15.392	15.858
横摆角速度的响应时间 τ/s	0.225	0.235	0.25	0.266	0.28
横摆角速度的峰值响应时间 ε/s	0.42	0.44	0.49	0.56	0.60
侧向加速度的稳态值 a_{y0}/(m/s^2)	2.378	2.434 9	2.447 7	2.458 3	2.463 8
侧向加速度的峰值 a_{ymax}/(m/s^2)	2.653 6	2.724 5	2.806 6	2.836 7	2.854 5
稳定性因数 K/(s^2/m^2)	0.004 05	0.003 87	0.003 83	0.003 8	0.003 78

从表 11.5 可以看出，随着载荷的增加，稳定性因数呈微弱的下降趋势，又因为车速不变，横摆角速度的稳态值与稳定性因数成反比关系，因此导致横摆角速度呈微弱的增加趋势；同时由于侧向加速度与横摆角速度成正比关系，因此侧向加速度也呈微弱的增加趋势。还可以看出横摆角速度的峰值、超调量、响应时间、峰值响应时间随载荷的增加而增加。

3. 不同前、后轮胎匹配条件下的操纵稳定性

分别将该车的前、后斜交轮胎（6.00-14 LT，胎压为 420 kPa）换装为子午线轮胎（6.00 R14，胎压为 420 kPa），各种载荷下的前、后轮侧偏刚度如表 11.6 所示。

表 11.6 各种载荷下的前、后轮侧偏刚度

名称	空载	$1/4P_{max}$	$1/2P_{max}$	$3/4P_{max}$	满载
前轮侧偏刚度/(N/rad)	32 621.1	35 145.5	37 631.2	40 076.9	42 489.9
后轮侧偏刚度/(N/rad)	21 344.3	33 459.5	44 718.8	55 394.6	65 627.5

（1）车速一定（60 km/h）

在空载、半载（1/2 最大装载质量）和满载（最大装载质量）时，若汽车的前、后轮胎使用了斜交胎和子午线胎，则在不同装载质量和不同轮胎匹配条件下的横摆角速度响应曲线如图 11.28、图 11.29 和图 11.30 所示。

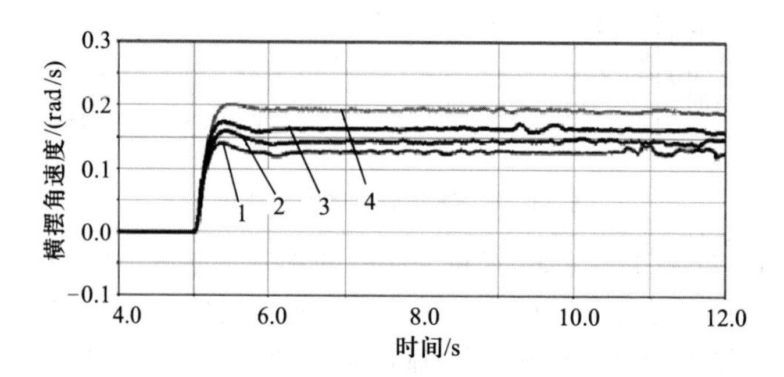

图 11.28　空载横摆角速度响应曲线

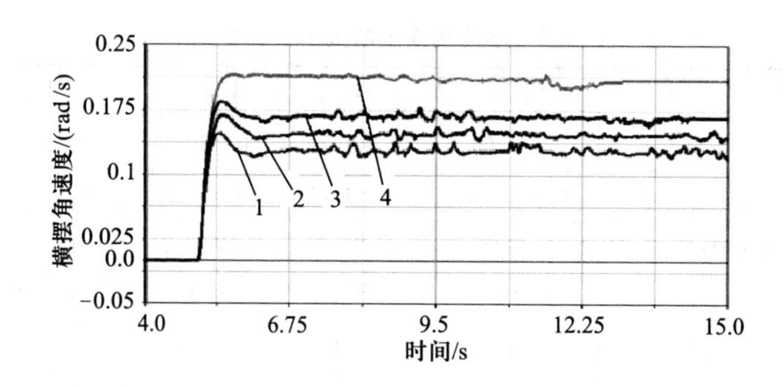

图 11.29　半载横摆角速度响应曲线

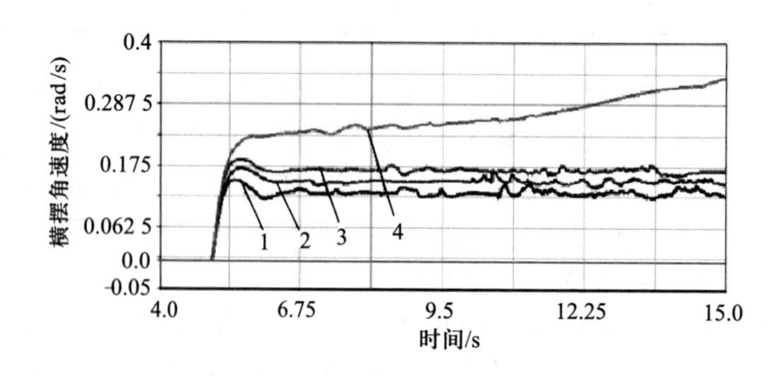

图 11.30　满载横摆角速度响应曲线

在图 11.28、图 11.29 和图 11.30 中曲线 1、2、3、4 分别表示前、后轮不同的轮胎匹配形式，具体如下：曲线 1，前轮为斜交胎，后轮为子午线胎；曲线 2，前轮和后轮均为斜交胎；曲线 3，前轮和后轮均为子午线胎；曲线 4，前轮为子午线胎，后轮为斜交胎。从此三图中可以看出，前、后轮安装不同的轮胎对汽车的操纵稳定性影响很大，当前轮为

斜交胎、后轮为子午线胎时（曲线 1），汽车的横摆角速度的稳态值最小，即最稳定；当前轮和后轮均为斜交胎时（曲线 2），操纵稳定性次之；当前轮和后轮均为子午线胎（曲线 3），操纵稳定性再次之；当前轮为子午线胎、后轮为斜交胎时（曲线 4），操纵稳定性最差。比如在图 11.30 中，曲线 4 随时间的增加而增加，而不再稳定在某一数值附近，这表明横摆角速度已不再收敛，即汽车这时表现为过度转向。由式（11.7）可知，出现这种情况的原因：稳定性因数与前、后轮的侧偏角之差有关，当前、后轮的侧偏角之差为正值时，稳定性因数为正值，汽车表现为不足转向；当前、后轮的侧偏角之差为零时，稳定性因数为零，汽车表现为中性转向；当前、后轮的侧偏角之差为负值时，稳定性因数为负值，汽车表现为过度转向。一般子午线胎的侧偏刚度普遍大于斜交胎，当前轮为子午线胎时，前轮的侧偏刚度变大，则前轮侧偏角变小，就使稳定性因数变小，从而导致横摆角速度的稳态值增大；有时当前轮的侧偏刚度大到足以使前轮的侧偏角小于后轮的侧偏角时，稳定性因数变成负值，即成为过度转向。其他前、后轮胎匹配形式下的转向特性同理可由式（11.7）说明。同时，从此三图中还可以看出，当前轮为子午线胎、后轮为斜交胎时（曲线 4），随着载荷的增加，横摆角速度是越来越大，稳定性也就越来越差，在满载时已成为过度转向。在其他前、后轮胎匹配形式下，随着载荷的增加，横摆角速度的稳态值略微增加。

（2）载荷一定（满载）

车速分别为 40 km/h、60 km/h 和 80 km/h 时，若汽车的前、后轮胎使用了斜交胎和子午线胎，则在不同车速和不同轮胎匹配条件下的横摆角速度响应曲线如图 11.31、图 11.32 和图 11.33 所示。

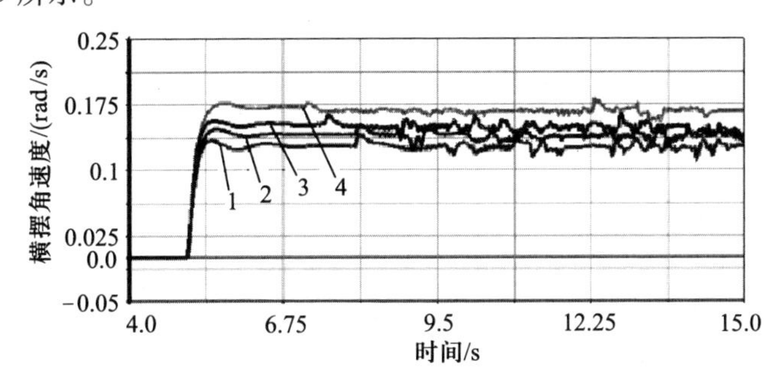

图 11.31　车速为 40 km/h 时横摆角速度响应曲线

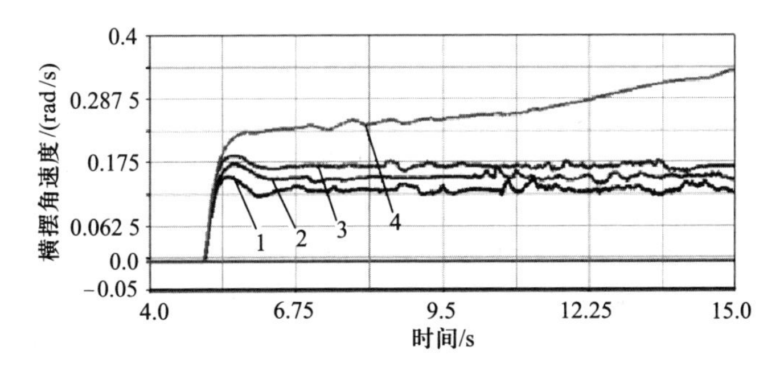

图 11.32　车速为 60 km/h 时横摆角速度响应曲线

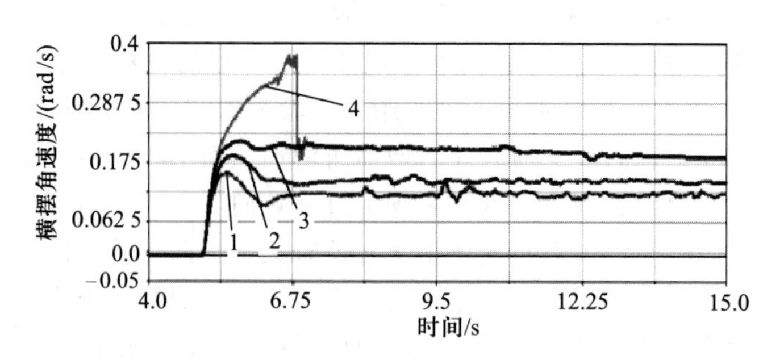

图 11.33　车速为 80 km/h 时横摆角速度响应曲线

图 11.31~图 11.33 中的曲线 1、2、3、4 与图 11.28、图 11.29 和图 11.30 中一样，分别代表不同的前、后轮胎匹配形式。图 11.31~图 11.33 再一次说明，轮胎是影响操纵稳定性的重要因素。当前轮为子午线胎、后轮为斜交胎时（曲线 4），随着车速的增加，横摆角速度是越来越不稳定，在车速为 60 km/h 时，横摆角速度呈缓慢的增加趋势，在车速为 80 km/h 时，横摆角速度发生了急剧的变化，此时汽车已不能维持正常运行。在前轮为斜交胎、后轮为子午线胎和前、后轮均为斜交胎时，横摆角速度的稳态值随着车速的增加而不同，在 60 km/h 时，横摆角速度的稳态值大于车速为 40 km/h 和 80 km/h 时的值。在前轮和后轮均为子午线胎时，横摆角速度随着车速的增加而增加，这主要是由前、后轮的侧偏刚度均增大造成的。不同车速，不同前、后轮胎匹配形式下的横摆角速度的稳态值如表 11.7 所示。

表 11.7　不同车速，不同前、后轮胎匹配形式下的横摆角速度的稳态值　　rad/s

前后轮胎匹配形式	车速/(km/h)		
	40	60	80
前轮为斜交胎，后轮为子午线胎	0.126 67	0.127 11	0.115 93
前轮和后轮均为斜交胎	0.139 72	0.147 81	0.140 73
前轮和后轮均为子午线胎	0.149 13	0.167 98	0.197 08
前轮为子午线胎，后轮为斜交胎	0.168 07	—	—

11.4.4　相关结论

应用仿真分析软件 ADAMS，建立包括转向系、动力总成系、传动系、车身和轮胎在内的整车仿真模型，可以较为真实地模拟汽车在方向盘转角阶跃输入条件下的转向特性，为汽车的操纵稳定性分析带来了方便。通过本次仿真分析可以得出以下结论：

1）轮胎是影响汽车转向特性的主要因素。稳定性因数对不同形式的轮胎十分敏感，当前轮为子午线胎、后轮为斜交胎时，汽车的操纵稳定性显著变坏。

2）车速对转向特性也有影响。当汽车具有不足转向特性时，横摆角速度会在某一车速附近达到最大值；当汽车表现为过度转向时，横摆角速度会随着车速的增加而急剧的变化，最后导致汽车不能正常行驶。

3）载荷对汽车的转向特性影响不大。因为载荷的变化虽然使前、后车轮的侧偏刚度发生变化，但其对稳定性因数影响不大，因此横摆角速度几乎不发生变化。

思 考 题

11.1 如何综合应用现代设计技术进行一般结构的机械系统设计？

11.2 系统仿真研究的基本步骤是什么？

11.3 简述系统仿真的基本原理及主要分类。

11.4 什么是虚拟样机技术？ADAMS 软件作为虚拟样机技术的主要工具及其主要功能有哪些？

11.5 应用 ADAMS 软件进行虚拟样机设计的一般过程是什么？

11.6 专家系统主要由哪几部分组成？各部分是如何协调工作的？

11.7 机械设计专家系统的测试与考核要点有哪些？

11.8 标准 V 带传动设计专家系统设计的基本流程是什么？

参考文献

[1] 侯珍秀. 机械系统设计 [M]. 哈尔滨：哈尔滨工业大学出版社，2003.
[2] 赵韩，黄康，陈科. 机械系统设计 [M]. 2版. 北京：高等教育出版社，2011.
[3] 周堃敏. 机械系统设计 [M]. 北京：高等教育出版社，2009.
[4] 胡胜海. 机械系统设计 [M]. 哈尔滨：哈尔滨工业大学出版社，2009.